建筑装饰系列教材

建筑装饰施工技术

顾建平　主编

TJKJ 天津科学技术出版社

内 容 提 要

本书系“建筑装饰系列教材”之一。

本书共十一章，包括土建施工基本知识、抹灰工程、吊顶与轻质隔墙工程、门窗工程、玻璃工程、吊顶与轻质隔墙工程、饰面板(砖)装饰工程、楼地面装饰工程、涂料装饰工程、裱糊与软包工程、店面装饰工程、其他装饰工程施工等。

本书具有体系完备、结构新颖、语言精练、内容翔实、图文并茂、深入浅出、系统性强、可操作性强、适用面广等特点。

本书系高等院校、中等职业技术学校建筑装饰专业通用教材，同时亦适用于室内装饰、室内设计、装饰装潢、广告装潢、美术装潢等专业。此外，还可作为建筑装饰企业和建筑企业岗位培训教材，以及有关人员的自学用书。

图书在版编目(CIP)数据

建筑装饰施工技术/顾建平主编 .—天津:天津科学技术出版社，2009

(建筑装饰专业系列教材)

ISBN 978-7-5308-3860-0

Ⅰ.建...　Ⅱ.顾...　Ⅲ.建筑装饰—工程施工—教材　Ⅳ.TU767

中国版本图书馆 CIP 数据核字(2005)第 022724 号

责任编辑:刘万年

版式设计:雒桂芬

责任印制:兰　毅

天津科学技术出版社出版

出版人:胡振泰

天津市西康路 35 号　邮编 300051　电话(022)23332393(发行部)　23332390(市场部)　27217980(邮购部)

网址:www.tjkjcbs.com.cn

新华书店经销

河北省昌黎县第一印刷厂印刷

开本 787×1092　1/16　印张 20.75　字数 451 000

2009 年 7 月第 1 版第 3 次印刷

定价:35.50 元

建筑装饰系列教材编委会

本书主编　顾建平

本书编者　顾建平　张国华　王　卫

序

随着城市化进程加速期的到来，我国城乡建设速度日益迅猛。建筑装饰作为建筑业的重要组成也正面临着巨大的挑战；同时，经济全球化进程的加快也给我国建筑装饰业提出了新问题。如何适应时代发展的要求，应对新的变化，知识的更新和人才的培养便成了当务之急。建筑装饰系列教材的编写，正是为了改善和提高建筑装饰从业人员的知识结构和水平，培养更多的建筑装饰专业合格的技术人才。

建筑装饰专业与诸多学科密切相关，且以艺术和工程技术为基础，专业面较宽。本套教材选取了其中核心的十二门课程：(1)《美术》；(2)《构成》；(3)《建筑环境设计表现》；(4)《建筑装饰与物理环境》；(5)《建筑设备》；(6)《建筑力学与结构》；(7)《建筑装饰材料》；(8)《建筑装饰构造》；(9)《建筑装饰设计》；(10)《建筑装饰施工技术》；(11)《建筑装饰工程定额与预算》；(12)《建筑装饰施工组织与管理》。其中，前六本为专业基础课教材，后六本为专业课教材。

本套教材的编写注重理论与实践相结合，坚持高等院校与高等职业技术学院两个层次相兼顾的原则，融建筑装饰新材料、新技术、新工艺、新规范、新成果于一体，具有体系完整、结构新颖、语言精练、内容翔实、图文并茂、深入浅出、系统性强、可操作性强、适用面广等特点。本套教材可作为高等院校和高等职业技术学院艺术设计专业、建筑装饰专业通用教材，亦可作为室内装饰、室内设计、装饰装潢、广告装潢、美术装潢等专业的通用教材。同时，它也是一套建筑装饰专业方向的系统性丛书，可作为相关专业人员的自学参考书。

在本套教材的编写过程中，承蒙南京工业大学、天津科学技术出版社及各兄弟院校的大力支持。书中参考了大量的国内外专家、学者的著作，吸收和借鉴了许多最新科研成果，限于篇幅，恕未能一一标注。各书作者、审稿、编辑及相关人员付出了大量的辛勤劳动，在此，我们一并深表衷心的感谢！

本套教材的作者均是南京工业大学等高校的一批从事多年建筑装饰专业及相关专业教学的学术骨干，他们除了具有多年教学经验外，还都拥有丰富的工程实践经验，这对保证本套教材理论的体系性和实践的可操作性层面无疑是积极的。但是由于水平所限，本套系列教材还会存有一些错误和不足之处，敬请有关专家、学者和广大读者予以批评指正，以便再版时修订完善。

建筑装饰系列教材编委会

2004年12月

前　言

“建筑装饰施工技术”是一门研究最有效地装饰建筑物(或构筑物)的理论、方法和有关的施工规律，以求用最少的消耗取得最好的效果，全面而高效地完成装饰工程，以较好的经济效益保证装饰工程如期使用的基本规律的科学。它是建筑装饰工程专业的一门重要专业课程，也是土木工程专业建筑工程方向及相关专业的重要选修课程。

本书共十一章，包括土建施工基本知识、抹灰工程、吊顶与轻质隔墙工程、玻璃工程、门窗工程、涂料饰面工程、饰面板(砖)装饰工程、楼地面装饰工程、裱糊与软包工程、店面装饰工程、其他装饰工程施工等。全书由南京工业大学土木工程学院顾建平任主编，负责拟定编写大纲、编写、统稿、定稿；张国华(南京工业大学土木工程学院)、王卫(南京中医药大学基建处)任副主编。

本书在编写过程中得到了许多从事建筑装饰施工、监理、教学工作的同事和专家的大力支持和协助，在此，我们表示衷心的感谢。

由于编者水平有限，加之时间仓促，缺点在所难免，恳请有关专家、学者和广大读者给予批评指正，以便再版时修订完善。

顾建平

2004 年 8 月 12 日

目　录
CONTENTS

绪　论

一、建筑装饰的概念、功能与分类

(一)建筑装饰的概念

建筑装饰,是指为保护建筑物的主体结构、完善建筑物的使用功能和美化建筑物,采用装饰装修材料或饰物,对建筑物的内外表面及空间进行的各种处理过程。

(二)建筑装饰的功能

1. 保护结构构件

结构构件不仅需要有足够的强度和刚度,而且还应有足够的耐久性。在使用过程中,构件直接受到风吹、日晒和冰霜雨雪的侵袭以及腐蚀气体和有害气体的破坏,还会受到不同使用荷载的撞击作用、磨擦作用等。因此,必须通过外加装饰层来保护结构构件免遭破坏,以延长建筑物的使用寿命。

2. 改善空间环境

建筑物除了应有强度、刚度和耐久性要求外,还必须满足其他特殊要求,如光学、声学、透气性等要求,这同样地需要通过不同装饰材料的性能来满足。

3. 美化建筑

建筑物的装饰效果主要取决于建筑体量、比例、虚实对比、线条等平面和立面的设计手法,而建筑装饰可通过材料的质感、色彩、线条和不同的装饰处理方法来弥补设计的不足,做到在满足建筑基本功能的前提下,美化建筑,改善居住、工作和生活环境。

(三)建筑装饰的分类

1. 根据使用功能分

根据使用功能的不同,建筑装饰可分为保护装饰、功能装饰和饰面装饰。保护装饰能防止结构构件遭受大气侵蚀和人为的污染;功能装饰能满足使用要求的特殊功能,如保温、隔热、隔声、防火、防潮、防腐、防静电等;饰面装饰能美化建筑,改善室内外环境。

2. 根据所用材料分

根据所用材料的不同,建筑装饰可分为水泥类、石灰类、石膏类、石碴类、陶瓷类、石材类、玻璃类、塑料类、涂料类、木材类和金属类装饰等。

3. 根据施工方法分

根据施工方法的不同,建筑装饰可分为抹、刷、铺、钉、贴、喷、滚、弹等。

4. 根据工程部位分

根据工程部位的不同，建筑装饰可分为外墙装饰、内墙装饰、顶棚装饰、地面装饰、隔断装饰、门窗装饰和店面装饰等。

二、建筑装饰工程施工的特点

建筑装饰工程施工是一项十分复杂的生产活动，它涉及面广，具有工程量大、施工工期长、耗用劳动量多、占建筑总造价的比例高等特点。

（一）工程量大

建筑装饰工程量大面广，项目繁多。在一般民用建筑中，平均每 $1m^2$ 的建筑面积就有 $3\sim5m^2$ 的内抹灰、$0.15\sim1.3m^2$ 的外抹灰；对于高档次建筑的装饰，其高级装饰的工程量也相当大。

（二）施工工期长

由于建筑装饰工程量大，而且操作过程机械化程度低，因而占有总工期比例较大。在一般情况下，建筑装饰工程所占工期约为上部工程总工期的 30% ~ 40%，高级装饰占总工期的比例更高。

（三）耗用劳动量大

由于设计工作的非标准化，导致机械化程度低、手工操作多、湿作业多，因而操作人员的劳动强度大，生产效率低。一般建筑装饰工程所耗用的劳动量约占施工总劳动量的 15% ~ 30%。

（四）占建筑物总造价的比例高

由于建筑装饰材料昂贵，以及工程量大、用工量大、工期长等原因，因而建筑装饰费用较高。一般装饰工程的造价约占建筑物总造价的 30% ~ 40%，一些装饰要求高的建筑比例更高。

三、建筑装饰施工基本要求

(1)承担建筑装饰装修工程施工的单位应具备相应的资质，并应建立质量管理体系。施工单位应编制施工组织设计并应经过审查批准。施工单位应按有关的施工工艺标准或经审定的施工技术方案施工，并应对施工全过程实行质量控制。

(2)承担建筑装饰装修工程施工的人员应有相应岗位的资格证书。

(3)建筑装饰装修工程的施工质量应符合设计要求和规范的规定，由于违反设计文件和规范的规定，施工造成的质量问题应由施工单位负责。

(4)在建筑装饰装修工程施工中，严禁违反设计文件擅自改动建筑主体、承重结构或主要使用功能；严禁未经设计确认和有关部门批准擅自拆改水、暖、电、煤气、通讯等配套设施。

(5)施工单位应遵守有关环境保护的法律法规，并应采取有效措施控制施工现场的各种粉尘、废气、废弃物、噪声、振动等对周围环境造成的污染和危害。

(6)施工单位应遵守有关施工安全、劳动保护、防火和防毒的法律法规，应建立相应的管理制度，并应配备必要的设备、器具和标识。

(7)建筑装饰装修工程应在基体或基层的质量验收合格后施工。对既有建筑进行装饰装修前,应对基层进行处理并达到设计和规范要求。

(8)建筑装饰装修工程施工前应有主要材料的样板或做样板间(件),并应经有关各方确认。

(9)墙面采用保温材料的建筑装饰装修工程,所用保温材料的类型、品种、规格及施工工艺应符合设计要求。

(10)管道、设备等的安装及调试应在建筑装饰装修工程施工前完成,当必须同步进行时,应在饰面层施工前完成。装饰装修工程不得影响管道、设备等的使用和维修。涉及煤气管道的建筑装饰装修工程必须符合有关安全管理的规定。

(11)建筑装饰装修工程的电器安装应符合设计要求和国家现行标准的规定。严禁不经穿管直接埋设电线。

(12)室内外装饰装修工程施工的环境条件应满足施工工艺的要求。施工环境温度不应低于5℃。当必须在低于5℃气温下施工时,应采取保证工程质量的有效措施。

(13)建筑装饰装修工程施工过程中应做好半成品、成品的保护,防止污染和损坏。

(14)建筑装饰装修工程验收前应将施工现场清理。

四、《建筑装饰施工技术》课程的研究对象与任务

在建筑工程中,装饰工程占有相当重要的地位。一个建筑物或构筑物的装饰施工,包括许多分部分项工程(如抹灰工程、涂料饰面工程、贴面类饰面工程、裱糊饰面工程、镶板类饰面工程、楼面装饰工程、门窗及玻璃幕墙工程、店面装饰工程等);而每个分项工程的施工都可以采取不同的施工方案、施工方法和机具、不同的劳动组织来完成。如何根据施工对象的特点、要求、规模及外部条件,做到技术与经济统一,选择最合理的施工方案,研究其施工规律,就成了建筑装饰施工技术中的首要研究问题。另外,装饰施工可以有不同的施工顺序;运输工作可以采用不同的工具和方式;施工准备工作可以用不同的方法解决等。对这一系列问题,如何做出科学的、合理的全面部署,也是建筑装饰施工技术中所要研究的重要问题。

总之,建筑装饰施工技术的研究对象,就是研究最有效地装饰建筑物(或构筑物)的理论、方法和有关的施工规律,以求用最少的消耗取得最大的成果,全面而高效地完成装饰工程,以较好的经济效益保证装饰工程如期使用。

根据上述的研究对象,可以看出本课程的任务为:使学生了解我国的基本建设方针和政策;了解国内外的施工工程技术和发展动态;掌握常见土建施工的施工方法和质量要求;熟练掌握建筑装饰各分部分项工程的一般规律和方法;能正确选用建筑装饰材料和机具;掌握不同档次装饰施工工艺的特殊规律和技巧;结合其他课程所学的内容,能在施工工艺上完善和补充设计,灵活运用材料和不同施工工艺去充分体现装饰效果;熟练掌握装饰施工的操作规程和施工验收规范。

五、《建筑装饰施工技术》的学习方法

本课程涉及的理论面广,实践性强,而且技术发展迅速。因此,在学习中必须坚持理

论联系实际。除了应理解和掌握课堂讲授的基本理论、基本知识外，还应随时关注国家的基本建设方针政策，了解国内外的最新动态，如新材料、新机具、新工艺等；对实践性教学环节，如现场参观、教学录相、生产实习等，应给予足够的重视。

复习思考题

1. 什么是建筑装饰？其功能有哪些？
2. 建筑装饰的施工特点有哪些？
3. 建筑装饰的施工质量要求是什么？
4. 建筑装饰施工技术的研究对象是什么？

第一章

土建施工基本知识

第一节 土石方工程

土石方工程是建筑工程施工中的重要施工过程之一，其工程质量直接影响基础工程乃至整个工程施工的正常进行。土石方工程包括一切土(或石)的挖掘、填筑和运输以及排水、降水和土壁支撑等准备及辅助工作。

一、土的工程分类及性质

(一)土的工程分类

土的种类繁多，分类方法也很多。土的工程分类，是根据土方开挖的难易程度分为八类：松软土、普通土、坚土、砂砾坚土、软石、次坚石、坚石和特坚石，见表1-1。土的类别越高，所使用的土方施工机械越复杂，单位土方量耗用的成本就越高。

表1-1 土的工程分类与现场鉴别方法

土的分类	土的名称	可松性系数		现场鉴别方法
		K_s	K_s'	
一类土(松软土)	砂土；亚砂土；冲积砂土层；种植土；泥炭(淤泥)	1.08～1.17	1.01～1.03	能用锹、锄头挖掘
二类土(普通土)	亚黏土；潮湿的黄土；夹有碎石、卵石的砂、种植土、填筑土及亚砂土	1.14～1.28	1.02～1.05	用锹、锄头，少许用镐翻松
三类土(坚土)	软及中等密实黏土；重亚黏土；粗砾石；干黄土及含碎石、卵石的黄土、亚黏土；压实的填筑土	1.24～1.30	1.04～1.07	主要用镐，少许用锹、锄头挖掘，部分用撬棍
四类土(砂砾坚土)	重黏土及含碎石、卵石的黏土；粗卵石；密实的黄土；天然级配砂石；软泥灰岩及蛋白石	1.26～1.32	1.06～1.09	整个用镐、撬棍，然后用锹挖掘，部分用楔子及大锤
五类土(软石)	硬石炭纪黏土；中等密实的页岩、泥灰岩、白垩土；胶结不紧的砾岩；软的石灰岩	1.30～1.45	1.10～1.20	用镐或撬棍、大锤挖掘，部分使用爆破方法

续表

土的分类	土 的 名 称	可松性系数		现场鉴别方法
		Ks	Ks'	
六类土（次坚石）	泥岩；砂岩；砾岩；坚实的页岩、泥灰岩；密实的石灰岩；风化花岗岩；片麻岩	1.30～1.45	1.10～1.20	用爆破方法开挖，部分用风镐
七类土（坚石）	大理岩；辉绿岩；玢岩；粗、中粒花岗岩；坚实的白云岩、砂岩、砾岩、片麻岩、石灰岩、风化痕迹的安山岩、玄武岩	1.30～1.45	1.10～1.20	用爆破方法开挖
八类土（特坚石）	安山岩；玄武岩；花岗片麻岩、坚实的细粒花岗岩；闪长岩、石英岩、辉长岩、辉绿岩、玢岩	1.45～1.50	1.20～1.30	用爆破方法开挖

注：Ks——最初可松性系数；Ks'——最后可松性系数。

（二）土的工程性质

土的工程性质对土方工程的工程量计算和施工方案的选择有直接影响。土的工程性质很多，在此仅介绍土方工程施工中的几个常用性质。

1. 土的密度

土的密度可分为土的天然密度和土的干密度。天然密度，是指土在天然状态下单位体积土的质量，它与土的密实程度和含水量有关。土的天然密度（ρ）按下式计算：

$$\rho = \frac{m}{V} \tag{1-1}$$

式中 ρ——土的天然密度，kg/m³；

m——土的质量，kg；

V——土的体积，m³。

土的干密度，是指单位土体中固体颗粒的质量。干密度在一定程度上反映了土颗粒排列的密实程度。因此，施工中常用干密度作为填土压实质量的控制指标。土的干密度（ρ_d）按下式计算：

$$\rho_d = \frac{m_s}{V} \tag{1-2}$$

式中 ρ_d——土的干密度，kg/m³；

m_s——土中固体颗粒的质量，kg；

V——土的体积，m³。

2. 土的含水量

土的含水量，是指土中水的质量与固体颗粒质量之比的百分率。它对土方边坡稳定性、填土压实的质量都有很大的影响。土的含水量（ω）用下式计算：

$$\omega = \frac{m_w}{m_s} \tag{1-3}$$

式中 ω——土的含水量，%；

m_w——土中水的质量，kg；

m_s——土中固体颗粒的质量，kg。

3. 土的可松性

自然状态下的土经开挖以后，其体积因松散而增加，以后虽经回填压实，仍不能恢复成原来的体积，这种性质称为“土的可松性”。

土的可松性的大小用可松性系数来表示。自然状态下的土，经开挖成松散状态后，其体积增加，用最初可松性系数(Ks)来表示；自然状态下的土，经开挖成松散状态后再回填夯实，不能恢复到原自然状态下的体积，夯实后的体积与原自然状态下体积之比，用最终可松性系数($K's$)来表示。即：

$$K_s=\frac{V_2}{V_1};\quad K'_s=\frac{V_3}{V_1} \tag{1-4}$$

式中　Ks——土的最初可松性系数；

$K's$——土的最终可松性系数；

V_1——土在自然状态下的体积，m^3；

V_2——土经开挖后呈松散状态下的体积，m^3；

V_3——土经回填压实后的体积，m^3。

土的可松性对土方的调配、基坑开挖时留弃土量以及运输工具数量的计算，均有直接影响。土的最初可松性系数及最终可松性系数，参见表1-1。

二、基坑(槽)土方的开挖

(一)土方工程施工前的准备工作

(1) 准备全套工程图纸和有关基础工程的技术资料，进行现场实地调查与勘测　由建设单位提供工程图纸、施工现场实测地形图以及原地下管线或构筑物竣工图，有关工程地质、水文和气象资料，并有规划部门签发的施工许可证。

(2) 根据施工组织设计规定和现场实际条件，制定基础工程施工方案　落实施工机械设备和主要材料，进行劳动力的组织准备。尤其应做好土方的平衡计算，决定土方处理方案。

(3) 平整场地，处理地下和地上一切障碍物，完成“三通一平”　施工区域内有碍施工的地上和地下障碍物，建设单位应与有关主管部门协商，妥善处理。对施工地段的地下管道、电缆应采取加固和防护措施。开挖土方如影响邻近建筑时，亦应采取防止变形下沉的措施，并设观测点。

(4) 测量放线，设立控制轴线桩和水准点　基础土方工程，是根据城市规划部门测设的建筑平面控制桩和水准点进行基坑、槽抄平放线的。定位放线时应注意控制桩和水准点的保护。

(5) 雨期或夜间施工的准备工作　如在雨期施工，应在场内设排水沟，准备排水设施和机具，阻止场外水流入施工场地或基坑内。如需夜间施工，应按需要数量准备照明设施，在危险地段设明显标志。夜间施工应严防超挖或回填超厚现象的发生。

(二)土方边坡与土壁支撑

在基坑(槽)土方施工中，对永久性或使用时间较长的临时性挖方，均应保持土壁稳定,防止坍塌,保证基础施工时的施工质量和安全。

1. 土方边坡

为了防止塌方,保证施工安全,在挖方或填方的开挖深度或填筑高度超过一定限度时,均应在其边沿做成具有一定坡度的边坡。

土方边坡的坡度以其高度(H)与宽度(B)之比表示,即:

$$土方边坡坡度=\frac{H}{B}=\frac{1}{\frac{B}{H}}=1:m$$

式中,$m=\frac{B}{H}$,称为“坡度系数”。

土方边坡的大小与土质、开挖深度、开挖方法、边坡留置时间的长短、排水情况、附近堆土等因素有关。边坡的高度越大、留置时间越长,边坡应设计得越平缓一些;反之,则可陡一些。用井点降水时,边坡可陡些。

2. 土壁支撑

开挖基坑(槽)时,如地质和周围条件允许,放坡开挖是比较经济合理的。但是,在稠密地区建筑施工,往往受到许多外部条件的制约,不可能放坡开挖。为了保证施工的顺利进行和施工期的安全,施工中可采用土壁支撑。

土壁支撑根据其支撑方式的不同,可分为横撑式支撑和板桩支撑两大类。选择支撑形式,应考虑基坑(槽)的开挖深度和宽度、土质条件、地下水位、开挖方法、周围环境条件等因素,经综合平衡后,确定合理的支撑方式。

开挖较窄的沟槽,多用横撑式土壁支撑。根据挡土板的不同,横撑式土壁支撑可分为水平挡土板式和垂直挡土板式。

施工深基础时,当地下水位高且有带走土粒的危险,如未采用降低地下水位的方法,则可用板桩支撑。板桩施工的关键是如何保证其平面位置的准确和板桩的垂直度,以使打设后的板桩具有足够的强度和刚度,满足设计有关要求。

(三)基坑排水与降水

在基坑(槽)开挖时,土壤的含水层常被切断,地下水将不断地渗入坑内。雨季施工时,地表水也会流入坑内。为了保证施工的正常进行,防止边坡坍塌和地基承载能力的下降,必须做好基坑降水工作,保持坑底干燥。降水方法可分为集水井降水和井点降水。

1. 集水井降水

集水井降水,也称“明沟排水”。当基坑开挖遇到地下水和地表水(雨水)时,在基坑内随同挖方一起设置排水沟,其截面不小于 0.2m×0.5m,沟底低于挖土面 0.5m 以上,并向集水井方向保持 2%~5%的纵坡。每隔 30~40m 设集水井,集水井直径不小于 0.8m,井底低于排水沟底 0.7~1m。排水沟和集水井随挖土逐层加深,挖至设计标高后,井底应低于基坑底 1~2m。集水井应围设木板、铁笼、混凝土滤水管等滤水设施,井底铺设 30cm 左右的滤料(碎石、粗砂),防止抽走井底土粒。

明沟排水的抽水设备有潜水泥浆泵、活塞泵、离心泵或隔膜泵等。

2. 井点降水

在基坑开挖深度较大,地下水位较高,而土质又不好的情况下(如细砂、粉砂质土等),

用集水井降水往往容易出现坑内涌水、边坡失稳、坑底上冒(管涌)、流砂等现象,而用井点降水,则可防止这些现象发生。

井点降水就是在基坑开挖前,先在基坑四周埋设一定数量的滤水管(井),在基坑开挖前、开挖过程中和基础施工阶段不断地抽出地下水,使地下水位降低至坑底以下,从而从根本上解决地下水流入坑内的问题,确保基础施工期间的生产作业条件。

3. 降水对周围的影响及防治措施

在弱透水层和压缩性大的黏土层中降水时,由于地下水流失造成的地下水位下降、地基自重应力增加和土层压缩等原因,会产生较明显的地面沉降;又由于土层的不均匀性和降水后地下水位呈漏斗曲线,四周土层的自重应力变化不一而导致不均匀沉降,使周围建筑物基础下沉或房屋开裂。因此,在建筑物附近进行井点降水时,为防止降水影响或损害区域内的建筑物,就必须阻止建筑物下的地下水流失。为达到此目的,除可在降水区域和原有建筑物之间的土层中设置一道固体抗渗屏幕外,还可用回灌井点补充地下水的办法来保持地下水位。即在降水井点和原有建筑物之间打一排井点,向土层灌入足够数量的水,以形成一道隔水帷幕,使原有建筑物下的地下水位保持不变或降低较少,从而阻止建筑物下地下水的流失。这样,也就不会因降水而使地面沉降,或减少沉降值。

回灌井点是防止井点降水损害周围建筑物的一种经济、简便、有效的办法,它能将井点降水对周围建筑物的影响减少到最小限度。为确保基坑施工的安全和回灌的效果,回灌井点与降水井点之间应保持一定的距离,一般不宜小于6m。

为了观测降水及回灌后四周建筑物、管线的沉降情况及地下水位的变化情况,必须设置沉降观测点及水位观测井,并定时测量记录,以便及时调节灌、抽量,使灌、抽基本达到平衡,确保周围建筑物或管线等的安全。

(四)土方开挖

基坑(槽)土方的开挖方法分两类:人工挖方和机械挖方。开挖方法的选择应考虑基坑平面特点、深度、土质、地下水位、工程量和工期要求等因素,并结合施工场地条件确定。

1. 人工挖方及注意事项

人工挖方一般用于深度较浅、地下水位低及土方量较小的基坑(槽),或无条件使用机械的土方工程。

(1)基槽土方开挖,应自上而下分步、分层下挖,每步开挖深度约30cm,每层深度以60cm为宜,从开挖端逆向倒退按踏步型挖掘。每人应留足工作面,避免相互碰撞而发生安全事故。

(2)所挖土方应两侧出土,抛于槽边的土方距槽边1m、高度1m为宜,以保证基槽边坡稳定,防止因压载过大产生塌方。

(3)挖至距槽底50cm左右时,测量放线人员应配合抄出距槽底50cm水平线,沿槽边相距2~3m钉水平标高木桩,并随时依此检查槽底标高,不得低于标高。由两端轴线引桩拉通线检查槽位和槽宽,最后应修边坡、清槽底并铲平。

(4)在冬、雨期挖方时,雨期(也包括晾槽时间过长)可在槽底标高以上保留15~30cm不挖,待下道工序开始前再挖;冬期挖方每天下班前应挖一步虚土并盖草帘保温,尤其挖到槽底标高后,基土不准受冻。

(5)挖土发现文物或古墓时,应妥善保护并报有关部门处理后,方可继续施工。在埋有电缆地段挖方,应有电缆主管部门代表在场。

2. 机械挖方

对于深度深、工程量大的基坑(槽),人工挖方不仅劳动繁重,而且劳动生产率低、工期长、成本高。因此,在土方工程中应尽量采用机械挖方。

土方工程施工机械的种类很多,有推土机、铲运机、单斗挖土机、多斗挖土机、装载机等。

(五)基槽检验与处理

1. 基槽检验

基槽(坑)挖至基底设计标高后,必须通知监理工程师、设计部门、业主驻现场代表验槽,经验收合格后签“隐蔽工程验收单”。这是确保工程质量的关键程序之一。验槽目的在于检查地基是否与提供的勘察资料相符合。

验槽主要以现场观察为主,对于基底以下的不可见土层,往往要辅以钎探、夯音配合共同完成。

(1)观察验槽　观察验槽采用比较方法,通过基底和侧壁土质的工程特征观察,以判断基底是否满足设计要求。

(2)钎探　目的在于探明基底下方土层的分布和变化情况,是否存在空穴或软弱土层。钎探深度一般为基槽宽度的2~3倍。

钎探是将一定长度的钢钎打入槽底以下的土层内,根据每打入一定深度的锤击数,间接地判断地基土质的情况。

打钎分人工和机械两种方法。人工打钎时,钎径为ϕ22~25mm,钎尖为60°尖锥状,钎长为1.8~2.0m。打钎用的锤重为3.6~4.5kg,举锤高度约50~70cm。用打钎机打钎时,其锤重约10kg,锤的落距为50cm,钢钎为ϕ25mm、长1.8m。

打钎时,每贯入30cm,记录锤击数一次,并填入规定的表格中。一般每钎分五步打(每步为30cm),钎顶留50cm,以便拔出。钎探点的记录编号应与注有轴线号的打钎平面图相符。

2. 地基局部处理

当验槽发现有局部异常的地基土后,应进一步探明其深度、范围和原因,会同有关人员(一般有施工单位、设计单位、监理单位及业主)研究地基局部处理方案。常见的处理方法,可概括为“挖、填、换”三个字。

对于松土坑,一般应先挖除松土部分,直至实土为止,然后用与坑底实土压缩性相近的土回填夯实;也可根据实土的坚密程度,用不同比例的灰土回填夯实。

当遇到井在基坑(槽)中间,井内填土已较密实时,则应将井的砖圈拆除至槽底以下1m或更多一些,然后用2:8或3:7灰土分层夯填至槽底。如果井的直径大于1.5m,则应适当考虑加强上部结构的强度和刚度,如在墙内加筋或做地基梁跨越砖井等。若井在基础转角处,除上述处理外,还应对基础加强,如加钢筋混凝土过梁或挑梁等。

当遇到黏性地基土且其含水量很大时,夯拍过程中有颤动现象,再也无法夯实,这种土俗称“橡皮土”。橡皮土的处理可采取晾槽或掺石灰降低其含水量,然后进行夯实。如地基土已经发生颤动，则应将“橡皮土”挖除，填入砂或级配良好的砂石。

三、土方回填与压实

为了满足填土工程在强度和稳定性方面的要求，必须正确选择土料和填筑方法。

（一）土的要求

含有大量有机物的土、石膏或水溶性硫酸盐含量大于5%的土、冻结或液化状态的泥炭、黏土或粉状砂质黏土等，一般都不能作填土之用。但是，在场地平整工程中，除修建房屋和构筑物的地基填土外，其余各部分填方所用的土，则不受此限制。

填土应分层进行，并尽量采用同类土填筑。如采用不同土填筑时，应将透水性较大的土层置于透水性较小的土层之下，不能将各种土混杂在一起使用，以免填方内形成水囊。

当填方位于倾斜的山坡上时，应将斜坡挖成阶梯状，以防填土横向移动。

填土必须具有一定的密实度，以避免建筑物的不均匀沉陷。填土密实度以设计规定的控制干密度作为检查标准。

（二）填土压实的方法

填土压实方法一般有碾压法、夯实法和振动法等几种。

1. 碾压法

碾压法，是由沿着表面滚动的鼓筒或轮子的压力压实土壤，如平滚碾、羊足碾和气胎碾等。碾压法主要用于大面积的填土，如场地平整、大型车间的室内填土等工程。

平滚碾适用于碾压黏性土和非黏性土壤；羊足碾只能用来压实黏性土壤；气胎碾对土壤压力较为均匀，故其填土质量较好。按碾轮重量，滚碾又分为轻型（重5t以下）、中型（重8t以下）和重型（重10t）三种。轻型滚碾压实土层的厚度不大，但土层上部可变得比较密实；当用轻型滚碾初碾后再用重型滚碾碾压，就会取得较好的效果；如果直接用重型滚碾碾压松土，则由于有强烈的起伏现象，其碾压效果较差。用碾压法压实填土时，铺土应均匀一致，碾压遍数要一样，碾压方向应从填土区的两边逐渐压向中心，每次碾压应有15～20cm的重叠。

2. 夯实法

夯实法，是利用夯锤自由下落的冲力来夯实土壤，主要用于小面积的回填土。夯实机具的类型较多，有木夯、石硪、蛙式打夯机、火力夯以及利用挖土机或起重机装上夯板后的夯土机等。其中蛙式打夯机轻巧灵活，构造简单，在小型土方工程中应用最广。

3. 振动法

振动法，是将重锤放在土层的表面或内部，借助于振动设备使重锤振动，土壤颗粒即发生相对位移，达到紧密状态。此法用于振实非黏性土壤效果较好。

除上述填土压实方法外，还可利用铲运机、推土机、自卸汽车等运土工具本身来压实土壤。

（三）填土压实的影响因素

填土压实质量与许多因素有关，其中主要有压实功、土的含水量以及铺土厚度。

1. 压实功

填土压实后的密度与压实机械在其上所施加的功有一定的关系。当土的含水量一定，在开始压实时，土的密度急剧增加，待到接近土的最大密度时，压实功虽然增加许多，而土的密度则没有变化。在实际施工中，对于砂土只需碾压或夯击 2～3 遍，对亚砂土只需 3～4 遍，对亚黏土或黏土只需 5～6 遍。

此外，松土不宜用重型碾压机械直接滚压；否则，土层会有强烈的起伏现象，效率不高。如果先用轻碾压实，再用重碾压实就会取得较好效果。

2. 土的含水量

在同一压实功条件下，填土的含水量对压实质量有直接影响。较为干燥的土，由于土颗粒之间的摩擦力较大，因而不易压实。当土的含水量适当时，水起了润滑作用，土颗粒之间的摩擦力减小，从而易压实。每种土都有其最佳含水量，土在最佳含水量的条件下，使用同样的压实功进行压实，所得到的密度最大。

3. 铺土厚度

土在压实功的作用下，其应力随深度增加而逐渐减小，其影响深度与压实机械、土的性质和含水量等有关。铺土厚度可按照表 1-2 选用。

表 1-2 填方每层的铺土厚度和压实遍数

压实机具	每层铺土厚度(mm)	每层压实遍数(遍)
平碾	200～300	6～8
羊足碾	200～350	8～16
蛙式打夯机	200～250	3～4
推土机	200～300	6～8
拖拉机	200～300	8～16
人工打夯	不大于 200	3～4

注：人工打夯时，土块粒径不应大于 50mm。

第二节 桩基础工程

一、概述

(一)桩的作用和分类

桩基础由若干根沉入土中的单桩和桩顶承台或梁板组成。桩的作用是将上部建筑物的荷载传到承载力较大的土层上，或将软弱土层挤密以提高地基土的承载能力。当上部结构荷载很大，而天然地基的承载能力又不能满足要求时，采用桩基础较为经济合理。

桩按受力情况不同，分为端承桩和摩擦桩两种，如图 1-1 所示。端承桩的桩尖已进入硬土层，桩的承载能力大小主要取决于桩尖的端承反力；摩擦桩的桩尖未进入硬土层，桩的承载能力

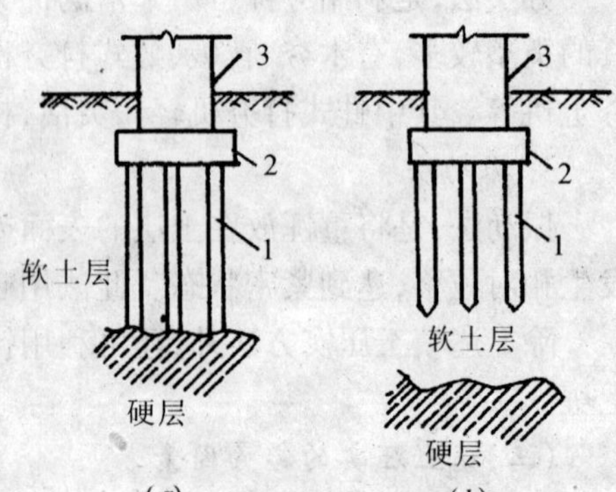

图 1-1 桩基础

(a)端承桩 (b)摩擦桩

1—桩 2—承台 3—上部结构

大小主要取决于桩身侧面与土之间的摩擦力。

桩按施工方式的不同，可分为预制桩和现场灌注桩（简称“灌注桩”）。预制桩按沉桩方法的不同，又可分为打入桩、静力压桩、振动沉桩和水冲沉桩等；灌注桩按成孔方法的不同，又可分为有泥浆护壁成孔灌注桩、干作业成孔灌注桩、人工挖孔灌注桩、套管成孔灌注桩和爆扩成孔灌注桩等。

（二）桩基施工的准备工作

桩基施工准备工作主要包括以下几个方面。

1. 原始资料的调研与准备

（1）建设场地范围内的地形、工程地质和水文地质资料。

（2）场地范围内及邻近区域的障碍物资料，如现有建筑物、构筑物、地下管线等。

（3）基础工程施工图。

（4）桩的荷载试验资料。

（5）桩基施工机械及配套设备的技术性能资料。

（6）桩基工程施工组织设计，包括施工方案、进度安排、现场平面布置等。

2. 施工现场的准备

（1）做好场地范围内的“三通一平”工作　对于不利于施工机械开行的场地应处理。雨期施工时，应有可靠的排水措施。

（2）建立现场测量控制网　定位控制桩和水准点应设置在桩基施工影响范围外的地方。

（3）现场生产和生活需要的临时设施。

二、钢筋混凝土预制桩施工

（一）桩的预制、运输和堆放

1. 桩的预制

桩的预制有现场预制和工厂预制两种方式。对于长度较短、重量较轻的桩宜采用工厂预制；对于长度较长、重量较大的桩，考虑到桩的运输不便等因素，宜在现场预制。采用现场预制方式，如场地紧张并且桩的数量较多时，可采用叠浇制作，一般叠浇层数不超过四层。采用叠浇制作时，场地应平整坚实，不得产生不均匀沉降；制作桩的底模必须平整，上下层桩或桩与底模间的接触面应涂刷隔离剂，不得黏结；上层桩必须在下层桩的混凝土达到设计强度的30%后方可浇筑。

桩顶和桩尖质量是预制桩的关键。钢筋骨架的主筋连接宜采用焊接方式，混凝土浇筑应由桩顶向桩尖连续浇筑，严禁中断。桩的表面应平整、密实，混凝土质量应符合现行施工及验收规范要求。

2. 桩的运输和堆放

钢筋混凝土预制桩应在混凝土达到设计规定的强度后方可起吊、运输。当设计无特殊要求时，一般混凝土达到设计强度等级的70%后方可起吊，达到设计强度等级的100%后才能运输和打桩。

桩在起吊和搬运时，必须做到平稳，不得损坏构件。吊点应符合设计要求，如设计无

特殊要求时，吊点数量及位置视桩长不同，并根据 $|M_{max}^{+}| = |M_{max}^{-}|$ 的原则来确定。

运至现场的桩(包括现场预制的桩)，应按规定进行检查，并提供质量合格证等资料。桩的堆放场地应平整、坚实，垫木位置应与吊点位置相同并保持在同一平面上。当采用叠层堆放时，各层垫木应上下对齐，最下层的垫木应适当加宽。

(二)打桩设备的选择

打桩设备由桩锤、桩架和动力装置三部分组成。桩锤的作用是对桩施加冲击力，把桩打入土中；桩架的作用是吊桩就位、悬吊桩锤并且在打桩过程中引导桩的方向；动力装置的作用是提供驱动桩锤及桩架的动力。

打桩设备应根据工程地质、桩的种类、密集程度、动力及机械供应的可能性和现场情况等条件来选择。

1. 桩锤选择

常用桩锤，主要有落锤、单动汽锤、双动汽锤、柴油打桩锤、振动桩锤等。

落锤构造简单，使用方便，能随意调整其落距，适用于普通黏土和含砾石较多的土层打桩，但打桩速度较慢。

单动汽锤的冲击力较大，打桩速度较落锤快，一般适用于打木桩和钢筋混凝土桩。

双动汽锤工作效率高，冲击力大，能打钢板桩、水下桩和拔桩，一般打桩工程都能用。

柴油锤分导杆式和筒式两种。其设备轻便，打桩迅速，一般用于打木桩、钢板桩和钢筋混凝土桩。它是目前应用较广的一种桩锤，但不适合用于松软土中打桩。

振动锤在砂土中打桩最有效，并适合打设钢筋混凝土管桩。

2. 桩架的选择

选择桩架时，应考虑桩锤的类型、桩的长度和施工条件等因素。桩架高度应满足施工要求，一般情况下，桩架高度 = 桩长 + 桩锤高度 + 滑轮组高度 + 桩帽高度 + (1 ~ 2)m 的起锤工作余地的高度。桩架的形式很多，常用的有下列几种。

(1) 滚筒式桩架　滚筒式桩架行走靠两根钢滚筒在垫木上滚动，它结构比较简单，制作容易，但平面转向不够灵活，操作人员较多。

(2) 多功能桩架　多功能桩架的机动性和适用性都很大，在水平方向可作 360°回转，导架可以自由伸缩和前后倾斜，底座下装有铁轮，底盘在轨道上行走。

(3)履带式桩架　履带式桩架以履带式起重机为底盘，增加导杆和斜撑而组成。它行走速度快，平面转向灵活。

(三)打桩顺序的确定

由于桩入土后对周围土体产生挤压，一方面使先打入的桩被后打入的桩推挤而发生水平位移和上拔，另一方面使后打入的桩入土深度不够。施工大面积群桩时，这种现象尤为突出。

打桩顺序的确定应综合考虑场地的土质、地形和桩的平面布置(数量、中心距等)等因素，同时还需兼顾打桩设备的移动方便。

预制桩的打设应遵循“先深后浅、先大后小、先长后短”的原则，以免打桩时因土的挤压而使邻桩位移和上拔。

打桩顺序一般有三种：逐排打设、自中部向边沿打设和分段打设。

(四)打桩

1. 打桩方法

在桩架就位后即可吊桩,桩尖对准桩位中心并进行垂直度校正,桩的垂直度偏差不得超过0.5%。桩就位后,再在桩顶固定桩帽和桩锤,桩锤、桩帽和桩身中心线应在同一垂直线上,使桩能顺利地下沉。桩锤和桩帽、桩帽与桩之间应加弹性衬垫做缓冲层,如硬木、粗草纸、麻袋等。桩帽与桩顶四周间应留5~10cm的间隙,以防损伤桩顶。桩锤和桩帽固定完毕后,即可脱去吊钩,在桩和锤自重的共同作用下,桩向下沉入一定深度而达到稳定的位置。这时再次校正桩的垂直度,待满足要求后即可进行打桩。

打桩开始时,桩锤落距宜低,以便使桩能正常的沉入土中。待桩入土到一定深度(约1~2m),桩尖不易发生偏移时,可适当增大落距,并逐渐提高到规定的落距继续锤击。打桩时宜用"重锤低击",至于落距以多大为合适,应根据具体情况而定;一般情况,单动汽锤以0.6m左右为宜,落锤以不超过1.0m为宜,柴油锤以不超过1.5m为宜。

打桩工程系隐蔽工程施工。因此,在施工过程中,应做好原始资料记录,特别是打桩记录,它是评定桩质量的主要依据之一。

2. 打桩质量控制

打桩质量包括两方面的内容:一是打入后的平面位置偏差;二是桩的最后贯入度或标高要求。桩的平面位置偏差,应符合施工及验收规范要求。桩的入土深度是否已达到设计要求,取决于最后贯入度和标高。对于端承桩,以最后贯入度控制为主,以桩尖入土深度或标高为参考;对于摩擦桩,以桩尖入土深度或标高控制为主,以最后贯入度作参考。

打桩施工时,最后贯入度的测定和记录应符合有关要求。对于落锤、单动汽锤和柴油锤,取最后十击的桩入土深度;对于双动汽锤,则取最后1min的桩入土深度。测量贯入度,应在桩顶无损坏、锤击无偏心、桩帽和桩垫工作正常、规定锤的落距的情况下进行。要求贯入度的大小应通过试桩确定,或做打桩试验与有关单位共同研究确定。

三、混凝土和钢筋混凝土灌注桩

灌注桩是一种就地成型的桩,是直接在桩位上成孔,然后浇筑混凝土或钢筋混凝土而成。它与预制桩相比,具有节约钢材、节省劳动力、施工方便、成本低等优点。

灌注桩的施工方法有很多种,由于篇幅所限,在此重点介绍下列几种常用的灌注桩。

(一)沉管灌注桩

目前,沉管灌注桩是常用的一种灌注桩。它包括锤击沉管灌注桩、振动沉管灌注桩和振动冲击沉管灌注桩。锤击沉管灌注桩一般用于黏性土、淤泥质土、砂土和人工填土地基;振动沉管灌注桩(包括振动冲击沉管灌注桩)一般用于砂土、稍密及中密的碎石类土地基。

1. 锤击沉管灌注桩

锤击沉管灌注桩施工时,用桩架吊起钢桩管,对准预先设在桩位处的预制钢筋混凝土桩尖,桩管与桩尖连接处要垫以麻、草绳等,以防止地下水渗入管内,然后,缓缓放下桩管,套入桩尖压进土中,桩管上端扣上桩帽。检查桩管与桩锤是否在同一垂直线上,桩管偏斜小于或等于0.5%时,即可用锤打击桩管。先用低锤轻击,观察后如无偏移,才可正常施打。当桩管沉到设计要求深度后,停止锤击,在管内放入钢筋笼,用吊斗将混凝土灌入桩管内。桩管内混凝土应尽量灌满，然后开始拔管。拔管要均匀，第一次拔管高度控制在能容纳第二次所需要灌入的混凝土为限，不宜拔管过高，应保证桩管内保持不少于 2m 高度的混凝土。拔管时应保持连续密锤低击不停，并控制拔出速度，对一般土层，以不大于 1m/min 为宜；在软弱土层及软硬土层交界处，应控制在 0.8m/min 以内。桩锤冲击频率视锤的类型而定：单动汽锤采用倒打拔管，频率不低于 70 次/min；自由落锤轻击不得少于 50 次/min。在管底未拔到桩顶设计标高之前，倒打或轻击不得中断。拔管时还要经常探测混凝土落下的扩散情况，注意使管内的混凝土保持略高于地面，一直到全管拔出为止。混凝土的落下情况，可用吊铊探测。

为了提高桩的质量和承载能力，可采用复打法扩大灌注桩。其施工顺序如下：在第一次灌注桩施工完毕，拔出桩管后，应清除管外壁上的污泥和桩孔周围地面的浮土，立即在原桩位再埋预制桩尖或合好活瓣桩尖；第二次复打沉桩管，使未凝固的混凝土向四周挤压扩大桩径，然后再灌注第二次混凝土。拔管方法与初打时相同。施工时要注意前后两次沉管的轴线应重合，复打施工必须在第一次灌注的混凝土初凝之前进行。

采用沉管法成孔，桩管入土深度的控制与预制桩的要求相同。

2. 振动沉管灌注桩

振动沉管灌注桩采用激振器或振动冲击锤沉管。施工时，先安装好桩机，将桩管下端活瓣桩尖合起来，对准桩位，徐徐放下桩管，压入土中，勿使其偏斜，即可开动激振器沉管。当桩管沉到设计标高后，停止振动，用吊斗将混凝土灌入桩管内，然后再开动激振器、卷扬机拔出钢管，边振边拔，从而使桩的混凝土得以振实。

振动沉管灌注桩可采用单打法、复打法和反插法施工。

(1)单打法施工时，在沉入土中的桩管内灌满混凝土，开动激振器，振动 5～10s；开始拔管，边振边拔。每拔 0.5～1m，停拔振动 5～10s；如此反复，直到桩管全部拔出。在一般土层内拔管速度宜为 1.2～1.5m/min，在较软弱土层中不得大于 0.8～1.0m/min。

(2)反插法施工时，在桩管内灌满混凝土后，先振动再开始拔管，每次拔管高度为 0.5～1.0m，向下反插深度为 0.3～0.5m。在拔管过程中应分段添加混凝土，保持管内混凝土面始终不低于地表面，或高于地下水位 1～1.5m 以上，并应控制拔管速度不得大于 0.5m/min。如此反复进行并始终保持振动，直至桩管全部拔出地面。反插法能使桩的截面增大，从而提高桩的承载能力，宜在较差的软土地基上应用。

(3)复打法施工与锤击沉管灌注桩相同。

(二)钻孔灌注桩

钻孔灌注桩是利用钻孔机成孔，与沉管灌注桩相比，它施工时无振动、无挤土现象，能在各种土层条件下施工，但它承载力较低，沉降量也较大。

钻孔灌注桩是先用钻孔机械进行钻孔，在钻孔过程中为了防止孔壁坍塌，在孔中注入泥浆(或注入清水自造泥浆)保护孔壁，钻孔达到深度后，进行检查、清孔，然后安放钢筋骨架，最后浇筑混凝土。

1. 螺旋钻成孔灌注桩

螺旋钻成孔灌注桩是利用动力旋转钻杆，使钻头的螺旋叶片旋转削土，土块沿螺旋叶片上升排出孔外。在软塑土层，含水量大时，可用疏纹叶片钻杆，以便较快地钻进。在可塑或硬塑黏土中或含水量较小的砂土中，应用密纹叶片钻杆，缓慢地均匀钻进。一节钻杆钻入后，应停机接上第二节，继续钻到要求深度。操作时要求钻杆垂直，钻孔过程中如发现钻杆摇晃或难以钻进时，可能遇到石块等异物，应立即停车检查。全叶片螺旋钻机成孔直径一般为300mm左右，钻孔深度为8～12m。它适用于地下水位以上的一般黏性土、砂土及人工填土地基，不宜用于地下水位以下的上述各类土及淤泥质土地基。

2. 潜水钻成孔的灌注桩

潜水钻成孔灌注桩宜用于一般黏性土、淤泥和淤泥质土及砂土地基，尤其适宜在地下水位较高的土层中成孔。

潜水钻机由防水电机、减速机构和钻头组成，潜入水中钻孔，钻孔后桩孔内放入钢筋骨架，再进行水下灌混凝土。在钻孔过程中，为了防止坍孔，应在孔中注入泥浆护壁。在杂填土或松软土层中钻孔时，应在桩位处埋设护筒，以起定位、保护孔口、维持水头等作用。护筒用钢板制作，内径应比钻头直径大10cm，埋入土中深度不宜小于1.0m。在护筒顶部应开设1～2个溢浆口。在钻孔过程中，应保持护筒内泥浆水位高于地下水位。在黏土中钻孔，可采用清水钻进，自造泥浆护壁，以防止坍孔；在砂土中钻孔，则应注入制备泥浆钻进，注入的泥浆密度（旧名称为比重）应当控制在1.1左右，排出泥浆的密度宜为1.2～1.4。钻孔达到要求的深度后，必须清孔。以原土造浆的钻孔，清孔可用射水法，同时钻具只转不进，待泥浆密度降到1.1左右即认为清孔合格；以注入制备泥浆的钻孔，可采用换浆法清孔，至换出泥浆的密度小于1.15～1.25时方为合格。

钻孔灌注桩的桩孔钻成并清孔后，应尽快吊放钢筋骨架并灌注混凝土。在无水或少水的浅桩孔中灌注混凝土时，应分层浇注振实，每层高度一般为0.5～0.6m，不得大于1.5m。混凝土坍落度在一般黏性土中宜为5～7cm；砂类土中为7～9cm；黄土中为6～9cm。灌注混凝土至桩顶时，应适当超过桩顶设计标高，以保证在凿除浮浆层后，桩顶标高和质量能符合设计要求。

（三）爆扩灌注桩

爆扩灌注桩又称“爆扩桩”，它是用钻孔或其他方法成孔，孔底放入炸药，再灌入适量的混凝土加压，然后引爆，使孔底形成扩大头，此时孔内混凝土落入孔底空腔内，再放置钢筋骨架，浇筑桩身混凝土而制成灌注桩。

爆扩桩在黏性土层中使用效果较好，但在软土及砂土中不易成型。桩长一般为3～6m，最大不超过10m，桩底扩大头直径通常为桩身直径的2.5～3.5倍。这种桩具有成孔简单、节省劳力和成本低等优点，但质量检查困难，施工要求严格。

（四）人工挖孔灌注桩

人工挖孔灌注桩（以下简称“人工挖孔桩”）是采用人工挖掘方法成孔，然后安装钢筋笼、浇筑混凝土而制成的灌注桩。

人工挖孔桩同其他灌注桩相比具有很多优点，即：设备简单；桩径大，承载能力高；施工现场较干净；对周围环境的干扰小；施工速度快，可根据施工进度要求同时开挖多根桩孔；施工质量可靠，可直接观察到土层变化情况，桩底沉渣能清理干净；质量检查直观、方便。因此，近年来随着我国高层建筑和超高层建筑的发展，人工挖孔桩得到了较为广泛的应用。

人工挖孔桩所需机具设备比较简单，主要包括挖土垂直运输设备(电动葫芦或手摇绞车)、抽水和送风设备(潜水泵、鼓风机)、挖土工具(锹、镐及风镐)、井下照明和通话设施(低压照明灯、对讲机)等。

为了确保人工挖孔桩施工过程中的安全，防止井孔坍塌，施工中必须按设计要求护壁。护壁方法可采用砖护壁、钢筋混凝土护壁、型钢或木板桩工具式护壁、沉井等。

人工挖孔桩采用分段开挖，每段高度取决于土壁保持直立状态的能力，一般0.5～1.0m为一施工段，开挖范围为设计桩径加周边护壁的厚度。孔道护壁高度应同步于开挖土方施工段的高度，要求护壁可靠，能达到防止井孔坍塌的要求，如有防水要求还需起到防水作用。当护壁采用混凝土浇筑时，应在护壁混凝土的强度达到1MPa后(常温下约24h)方可拆模，再开挖下一段土方。如此循环，直至挖到桩底标高。浇筑混凝土前，应清除孔底浮渣，排除孔底积水，然后安放钢筋笼，浇筑桩身混凝土。

在人工挖孔桩施工中，应制定切实可行的质量保证措施和安全施工措施。

桩孔中心线的平面位置偏差要求不宜超过50mm，桩的垂直度偏差要求不超过1%，桩径不得小于设计直径。为了保证桩孔的平面位置和垂直度符合要求，桩位的测量放线应由专人负责并校核；在开挖过程中，每挖一施工段后，砌筑或安装护壁时，可用一个十字架放在孔口上方，十字架交叉点对准预先标定好的桩位中心，在十字架交叉点悬吊垂球以对中，使每一段护壁符合轴线要求，以保证桩身的垂直度。

桩身混凝土应一次连续浇筑完毕，不留施工缝。浇筑前应认真地清除孔底的土和水。浇筑过程中，要防止地下水的过多流入，应采用有效的措施排去积水，保证浇筑层表面不存有积水层。如果地下水穿过护壁流入孔内的水量较大且无法抽干时，则应采用导管法浇筑水下混凝土。

人工挖孔桩施工，工人在井下作业，施工安全应予以特别重视，必须按安全操作规程施工，制定可靠的安全措施。施工人员进入孔内必须戴安全帽；孔内有人施工时，孔上必须有人监督防护；护壁要高出地面100～300mm，以防杂物落入孔内伤人；孔周围要设置安全防护栏杆；施工间歇期，孔口需加盖防护；孔下照明用36V安全电压，以防漏电伤人；现场需配置鼓风机，以便向井下输送新鲜空气，排除有害气体；现场使用电器，必须有触电保护措施等。

第三节　砌筑工程

一、砌筑用材料及脚手架

(一)砌筑用材料

1. 砌筑用砂浆

砂浆是用来充填块体之间的空隙，并将其黏结成一整体，使荷载从上层块体均匀地传至下层块体。

砂浆由胶凝材料、细骨料和水组成。砂浆中常用的胶凝材料有水泥、石灰等，细骨料一般用普通砂；此外，还可加入少量的掺合料以改善砂浆性能。按胶凝材料不同，砂浆可分为水泥砂浆、石灰砂浆和水泥石灰混合砂浆。

水泥的品种和等级应按设计要求选用。水泥必须具有出厂合格证，如遇水泥强度等级不明或出厂日期超过3个月（袋装水泥）时，应经试验合格后方可使用。不同品种的水泥不得混合使用。

生石灰熟化成石灰膏时，应用网过滤，并使石灰充分熟化，熟化时间不得少于7天。沉淀池存的石灰膏，应防止干燥、冻结和污染。严禁使用脱水硬化的石灰膏，否则将严重影响砂浆的强度。

砂浆用砂宜用中砂，并应过筛，不得含草根等杂物。砂的含泥量不应超过5%（M5以下水泥混合砂浆，砂的含泥量不应超过10%）。

砂浆用掺合料应有可靠的试验资料，其掺量、使用方法应严格按规定进行。砂浆配料应采用重量比，配料要准确。

砂浆宜采用机械拌制，并随拌随用。拌制的砂浆应具有良好的保水性能，水泥砂浆和水泥混合砂浆必须分别在拌成后3h和4h内使用完毕（如施工期间最高气温超过30℃，分别为2h和3h）。

2. 砌筑用块体

常用块体材料有普通黏土砖、空心砖及砌块等。材料的品种和强度等级必须符合设计要求，其外观要求尺寸准确，无缺棱、掉角、裂纹和翘曲现象。

砖在砌筑前一天或半天（视天气情况而定）应浇水湿润，以免砖过多吸收砂浆中的水分，使砂浆流动性降低，砌筑困难，并影响砂浆的黏结力和强度。但应注意浇水不能过多；否则不仅会使砖不能吸收砂浆中的多余水分，影响砂浆的密实性、强度和黏结力，而且还会产生掉灰和砖块滑动现象，使墙面不洁净，灰缝不平直，墙面不平整。一般情况下，普通黏土砖、空心砖含水率以10%～15%为宜；灰砂砖、粉煤灰砖的含水率以5%～8%为宜。

（二）砌筑用脚手架

脚手架是砌筑工程中堆放材料和工人操作必不可少的临时设施，脚手架要求安全可靠，构造简单，便于装拆、搬运，经济、省料，并能多次使用。

1. 外脚手架

外脚手架沿建筑物外墙的外围搭设，宽度一般为1.5～2m，高度相当于整个建筑物墙身的高度。

（1）多立杆式脚手架　常用的有竹、木外脚手架和钢管扣件式外脚手架。竹、木外脚手架周转次数较少，材料耗用量大，但一次性投资较小；钢管扣件式外脚手架一次性投资较大，但周转次数多，摊销费用低，而且装拆方便，架设高度大。

外脚手架可搭设成单排式或双排式。单排式只有一排立柱，横向水平杆的另一端支撑在墙上，增加了脚手架的修补工作，影响墙身质量，而且稳定性较差。

为了防止脚手架因风荷载或其他水平荷载引起的向内或向外倾覆，必须设置能够承受拉力和压力的固定件。刚性固定件由连墙钢管、扣件、预埋件等组成；柔性固定件由铅丝或细钢筋、顶撑、钢管、木楔等组成。一般情况下，竖向每隔4m、水平方向每隔6m距离应设置固定件；当脚手架高超过30m时，水平方向改为4m。

（2）悬挑式脚手架　又称“挑梁式脚手架”，主要由横梁、三角支承架和一般扣件式钢管脚手架组成。它将落地钢管脚手架立柱的支承部位从地面移至建筑物的某一部位，立柱支撑在三角支承架上。由于它构造简单，使用方便，安全感强，适应任何立面的高层建筑施工需要，因此成为高层建筑外脚手架中的重要方法之一。

2. 里脚手架

里脚手架主要用于楼层上砌墙、粉刷和砌筑围护墙等。由于在使用过程中不断上翻，装拆较频繁，故要求其轻便灵活和装拆方便。目前，较多采用定型装配式和整体式内脚手架，常用的有折叠式、支柱式和门架式多种。脚手架应具有足够的强度、刚度和稳定性。

二、砌筑施工

（一）砌筑施工前的准备工作

（1）熟悉、审核施工图纸和设计说明，重点掌握墙身与轴线的关系、门窗洞口的位置和标高、预制构件的位置和标高、砂浆和砖的品种与强度等级等。

（2）按设计图纸复核墙轴线、外包线及洞口的位置和尺寸。

（3）绘制和钉立皮数杆。

（4）翻样和提加工定货单，主要包括墙体加筋及拉结筋的翻样加工、木砖的规格和数量、预埋铁件等。

（5）施工机具和脚手的准备，主要包括砂浆拌和机、垂直和水平运输设备、脚手架等。

（二）砌筑施工工艺及保证质量措施

1. 砌筑施工工艺

（1）抄平　砌墙前应在基础防潮层或楼面上定出各层标高，并用 M7.5 水泥砂浆或 C10 细石混凝土找平，使各段砖墙底部标高符合设计要求。找平时，需使上下两层外墙之间不致出现明显的接缝。

（2）放线　根据龙门板上给定的轴线及图纸上标注的墙体尺寸，在基础顶面上用墨线弹出墙的轴线和墙的宽度线，并分出门洞口位置线。

（3）摆砖　是指在放线的基面上按选定的组砌方式用干砖试摆，摆砖的目的是为了校对所放出的墨线在门窗洞口、附墙垛等处是否符合砖的模数，以尽可能减少砍砖，并使砌体灰缝均匀，组砌得当。

（4）立皮数杆　皮数杆，是指在其上划有每皮砖和砖缝厚度以及门窗洞口、过梁、楼板、梁底、预埋件等标高位置的一种标杆，它是砌筑时控制砌体竖向尺寸的标志。

皮数杆一般立于房屋的四大角、内外墙交接处、楼梯间以及洞口多的地方，大约每隔 10 ~ 15m 立一根。

（5）砌砖　砌砖时，先挂上通线，按所排的干砖位置把第一皮砖砌好，然后盘角，每次盘角不得超过六皮砖。在盘角过程中应随时用托线板检查墙角是否垂直平整，砖层灰缝是否符合皮数杆标志，然后在墙角安装皮数杆，以后即可挂线砌第二皮以上的砖。砌筑过程中应三皮一吊，五皮一靠，把砌筑误差消灭在操作过程中，以保证墙面垂直平整。砌一砖半厚以上的砖墙必须双面挂线。

（6）清理　当该层砖砌体砌筑完毕后，应进行墙面、柱面或落地灰的清理。

2. 砌筑施工保证质量措施

砌筑工程质量应符合《砌体工程施工质量验收统一标准》(GB50203—2002)的要求。砖墙砌体应横平竖直、砂浆饱满、上下错缝、内外搭砌、接槎可靠。

为了保证砖砌体的稳定,要求每一皮砖的灰缝横平竖直。砂浆的饱满程度对砌体的均匀传力、砌体之间的黏结和砌体强度影响较大。上面砌体的重量主要通过砌体之间的水平灰缝传递到下面,水平灰缝不饱满往往会使砖块折断。为此,规范规定实心砖砌体水平灰缝的砂浆饱满度不得低于80%,这样可满足设计规范所规定的砌体抗压强度的要求。

上下错缝,是指砌体上下两皮砖的竖缝应当错开,以避免"通天缝"。在垂直荷载作用下,砌体会由于"通天缝"丧失整体性而影响砌体强度。同时,内外搭砌,使同皮的里外砌体通过相邻上下皮的砖块搭砌而组砌得牢固。

"接槎"是指相邻砌体不能同时砌筑而又必须设置的临时间断,便于先砌砌体与后砌砌体之间的接合。为使接槎牢固,必须保证接槎部分的砌体砂浆饱满。实心砖砌体应砌成斜槎,斜槎长度不应小于高度的2/3。当留斜槎确有困难时,除转角处外,可从墙面引出不小于120mm的直槎,并加设拉结筋。

第四节　钢筋混凝土工程

混凝土系由胶凝材料、粗细骨料、水和外加剂按一定比例拌合而成的混合物,经硬化后所形成的一种人造石。混凝土的抗压能力大,但抗拉能力却很低(约为抗压能力的1/10),受拉时容易产生断裂现象。为了弥补这一不足,则在构件受拉区配上抗拉能力很强的钢筋与混凝土共同工作,各自发挥其受力特性,从而使构件既能受压又能受拉。这种配有钢筋的混凝土叫"钢筋混凝土"。

钢筋和混凝土这两种不同性质的材料之所以能共同工作,主要是由于混凝土硬化后紧紧握裹钢筋、钢筋受混凝土保护而不致锈蚀、钢筋与混凝土的线膨胀系数相近等原因。

钢筋混凝土得到普遍应用,主要由于它有以下优点。

(1)新浇混凝土具有较好的流动性　新浇混凝土可浇制成任意要求的形状和尺寸,这给建筑、结构设计提供了有利条件。

(2)成本低　混凝土所用骨料可就地取材,水泥产地普遍,用钢量少。

(3)结构耐久性能好　混凝土强度在相当长阶段内还随时间而增长,而且钢筋能长期受混凝土保护而不锈蚀。

(4)耐火性能好　混凝土的热传导性较差,即使遇到火灾或高温,钢筋的温度也不会很快上升而失去承载能力。

钢筋混凝土工程包括混凝土工程、钢筋工程、模板工程等。

一、钢筋工程

(一)钢筋的种类、现场验收及存放

1. 钢筋的种类

钢筋的种类很多，建筑工程中常用的钢筋按生产工艺分为热轧钢筋、冷拉钢筋、冷拔钢丝、热处理钢筋、碳素钢丝、刻痕钢丝和钢绞线等；按力学性能分为Ⅰ级钢筋、Ⅱ级钢筋、Ⅲ级钢筋和Ⅳ级钢筋等；按轧制外形分为光圆钢筋和变形钢筋；按钢筋直径大小分为钢丝（3～5mm）、细钢筋（6～10mm）、中粗钢筋（12～20mm）和粗钢筋（大于20mm）。

2. 钢筋的现场验收

进入现场的钢筋，都应有出厂质量证明书或试验报告单，每捆（盘）钢筋均应有标牌。进场时应按批号及直径分批验收，每批重量不超过60t。验收的内容包括查对标牌、外观检查、资料核查，并按有关规定抽取试样做力学性能试验，经验收合格后方可使用。

3. 钢筋存放

现场的钢筋必须严格按批分等级、牌号、直径、长度挂牌存放，并注明数量，不得混淆。钢筋应尽量堆入仓库或料棚内；条件不具备时，应选择地势较高、土质坚实、较为平坦的露天场地存放。在仓库或场地周围挖排水沟，以利泄水，钢筋下面需用垫木或其他材料加高，离地不宜少于200mm，同时，堆放场地应尽量远离产生有害气体的车间，以防钢筋锈蚀和污染。

（二）钢筋的冷加工

为了充分发挥材料的效用，提高钢筋的抗拉强度，达到节约钢筋的目的，常采用冷拉和冷拔方法对钢筋进行冷加工。

1. 钢筋的冷拉

钢筋冷拉是在常温下对钢筋进行强力拉伸，拉应力超过钢筋的屈服应力，使其产生较大的塑性变形，钢筋的内部组织（晶格）发生变化，从而提高钢筋的屈服点和抗拉强度。同时，随着时间的推移，钢筋在内应力作用下，促使内部组织的调整和稳定，钢筋随着调整过程逐步消除内应力，获得新的稳定的屈服点，强度得以进一步提高。前者称“冷强”，后者称“时效”。

钢筋冷拉的控制方法有控制应力法和控制冷拉率法两种。控制应力法精确度较高，多用于预应力钢筋的冷拉。而控制冷拉率法操作方便，但冷拉后应力精度不及前者。

钢筋冷拉速度不宜过快，一般以0.5～1m/min较为适宜。当拉至控制值时，应停车2～3min后再行放松，使钢筋晶格变形较为完全，减少钢筋的弹性回缩。

钢筋冷拉后，应对它的外观和机械性能进行检查，分批进行验收。每批由不大于20t的同级别、同直径的冷拉钢筋组成。

钢筋表面不得有裂纹和局部缩颈，当用做预应力筋时，应逐根检查。钢筋机械性能检验包括拉力和冷弯试验，从每批冷拉钢筋中抽取两根钢筋，每根取两个试样分别试验，试验结果应符合规范的规定。当有一项试验结果不符合规定时，应另取双倍数量的试样重做各项试验，如果仍有一个试样不合格时，则该批冷拉钢筋为不合格品。

2. 钢筋的冷拔

钢筋冷拔是在常温下通过合金拔丝模，强制钢筋沿轴向拉伸并在径向压缩，使钢筋产生较大塑性变形，从而提高钢筋抗拉强度。冷拔用于拉拔ϕ6～ϕ8的Ⅰ级光圆钢筋，经冷拔后的钢丝称冷拔低碳钢丝。甲级冷拔钢丝用于中小型构件的预应力筋，乙级则用于一般焊接骨架、网片和构造筋。

通常冷拔工艺由轧头、剥壳和拔丝三个主要过程组成。轧头是为便于插入专用的拔丝模;剥壳是为了减小钢筋与模孔的摩擦力,以免拉断或损伤钢筋表面。

影响冷拔质量的因素有很多,如母材质量、冷拔工艺、引拔的次数、冷拔总压缩率等。冷拔总压缩率越大,钢丝的强度提高得越多,钢丝的塑性降低越多,脆性越大。因此,总压缩率必须控制。

冷拔低碳钢丝的检查验收,主要检验钢丝的外观和机械性能。外观应逐盘检查,钢丝表面不得有裂纹和损伤。甲级冷拔丝应逐盘检验机械性能,抽样方法是从每盘钢丝任一端截取试件两个,由试验室做拉力和冷弯试验。乙级冷拔丝则按批抽样,按直径每5t为一批,每批抽测三盘,每盘取两个试件,分别做拉力和冷弯试验,试验结果应符合规范的规定。

(三)钢筋的焊接

常用的钢筋焊接方法有闪光对焊、电弧焊、电渣压力焊和电阻点焊等。

1. 闪光对焊

闪光对焊属于接触焊,它是利用对焊机使两段钢筋接触,通过低电压的强电流,使钢筋被加热到一定温度直至端部熔融后,进行轴向加压顶锻而形成对焊接头。

根据钢筋的品种、直径和所用对焊机功率大小,闪光对焊分为连续闪光焊、预热闪光焊和闪光—预热—闪光焊。对于可焊性差的钢筋,对焊以后应采取通电热处理的方法,以改善对焊接头的塑性。

钢筋对焊后,应及时对焊接接头进行质量检查。对焊接头表面不应有裂纹和明显的烧伤;接缝处应适当镦粗,毛刺均匀;接头处钢筋轴线偏移不大于$0.1d$,并不得大于2mm;接头弯折不大于4°。对焊接头还应按钢筋品种和直径分批进行拉伸和冷弯试验,试验结果应符合规范中的有关规定。

2. 电弧焊

电弧焊是利用直流或交流弧焊机使焊条与焊件之间产生高温电弧,使焊条及电弧范围内的焊件熔化,待其凝固便形成焊缝或接头。电弧焊广泛用于钢筋接头、钢筋骨架焊接、装配式结构接头的焊接、钢筋与钢拔的焊接及各种钢的结构焊接。

钢筋电弧焊的接头形式有搭接焊接头(单面焊缝或双面焊缝)、帮条焊接头(单面焊缝或双面焊缝)、坡口焊接头(平焊或立焊)等。

焊接电流、焊条质量及焊接工艺是影响电弧焊质量的三个主要因素。焊接电流应根据钢筋和焊条的直径来选择,焊条的种类应根据钢材等级和焊接接头形式来选择。

电弧焊的钢筋接头均应进行质量检查,检查合格后方可继续施工。搭接接头的长度、帮条的长度、焊缝的宽度和高度等均应符合规范规定;搭接焊、帮条焊和坡口焊的接头拉伸试验应符合规定;如对焊接质量有怀疑或发现异常情况时,应进行非破损方式检验(X射线、γ射线、超声波探伤等),检验结果应符合要求。

3. 电渣压力焊

电渣压力焊在建筑工程施工中多用于竖向钢筋的焊接接长。电渣压力焊所用的焊机,即一般的交流电焊机,焊接大直径钢筋时,可将同型号、同功率的几台交流电焊机并联,夹具要求灵活,上下钳口同心;否则,不能满足规范的规定(上下钢筋轴线最大偏移不

得大于 $0.1d$,同时不得大于 2mm)。

电渣压力焊的焊接参数为焊接电流、渣池电压和通电时间,现场应根据钢筋直径选择。

4. 电阻点焊

电阻点焊主要用于钢筋的交叉连接,如用来焊接钢筋网片、钢筋骨架等。它一般在钢筋车间或钢筋棚操作。

常用的点焊机有单点点焊机、多头点焊机(一次可焊数点,用于焊接宽大的钢筋网)、悬挂式点焊机(可焊钢筋骨架或钢筋网)、手提式点焊机(用于施工现场)。

电阻点焊的主要焊接参数为电流强度、通电时间和电极压力与焊点压入深度等,故应根据钢筋级别、直径及焊机性能合理选择。

焊点应进行外观检查和强度试验,热轧钢筋的焊点应进行抗剪试验,冷处理钢筋的焊点除进行抗剪试验外,还应进行拉伸试验。

(四)钢筋的配料和代换

1. 钢筋配料

钢筋配料就是根据施工图,分别计算出钢筋下料长度和根数等,填写配料单,申请加工。配料单的形式,见表 1-3 所示。

表 1-3 钢筋配料单

料件名称	钢筋编号	简图	钢号	直径	下料长度(mm)	单位根数	合计根数	质量/kg
	①							
	②							

(1)钢筋下料长度的计算原则及一般规定

①钢筋的外包尺寸　结构施工图中所指钢筋长度是钢筋外边缘至外边缘之间的长度,即外包尺寸,这是施工中量度钢筋长度和验收的基本依据。

②混凝土保护层厚度　混凝土保护层厚度是指纵向钢筋外边缘至混凝土表面的距离,其大小应根据设计要求。如设计无要求时,应符合规范规定。

③钢筋的弯钩或弯折　Ⅰ级钢筋的末端应做 180°弯钩;箍筋的末端应做弯钩,弯钩形式应符合设计要求。

④量度差值　钢筋弯曲后,外边缘伸长,内边缘缩短,而中心线保持不变。量度差值是指钢筋的外包尺寸与中心线长度之间存在的差值,俗称弯曲伸长值。

(2)配料计算的注意事项

①在设计图纸中,没有注明钢筋配置的细节问题时,一般可按构造要求处理。

②配料计算时,要考虑钢筋的形状和尺寸,在满足设计要求的前提下,有利于加工安装。

③配料时,还要考虑施工需要的附加钢筋。例如,后张法预应力构件预留孔道定位用的钢筋井字架、基础双层钢筋网中保证上层钢筋网位置用的钢筋撑脚、墙板双层钢筋网中固定钢筋间距用的钢筋撑铁、柱钢筋骨架增加四面斜筋撑等。

2. 钢筋代换

当施工中遇有钢筋品种或规格与设计要求不符时，在征得设计单位、监理单位和业主同意的前提下进行钢筋代换，钢筋代换应注意以下几点。

(1)某些重要构件如吊车梁、薄腹梁和桁架下弦等，不宜用Ⅰ级光圆钢筋代替螺纹钢筋，以免裂缝宽度开展过大。

(2)梁的纵向受力钢筋及弯起钢筋要分别进行代换，以同时保证正截面与斜截面强度。

(3)偏心受压或受拉构件的钢筋代换，不能按正截面配筋量计算，应按受拉或受压钢筋分别代换。

(4)钢筋代换后，仍应满足结构构造要求，如钢筋最小直径、间距、根数和锚固长度等。

(五)钢筋的绑扎与安装

钢筋绑扎和安装前应先熟悉施工图纸，核对成品钢筋的钢号、直径、形状、尺寸和数量等是否与配料单、料牌相符，准备绑扎需用的材料和工具等。

钢筋绑扎用的铁丝，可采用20～22号铁丝(火烧丝)或镀锌铁丝(铅丝)，其中22号铁丝只用于绑扎直径12mm以下的钢筋。

钢筋绑扎程序是划线、摆筋、穿箍、绑扎、安放垫块等。划线时应注意间距、数量，标明加密箍筋位置。板类摆筋顺序一般先排主筋后排副筋，梁类一般先摆纵筋。摆放有焊接接头和绑扎接头的钢筋应符合规范规定。有变截面的箍筋，应事先将箍筋排列清楚，然后安装纵向钢筋。

钢筋安装完毕后，应检查下列方面：根据设计图纸检查钢筋的钢号、直径、根数、间距是否正确，特别要注意检查负筋的位置；检查钢筋接头的位置及搭接长度是否符合规定；检查混凝土保护层是否符合要求；检查钢筋绑扎是否牢固，有无松动变形现象；钢筋表面不允许有油渍、漆污和颗粒状(片状)铁锈；安装钢筋时的允许偏差不得大于规范规定。

钢筋工程属于隐蔽工程，在浇筑混凝土前应对钢筋及预埋件进行验收，并做好隐蔽工程记录。

二、模板工程

模板系统包括模板、支架和紧固件三个部分。它是保证混凝土在浇筑过程中保持正确的形状和尺寸、在硬化过程中进行防护和养护的工具。为此，模板系统必须符合下列要求。

(1)能保证工程结构和构件各部位形状、尺寸和相互位置的正确。

(2)具有足够的强度、刚度和稳定性，能可靠地承受新浇混凝土的自重和侧压力，以及在施工过程中所产生的荷载。

(3)构造简单，装拆方便，便于钢筋的绑扎与安装、混凝土的浇筑及养护等工艺要求。

(4)模板拼缝应严密，不应漏浆。

(5)能多次周转使用，一次性投资或每次摊销费用低。

(一)模板的种类

模板按其所用的材料不同，可分为木模板、钢模板、钢木模板、胶合板模板以及塑料模板等；按其形式不同，可分为整体式模板、定型模板、工具式模板、滑升模板以及胎模等。

1. 木模板

木模板由一些板条用拼条钉拼而成，板条厚度一般为25～50mm，板条宽度不宜超过200mm，以保证干缩时缝隙均匀，浇水后易于密缝；但梁底模板的板条宽度不限制，以免漏浆。拼条的断面尺寸和间距取决于新浇混凝土的侧压力和板条的厚度。

木模板具有尺寸组合方便、一次性投资小等优点，但其强度和刚度较差，模板周转次数少，每次摊销费用高，同时，不利于环保。因此，在有条件使用其他模板时，应少用木模板。

2. 钢模板

钢模板，也称"定型组合钢模板"，它是一种工具式模板，由具有一定模数的很少类型的板块、角模、支撑以及连接件组成。用它可以拼出多种尺寸和几何形状，以适应不同构件施工的需要，也可用它拼成大模板、隧道模和台模等。

钢模板具有轻便灵活、装拆方便、周转次数多以及每次费用摊销少等优点。因此，钢模板在许多工程中被广泛地采用。

钢模板包括平面模板（P）、阴角模板（E）、阳角模板（Y）和连接角模（J）。钢模板采用模数制设计，宽度模数以50mm进级，长度以150mm进级，可以适应横竖拼装，拼接成所要求的模板；如拼装时出现不足模数的空缺，则可以镶木条补缺，用钉子或螺栓将木条与板块边框上的孔洞连接。为了便于板块之间的连接，钢模板边框上有连接孔，孔距均为150mm，端部孔距边肋为75mm。

（二）模板施工要点

1. 基础模板的施工要点

（1）安装模板前，应先复查地基垫层标高及中心线位置，弹出基础边线。

（2）基础下段模板如果土质良好，可以用土模，但开挖基坑和基槽尺寸必须准确。

（3）杯芯模板要刨光，应直拼。如设底板，应使侧板包底板，底板要钻几个孔以便排气。芯板外表面涂隔离剂，四角做成小圆角，灌混凝土时上口要临时遮盖。

（4）杯芯模板的拆除要掌握混凝土的凝固时间，一般在初凝前后即可用锤轻打，撬棒松动。较大的芯模，可用倒链将杯芯模板稍加松动后拔出。

（5）浇筑混凝土时要注意防止杯芯模板向上浮升或四面偏移，模板四周混凝土应均衡浇捣。

（6）脚手板不应搁置在基础模板上。

2. 柱模板的施工要点

（1）安装时先在基础面（楼面）上弹出纵横轴线和四周边线，柱脚抄平。

（2）对通排柱模板，应先装两端柱模板，校正固定，拉通线校正中间各柱模板。

（3）柱模板可用木模或钢模，由地面起每隔1～2m应留一道施工口，以便混凝土灌捣；否则，应有其他措施，柱脚应设清理孔。

（4）柱模板宜加柱箍，用四根小方木互相搭接钉牢，或用工具式柱箍，柱箍断面及间距应计算确定。

（5）为便于拆模，柱模板与梁模板连接时，梁模板宜缩短2～3mm并锯成小斜面。

3. 梁模板的施工要点

(1)梁跨度大于或等于4m时，底板应起拱，起拱高度由设计定。如设计无规定时，起拱高度宜为全跨长度的1/1 000～3/1 000。

(2)支柱(琵琶撑)之间应设拉杆，离地面50cm一道，以上每隔2m左右设一道。支柱下均应垫楔子和通长垫板，垫板下的土面应拍平夯实，楔子待支撑校正标高后钉固。

(3)当梁底距地面过高时，宜搭设排架支模。

(4)梁较高时，可先装梁的一侧模板，待钢筋绑扎安装结束后，再封另一侧模板。

(5)上下层模板的支柱，宜安装在一条竖向中心线上。

4. 板模板的施工要点

(1)楼板模板铺板时，一般只要求在两端及接头处钉牢，中间尽量少钉以便拆模。如采用定型钢模板时，须按其规格、距离铺设搁栅。不够铺一块定型模板的空隙，可用木板镶满或用2～3mm厚铁皮盖住。

(2)采用桁架支模时，应根据载重量确定桁架间距。桁架上弦要放小木方，用铁丝绑紧。两端支承处要设木楔，在调整标高后钉牢。桁架之间应设拉结条，保持桁架垂直。

(3)当板跨度大于或等于4m时，模板应起拱。当设计无具体要求时，起拱高度宜为全跨长度的1/1 000～3/1 000。

(4)挑檐模板必须撑牢拉紧，防止外倒，以确保安全。

5. 墙模板的施工要点

(1)先弹墙中心线和两边线，选择一边先装，竖立档、横档及斜撑，钉侧板时要在顶部用线锤吊直，拉线找平、撑牢钉实。

(2)待钢筋绑扎安装后，墙底清理干净，再竖另一边模板。

(3)为保证混凝土墙体厚度，两模板间应加撑头，撑头可用水泥砂浆或混凝土预制。

(4)墙模板用对拉螺栓时，应验算螺杆的布置和直径，以确保能承受新浇混凝土的侧压力和其他水平荷载。

(三)模板的拆除及安全注意事项

模板的拆除时间取决于混凝土的强度、模板的用途、结构性质、混凝土硬化时的气温。及时拆模可提高模板的周转率，也可为后续工作创造工作面。但过早拆模，混凝土会因强度不足而不能承受本身重量和部分外部荷载，会造成重大的质量和安全事故。

对于侧模，在混凝土强度能保证其表面及棱角不因拆除模板而受损坏后，方可拆除。对于底模，混凝土强度应达到设计要求；当设计无要求时，应符合规范规定的强度后方可拆除。

拆模应遵循“先支后拆，后支先拆”的原则，先拆除非承重部分，后拆除承重部分。对于重大复杂的模板拆除，应制定拆模方案。

在拆模时，应尽量避免混凝土表面或模板受到损坏，以免整块下落伤人。拆下的模板有钉子的，要使钉尖朝下，以免扎脚。拆完后，应及时加以清理、修理，按种类及尺寸分别堆放，以便下次使用。对定型组合钢模板，倘若背面油漆脱落，应补刷防锈漆。已拆除模板及其支架的结构，应在混凝土强度达到设计的混凝土强度标准值后，才允许承受全部使用荷载。

三、混凝土工程

混凝土工程包括混凝土配料、搅拌、运输、浇筑、养护等施工过程。

(一)混凝土的配制与搅拌

1. 混凝土的配制

混凝土的施工配合比,应保证结构设计对混凝土强度等级及施工对混凝土和易性的要求,并应符合合理使用材料、节约水泥的原则,必要时,还应符合抗冻性、抗渗性等要求。

混凝土制备之前按下式确定混凝土的施工配制强度,以达到95%的强度保证率。

$$f_{cu,o} = f_{cu,k} + 1.645\sigma \tag{1-5}$$

式中 $f_{cu,o}$——混凝土的施工配制强度,N/mm^2;

$f_{cu,k}$——设计的混凝土强度标准值,N/mm^2;

σ ——施工单位的混凝土强度标准差,N/mm^2。

施工配料是保证混凝土质量的重要环节之一,必须加以严格控制。影响混凝土质量的因素主要有两个方面:一是称量不准;二是未按砂、石骨料实际含水率的变化进行施工配合比的换算。因此,在施工中必须根据砂石含水量及时进行施工配合比的换算和严格控制称量。

2. 混凝土搅拌

混凝土搅拌是指将各种组成材料拌制成质地均匀、颜色一致、具有一定流动性的混凝土拌合物。

混凝土制备的方法,除工程量很小且分散可用人工拌制外,其余皆应采用机械搅拌。混凝土搅拌机按其搅拌原理分为自落式和强制式两类。

为了获得均匀优质的混凝土,除合理选择搅拌机外,还必须制定正确的搅拌制度,即搅拌时间、投料顺序以及进料容量。

(1)搅拌时间　应从全部材料投入搅拌筒起,到开始卸料为止所经历的时间,它与搅拌质量密切相关。搅拌时间过短,混凝土不均匀,强度及和易性都将下降;搅拌时间过长,不但降低搅拌的生产效率,同时会使不坚硬的粗骨料在大容量搅拌机中因脱角、破碎等而影响混凝土的质量,对于加气混凝土也会因搅拌时间过长而使含气量下降。

(2)投料顺序　应从提高搅拌质量、减少叶片和衬板的磨损、减少拌合物与搅拌筒的黏结、减少水泥飞扬、改善工作环境、提高混凝土强度、节约水泥等方面综合考虑确定。常用一次投料法、二次投料法和水泥裹砂法等。

①一次投料法　先倒砂子(或石子),再倒水泥,然后倒入石子(或砂子),将水泥夹在砂、石之间,最后加水搅拌。

②二次投料法　它又分为预拌水泥砂浆法和预拌水泥净浆法两种。

a. 预拌水泥砂浆法。先将水泥、砂和水加入搅拌筒内进行充分搅拌,成为均匀的水泥砂浆后,再加入石子搅拌成均匀的混凝土。

b. 预拌水泥净浆法。先将水泥和水充分搅拌成均匀的水泥净浆后,再加入砂和石子搅拌成混凝土。

国内外的试验表明,二次投料法搅拌的混凝土与一次投料法相比较,混凝土强度可提高约 15%；在强度等级相同的情况下，可节约水泥约 15% ~ 20%。

③水泥裹砂法（又称“SEC 法”）　用这种方法拌制的混凝土称为“造壳混凝土”，又称“SEC 混凝土”。这种混凝土就是在砂子表面造成一层水泥浆壳。主要采取两项工艺措施：一是对砂子的表面湿度进行处理，控制在一定范围内；二是进行两次加水搅拌。第一次加水搅拌称为“造壳搅拌”，就是先将处理过的砂子、水泥和部分水搅拌，使砂子周围形成黏着性很高的水泥糊包裹层，加入第二次水及石子，经搅拌，部分水泥浆便均匀地分散在已经被造壳的砂子及石子周围。

采用 SEC 法制备的混凝土与一次投料法相比较，强度可提高 20% ~ 30%，混凝土不易产生离析现象，泌水少，工作性好。

(3)进料容量　又称“干料容量”，即搅拌前各种材料的累加体积。进料容量与搅拌机搅拌筒的几何容积有一定的比例关系，一般为 0.22 ~ 0.40。当进料容量超过规定容量的 10% 以上时，材料在搅拌筒内就无充分的空间进行拌合，影响混凝土拌合物的匀质性；反之，如装料过少，则又不能充分发挥搅拌机的效能。

对拌制好的混凝土，应经常检查其匀质性与和易性，如有异常情况，应及时检查其配合比和搅拌情况，并加以纠正。

（二）混凝土的运输

对混凝土拌合物运输的基本要求是：不产生离析现象，保证规定的坍落度和混凝土初凝之前能有充分的时间进行浇筑和捣实。

匀质的混凝土拌合物，为介于固体和液体之间的弹塑性物体，其中的骨料，由于作用其上的内摩阻力、黏着力和重力处于平衡状态，而能在混凝土拌合物内均匀分布和处于固定位置。在运输过程中，由于运输工具的颠簸振动等动力的作用，黏着力和内摩阻力将明显削弱。骨料因此失去平衡状态，在自重作用下向下沉落，质量越大，向下沉落的趋势越明显。由于粗、细骨料和水泥浆的质量各异，因而各自聚集在一定深度，形成分层离析现象，这对混凝土质量是有害的。为此，运输道路要平坦，运输工具要选择恰当，运输距离要限制，以防止分层离析。如已产生离析，在浇筑前要进行二次搅拌。

此外，运输混凝土的工具要不吸水、不漏浆，且运输时间有一定限制，普通混凝土从搅拌机中卸出后到浇筑完毕的延续时间不宜超过混凝土的初凝时间。

混凝土运输分为地面运输、垂直运输和楼面运输三种。

地面运输工具一般用双轮手推车、机动翻斗车、混凝土搅拌运输车和自卸汽车。双轮手推车和机动翻斗车多用于路程较短的场内运输。当混凝土需用量较大，运距较远或使用商品混凝土时，则多采用自卸汽车和混凝土搅拌运输车。

楼面运输可用双轮手推车，也可用塔式起重机、井架、混凝土泵等。楼面运输应采取有效措施保证模板和钢筋位置。

混凝土的垂直运输，多采用塔式起重机加料斗、井架或混凝土泵等。

（三）混凝土的浇筑与捣实

1. 混凝土浇筑前的检查与准备

(1)模板检查　主要检查模板的位置、标高、截面尺寸、垂直度是否正确，接缝是否严密，预埋件数量和位置是否符合图纸要求，支撑是否牢固。此外，还需清理模板内的木屑和垃圾等杂物。

(2)钢筋检查　主要是对钢筋的规格、数量、位置、接头是否正确,是否沾有油污等进行检查,并填写隐蔽工程验收单,安排专人配合浇筑混凝土时的钢筋修整工作。

(3)材料、机具、道路的检查　对材料主要是检查其品种、规格、数量与质量;对机具主要是检查其数量、运转是否正常;对地面与楼面运输道路主要是检查其是否平坦,运输工具能否直接到达各个浇筑部位。

(4)准备工作　与水、电供应部门联系,防止水、电供应中断;了解天气预报,准备好防雨、防冻等措施;对机械故障做好修理和更换的准备;夜间施工准备好照明设备。

(5)安全设施检查及其他　即要做好安全设施检查、安全与技术交底、劳动力的分工,以及其他组织工作。

2. 混凝土浇筑

(1)混凝土浇筑的一般规定

①混凝土浇筑前不应发生初凝和离析现象;如已发生,必须在浇筑前进行二次搅拌。

②为了保证混凝土浇筑时不产生离析现象,混凝土自高处倾落时的自由倾落高度不宜超过 2m。

③为了使混凝土振捣密实,必须分层浇筑。

④混凝土的浇筑工作,应尽可能连续作业。如必须间歇,应尽量缩短其间歇时间,并在前层混凝土初终凝前,将次层混凝土浇筑完毕。

⑤在浇筑竖向结构混凝土时,应先在底部填 50 ~ 100mm 厚与混凝土相同的水泥砂浆,浇筑中不得发生离析现象。

(2)留设施工缝　混凝土的浇筑应尽可能连续进行,如因技术或组织上的原因不能连续浇筑,并且停歇时间有可能超过规定时,则应事先确定在适当位置留施工缝。

施工缝是结构受力的薄弱部位,因而宜留在结构受力最小的部位,同时又要兼顾到施工的方便。由于混凝土的抗拉强度约为其抗压强度的 1/10,因而施工缝宜留在剪力较小处。柱子施工缝留在基础顶面、梁或吊车梁牛腿的下面、吊车梁的上面和无梁楼盖柱帽的下面;与板连接为一体的大截面梁,施工缝宜留在板底以下 20 ~ 30mm 处;单向板的施工缝留在平行于短边的任何位置;有主次梁的楼盖,宜顺着次梁方向浇筑,施工缝留在次梁跨度的中间三分之一范围内。对于大体积混凝土、拱、薄壳以及其他结构复杂的结构,施工缝位置应按设计要求留设。

在施工缝处继续浇筑混凝土时,已浇筑的混凝土强度不应低于 1.2N/mm^2,以抵抗继续浇筑混凝土时的扰动。浇筑前应清除施工缝处的浮浆和松动石子,洒水润湿冲刷干净,然后浇一薄层水泥浆或与混凝土成分相同的水泥砂浆,再继续浇筑混凝土。

(3)混凝土浇筑方法

①现浇钢筋混凝土框架结构浇筑　钢筋混凝框架结构,一般按结构层次进行分层施工。如果平面面积较大,还应考虑分段施工,以便混凝土、钢筋、模板等工序能互相配合,进行流水作业。在每一施工层中,应先浇筑柱或墙,然后再依次浇筑梁和板。在每一施工段中的柱或墙,应按各层高度连续浇筑。每一排柱子的浇筑顺序应由外向内对称进行,禁止由一端向另一端推进,以免模板吸水膨胀后使一端受推倾斜。柱子浇筑宜在

梁、板钢筋绑扎之前进行，以便利用梁板稳定柱模和操作平台。柱子浇筑完后，应停歇1～1.5h，使混凝土初步沉实、排除泌水，而后再浇筑梁和板。梁、板应同时浇筑，先将梁的混凝土分层浇筑成阶梯形并向前推进，当起始点的混凝土达到板底位置时，与板的混凝土一起浇筑。当梁的高度大于1m时，为便于施工，可将梁单独浇筑至距板以下2～3cm处留设施工缝。

②大体积混凝土浇筑　大体积钢筋混凝土结构整体性要求较高，往往不允许留施工缝，要求一次连续浇筑完毕。另外，大体积钢筋混凝土结构浇筑后水泥的水化热量大，由于体积大，水化热聚积在内部不易散发，混凝土内部温度显著升高，而表面散热较快，这样形成较大的内外温差，内部产生压应力，而表面产生拉应力，若温差过大则易于在混凝土表面产生裂纹。在混凝土内部逐渐散热冷却产生收缩时，由于受到基底或已浇筑的混凝土的约束，接触处将产生很大的拉应力，当拉应力超过混凝土的极限抗拉强度时，约束接触处会产生裂缝，甚至会贯穿整个混凝土块体，由此带来严重的危害。大体积钢筋混凝土结构的浇筑，上述两种裂缝(尤其是后一种裂缝)都应设法防止。

要防止大体积混凝土浇筑后产生裂缝，就要降低混凝土的温度应力，这就必须减少浇筑后混凝土的内外温差(一般不宜超过25℃)。因此，应优先选用水化热低的水泥，降低水泥用量，掺入适量的粉煤灰，降低浇筑速度和减小浇筑层厚度，或采取人工降温措施。必要时，经过计算和取得设计单位同意后可留施工缝而分层浇筑。

大体积钢筋混凝土结构的浇筑方案，一般分全面分层、分段分层和斜面分层三种。全面分层法要求的混凝土浇筑强度较大，根据结构物的具体尺寸、捣实方法和混凝土供应能力，可通过计算选择浇筑方案。

③水下混凝土浇筑　钻孔灌注桩、沉井、沉箱及地下连续墙施工等，常需要进行水下浇筑混凝土，目前多采用导管法浇筑。浇筑前，导管下口先用球塞(木、橡皮等)堵塞，球塞用绳子或铁丝吊住，然后在导管内灌筑一定数量的混凝土，将导管插入水下使其下口距地底面的距离约300mm进行浇筑。当导管内混凝土的体积及高度满足上述要求后，剪断吊住球塞的绳子进行开管，使混凝土在自重作用下迅速排出球塞进入水中。此后，一面均衡地浇筑混凝土，一面慢慢地提起导管，导管下口必须始终保持在混凝土表面之下一定深度。

3. 混凝土捣实

混凝土浇入模板后，由于内部骨料之间的摩擦力、水泥净浆的黏结力、拌合物与模板之间的摩擦力，使混凝土处于不稳定的平衡状态，其内部是疏松的。而混凝土的强度、抗冻性、抗渗性以及耐久性等一系列性质，又都与混凝土的密实度有关。因此，在混凝土初凝之前必须采用适当的方法对其进行捣实，以保证其密实度。

混凝土捣实分人工捣实和机械振实两种方式。人工捣实是用捣锤或插钎等工具的冲击力来使混凝土密实成型，效率低、效果差；机械振实是将振动器的振动力传给混凝土使之发生强迫振动而密实成型，效率高、质量好。

混凝土振动机械按其工作方式分为内部振动器、表面振动器、外部振动器和振动台等。这些振动机械主要利用偏心轴或偏心块的高速旋转，使振动器因离心力的作用而振动。由于振动器的高频振动，水泥浆的凝胶结构受到破坏，从而降低了水泥浆的黏结力和骨料之间的摩擦力，提高了混凝土拌合物的流动性，使之能很好地填满模板内部，并获得较高的密实度。

(四)混凝土养护

混凝土浇捣后之所以能逐渐凝结硬化，主要是因为水泥水化作用的结果，而水化作用需要适当的湿度和温度。混凝土浇捣后，如气候炎热，空气干燥，不及时进行养护，混凝土中水分就会蒸发过快，出现脱水现象，使已形成凝胶体的水泥颗粒不能充分水化，不能转化为稳定的结晶，缺乏足够的黏结力，从而会在混凝土表面出现片状或粉状剥落，影响混凝土的强度。此外，在混凝土尚未具备足够的强度时，其中水分过早地蒸发还会产生较大的收缩变形，出现干缩裂纹，影响混凝土的整体性和耐久性。因此，混凝土浇筑后初期阶段的养护非常重要。在混凝土浇筑完毕后，应在12h以内加以覆盖和浇水，干硬性混凝土应于浇筑完毕后立即进行养护。

混凝土的自然养护是指在平均气温高于5℃的条件下于一定时间内使混凝土保持湿润状态。自然养护又可分为洒水养护和喷洒塑料薄膜养生液养护等。

洒水养护是用吸水保温能力较强的材料(如草帘、芦席、麻袋、锯末等)将混凝土覆盖，经常洒水使其保持湿润。养护时间长短取决于水泥品种，普通硅酸盐水泥和矿渣硅酸盐水泥拌制的混凝土，不少于7d；火山灰质硅酸盐水泥和粉煤灰硅酸盐水泥拌制的混凝土不少于14d；有抗渗要求的混凝土不少于14d。洒水次数以能保持混凝土具有足够的润湿状态为宜。

喷洒塑料薄膜养生液养护适用于不易洒水养护的高耸构筑物和大面积混凝土结构及缺水地区。它是将塑料薄膜养生液用喷枪喷洒在混凝土表面上，溶液挥发后在混凝土表面形成一层塑料薄膜，使混凝土与空气隔绝，阻止其中水分的蒸发，以保证水化作用的正常进行。在夏季，薄膜成型后要防晒，否则易产生裂纹。

复习思考题

1. 什么叫土的工程分类?
2. 土壁支撑的方式有哪些?
3. 基坑降水的方法有哪些?
4. 影响填土压实的因素主要有哪些?
5. 桩的作用是什么?
6. 桩基施工的准备工作有哪些?
7. 试述打桩顺序。
8. 简述钻孔灌注桩如何施工。
9. 简述砌筑材料的种类及质量要求。
10. 简述砌筑施工工艺及质量要求。
11. 钢筋混凝土有何优点?
12. 模板系统 由哪几部分组成? 其基本要求有哪些?
13. 混凝土应如何配制?

第二章

抹 灰 工 程

第一节　概　　述

一、抹灰工程的概念、作用和特点

（一）抹灰工程的概念

用水泥、石灰、石膏、砂（或石粒等）及其砂浆涂抹在建筑物的墙、顶、地、柱等表面上，直接做成饰面层的装饰工程称为“抹灰工程”，又称“抹灰饰面工程”，简称“抹灰”。

（二）抹灰工程的作用

(1)满足使用功能要求　抹灰层能起到保温、隔热、防潮、防风化、隔音等作用。

(2)满足美观的要求　抹灰层能使建筑物的界面平整、光洁、美观、舒适。

(3)保护建筑物　抹灰层能使建筑物或构筑物的结构部分不受周围环境中的风、雨、霜、雪、日晒、潮湿和有害气体等不利因素的侵蚀，延长建筑物的使用寿命。

（三）抹灰工程的特点

抹灰工程是建筑装饰工程中的一个重要组成部分。它具有工程量大、工期长、用工多、占用建筑物总造价的比例高等特点。

二、抹灰工程的分类

（一）根据抹灰部位的不同分

根据抹灰部位的不同，抹灰工程又分为室内抹灰和室外抹灰两种类型。

1. 室内抹灰

室内抹灰一般包括内墙面、顶棚、楼地面、墙裙、踢脚板、楼梯、柱体等处抹灰。

2. 室外抹灰

室外抹灰一般包括外墙面、屋檐、女儿墙、压顶、窗台、窗楣、腰线、阳台、雨篷、勒脚等处抹灰。

（二）根据使用材料及其装饰效果的不同分

根据使用材料及装饰效果的不同，抹灰工程可分为一般抹灰、装饰抹灰和特种砂浆抹灰三种类型。

1. 一般抹灰

一般抹灰通常是指用石灰砂浆、水泥砂浆、水泥混合砂浆、聚合物水泥砂浆、膨胀珍珠岩水泥砂浆和麻刀石灰、纸筋石灰、石灰膏等材料的抹灰。根据质量要求和主要工序的不同,一般抹灰又分为高级抹灰和普通抹灰两个级别,见表 2-1。

表 2-1　一般抹灰的级别、适用范围和工序要求

级　别	适用范围	工序要求
高级抹灰	适用于大型公共建筑物、纪念性建筑物(如剧院、礼堂、宾馆、展览馆和高级住宅等)以及有特殊要求的高级建筑等	一层底层、数层中层和一层面层。阴阳角找方,设置标筋,分层赶平、修整,表面压光。要求表面光滑、洁净,颜色均匀,线角平直、清晰、美观,接槎平整,无抹纹
普通抹灰	适用于一般居住、公用和工业建筑(如住宅、宿舍、教学楼、办公楼)以及高级建筑物中的附属用房	一层底层、一层中层和一层面层(或一层底层、一层面层)。阳角找方,设置标筋,分层赶平、修整,表面压光。要求表面洁净,线角顺直、清晰,接槎平整

2. 装饰抹灰

根据施工方法和装饰效果的不同,装饰抹灰又分为下列三种类型。

(1)水泥石灰类装饰抹灰　包括拉毛灰、洒毛灰、搓毛灰、扒拉灰、扒拉石、拉条灰、仿石抹灰和假面砖等。

(2)石粒类装饰抹灰　包括水刷石、干粘石、斩假石、水磨石以及机喷石、机喷石屑和机喷砂等。

(3)聚合物水泥砂浆装饰抹灰　包括喷涂、滚涂和弹涂等。

3. 特种砂浆抹灰

根据建筑物的特殊功能要求的不同,特种砂浆抹灰又分为保温隔热砂浆抹灰、耐酸砂浆抹灰和防水砂浆抹灰等。

三、抹灰层的组成及其砂浆的选用

(一)抹灰层的组成

为了使抹灰层与基层黏结牢固,防止起鼓开裂,并使抹灰层的表面平整,保证工程质量,抹灰层应分层涂抹。抹灰层一般由底层、中层和面层组成,如图 2-1 所示。底层主要起与基层(基体)黏结作用,中层主要起找平作用,面层主要起装饰美化作用。抹灰层的组成、作用、基层材料和一般做法,见表 2-2 所示。

(二)抹灰层砂浆的选用

抹灰饰面所采用的砂浆品种,一般应按设计要求来选用,如设计无要求时,则应符合下列规定。

(1)室外墙面、门窗洞口的外侧壁、屋檐、勒脚、压檐墙等,用水泥砂浆或水泥混合砂浆。

(2)湿度较大的房间和工厂车间,用水泥砂浆或水泥混合砂浆。

(3)混凝土板和墙的底层抹灰,用水泥混合砂浆或水泥砂浆。

(4)硅酸盐砌块的底层抹灰,用水泥混合砂浆。

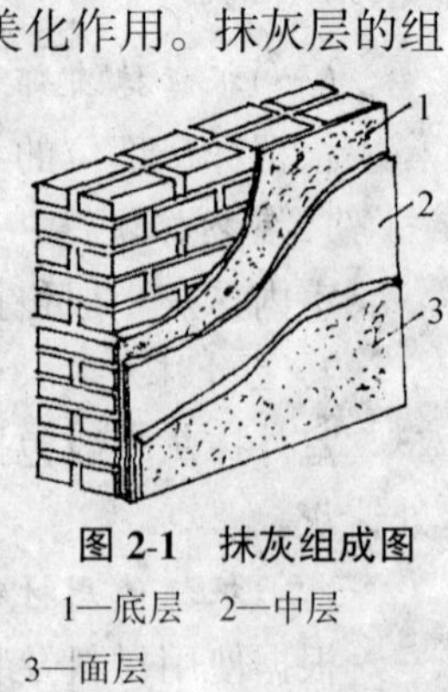

图 2-1　抹灰组成图

1—底层　2—中层
3—面层

(5)板条、金属网顶棚和墙的底层和中层抹灰，用麻刀灰砂浆或纸筋石灰砂浆。

(6)加气混凝土砌块和板的底层抹灰，用水泥混合砂浆或聚合物水泥砂浆。

表 2-2　抹灰层和组成、作用、基层材料和一般做法

层次	作用	基层材料	一般做法
底层	主要起与基层黏结作用，兼起初步找平作用。砂浆稠度为 10～12cm	砖墙基层	①室内墙面一般采用石灰砂浆、石灰炉渣浆打底 ②室外墙面、门窗洞口的外侧壁、屋檐、勒脚、压檐墙等及湿度较大的房间和车间宜采用水泥砂浆或水泥混合砂浆
		混凝土基层	①宜先刷素水泥浆一道，采用水泥砂浆或混合砂浆打底 ②高级装饰顶板宜用乳胶水泥砂浆打底
		加气混凝土基层	宜用水泥混合砂浆或聚合物水泥砂浆打底。打底前先刷一遍聚乙烯醇缩甲配合胶水溶液
		硅酸盐砌块基层	宜用水泥混合砂浆打底
		木板条、苇箔、金属网基层	宜用麻刀灰、纸筋灰或玻璃丝灰打底，并将灰浆挤入基层缝隙内，以加强拉结
		平整光滑的混凝土基层，如大板、大模墙体基层	可不抹灰，采用刮腻子处理
中层	主要起找平作用。砂浆稠度为 7～8cm		①基本与底层相同。砖墙则采用麻刀灰或纸筋灰 ②根据施工质量要求可以一次抹成，也可以分遍进行
面层	主要起装饰作用。砂浆稠度 10cm		①要求大面平整、无裂纹，颜色均匀 ②室内一般采用麻刀灰、纸筋灰、玻璃丝灰；高级墙面用石膏灰浆和水砂面层。装饰抹灰采用拉毛灰、拉条灰、扫毛灰等。保温、隔热墙面用膨胀珍珠岩灰 ③室外常用水泥砂浆、水刷石、干黏石等

四、抹灰层的厚度

抹灰层应采取分层分遍涂抹的施工方法，以便抹灰层与基层黏结牢固、控制抹灰厚度、保证工程质量。如果一次抹得太厚，由于内外收水快慢不一，不仅面层容易出现干裂、起鼓和脱落，同时还会造成材料的浪费。

(一)总厚度

抹灰层的平均总厚度，应根据基体材料、工程部位和抹灰等级等情况来确定，并且不得大于下列数值。

(1)顶棚　板条、空心砖、现浇混凝土为 15mm；预制混凝土为 18mm；金属网为 20mm。

(2)内墙　高级抹灰为 25mm；中级抹灰为 20mm；普通抹灰为 18mm。

(3)外墙　外墙为 20mm；勒脚及突出墙面部分为 25mm。

(4)石墙　石墙为 35mm。

(二)每遍厚度

各层抹灰的厚度(每遍厚度)，应根据基层材料、砂浆品种、工程部位、质量标准以及各地区气候情况来确定。每遍厚度一般控制如下。

(1)抹水泥砂浆，每遍厚度为 5～7mm。

(2)抹石灰砂浆或混合砂浆,每遍厚度为7~9mm。

(3)抹灰面层用麻刀灰、纸筋灰、石膏灰等罩面时,经赶平、压实后,其厚度麻刀灰不大于3mm;纸筋灰、石膏灰不大于2mm。

(4)如用聚合物水泥砂浆、水泥混合砂浆喷毛打底,纸筋灰罩面,以及用膨胀珍珠岩水泥砂浆抹面,总厚度为3~5mm。

(5)板条、金属网用麻刀灰、纸筋灰抹灰的每遍厚度为3~6mm。

第二节 抹灰工程的准备工作

一、材料准备

抹灰工程所用材料,主要有胶结材料、骨料、纤维材料、颜料和化工材料。其用量应根据施工图纸要求计算,并提出进场时间,按施工平面布置图要求分类堆放,以便检验、选择和加工。

(一)胶结材料

在抹灰工程中,常用的胶结材料有气硬性胶结材料和水硬性胶结材料两种。

1. 气硬性胶结材料

气硬性胶结材料,是指能在空气中硬化,并能长久保持强度或继续提高强度的材料。

(1)石灰膏　是经生石灰加水熟化过滤,并在沉淀池中沉淀而成的。淋制时,必须用孔径3mm×3mm的筛过滤,其熟化时间,常温下一般不少于15d;用于罩面的石灰膏,熟化时间不应少于30d;使用时石灰膏内不得含有未熟化的颗粒和杂质。在沉淀池中的石灰膏应保留一层水加以保护,以防止其干燥、冻结和污染。冻结、风化、干硬的石灰膏不得使用。

(2)石膏　由生石膏(又称"二水石膏")在100℃~190℃的温度下煅烧而成熟石膏,经磨细后成为建筑石膏(简称"石膏"),它的主要成分是半水石膏。建筑石膏适用于室内装饰以及隔热保温、吸音和防火等饰面,但不宜靠近60℃以上高温。

建筑石膏具有很强的吸湿性,在潮湿环境中,石膏晶体间黏结力削弱,强度显著降低,遇水则晶体溶解而引起破坏,吸水后受冻,将因孔隙中水分结冰而崩裂。所以,建筑石膏的耐水性和抗冻性都很差,不宜在室外装饰工程中使用。

石膏凝结很快,在掺水几分钟后就开始凝结,终凝时间不超过30min。石膏的凝结时间可以根据施工要求加以调整,如果需要加速凝固,可掺入少量磨细的未经煅烧的石膏;如果需要缓慢凝固,则可掺入为水重0.1%~0.2%的胶或亚硫酸盐酒精废渣、硼砂等。

在建筑工程中,常用的石膏主要有建筑石膏、模型石膏、地板石膏和高硬石膏等四种。

(3)粉刷石膏　是以建筑石膏粉为基料,加入多种添加剂和填充料等配制而成的一种白色粉料,是一种新型装饰材料。它适用于混凝土墙板、砂子灰墙、砖石、石棉水泥板、加气混凝土基层做内墙装饰。粉刷石膏分面层型、底层型、保温型,可根据设计要求选用。粉刷石膏具有表面硬度大、硬化速度快、硬化后结构稳定、不开裂、不腐蚀、不掉粉、不脱皮等特点。

(4)水玻璃　是一种无色、微黄或灰白色的黏稠液体。它能溶于水,稠度和密度可根据需要进行调整,但它在空气中硬化较慢。为了加速硬化,在施工中常采用将水玻璃加热或加入氟硅酸钠促凝剂等方法,以缩短其硬化时间。水玻璃具有良好的黏结能力,硬化时析出的硅酸凝胶能堵塞毛细孔,防止水分渗透。水玻璃还有较高的耐酸性能,能抵抗大多数无机酸和有机酸的侵蚀。因此,在抹灰工程中常用来配制特种砂浆,用于耐酸、耐热、防水等要求高的工程上,也可与水泥等调制成胶黏剂。

2. 水硬性胶结材料

水硬性胶结材料,是指遇水凝结硬化并保持一定强度的材料。在抹灰工程中,常用的是一般水泥和装饰水泥。一般水泥有普通水泥、矿渣水泥、火山灰水泥和粉煤灰水泥;装饰水泥有白水泥和彩色水泥。储存的水泥应防止风吹、日晒和受潮,水泥应经试验合格后方可使用。

(二)骨料

(1)砂　是自然条件下形成的、粒径在5mm以下的岩石颗粒,其粒径一般规定为0.15~5mm。抹灰工程中常用的是普通砂,对于少量有特殊用途的工程则用石英砂。普通砂,是指自然山砂、河砂和海砂等,它是由坚硬的岩石经自然风化逐渐形成的疏散颗粒的混合物。根据细度模数(Mx)的不同,普通砂又分为粗砂、中砂、细砂和特细砂四种:粗砂的Mx为3.7~3.1(平均粒径不小于0.5mm);中砂的Mx为3.0~2.3(平均粒径为0.35~0.5mm);细砂的Mx为2.2~1.6(平均粒径为0.25~0.35mm);特细砂的Mx为1.5~0.7。抹灰用砂最好采用中砂,或者粗砂与中砂混合掺用。当然,细砂亦可使用,但是特细砂不宜使用。砂在使用时应过筛,并不得含有杂质,要求颗粒坚硬、洁净,含泥量不得超过3%。

石英砂分人造石英砂、天然石英砂和机制石英砂三种。人造石英砂和机制石英砂系由石英岩焙烧并经人工或机械破碎、筛分而成,它们比天然石英砂纯净、质量好,而且二氧化硅含量高。在抹灰工程中,石英砂常用以配制耐腐蚀砂浆等。

(2)石粒　是由天然大理石、白云石、方解石、花岗石以及其他天然石材破碎加工而成的。它具有各种色泽,因而在抹灰工程中多用来制作水磨石、水刷石、干黏石、斩假石的骨料。

(3)砾石(豆石、特细卵石)　是自然风化形成的石子,主要用于水刷石面层及楼地面细石混凝土面层等。

(4)石屑　是粒径比石粒更小的细骨料,主要用于配制外墙喷涂饰面的聚合物砂浆。常用的有松香石屑、白云石屑等。

(5)彩色瓷粒　是以石英、长石和瓷土为主要原料经烧制而成的。用彩色瓷粒代替彩色石粒用于室外装饰抹灰,具有大气、稳定性好、颗粒小、表面瓷粒均匀、露出黏结砂浆较少、整个饰面厚度薄、自重轻等优点。

(6)膨胀珍珠岩(珠光砂、珍珠岩粉)　是珍珠岩矿石经过破碎、筛分、预热,在高温中悬浮瞬间焙烧,体积骤然膨胀而成的一种白色或灰白色的中性无机砂状材料。其颗粒结构呈蜂窝泡沫状,质量特轻,有保温、隔热、吸声、无毒、不燃、无臭等特性。因此,膨胀珍珠岩可与水泥、石灰膏及其他胶结材料做成保温、隔热、吸声灰浆,适用于内墙抹灰。

(7)膨胀蛭石(蛭石粉)　系由蛭石经过晾干、破碎、筛选、煅烧、膨胀而成,其密度极轻,导热系数很小,耐火防腐,是一种很好的无机保温、隔热、吸声材料。蛭石砂浆用于厨房、浴室、地下室及湿度较大的车间等内墙面和顶棚抹灰时,能防止阴冷潮湿、凝结水等不良现象。

(三)纤维材料

纤维材料在抹灰面装饰中起拉结和骨架作用,使抹灰层不易开裂和脱落。

(1)麻刀　即为细碎麻丝,要求坚韧、干燥,不含杂质,使用前剪成20~30mm长,敲打松散,每100kg石灰膏约掺1kg麻刀。

(2)纸筋　常用粗草纸泡制,有干纸筋和湿纸筋两种,使用前应浸透、捣烂,再按100kg石灰膏掺2.75kg纸筋的比例加入淋灰池,使用时应过筛。

(3)草秸　将坚韧而干燥的稻草、麦秸断成不大于30mm长的碎段,经石灰水浸泡处理15d后使用。每100kg石灰膏掺麦秸8kg,软化后也可轧磨成纤维当纸筋用。

(4)玻璃纤维　将玻璃丝切成1cm长左右,每100kg石灰膏掺入200~300g,搅拌均匀成玻璃丝灰。玻璃丝耐热、耐腐蚀,抹出墙面洁白光滑,而且价格便宜,但操作时需防止玻璃丝刺激皮肤,应注意劳动保护。

(四)颜料

为了增加装饰艺术效果,通常在抹灰砂浆中掺入适量颜料。抹灰用的颜料必须为:耐碱、耐光的矿物颜料或无机颜料,常用的颜料有白、黄、红、蓝、绿、棕、紫、黑等色,施工时应按设计要求选用。

二、机具准备

抹灰用机具包括手工工具和机械设备,施工前应根据工程特点做好准备。

(一)常用手工工具

1. 抹子

(1)方头铁抹子　用于抹灰。

(2)圆头铁抹子　用于压光罩面灰。

(3)木抹子　用于搓平底灰和搓毛砂浆表面。

(4)阴角抹子　用于压光阴角。

(5)圆弧阴角抹子　用于有圆弧阴角部位的抹灰面压光。

(6)阳角抹子　用于压光阳角。

2. 木制工具

(1)托灰板　用于操作时承托砂浆。

(2)木杠　分长、中、短三种;长杠(长250~350cm),用于冲筋;小杠(长200~250cm)和短杠(长150cm左右)用于各平抹层。木杠的断面一般为矩形。

(3)八字靠尺　用于做棱角的标尺,其长度按需要截取。

(4)钢筋卡子　用于卡紧八字靠尺或靠尺板,常用φ6~8的钢筋制成,尺寸视需要而定。

(5)靠尺板　一般用于抹灰线,长约300~350cm,断面为矩形,要求双面刨光。靠尺板分厚薄两种，薄板多用于做棱角。

(6)分格条　用于分格缝和滴水槽，断面呈梯形，断面尺寸及长度视需要而定。

(7)托线板和线锤　主要用于测量立面和阴阳角的垂直度，常用规格为 1.5cm×12cm×200cm，板中间有一条标准线。

3. 刷子等其他工具

(1)长毛刷　用于室内外抹灰洒水。

(2)猪鬃刷　用于刷洗水刷石、拉毛灰。

(3)鸡腿刷　用于长毛刷刷不到的地方，如阴角部位等。

(4)钢丝刷　用于清刷基层。

(5)茅草帚　用于木抹子搓平时洒水。

(6)小水桶　常用油漆桶去盖代用或以铁皮制作，主要用于施工时盛水。

(7)喷壶　洒水用。

(8)水壶　浇水用。

(9)粉线包　用于弹水平线和分格线等。

(10)墨斗　用于弹线。

(二)常用机械设备

(1)砂浆搅拌机　搅拌砂浆用，常用规格有 200L 和 325L 两种。

(2)纸筋灰搅拌机　用于搅拌纸筋石灰膏、玻璃丝石灰膏或其他纤维石灰膏。

(3)粉碎淋灰机　用于淋制抹灰砂浆用的石灰膏。

(4)喷浆机　用于喷水或喷浆，有手压和电动两种。

三、技术准备

(1)熟悉图纸中工程各部位的抹灰做法和技术、质量要求。

(2)根据现有的人力、设备、材料等确定抹灰工程的施工方案，其内容主要有工期、施工顺序、施工方法及质量保证措施，做到技术先进、施工方便、经济合理。

抹灰工程的施工顺序，一般遵循“先室外后室内，先上面后下面，先顶棚后墙地”的原则。

先室外后室内，是指先完成室外抹灰，拆除外脚手、堵上脚手眼再进行室内抹灰。

先上面后下面，是指在屋面工程完成后室内外抹灰最好从上往下进行，以便于保护成品。当采取立体交叉流水作业时，也可以采取从下往上施工的方法，但必须采取相应的成品保护措施。

先顶棚后墙地，是指室内抹灰一般可采取先完成顶棚抹灰，再开始墙面抹灰，最后进行地面抹灰，但对于高级装饰工程要根据具体情况确定。

(3)所有进场材料必须提前试验，试验合格后方可使用。

(4)对于高级装饰工程，应预先做出样板(样品或标准间)，并经业主、监理和设计认可后方可进行。

(5)向施工班组进行详细的技术和质量要求交底。

(6)合理组织分工。

四、基层准备

(一)施工前的检查与交接

抹灰工程施工,必须在结构工程或基层质量检验合格并进行工序交接后进行,对其他配合工种项目也必须进行检查,这是确保抹灰工程质量和生产进度的关键。

抹灰前应对下列项目进行检查。

(1)主体结构和水电、暖气、煤气设备的预埋件,以及消防梯、雨水管管箍、泄水管、阳台栏杆、电线的托架等安装是否齐全和牢固,各种预埋铁件、木砖位置标高是否正确。

(2)门窗框及其他木制品是否安装齐全并校正后固定,是否预留抹灰层厚度,门窗口高度是否符合室内水平线标高。

(3)板条、苇箔或钢丝网吊顶是否牢固,标高是否正确。

(4)水、电管线、配电箱是否安装完毕,有无漏项,水暖管道是否做过压力试验,地漏位置标高是否正确。

(5)对已安装好的门窗框,采用铁板或板条进行保护。

(二)基层的表面处理

抹灰前应根据具体情况对基层表面进行必要的处理。

(1)墙上的脚手眼、各种管道穿越过的墙洞和楼板洞、剔槽等应用1:3水泥砂浆填嵌密实或堵砌好。

(2)门窗框与墙交接处用水泥砂浆或水泥混合砂浆(加少量麻刀)分层嵌塞密实。

(3)基层表面的灰尘、污垢、油渍、碱膜、沥青渍、黏结砂浆等均应清除干净,并用水喷洒湿润。

(4)混凝土墙、混凝土梁头、砖墙或加气混凝土墙等基层表面的凸凹处,要剔平或用1:3水泥砂浆分层补齐,模板铁线应剪除。

(5)板条墙或顶棚板条留缝间隙过窄处,应予以处理。

(6)金属网应铺钉牢固、平整,不得有翘曲、松动现象。

(7)在木结构与砖石结构、木结构与钢筋混凝土结构相接处的基体表面抹灰,应先铺设金属网,并绷紧牢固。金属网与各基体的搭接宽度从缝边起每边不小于100mm,并应铺钉牢固,不翘曲。

(8)平整光滑的混凝土表面如设计无要求时,可不抹灰,用刮腻子处理。如设计有要求或混凝土表面不平,应进行凿毛或刷界面剂后方可抹灰。

(9)预制混凝土楼板顶棚,在抹灰前需用1:0.3:3水泥石灰砂浆将板缝填实。

(三)浇水润墙

为了确保砂浆与基层表面黏结牢固,以防止抹灰层空鼓、裂缝、脱落等质量通病,在抹灰前除必须对抹灰基层表面进行处理外,还应对墙体浇水湿润。

浇水方法是:将水管对着砖墙上部缓缓左右移动,使水缓慢从上部沿墙面流下,使墙面全部湿润一遍,渗水深度达到8~10mm为宜。如为6cm厚砖墙,应用喷壶喷一次水即可,切勿使砖墙处于饱和状态。

在常温下进行外墙抹灰,墙体一定要浇两遍水,以防止底层灰的水分很快被墙面吸收，影响底层砂浆与墙面的黏结力。加气混凝土表面孔隙率大，其毛细管为封闭性和半封闭性，阻碍了水分渗透速度。它同砖墙相比，吸水速度约慢3～4倍，因此应提前两天进行浇水，每天两遍以上，使渗水深度达到8～10mm。混凝土墙体吸水率低，抹灰前浇水可适当少一些。

此外，各种基层浇水程度，还与施工季节、气候和室内外操作环境有关，因此应根据实际情况酌情掌握。

第三节　一般抹灰

抹灰工程的施工顺序，一般遵循"先室外后室内、先上面后下面、先顶棚后墙地"的原则。外墙由屋檐开始自上而下，先抹阳角线、台口线，后抹窗台和墙面，再抹勒脚、散水坡和明沟。内墙和顶棚抹灰，应待屋面防水完工后，并在不致被后续工程损坏和玷污的条件下进行，一般应先房间，后走廊，再楼梯和门厅等。

一、内墙抹灰

（一）作业条件

（1）屋面防水或上层楼面面层已经完成，不渗不漏。

（2）主体结构已经检查验收并达到相应要求，门窗和楼层预埋件及各种管道已安装完毕并检查合格。

（3）高级抹灰环境温度一般不应低于+5℃，中级和普通抹灰环境温度不应低于0℃。

（二）施工方法

1. 找规矩

要保证墙面抹灰垂直平整，达到装饰目的，抹灰前必须先找规矩。

（1）做标志块（贴灰饼）　找规矩的方法是先用托线板全面检查砖墙表面的垂直度和平整度，根据检查的实际情况和抹灰的总平均厚度要求，决定墙面抹灰的厚度。接着在2m左右高度，离墙两阴角10～20cm处，用底层抹灰砂浆（也可用1:3水泥砂浆）各做一个标准标志块，厚度为抹灰层厚度，大小5cm左右见方。以这两个标准标志块为依据，再用托线板靠、吊垂直确定墙下部对应的两个标志块厚度，其位置在踢脚板上口，使上下两个标志块在一条垂直线上。标准标志块做好后，再在标志块附近砖墙缝内钉上钉子，拴上细线挂水平通线（注意细线要离开标志块1mm），然后按间距1.2～1.5m加做若干标志块，凡窗口、墙角处必须做标志块。

（2）标筋　也叫"冲筋"，就是在上下两个标志块之间先抹出一长条梯形灰埂，其宽度为10cm左右，厚度与标志块相平，作为墙面抹底子灰填平的标准。其做法是在上下两个标志块中间先抹一层，再抹第二遍凸出成八字形，要比灰饼凸出1cm左右，然后用木杠紧贴灰饼左上右下搓，直到把标筋搓得与标志块一样平为止，同时要将标筋的两边用刮尺修成斜面，使其与抹灰层接槎顺平。标筋用的砂浆，应与抹灰底层砂浆相同。

（3）阴阳角找方　中级抹灰要求阳角找方。对于除门窗口外还有阳角的房间，则首先要将房间大致规方。其方法是先在阳角一侧墙做基线,用方尺将阳角先规方,然后在墙角弹出抹灰准线,并在准线上下两端挂通线做标志块。高级抹灰要求阴阳角都要找方,阴阳角两边都要弹基线。为了便于做角和保证阴阳角方正垂直,必须在阴阳角两边做标志块、标筋。

(4)门窗洞口做护角　室内墙面、柱面的阳角和门洞口的阳角抹灰要求线条清晰、挺直,并防止碰坏,因此不论设计有无规定,都需要做护角。护角做好后,也起到标筋作用。护角一般用1:2水泥砂浆,高度由地面起不低于2m,护角每侧宽度不小于50mm。抹护角时,以墙面标志块为依据,首先要将阳角用方尺规方,靠门框一边,以门框离墙面的空隙为准,另一边以标志块厚度为据。最好在地面上划好准线,按准线黏好靠尺板,并用托线吊直,方尺找方。然后,在靠尺板的另一边墙角面分层抹1:2水泥砂浆,护角线的外角与靠尺板外口平齐,一边抹好后,再把靠尺板移到已抹好护角的一边,用钢筋卡子稳住,用线锤吊直靠尺板,把护角的另一面分层抹好。然后,轻轻地将靠尺板拿下,待护角的棱角稍干时,用阳角抹子和水泥浆捋出小圆角。最后在墙面用靠尺板按要求尺寸沿角留出5cm,将多余砂浆以40°斜面切掉(切斜面的目的是为墙面抹灰时,便于与护角接槎),墙面和门框等处落地灰应清理干净。

窗洞口一般虽不要求做护角,但同样也要方正一致、棱角分明、平整光滑,操作方法与做护角相同。窗口正面应按大墙面标志块抹灰,侧面应根据窗框所留灰口确定抹灰厚度,同样应使用八字靠尺找方吊正,分层涂抹,阳角处也应用阳角抹子捋出小圆角。

2. 底层及中层抹灰

在标志块、标筋及门窗口做好护角后,底层与中层抹灰即可进行,这道工序也叫"刮糙"。其方法是将砂浆抹于墙面两标筋之间,底层要低于标筋,待收水后再进行中层抹灰,其厚度以垫平标筋为准,并使其略高于标筋。

中层砂浆抹后,即用中、短木杠按标筋刮平。使用木杠时,人站成骑马式,双手紧握木杠,均匀用力,由下往上移动,并使木杠前进方向的一边略微翘起,手腕要活。凹陷处补抹砂浆,然后再刮,直至平直为止,紧接着用木抹子搓磨一遍,使表面平整密实。

墙的阴角,先用方尺上下核对方正,然后用阴角器上下抽动扯平,使室内四角方正,如图2-2所示。

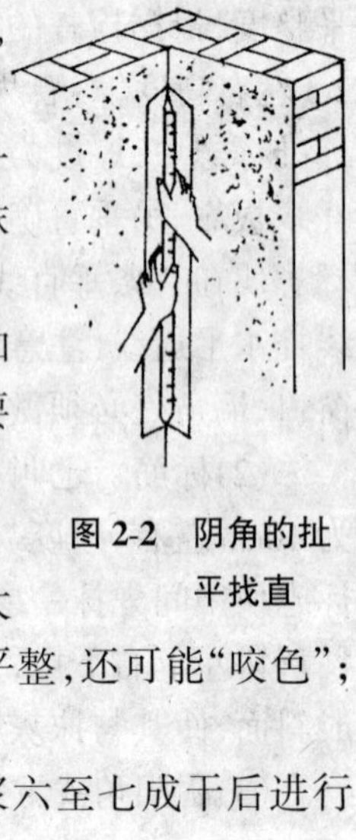

图2-2　阴角的扯平找直

当层高小于3.2m时,一般先抹下面一步架,然后搭架子再抹上一步架。抹上一步架,可不做标筋,而是在用木杠刮平时,紧贴在已经抹好的砂浆上作为刮平的依据。

当层高大于3.2m时,一般是从上往下抹。如果后做地面、墙裙和踢脚板时,要将墙裙、踢脚板准线上口5cm处的砂浆切成直槎,墙面要清理干净,并及时清除落地灰。

3. 面层抹灰

一般室内砖墙面抹灰常用纸筋石灰、麻刀石灰、石灰砂浆和刮大白腻子等。面层抹灰应在底灰稍干后进行,底灰太湿会影响抹灰面平整,还可能"咬色";底灰太干,易使面层脱水太快而影响黏结,造成面层空鼓。

(1)纸筋石灰面层抹灰　纸筋石灰面层抹灰,一般是在中层砂浆六至七成干后进行

（手捺不软，但有指印）。如果底层砂浆过于干燥，应先洒水湿润，再抹面层。抹灰操作一般使用钢皮抹子，两遍成活，厚度不大于2mm，一般由阴角或阳角开始，自左向右进行，两人配合操作，一人先竖向（或横向）薄薄抹一层，要使纸筋石灰与中层紧密结合；另一人横向（或竖向）抹第二层，抹平，并要压平溜光。压平后，如用排笔或茅柴帚蘸水横刷一遍，使表面色泽一致，再用钢皮抹子压实、揉平、抹光一次，面层则会更为细腻光滑。阴阳角分别用阴阳角抹子捋光，随手用毛刷子蘸水将门窗边口阳角、墙裙和踢脚板上口刷净。纸筋石灰罩面的另一种做法是：二遍抹后，稍干就用压子式塑料抹子顺抹子纹压光，经过一段时间，再进行检查，起泡处重新压平。

（2）麻刀石灰面层抹灰　麻刀石灰面层抹灰的操作方法，与纸筋石灰面层抹灰相同。但麻刀与纸筋纤维的粗细有很大区别，纸筋容易捣烂，能形成纸浆状，故制成的纸筋石灰比较细腻，用它做罩面灰厚度可以达到不超过2mm的要求；而麻刀的纤维比较粗，且不易捣烂，用它制成的麻刀石灰抹面厚度按要求不得大于3mm比较困难，如果厚了，则面层易产生收缩裂缝，影响工程质量，为此应采取两人配合操作方法。

（3）石灰砂浆面层抹灰　石灰砂浆面层抹灰应在中层砂浆五至六成干时进行。如中层较干时，须洒水湿润后再进行。操作时，先用铁抹子抹灰，再用刮尺由下向上刮平，然后用木抹子搓平，最后用铁抹子压光成活。

（4）刮大白腻子　有不少地方内墙面面层不抹罩面灰，而采用刮大白腻子。其优点是操作简单、节约用工。面层刮大白腻子，一般应在中层砂浆干透、表面坚硬呈灰白色，且没有水迹及潮湿痕迹、用铲刀刻划显白印时进行。大白腻子配合比是：大白粉∶滑石粉∶聚醋酸乙烯乳液∶羧甲基纤维素溶液（浓度5%）＝60∶40∶2～4∶75（质量比）。调配时，大白粉、滑石粉、羧甲基纤维素溶液应提前按配合比搅匀浸泡。

面层刮大白腻子一般不少于两遍，总厚度1mm左右。操作时，使用钢片或胶皮刮板，每遍按同一方向往返刮。

头道腻子刮后，在基层已修补过的部位应进行复补找平，待腻子干后，用0号砂纸磨平，扫净浮灰；待头遍腻子干燥后，再进行第二遍。要求表面平整，纹理质感均匀一致。

二、顶棚抹灰

（一）作业条件

（1）屋面防水层及楼面面层已经施工完毕，穿过顶棚的各种管道已经安装就绪，顶棚与墙体间及管道安装后遗留空隙已经清理并填堵严实。

（2）现浇混凝土顶棚表面的油污等已经清除干净，用钢丝刷已满刷一道，凹凸处已经填平或已凿去。预制板顶棚除已处理以上工序外，板缝应已清扫干净，并且用1∶3水泥砂浆已经填补刮平。

（3）木板条基层顶棚板条间隙在8mm以内，无松动翘曲现象，污物已经清除干净。

（4）板条钉钢丝网基层，应铺钉可靠、牢固、平直。

（二）施工方法

1. 找规矩

顶棚抹灰通常不做标志块和标筋，而用目测的方法控制其平整度，以无明显高低不平及接槎痕迹为准；先根据顶棚的水平面，确定抹灰的厚度，然后在墙面的四周与顶棚交接处弹出水平线，作为抹灰的水平标准。

2. 底、中层抹灰

一般底层砂浆采用配合比为水泥:石灰膏:砂 = 1:0.5:1 的水泥混合砂浆，底层抹灰厚度为 2mm。底层抹后紧跟着就抹中层砂浆，其配合比一般采用水泥:石灰膏:砂 = 1:3:9 的水泥混合砂浆，抹灰厚度 6mm 左右，抹后用软刮尺刮平赶匀，随刮随用长毛刷子将抹印顺平，再用木抹子搓平，顶棚管道周围用小工具顺平。

抹灰的顺序一般是由前往后退，并注意其方向必须同基体的缝隙(混凝土板缝)成垂直方向，这样容易使砂浆挤入缝隙牢固结合。

抹灰时，厚薄应掌握适度，随后用软刮尺赶平；如平整度欠佳，应再补抹和赶平，但不宜多次修补，否则容易搅动底灰而引起掉灰。如底层砂浆吸水快，应及时洒水，以保证与底层黏结牢固。

在顶棚与墙面的交接处，一般是在墙面抹灰完成后再补做，也可在抹顶棚时，先将距顶棚 20～30cm 的墙面同时完成抹灰，方法是用铁抹子在墙面与顶棚交角处添上砂浆，然后用木阴角器抽平压直即可。

3. 面层抹灰

待中层抹灰达到六至七成干，即用手捺不软有指印时(要防止过干，如过干应稍洒水)，再开始面层抹灰。如使用纸筋石灰或麻刀石灰时，一般分两遍成活。其涂抹方法及抹灰厚度与内墙面抹灰相同。第一遍抹得越薄越好，紧跟抹第二遍。抹第二遍时，抹子要稍平，抹完后待灰浆稍干，再用塑料抹子或压子顺着抹纹压实压光。

各抹灰层受冻或急剧干燥，都能产生裂纹或脱落，因此抹灰后需要加强养护。

三、外墙抹灰

(一)作业条件

(1)主体结构施工完毕，外墙所有预埋件、嵌入墙体内的各种管道已安装完毕，阳台栏杆已装好。

(2)门窗安装合格，框与墙间的缝隙已经清理，并用砂浆分层分遍堵塞严。

(3)砖墙凹凸过大处已用 1:3 水泥砂浆填实或已剔凿平整，脚手孔洞已经堵严填实，墙面污物已经清理，混凝土墙面光滑处已经凿毛或其他处理。

(4)加气混凝土墙板经清扫后已用 1:1 水泥砂浆掺 10%107 胶水刷过一道。

(5)脚手架已搭设。

(二)施工方法

1. 找规矩

外墙面抹灰与内墙抹灰一样要挂线做标志块、标筋。但因外墙面由檐口到地面，抹灰工作面大，门窗、阳台、柱、腰线等看面都要横平竖直，而抹灰操作则必须一步架一步架地往下抹。因此，外墙抹灰找规矩要在四角先挂好自上而下的垂直通线(多层及高层房屋，应用钢丝线垂下)，然后根据大致决定的抹灰厚度，每步架大角两侧最好弹上控制线，再拉水平通线，并弹水平线做标志块，竖向每步架做一个标志块，然后做标筋。

2. 粘贴分格条

为避免罩面砂浆收缩后产生裂缝，影响墙面美观，应在中层灰六至七成干后，按要求弹出分格线，粘贴分格条。水平分格条一般贴在水平线下边，竖向分格条一般贴在垂直线的左侧。分格条在使用前要用水泡透，以便于粘贴和起出，并能防止使用时变形。粘贴时，分格条两侧用黏稠水泥浆或水泥砂浆抹成与墙面成八字形。对于当天罩面的分格条，两侧八字形斜角可抹成45°，如图2-3(*a*)所示；对于不立即罩面的分格条，两侧八字形斜角应适当陡一些，一般为60°，如图2-3(*b*)所示。分格条要求横平竖直，接头平直，四周交接严密，不得有错缝或扭曲现象。分格缝宽窄和深浅应均匀一致。

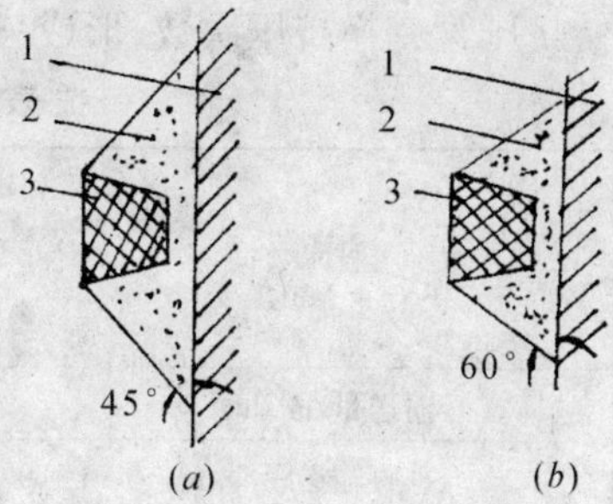

图2-3　分格条

1—基体　2—水泥浆　3—分格条

3. 抹灰

外墙抹灰层要求有一定的防火性能。若为水泥混合砂浆，配合比为水泥:石灰:砂＝1:1:6；如为水泥砂浆，配合比为水泥:砂＝1:3。底层砂浆具有一定强度后再抹中层，抹时用木杠、木抹子刮平压实、扫毛并浇水养护。抹面层时先用1:2.5水泥砂浆薄薄刮一遍；抹第二遍时，与分格条抹齐平，然后按分格条厚度刮平、搓实、压光，再用刷子蘸水按同一方向轻刷一遍，以达到颜色一致，并清刷分格条上的砂浆，以免起条时损坏墙面。起出分格条后，随即用水泥浆把缝勾齐。

室外抹灰面积较大，不易压光罩面层的抹纹，所以一般采用木抹子搓成毛面，搓平时要轻重一致，先以圆圈形搓抹，然后上下抽拉，方向一致，以使面层纹路均匀。抹灰完成24h后要注意养护，宜淋水养护7d以上。

另外，外墙面抹灰时，在窗台、窗楣、雨篷、阳台、檐口等部位应做流水坡度。设计无要求时，可做10%的泛水，下面应做滴水线或滴水槽，滴水槽的宽度和深度均不小于10mm。要求楞角整齐，光滑平整，起到挡水、挂水作用。

四、机械喷涂抹灰

机械喷涂抹灰是把搅拌好的砂浆，经振动筛后倾入灰浆输送泵，通过管道，再借助于空气压缩机的压力，把灰浆连续均匀地喷涂于墙面和顶棚上，再经过找平搓实，完成抹灰饰面。

机械喷涂适用于内外墙和顶棚石灰砂浆、混合砂浆和水泥砂浆抹灰的底层和中层抹灰。

(一)机械喷涂抹灰的机具设备

机械喷涂抹灰的机具设备有砂浆输送泵、组装车、管道、喷枪及常用抹灰工具等。

(1)砂浆输送泵　机械喷涂抹灰由于采用了砂浆输送泵输送砂浆，因此劳动组织、生产效率、应用范围均与所选择的砂浆输送泵的性能有关。常用砂浆输送泵，按其结构特征的不同可分为柱塞直给式砂浆输送泵、隔膜式砂浆输送泵、灰气联合砂浆输送泵以及挤压式砂浆输送泵。柱塞直给式、隔膜式及灰气联合砂浆输送泵等俗称“大泵”，其技术数据见

表 2-3。小容量三级出灰量挤压泵，一般称作“小泵”，其特点是：配套电机变换不同位置可使挤压管变换挤压次数，形成三级出灰量，主要技术参数见表 2-4。

表 2-3　各种砂浆输送泵的技术数据

技术数据		砂浆泵名称、型号			
		柱塞直给式		隔膜式	灰气联合
		HB_{6-3}	HP_{-013}	HP_{8-3}	$HK_{-3.5-74}$
输送量/m³/h		3	3	3	3.5
垂直输送距离/m		40	40	40	25
水平输送距离/m		150	150	100	150
工作压力/MPa		1.5	1.5	1.2	—
配套电动机	型号	JO_4-41-4	JO_2-52-4	JO_2-42-4	
	功率/kW	4	7	2.8	5.5
	转速/r/min	1 440	1 440	1 440	1 450
进浆口胶管内径/mm		64	—	—	—
排浆口胶管内径/mm		51	50.4	38	50
排气量/m³/h		—	—	—	0.24
外形尺寸(长×宽×高)/mm		103 3474×890	1 825×610×1075	1 350×444×760	1 500×720×550
自重/kg		250	650	—	293

表 2-4　挤压式砂浆输送泵技术数据

型号	UBJ0.8 型	UBJ1.2 型	UBJ1.8 型
输灰量/m³/h	0.2、0.4、0.8	0.3、0.6、1.2	0.3、0.4、0.6、0.9、1.2、1.8
垂直输送距离/m	25	25	30
水平输送距离/m	80	80	100
额定工作压力/MPa	1.0	1.2	1.5
主电机功率/kw	0.4/1.1/1.5	0.6/1.5/2.2	1.3/1.5/2.0
外形尺寸/mm	1 220×662×960	1 220×662×1035	1 270×896×990
机重/kg	175	185	300

(2)组装车　是把砂浆搅拌机、砂浆输送泵、空气压缩机、砂浆斗、振动筛和电气设备等都装在一辆拖车上，组成喷灰作业组装车，便于移动。根据采用砂浆输送泵的不同，其组装车也不同。

①采用柱塞泵、隔膜泵或灰气联合泵　采用这三种泵，由于出灰量大，效率高，机械喷涂劳动组织较大，但设备较复杂。为便于移动，一般采取如图 2-4 所示的大组装车。

②采用挤压式砂浆输送泵　因其出灰量小、设备较简单、输送距离小，在多层建筑物内喷涂作业时，可逐层移动泵体，比较灵活，因此组装车可设也可不设。

(3)管道　是输送砂浆的主要设备，室外管道采用的钢管应在管道最低处安装三通，以便冲洗灰浆泵及管道时打开三通阀门使污水排出。室外管道的连接采用法兰盘，接头处垫上橡皮垫以防止漏水；室内管道采用胶管，胶管的连接采用铸铁卡具；从空气压缩机到枪头也用胶管连接,以输送压缩空气;在靠近操作地点的胶管,使用分岔管分成两股,以便两个枪头同时喷灰。

(4)喷枪　是喷涂机具设备中的重要组成部分,喷枪头用钢板或铝合金焊成,气管用铜管做成,插在喷枪头上的进气口用螺栓固定,要求操作省力,喷出的砂浆均匀细长且落地灰少。

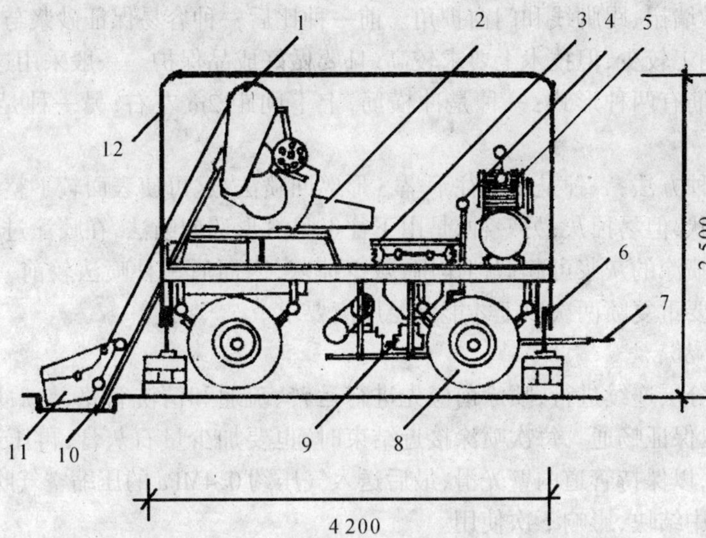

图 2-4　组装车

1—砂浆机　2—储浆槽　3—振动筛　4—压力表　5—空气压缩机
6—支腿　7—牵引架　8—行走轮　9—砂浆泵　10—滑道　11—上料斗
12—防护棚

(二)机械喷涂抹灰的施工要点

1. 合理布置机具和使用喷嘴

管路布置要尽量缩短,橡胶管道也要避免弯曲太多,拐弯半径越大越好,以防管道堵塞。要正确掌握喷嘴距墙面、顶棚的距离和选择压力的大小。喷射压力一般为 0.15 ~ 0.2MPa,压力过大,射出速度快,会使砂子回弹,增大消耗;压力过小,冲击力不足,会降低灰浆与墙面的黏结力,造成砂浆流淌。持枪角度与喷枪口的距离见表 2-5。

2. 严格砂浆配合比和稠度

表 2-5　持枪角度与喷枪口的距离

序号	喷灰部位	持枪角度	喷枪口与墙面距离/mm
1	喷上部墙面	45°→35°	30→45
2	喷下部墙面	70°→80°	25→30
3	喷门窗角(离开门窗框 4cm)	30°→40°	6→10
4	喷窗下墙面	45°	5→7
5	喷吸水性较强或较干燥的墙面,或灰层厚的墙面	90°	10→15
6	喷吸水性弱或比较潮湿的墙面,或灰层较薄的墙面	65°	15→30

注:1. 表中持枪角度与距离栏中带有"→"符号的系指随着往上喷涂而逐渐改变角度或距离。
2. 喷枪口移动速度应按出灰量和喷灰厚度而定。

喷涂抹灰所用灰浆稠度为9～11cm,石灰浆配合比为石灰膏:砂＝1:3～3.5,混合砂浆配合比以水泥:石灰膏:砂＝1:1:4最为适宜。掺适量塑化剂可改善砂浆的和易性,应保证砂浆有充分的搅拌时间。

3. 选择合适的喷涂方法

内墙机喷底子灰有两种工艺:一种是先做墙裙、踢脚线和门窗护角,后喷灰;另一种是先喷灰,然后做墙裙、踢脚线和门窗护角。前一种比后一种容易保证砂浆与墙面基层的黏结质量,清理用工较少,但技术上要求较高,且要做好成品保护。一般采用这种流程。

内墙面冲筋有两种形式:一种是冲横筋,上下间距2m左右;另一种是冲竖筋,间距1.2～1.5m。

喷灰有两种方法:一种是由上往下呈S形巡回喷法,这可使表面较平整,灰层均匀,易使厚度无鱼鳞状,但易掉灰;另一种,是由下往上呈S形巡回喷法,在喷涂过程中已喷在墙上的灰浆对正喷涂的灰浆可起截挡作用,减少掉灰,因而后一种喷法较前一种喷法好,但这两种喷法都要重复喷两次以上才能满足厚度要求。

4. 注意管路清洗

喷涂必须分层连续进行,喷涂前应先进行运转、疏通和清洗管路,然后压入少量石灰膏润滑管道,以保证畅通。每次喷涂接近结束时,也要加少量石灰膏,再压送清水冲洗管道中残留砂浆,以保持管道内壁光滑,最后送入气压约0.4MPa的压缩空气吹刷数分钟,以防砂浆在管路中结块,影响下次使用。

第四节　装饰抹灰

装饰抹灰具有一般抹灰无法比拟的优点,它质感丰富、颜色多样、艺术效果鲜明。装饰抹灰通常是在一般抹灰底层和中层的基础上做各种罩面而成。根据罩面材料的不同,装饰抹灰可分为水泥石灰类装饰抹灰、石粒类装饰抹灰、聚合物水泥砂浆装饰抹灰三大类。

一、装饰抹灰的一般操作要求

(1)装饰抹灰前必须检查中层抹灰的施工质量,经验收合格后才能进行面层施工。

(2)装饰抹灰所用材料必须经验收合格或试验合格后方能使用;装饰抹灰面层的厚度、颜色、图案应符合设计要求。

(3)同一墙面的砂浆应用同一产地、品种、批号,使用同一配合比,专人用专机搅拌,以使色泽一致。水泥和颜料应精确计量后,干拌均匀、过筛后装袋备用。

(4)高层建筑外墙装饰抹灰,应用经纬仪控制垂直度,应根据建筑物的实际情况划分为若干个施工段,分段、分片施工。

(5)抹灰顺序应先上后下、先檐口部后墙面,要尽量做到同一墙面不接槎,必须接槎时,应注意接槎位置留在阴阳角交接处或分格线处。抹底灰前基层要先浇水湿润,底子灰表面应扫毛或划出纹道,经养护1～2d后再罩面,次日浇水养护。夏季应避免在日光暴晒下抹灰。

(6)弹分格线、嵌分格条：待中层灰六至七成干时，按设计弹出分格线，用素水泥浆沿分格线嵌分格条。木分格条应提前用水浸透，用后洗净并用水浸泡防止变形。分格条必须粘贴牢固，横平竖直，接头平直，不得松动、歪斜。

(7)面层抹好后即可拆除分格条。拆除分格条后，用素水泥浆将分格缝勾抹平整。采用"隔夜缝"的罩面层，必须待面层砂浆达到适当强度后方可拆除。

(8)窗台、雨篷、压顶、檐口等部位有滴水线时，应先抹立面，后抹顶面，再抹底面；顶面抹出流水坡度，底面在距外沿边 40~50mm 处抹滴水线槽或抹鹰嘴。滴水线槽一般深 12~15mm，宽为：里口 7mm，外口 10mm。窗台两面的抹灰层应伸入窗框下槛的裁口内，堵塞密实。

(9)不同材料墙面基层的基层处理方法同一般抹灰。

(10)为保证饰面层与基层黏结牢固，颜色均匀，施工前宜先在基层喷刷 107 胶水溶液一遍(配比为：107 胶:水 = 1:3)。

二、水泥石灰类装饰抹灰

水泥石灰类装饰抹灰主要有拉毛灰、洒毛灰、搓毛灰、扒拉灰、扒拉石、拉条灰、仿石抹灰和假面砖等。

(一)分层做法

水泥石灰类装饰抹灰在各种基层上的分层做法，见表 2-6。

表 2-6　水泥石灰类装饰抹灰在各种基层上的分层做法

种类	基层	分层做法(体积比)	适用范围
拉毛灰	砖墙基层	①1:0.5:4 水泥石灰砂浆抹底层 ②1:0.5:4 水泥石灰砂浆抹中层找平 ③刮水灰比为 0.37~0.40 的水泥浆 ④抹纸筋石灰罩面拉毛或抹水泥石灰砂浆罩面拉毛	有音响要求的礼堂、影剧院、会议室等室内墙面，也可用在外墙、阳台栏板或围墙等外饰面
	混凝土墙基层	①满刮水灰比为 0.37~0.40 的水泥浆或洒水泥砂浆 ②③④同砖墙基层	
	加气混凝土墙基层	①涂刷一遍 1:3~4 的 107 胶水溶液 ②③④同砖墙基层	
洒毛灰	砖墙基层	①1:1:6 水泥石灰砂浆抹底层并找平 ②1:1:6 水泥石灰砂浆抹中层后刷色浆或配制带彩色的砂浆抹中层 ③用 1:1 水泥砂浆洒在中层上	同拉毛灰
	混凝土墙基层	满刮水灰比为 0.37~0.40 的水泥砂浆或洒水泥砂浆后，各分层做法与砖墙相同	
	加气混凝土墙基层	①涂刷 1:3~4 的 107 胶水溶液一遍 ②1:0.5:4 水泥石灰砂浆抹底层 ③1:1:6 水泥石灰砂浆抹中层后刷色浆或配制带彩色的砂浆抹中层 ④用 1:1 水泥砂浆洒在中层上	

续表

种类	基层	分层做法(体积比)	适用范围
搓毛灰	砖墙基层	①1:0.5:4 水泥石灰砂浆抹底层 ②1:0.5:4 水泥石灰砂浆罩面后用木抹子搓出毛纹	外墙装饰抹灰
	混凝土墙基层	①满刮水灰比为 0.37～0.40 水泥浆或洒水泥砂浆 ②③同砖墙的①②	
	加气混凝土墙基层	①涂刷一遍 1:3～4 的 107 胶水溶液 ②1:0.5:4 水泥石灰砂浆抹底层 ③1:1:6 水泥石灰砂浆找平 ④1:1:6 水泥石灰砂浆罩面搓毛	
扒拉灰	砖墙基层	①1:0.5:3 水泥石灰砂浆抹底层 ②1:0.5:3 水泥石灰砂浆抹中层 ③满刮一遍水灰比为 0.37～0.40 的水泥浆 ④1:0.5:3 水泥石灰砂浆罩面后用钢丝刷刷毛	外墙装饰抹灰
	混凝土墙基层	①满刮水灰比为 0.37～0.40 水泥浆或洒水泥砂浆 ②1:0.5:3 水泥石灰砂浆找平 ③满刮一遍水灰比为 0.37～0.40 的水泥浆 ④1:0.5:3 水泥石灰砂浆罩面后用钢丝刷刷毛	
	加气混凝土墙基层	①涂刷一遍 1:3～4 的 107 胶水溶液 ②1:0.5:4 水泥石灰砂浆抹底层 ③1:0.5:3 水泥石灰砂浆抹中层 ④1:0.5:3 水泥石灰砂浆罩面后用钢丝刷刷毛	
扒拉石	砖墙基层	①1:3 水泥砂浆抹底层 ②1:3 水泥砂浆抹中层 ③刮水灰比为 0.37～0.40 水泥浆一遍 ④1:2 水泥细砾石浆罩面后用钉耙子扒拉表面	
	混凝土墙基层	①满刮水灰比为 0.37～0.40 水泥浆或洒水泥砂浆 ②1:3 水泥砂浆找平 ③刮水灰比为 0.37～0.40 水泥浆一遍 ④1:2 水泥细砾石浆罩面后用钉耙子扒拉表面	
	加气混凝土墙基层	①涂刷一遍 1:3～4 的 107 胶水溶液 ②1:0.5:4 水泥石灰砂浆抹底层 ③1:3 水泥砂浆抹中层 ④刮水灰比为 0.37～0.40 水泥浆一遍 ⑤1:2 水泥细砾石浆罩面后用钉耙子扒拉表面	

续表

种类	基层	分层做法(体积比)	适用范围
拉条灰	砖墙基层	①1:1:6 水泥石灰砂浆抹底层 ②1:1:6 水泥石灰砂浆抹中层 ③1:2:0.5＝水泥:砂:细纸筋石灰打底及罩面拉条(拉细条形) 1:2:0.5＝水泥:砂:细纸筋石灰打底及 1:0.5＝水泥:细纸筋石灰罩面拉条(拉粗条形)	公共建筑的门厅、会议室、观众厅等墙面装饰抹灰
	混凝土墙基层	涂刮水灰比为 0.37～0.40 的水泥浆或洒水泥砂浆后,各分层做法与砖墙相同	
	加气混凝土墙基层	涂刷 1:3～4 的 107 胶水溶液后,各分层做法与砖墙相同	
仿石抹灰	灰砖墙基层混隧土墙	①1:1:6 水泥石灰砂浆抹底层 ②1:1:6 水泥石灰砂浆抹中层 ③1:1:6 水泥石灰砂浆罩面扫出毛纹或斑点	影剧院、宾馆内墙面和厅院外墙面等装饰抹灰
	混凝土墙基层	满刮水灰比为 0.37～0.40 的水泥浆或洒水泥砂浆后,各分段做法与砖墙相同	
	加气混凝土墙基层	①涂刷 1:3～4 的 107 胶水溶液 ②1:0.5:4 水泥石灰砂浆抹底层 ③1:1:6 水泥石灰砂浆抹中层 ④1:1:6 水泥石灰砂浆罩面扫出毛纹或斑点	
假面砖		①1:3 水泥砂浆打底 ②1:1 水泥砂浆垫层 ③饰面砂浆	

(二)拉毛灰

拉毛灰是在水泥砂浆或水泥混合砂浆抹灰的中层上,抹上纸筋石灰浆、水泥石灰浆或者水泥混合砂浆,然后用拉毛工具(棕刷子、铁抹子或麻刷子等)将砂浆拉成波纹、斑点等花纹而做成的装饰面层。这是一种传统的装饰工艺,拉毛灰具有吸音作用,因而常用于有吸音要求的礼堂、影剧院、会议室等室内墙面,当然也可用在阳台栏板或围墙等外饰面。

拉毛灰的基层处理与一般抹灰相同,分层做法见表 2-6。拉毛灰的底层与中层抹灰要根据基层的不同和拉毛灰的不同而采用不同的底、中层砂浆。中层砂浆涂抹后,先刮平再用木抹子搓毛,待中层六至七成干时,根据其干湿程度,浇水湿润墙面,然后涂抹面层(罩面)并进行拉毛。拉毛灰用料,应根据设计要求统一配制,并先做出样板,然后再进行大面积施工。在操作时,要两人操作,一人在前面抹罩面灰,一人紧接着拉毛。拉毛有粗毛与细毛、长毛与短毛、大毛头与小毛头之分,此外还有条筋拉毛等。

(1)纸筋石灰罩面拉毛　纸筋石灰罩面拉毛的操作方法是一人先抹纸筋石灰,另一人紧跟在后用硬毛鬃刷往墙上垂直拍拉,拉出毛头。操作时用力要均匀,使毛头显露均匀、大小一致。涂抹厚度应以拉毛长度来决定,一般为 4～20mm,涂抹时应保持厚薄一致。

(2)水泥石灰砂浆罩面拉毛　水泥石灰砂浆罩面拉毛有水泥石灰砂浆罩面拉毛和水

泥石灰加纸筋砂浆罩面拉毛两种。前者多用于外墙饰面,后者多用于内墙饰面。在水泥石灰砂浆罩面拉毛时,待中层砂浆五至六成干后,浇水湿润墙面,刮一道水灰比为0.37~0.40的水泥浆,以保证拉毛面层与中层黏结牢固。

当罩面砂浆使用1:0.5:1水泥石灰砂浆拉毛时,一般一人在前刮素水泥浆,另一人在后进行罩面拉毛。拉毛用白麻缠成的圆形麻刷子(麻刷子的直径依拉毛疙瘩的大小而定),把砂浆向墙面一点一拉,靠灰浆的塑性及吸力拉出一个个均匀一致的毛疙瘩来。

当采用水泥石灰另加纸筋拉毛操作时,罩面砂浆配合比是一份水泥按拉毛粗细掺入适量的石灰膏的体积比:拉粗毛时掺石灰膏5%和石灰膏质量3%的纸筋;中等毛头掺10%~20%的石灰膏和石灰膏质量3%的纸筋;拉细毛头掺25%~30%石灰膏和适量砂子。

拉粗毛时,在基层上抹4~5mm厚的砂浆,用铁抹子轻触表面用力拉回;拉中等毛头可用铁抹子,也可用硬毛鬃刷拉起;拉细毛时,用鬃刷粘着砂浆拉成花纹。拉毛时,在一个平面上应避免中断留槎,以做到色调一致不露底。如设计要求拉毛灰掺入颜料,这时应在抹罩面砂浆前,做出色调对比样板,选样后统一配料,使颜色一致。

(3)条筋形拉毛　条筋形拉毛的操作是在水泥石灰砂浆拉毛的墙面上,用专用刷子蘸1:1水泥石灰浆刷出条筋。条筋比拉毛面凸出3mm左右,稍干后用钢皮抹子压一下,最后按设计要求刷色浆。待中层砂浆六至七成干时,刮一道水灰比为0.37~0.40的水泥浆,然后抹水泥石灰砂浆面层,随即用硬毛鬃刷拉细毛面、刷条筋。刷条筋前,先在墙上弹垂直线,线与线的距离以40cm左右为宜,以此作为刷筋的依据,条筋的宽度约20mm,间距约30mm。刷条筋,宽窄不要太一致,应自然带点毛边。条筋之间的拉毛应保持整洁、清晰。

拉毛时应做到轻触慢拉、用力均匀、快慢一致,切忌用力过猛、速度过快。在一个平面内应尽量一气呵成,避免中间留槎。如发现毛头不匀、大小不一时,应及时抹平重拉。

拉毛结束后应及时取出分格条,并在缝内抹水泥浆及上色,24h后开始浇水养护,养护时间不宜少于7d。

(三)洒毛灰

洒毛灰的施工方法和适用范围与拉毛灰基本相同,分层做法见表2-6,洒毛灰是用茅草、高粱穗或竹条等绑成的20cm左右的茅柴帚蘸罩面砂浆均匀地洒在抹灰中层上,形成云朵状、大小不一但有规律的饰面。洒毛砂浆一般采用带色的1:1水泥砂浆,稠度以能粘上小帚而洒在墙面上又不流淌为宜。操作时应一次成活,不能补洒,在一个平面内不允许留槎。洒毛时,应由上往下、用力均匀,每次蘸用的砂浆量、洒向墙面的角度以及与墙的距离都要保持一致。如果几个人同时操作时,则应先试洒,要求操作人员手势做法基本一致,相互纠正协调,以保证在墙面上出现的云朵大小相称、分布均匀。

(四)搓毛灰

搓毛灰是用木抹子在罩面上搓毛而形成的装饰面层。它适用于外墙装饰抹灰。搓毛灰的基层处理、底层抹灰、中层抹灰和面层抹灰的操作方法与一般抹灰相同,分层做法见表2-6。所不同的是,搓毛灰是用木抹子在罩面层上搓毛;搓毛时,若罩面过干应边洒水边搓毛,不能干搓。抹纹要顺直,不要乱搓,应搓得均匀一致,没有接槎。

（五）扒拉灰

扒拉灰是用钢丝刷子在罩面上刷毛扒拉而形成的装饰面层。它适用于外墙装饰抹灰。扒拉灰的分层做法见表 2-6。扒拉灰一般用 1:0.5:3 水泥石灰砂浆抹底层和中层，罩面用 1:0.5:3 水泥石灰砂浆或 1:1 水泥砂浆，然后用钢丝刷子刷毛。施工时应先在中层上刮一遍水灰比为 0.37～0.40 的水泥浆，再抹面层灰，并应一次与分格条抹平，待稍收水后用木抹子搓平，并用铁抹子压实压平，使砂浆与中层黏结牢固、密实，然后用钢丝刷子竖向将表面刷毛、扒拉表面。扒拉时，手的动作是划圈移动，手腕部要活，动作要轻；否则扒拉的深浅不一致，表面观感不好。

（六）扒拉石

扒拉石适用于外墙装饰抹灰。扒拉石的基层处理和底层抹灰、中层抹灰的操作方法与扒拉灰相同，分层做法见表 2-6。其面层用 1:2 水泥细砾石浆，厚度一般为 10～12mm，然后用钉耙子扒拉表面。抹扒拉石面层，要求使用的细砾石颗粒以 3～5mm 的砂漏为最好，可节约材料，降低成本。待中层砂浆六至七成干时抹面层，抹水泥细砾石浆的稠度不宜太低，略比水泥砂浆抹面干些即可，一次抹够厚度，找平后用铁抹子反复压实压平，以增强水泥细砾石浆的密实度。扒拉石压实压平后，按设计要求四边留出 4～6cm 不扒拉的框。

扒拉石用的钉耙，可在自制 100mm×50mm×15mm（长×宽×厚）的木板上钉 20mm 长小圆钉，钉尖穿透板面，钉子的纵横距离以 7～8mm 为宜。用钉耙进行扒拉石操作时要掌握好扒拉的时间，时间过早会出现颜色不一致，露底子及杂乱无章；时间过迟则扒拉不动，也影响表面质量。一般以不粘钉耙为准，这样扒拉出来的表面是砂粒掉的地方而形成的凹陷砂窝，无砂粒的地方出现凸出的水泥砂浆（但要不出现抹子压的光面）。要求颜色一致，没有死坑、漏划或划掉水泥浆，不准出现接槎。

（七）拉条灰

拉条灰是用专用模具把面层砂浆做出竖线条的装饰抹灰做法。利用条形模具上下拉动，使墙面抹灰呈规则的细条、粗条、半圆条、波形条、梯形条和长方形条等。它可代替拉毛等传统的吸声墙面，具有美观大方、不易积尘及成本较低等优点，可应用于要求较高的室内装饰抹灰。例如，公共建筑的门厅、会议室、观众厅等墙面装饰抹灰。

拉条灰的基层处理和底层抹灰、中层抹灰的操作方法与一般抹灰相同，分层做法见表 2-6。其面层砂浆配合比如无特殊要求，可参考如下数值：采用细条形拉条灰时，面层砂浆一般采用同一种配比，即水泥:砂:细纸筋石灰膏＝1:2:0.5 的纸筋混合砂浆；采用粗条形拉条灰时，抹灰面层分两层不同配比的砂浆，第一层砂浆配比为水泥:细纸筋石灰膏:砂＝1:0.5:2.5；第二层（面层）配比为水泥:细纸筋石灰膏＝1:0.5 的水泥纸筋石灰膏。

面层抹灰完成后，用拉条灰模具靠在木轨道上自上而下多次拉动成型，模具拉动时，不管墙面高度如何，在同一操作层都应一次完成，成活后的灰条应上下顺直、表面光滑、灰层密实、无明显接槎。如果线条表面出现断裂细缝时，可在第二天用相同种类和配比的砂浆修补，然后再用同一模具上下来回拉模。

（八）仿石抹灰

仿石抹灰，又称“仿假石”，是在基层上涂抹面层砂浆，分出大小不等的横平竖直的矩形格块,用竹丝扎成能手握的竹丝帚,用人工扫出横竖毛纹或斑点,有如石面质感的装饰抹灰。它适用于影剧院、宾馆内墙面和厅院外墙面等装饰抹灰。

仿石抹灰的基层处理和底层抹灰、中层抹灰的操作方法与一般抹灰相同,分层做法见表 2-6。其中层要刮平、搓平、划痕。抹面层灰以前,先要检查墙面干湿程度,并浇水湿润。面层抹灰后,用刮尺沿分格条刮平,用木抹子搓平,等稍收水后,用竹丝帚扫出条纹;扫好条纹后,立即起出分格条,随手将分格缝飞边砂粒清净,并用素灰勾好缝。

(九)假面砖

假面砖是用彩色砂浆抹成相当于外墙面砖分块形式与质感的装饰抹灰面。假面砖抹灰用的彩色砂浆,一般按设计要求的色调调配数种,并先做出样板,确定标准配合比。

假面砖的基层处理和底层抹灰、中层抹灰(一般中层灰为 1:3 水泥砂浆)的操作方法与一般抹灰相同,分层做法见表 2-6。其面层砂浆涂抹前,浇水湿润中层,先弹水平线(可按每步架为一个水平工作段,上、中、下弹三条水平线,以便控制面层划沟平直度),然后抹 1:1 水泥砂浆垫层,厚度 3mm,接着抹面层砂浆 3 ~ 4mm 厚。面层稍收水后,用铁梳子或铁皮刨子沿靠尺板由上向下划纹,深度不超过 1mm。然后根据面砖的宽度用铁钩子或铁皮刨子沿靠尺板横向划沟,深度以露出垫层灰为准,划好横沟后将飞边砂粒扫净。

三、石粒类装饰抹灰

石粒类装饰抹灰主要用于外墙,它靠石粒的本色和质感来达到装饰目的,具有色泽明亮、质感丰富、耐久性好等特点。常用的石粒类装饰抹灰,主要有水刷石、干粘石、斩假石、水磨石以及机喷石、机喷石屑、机喷砂等。

(一)分层做法

石粒类装饰抹灰在各种基层上的分层做法,见表 2-7。

(二)水刷石

水刷石是石粒类材料饰面的传统做法。其特点是通过采取适当的艺术处理(分格分色、线条凸凹等),使饰面达到自然、明快、庄重、美观的视觉效果。水刷石常用于建筑物的外墙面、檐口、腰线、窗楣、窗套、璇脸、门套、柱子、壁柱、阳台、雨篷、勒脚、花台等处。

水刷石的工艺流程为:抹灰中层验收→弹线、粘贴分格条→抹面层石粒浆→刷洗面层→起分格条及浇水养护。

水刷石的基层处理和底层抹灰、中层抹灰的操作方法与一般抹灰相同,抹好的中层表面要划毛,分层做法见表 2-7。

(1)抹面层石粒浆　待中层抹灰六至七成干并经验收合格后,按设计要求弹线,贴分格条,然后洒水润湿,紧接着刷水灰比为 0.37 ~ 0.40 的素水泥浆一道,随即抹面层石粒浆,石粒浆稠度以 5 ~ 7cm 为宜,石粒应颗粒均匀、坚硬,色泽一致、洁净。抹面层时,应一次成活,随抹随用铁抹子压紧、揉平,但不要把石粒压得过死。每一块方格内应自下而上进行,抹完一块后,用直尺检查其平整度,不平处应及时修补并压实平整。同一平面的面层要求一次完成,不宜留施工缝;如必须留施工缝,应留在分格条的位置上。

表 2-7 石粒类装饰抹灰在各种基层上的分层做法

种类	基层	分层做法(体积比)	适用范围
水刷石	砖墙基层	①1:3 水泥砂浆抹底层 ②1:3 水泥砂浆抹中层 ③刮水灰比为 0.37~0.40 水泥浆一遍为结合层 ④水泥石粒浆或水泥石灰膏石粒浆面层(按使用石粒大小): a.1:1 水泥大八厘石粒浆(或 1:0.5:1.3 水泥石灰膏石粒浆); b.1:1.25 水泥中八厘石粒浆(或 1:0.5:1.5 水泥石灰膏石粒浆); c.1:1.5 水泥小八厘石粒浆(或 1:0.5:2.0 水泥石灰膏石粒浆)	一般多用于建筑物墙面、檐口、腰线、窗楣、窗套、璇脸、门套、柱子、壁柱、阳台、雨篷、勒脚、花台等
	混凝土墙基层	①刮水灰比为 0.37~0.40 水泥浆或洒水泥砂浆 ②1:0.5:3 水泥石灰砂浆抹底层 ③1:3 水泥砂浆抹中层 ④刮水灰比为 0.37~0.40 水泥浆一遍为结合层 ⑤水泥石粒浆或水泥石灰膏石粒浆面层(按使用石粒大小): a.1:1 水泥大八厘石粒浆(或 1:0.5:1.3 水泥石灰膏石粒浆); b.1:1.25 水泥中八厘石粒浆(或 1:0.5:1.5 水泥石灰膏石粒浆); c.1:1.5 水泥小八厘石粒浆(或 1:0.5:2.0 水泥石灰膏石粒浆)	
	加气混凝土墙基层	①涂刷一遍 1:3~4 聚乙烯醇缩甲醛胶水溶液 ②2:1:8 水泥石灰砂浆抹底层 ③1:3 水泥砂浆抹中层 ④刮水灰比为 0.37~0.40 水泥浆一遍为结合层 ⑤水泥石粒浆或水泥石灰膏石粒浆面层(按使用石粒大小): a.1:1 水泥大八厘石粒浆(或 1:0.5:1.3 水泥石灰膏石粒浆); b.1:1.25 水泥中八厘石粒浆(或 1:0.5:1.5 水泥石灰膏石粒浆); c.1:1.5 水泥小八厘石粒浆(或 1:0.5:2.0 水泥石灰膏石粒浆)	
干粘石	砖墙基层	①1:3 水泥砂浆抹底层 ②1:3 水泥砂浆抹中层 ③刷水灰比为 0.40~0.5 水泥浆一遍为结合层 ④抹水泥:石灰膏:砂子:107 胶 = 100:50:200:5~15 聚合物水泥砂浆黏结层 ⑤小八厘彩色石粒或中八厘彩色石粒	同水刷石
	混凝土墙基层	①刮水灰比为 0.37~0.40 水泥浆或洒水泥砂浆 ②1:0.5:3 水泥混合砂浆抹底层 ③1:3 水泥砂浆抹中层 ④刷水灰比为 0.40~0.50 水泥浆一遍为结合层 ⑤抹水泥:石灰膏:砂子:107 胶 = 100:50:200:5~15 聚合物水泥砂浆黏结层 ⑥小八厘彩色石粒或中八厘彩色石粒	
	加气混凝土墙基层	①涂刷一遍 1:3~4(107 胶:水)胶水溶液 ②1:0.5:4 水泥混合砂浆抹底层 ③1:0.5:4 水泥混合砂浆抹中层 ④刷水灰比为 0.40~0.50 水泥浆一遍为结合层 ⑤抹水泥:石灰膏:砂子:107 胶 = 100:50:200:5~15 聚合物水泥砂浆黏结层 ⑥小八厘彩色石粒或中八厘彩色石粒	

续表

种类	基层	分层做法(体积比)	适用范围
机喷石、机喷石屑、机喷砂	砖墙基层	①②③同干粘石(砖墙) ④抹水泥:石灰膏:砂子:107 胶 = 100:50:200:5 ~ 15 聚合物水泥砂浆黏结层 ⑤机械喷粘小八厘石粒、米粒石或石屑、粗砂	同干粘石
	混凝土墙基层	①②③④同干粘石(混凝土墙) ⑤抹水泥:石灰膏:砂子:107 胶 = 100:50:200:5 ~ 15 聚合物水泥砂浆黏结层 ⑥机械喷粘小八厘石粒、米粒石或石屑、粗砂	
	加气混凝土墙基层	①②③④同干粘石(加气混凝土墙) ⑤⑥同机喷石(混凝土墙)	
斩假石	砖墙基层	①1:3 水泥砂浆抹底层 ②1:2 水泥砂浆抹中层 ③刮水灰比为 0.37 ~ 0.40 水泥浆一遍 ④1:1.25 水泥石粒(中八厘中掺 30% 石屑)浆	同水刷石
	混凝土墙基层	①刮水灰比为 0.37 ~ 0.40 的水泥浆或洒水泥砂浆 ②1:0.5:3 水泥石灰砂浆抹底层 ③1:2 水泥砂浆抹中层 ④刮水灰比为 0.37 ~ 0.40 的水泥浆一遍 ⑤1:1.25 水泥石粒(中八厘中掺 30% 石屑)浆	
现制水磨石		①1:3 水泥砂浆打底 ②刮素水泥浆一遍 ③1:1 ~ 1:2.5 水泥石粒浆罩面	室内墙面

(2)刷洗面层　待面层六至七成干后,即可刷洗面层。冲洗是确保水刷石质量的重要环节之一,冲洗不净会使水刷石表面颜色发暗或明暗不一。

喷刷分两遍进行:第一遍先用软毛刷蘸水刷掉面层水泥浆露出的石碴,第二遍紧跟用手压喷浆机或喷雾器将四周相邻部位喷湿,然后按由上往下的顺序喷水,使石碴露出表面 1/3 ~ 1/2 粒径,达到清晰可见、分布均匀即可。

喷水要快慢适度,过快,混水浆冲不净,表面易呈现花斑;过慢,则会出现塌坠现象。喷水时,要及时用软毛刷将水吸去,以防止石粒脱落。分格缝处也要及时吸去滴挂的浮水,以防止分格缝不干净。门窗、璇脸应先刷底部后刷大面,以保证大面清洁美观。如果水刷石面层过了喷刷时间,开始硬结,要先用 3% ~ 5% 盐酸稀释溶液洗刷,然后再用清水冲净;否则,会将面层腐蚀成黄色斑点。

冲刷时要做好排水工作,不要让水直接顺墙面往下淌。一般是将罩面分成几段,每段都抹上阻水的水泥浆挡水,在水泥浆上粘贴油毡或牛皮纸将水外排,使水不直接往下淌。冲洗大面积墙面时,应采取先罩面先冲洗、后罩面后冲洗的方法。罩面时由上往下,这样既保证上部罩面洗刷方便，也避免下部罩面受到损坏。喷刷后，随即起出分格条，并用素水泥浆将缝修补平直。

外墙窗台、窗楣、雨篷、阳台、压顶、檐口及突腰线等部位，也与一般抹灰一样，应在上面做流水坡度，下面做滴水槽或滴水线。滴水槽的宽度和深度均不应小于10mm。

（三）干粘石

干粘石是将彩色石粒直接粘在砂浆层上的一种饰面做法，也是由水刷石演变而来的一种装饰新工艺，其外观效果可与水刷石相比。干粘石的适用范围与水刷石相同。但是，房屋底层不宜采用干粘石。

干粘石的工艺流程为：中层抹灰验收→弹线、粘贴分格条→抹黏结层砂浆→撒石粒、压平→起分格条并修整。

干粘石的基层处理和底层抹灰、中层抹灰与水刷石相同，分层做法见表2-7。

（1）抹黏结层　待中层抹灰六至七成干并经验收合格后，应按设计要求弹线、粘贴分格条（方法同外墙抹灰），然后洒水润湿，刷素水泥浆一道，接着抹水泥砂浆黏结层。黏结层砂浆稠度以6～8cm为宜。黏结层施工后用刮尺刮平，要求表面平整、垂直，阴阳角方整。

（2）撒石粒、拍平　黏结层抹完后，待干湿适宜时即可用手甩石粒，然后随即用铁抹子将石子均匀地拍入黏结层。甩石粒应遵循“先边角后中间，先上面后下面”的原则，阳角处甩石粒时应两侧同时进行，以避免两边收水不一而出现明显接槎。甩石粒时，用力要平稳有劲，方向应与墙面垂直，使石粒均匀地嵌入黏结砂浆中，然后用铁抹子或胶辊滚压坚实。拍压时，用力要合适，一般以石粒嵌入砂浆的深度不小于粒径的1/2为宜。对于墙面石粒过稀或过密处，一般不宜补甩，应将石粒用抹子（或手）直接补上或适当剔除。

（3）修整　当墙面达到表面平整、石粒饱满时，即可起分格条。对局部有石粒下坠、不均匀、外露尖角太多或表面不平整等不符合质量要求的地方要立即修整、拍平，分格条处应用水泥浆修补，以求表面平整、色泽均匀、线条顺直清晰。

（四）机喷石、机喷石屑、机喷砂

干粘石人工甩石粒，劳动强度大，效率低，采用机喷粘石（也称“机喷石”，简称“喷石”）使部分工序实现了机械操作，提高了工效，减轻了劳动强度，石粒也粘得更牢固。

1. 机喷石

（1）施工工具　①喷斗（见图2-5）；②空气压缩机（排气量6m³/min，工作压力0.6～0.8MPa），一台空气压缩机可带两个喷石粒斗；③喷气输送管，即采用内径为8mm的乙炔胶管（长度按需要）；④其他工具，如装石粒簸箕、油印橡胶滚、接石粒的钢筋粗布盛料盘等。

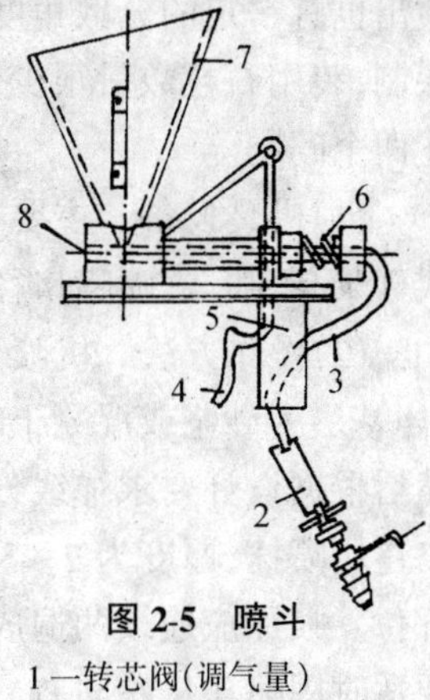

图2-5　喷斗

1—转芯阀（调气量）
2—皮线　3—输气管
4—扳机　5—手柄
6—顶簧器　7—白铁皮漏斗
8—喷嘴

（2）工艺流程　基层处理→浇水湿墙→分格弹线→刮素水泥浆、粘布条→涂抹黏结层砂浆→喷石→滚压→揭布条→修理。

（3）操作方法　机喷石的分层做法，见表2-7。在墙面基层处理、浇水润湿、分格弹线后，以弹好的线为准抹素水泥浆，然后将浸泡湿透的布条平直地粘贴在已抹平压光的素水泥浆上，并按分格布条分出的区格，先满刮素水泥浆一遍（水灰比 0.37～0.40），接着涂抹黏结层砂浆。为了有充足的时间操作，砂浆中建议掺入水泥量 0.3%的木质素磺酸钙，砂浆厚度 4～5mm。抹好的黏结砂浆，应不留抹子痕迹。

黏结砂浆抹完一个区格后，即可喷射石粒，一人手持喷枪，一人不断向喷枪的漏斗装石粒，先喷边角，后喷大面。喷大面时应自下而上，以免砂浆流坠，喷枪应垂直于墙面，喷嘴距墙面约 15～25cm。喷完石粒，待砂浆刚收水时，用油印橡胶辊自上往下轻轻地滚压一遍。阳角处，为了防止出现黑边及不规则现象，可采取如图 2-6 所示的方法，以保证阳角质量。滚压完，即可揭掉布条，然后修理分格缝两边的飞粒，随手勾好分格缝。

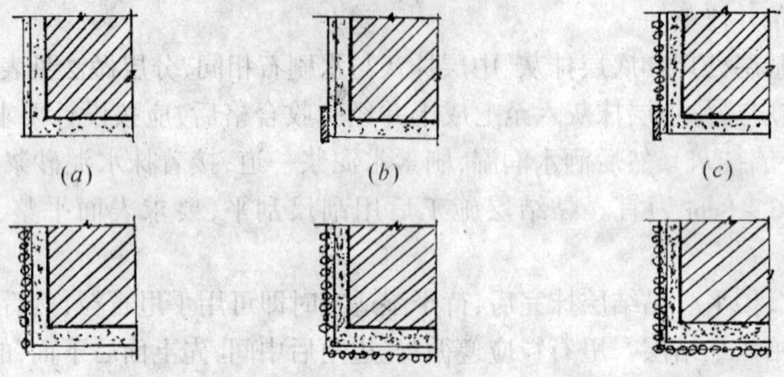

图 2-6　阳角喷石粒顺序示意图

(*a*)抹一面墙(包括阳角处)砂浆　(*b*)放贴有布条的靠尺板

(*c*)一面喷石滚压　(*d*)拿掉靠尺板(布条留在砂浆上)，抹另一面

(*e*)取掉布条，刷少量 107 胶水溶液　(*f*)喷石、滚压、修理

2. *机喷石屑*

机喷石屑是机喷石做法的发展。机喷石虽然初步实现了机械操作，但石粒由喷斗嘴喷出也有一定的分散角度，上墙后分布密度不如手甩粘石密集。另外，手持式喷斗受质量限制，装用石粒数量很少，因此还需要有一人配合不断向斗内装石粒，喷石屑则解决了上述两个问题。

(1)机具设备　主要有空气压缩机(排气量 $0.6m^3/min$，工作压力 0.4～0.6MPa)、挤压式砂浆泵、喷斗(喷嘴口径 8mm)、小型砂浆搅拌机或携带式砂浆搅拌器。

(2)操作方法　机喷石屑的分层做法见表 2-7。先喷或刷 107 胶水溶液做基层处理(当基层为砂浆或混凝土时，107 胶：水 = 1∶3；当基层为加气混凝土时，107 胶：水 = 1∶2)，然后根据设计要求弹线分格，粘或钉分格条。黏结砂浆可以用手抹，也可机喷，按预先分格逐块喷抹，厚度为 2～3mm。用挤压式砂浆泵喷涂黏结砂浆时，应先遮挡门窗及不喷涂部位。喷涂应连续两遍成活，防止流坠。手抹时应尽量不留抹子痕迹。喷抹黏结砂浆后，要适时用喷斗从左向右、自下而上喷粘石屑。喷嘴应与墙面垂直，距离 30～40cm。空压机的压力、气量要适当，要求表面均匀密实、满粘石屑。石屑在装斗前应稍加水湿润，以避免粉尘飞扬，保证黏结牢固。如果黏结砂浆层表面干燥，影响石屑黏结时，应补抹砂浆，切忌刷水，以免造成局部析白而颜色不匀。

3. 机喷砂

机喷砂的操作方法与机喷石屑相同,分层做法见表2-7。

(五)斩假石

斩假石,又称"剁斧石",是用水泥和白石屑加水拌合抹在建筑物或构件表面,待硬化后用斩斧(剁斧)、单刃或多刃斧、凿子等工具剁成像天然石那样有规律的石纹的一种人造石料装饰。

斩假石的工艺流程为:抹底层、中层灰→弹线、粘贴分格条→抹面层水泥石粒浆→斩剁面层。除了抹面层水泥石粒浆和斩剁面层外,其余均同前。

斩假石在不同基层上的分层做法与水刷石基本相同(见表2-7)。所不同的是,斩假石的中层抹灰应用1:2水泥砂浆,面层使用1:1.25的水泥石粒(内掺30%石屑)浆,厚度为10~11mm。

1. 面层抹灰

斩假石的基层处理与一般抹灰相同。基层处理后即抹底层和中层砂浆,底层和中层表面应划毛。待抹灰中层六至七成干后,要浇水润湿中层抹灰,并满刮一道水灰比为0.37~0.40的素水泥浆,然后按设计要求弹线分格、粘贴分格条,继而抹面层水泥石粒浆。

面层石粒浆常用粒径为2mm的白色米粒石,内掺30%粒径为0.3mm左右的白云石屑。面层石粒浆的配比一般为1:1.25~1.5,稠度为5~6cm。

面层石粒浆一般分两遍成活,厚度不宜过大,一般为10~11mm;先薄薄地抹一层砂浆,待稍收水后再抹一遍砂浆与分格条平,并用刮子赶平。待第二层收水后,再用木抹子打磨拍实,上下顺势溜直,不得有砂眼、空隙,并要求同一分格区内的水泥石粒浆必须一次抹完。石粒浆抹完后,即用软毛刷蘸水顺纹清扫一遍,刷去表面浮浆至露石均匀。面层完成后不得受烈日暴晒或遭冰冻,24h后应洒水养护。

2. 斩剁面层

在常温下,面层抹好2~3d后,即可试剁。试剁以墙面石粒不掉、容易剁痕、声音清脆为准。斩剁顺序一般遵循"先上后下,先左后右,先剁转角和四周边缘、后剁中间墙面"的原则。转角和四周应剁水平纹,中间剁垂直纹,先轻剁一遍,再盖着前一遍的剁纹剁深痕。剁纹深浅要一致,深度一般以不超过石粒粒径的1/3为宜。墙角、柱边的斩剁,宜用锐利的小斧轻剁,以防掉边缺角。

斩剁完成后,墙面应用水冲刷干净,并按要求修补分格缝。

斩假石的另一种做法是:用1:2.5水泥砂浆打底,抹面层灰前先刷水泥浆一道。面层抹灰使用1:2.5水泥白云石屑浆抹8~10mm厚,面层收水后用木抹子搓平,然后压实、压光。水泥终凝后,用抓耙依着靠尺按同一方向抓。这种做法称为"拉斩假石"。

(六)水磨石

水磨石是石粒类材料饰面的常见做法。其工艺流程为:中层灰验收→弹线、贴镶嵌条→抹面层石子浆→水磨面层→磨光酸洗→打蜡出亮。

1. 弹线、贴镶嵌条

在中层灰验收合格后,即可在其表面按设计要求和施工段弹出分格线。镶条常用玻璃条、铜条等,除了按已弹好的底线作为找直的标准外,还需要拉一条上口通线,作为找平的标准。铜嵌条与铝嵌条在镶嵌前应调直，并按每 1m 打四个小孔，穿上 22 号铅丝。镶条时先用靠尺板与分格线对齐，压好靠尺，再将镶条紧贴靠尺板，用素水泥浆在另一侧根部抹成八字形灰埂，然后拿去靠尺，再在未抹灰一侧抹上对称的灰埂固定。灰埂高度比镶条顶面低 3mm，铝条应涂刷清漆以防水泥腐蚀。

2. 抹面层石子浆

用 1:1～1:1.5 的水泥石粒浆罩面，厚度约为 8mm。所用石粒的粒径不宜过大，否则不易压平。罩面的施工方法为一般常规做法，即向中层砂浆表面洒水，抹素水泥浆形成 1～2mm厚的黏结层，按标高要求弹出地面上口水平线，贴分格条，抹石粒浆，待稍收水后用抹子压实，以压出浆液为度，再用清水刷去浮浆，接着统压一遍，压平石粒尖露出的棱角，最后再用毛刷横扫大面一遍。

3. 水磨面层、磨光酸洗和打蜡

面层抹完后，经过一定时间的养护即可进行试磨。试磨时，石碴不松动便可正式打磨面层。水磨石开磨时间与温度有关，参见表 2-8；水磨石研磨分层做法，参见表 2-9。

表 2-8 水磨研磨时间与温度关系

平均温度/℃	开磨时间/d	
	机械磨	人工磨
20～30	2～3	1～2
10～20	3～4	1.5～2.5
5～10	4～6	2～3

表 2-9 水磨石研磨分层做法

<table>
<tr><th>项次</th><th>研磨遍数</th><th>总厚度/mm</th><th>研磨方法</th><th>备注</th></tr>
<tr><td>1</td><td>一遍</td><td rowspan="4">20</td><td>磨一遍用 60～80 号金刚石，粗磨到石子外露为准，用水冲洗稍干后，擦同色水泥浆养护约 2d</td><td rowspan="4">1. 用 1:3 水泥砂浆打底
2. 刮素水泥浆一道
3. 用 1:1 至 1:2.5 水泥石粒浆罩面
4. 试磨时石子不松动即可开始磨面</td></tr>
<tr><td rowspan="3">2</td><td>二遍</td><td>磨二遍用 100～150 号金刚石，洒水后开磨至表面平滑，用水冲洗后养护 2d</td></tr>
<tr><td>三遍</td><td>磨三遍用 180～240 号金刚石或油石，洒水细磨至表面光亮，用水冲洗擦干</td></tr>
<tr><td>酸洗及打蜡</td><td>涂擦草酸，再用 280 号油石细磨，出白浆为止，冲洗后晾干，待表面干燥发白后进行打蜡</td></tr>
</table>

四、聚合物水泥砂浆装饰抹灰

聚合物水泥砂浆装饰抹灰，又称“特殊抹灰”，即在普通砂浆中掺入适量的有机聚合物，以改善原来材料方面的某些不足。目前，用于聚合物水泥砂浆的有机聚合物，主要有聚乙烯醇缩甲醛胶(即 107 胶)、聚甲基硅醇钠、木质素磺酸钙等。

根据施工工艺的不同，聚合物水泥砂浆装饰抹灰可分为喷涂、滚涂和弹涂等三种。

（一）喷涂

喷涂是用挤压式砂浆泵或空气压缩机通过喷枪将砂浆喷涂于抹灰中层而形成的饰面面层。其工艺流程如下：基层处理→抹底层、中层砂浆→粘贴胶布、分格条→喷涂→喷憎水剂罩面。

喷涂施工的基层处理、底层抹灰和中层抹灰的操作方法与一般抹灰相同，喷憎水剂罩面与喷砂要求相同。

1. 粘贴分格条

喷涂前，应按设计要求将门窗和不喷涂的部位采取遮挡措施，以防污染，分格缝宽度如无特殊要求，以20mm左右为宜。分格缝做法有两种：一种在分格缝位置上用107胶粘贴胶布条，待喷涂结束后，撕去胶布条即可。另一种不粘贴胶布条，待喷涂结束后，在分格缝位置压紧靠尺，用铁皮刮子沿着靠尺刮去喷上去的砂浆，露出基层即可。分格缝要求位置准确，横平竖直，宽窄一致，无明显接槎痕迹。

2. 喷涂

喷涂分波面喷涂、粒状喷涂和花点喷涂三种。其材料品种、颜色和配合比应符合设计要求。如无特殊要求，一般采用如下两种配比：一种是白水泥∶砂∶107胶＝1∶2∶0.1，再掺入适量的木质素磺酸钙；另一种是普通水泥∶石灰膏∶砂∶107胶＝1∶1∶4∶0.2，再掺入适量的木质素磺酸钙。要求配比正确，颜色均匀，稠度符合要求。

(1)波面喷涂　波面喷涂一般分三遍成活，厚度3～4mm。第一遍使基层变色；第二遍喷至墙面出浆不流为宜；第三遍喷至全部出浆，表面呈均匀波纹状，不挂坠，并且颜色一致。波面喷涂一般采用稠度为13～14cm的砂浆。喷涂时，喷枪应垂直墙面，距离墙面约50cm，挤压式砂浆泵的工作压力为0.1～0.15MPa，空气压缩机的工作压力为0.3～0.5MPa。

(2)粒状喷涂　粒状喷涂采用喷斗分二遍成活，厚度为3～4mm。第一遍满喷，要求满布基层表面并有足够的压色力；第二遍喷涂要求第一遍收水后进行，操作时要开足气门，并快速移动喷斗喷布碎点，以表面布满细碎颗粒、颜色均匀不出浆为准。

粒状喷涂有喷粗点和喷细点两种情况。在喷粗点时，砂浆稠度要稠，气压要小；喷细点时，砂浆要稀，气压要大。操作时，喷斗应与墙面垂直，距离墙面约40cm。

(3)花点喷涂　花点喷涂是在波面喷涂的基础上再喷花点，工艺同粒状喷涂第二遍做法。施工前应根据设计要求先做样板，当花点的粗细、疏密和颜色满足要求后，方可大面积施工。施工时，应随时对照样板调整花点，以保证整个装饰面的花点均匀一致。

（二）滚涂

滚涂是将砂浆抹在墙体表面后，用滚子滚出花纹而成。其工艺流程除滚涂外，均与喷涂相同。

滚涂的面层厚度一般为2～3mm，砂浆配合比为水泥∶砂∶107胶＝1∶0.5～1∶0.2，再掺入适量的木质素磺酸钙。砂浆稠度为10～12cm，要求配比正确、搅拌均匀，并要求在使用前必须过筛，以除去砂浆中的粗粒，保证滚涂饰面的质量。

施工前应按设计要求准备不同花纹的辊子若干，常用的有胶辊、多孔聚氨脂辊和多孔泡沫辊等。辊子长一般为15～25cm。

滚涂操作时需两人合作，一个人在前面用色浆罩面，另一个人紧跟滚涂，滚子运行要轻缓平稳，直上直下，以保持花纹的均匀一致。滚涂的最后一道应自上而下拉，使滚出的花纹有自然向下的流水坡度。

滚涂的方法分干滚和湿滚两种。

干滚法：要求上下一个来回，再自上而下走一遍，滚的遍数不宜过多，只要表面花纹均匀即可；它施工工效高，花纹较粗。

湿滚法：滚涂时滚子蘸水上墙，注意控制蘸水量，应保持整个滚涂面水量一致，以免造成表面色泽不一致；它花纹较细，但较费工。

滚涂施工应按分格缝或工作段滚压成活，不得任意甩槎。施工中如出现翻砂现象，应重新抹一层薄砂浆后滚涂，不得事后修补。滚涂 24h 后，应喷一遍防水剂（憎水剂），以增强饰面的耐久性能。

（三）弹涂

弹涂是在墙面涂刷一遍砂浆后，用弹涂器分多遍将不同色泽的砂浆弹涂在已涂刷的基层上，结成大小不同的色点，再喷一遍防水层，形成相互交错、相互衬托的一种彩色饰面。

弹涂的工艺流程为：基层处理→抹底层或中层灰→刷底色浆→弹分格线、粘贴分格条→弹浆两道、修弹一道→罩面。

弹涂操作除刷底色浆和弹浆外，其余均同前。

（1）刷底色浆　底色浆刷在抹灰的底层或中层上，待基层干燥后先洒水湿润，无明水后，即可刷底色浆。色浆用白色或彩色石英砂、普通水泥或白水泥（有条件时，用彩色水泥），其配比一般为水泥∶砂∶107 胶 = 1∶0.15 ~ 0.20∶0.13，并根据设计要求掺入适量的颜料。色浆一般按自上而下、由左到右的顺序施工，要求刷浆均匀，表面不流淌、不挂坠、不漏刷。

（2）弹浆　待色浆较干后，将调制好的色浆按色彩分别装入弹涂器内，先弹比例多的色浆，后弹另一种色浆。色浆应按设计要求配制，做出样板后方可大面积弹浆。弹涂时应垂直于墙面，与墙面距离保持一致，使弹点大小均匀，颗粒丰满。弹浆分多遍成活而成：第一道弹浆应分多次弹匀，并避免重叠；第二道弹浆在第一道弹浆收水后进行，把第一道弹点不匀及露底处覆盖；最后进行局部修弹。

弹涂层干燥后，再喷刷一遍防水剂，以提高饰面的耐久性能。

五、彩色瓷粒饰面

彩色瓷粒是用水泥砂浆粘彩色瓷粒，表面经塑料处理而成的。彩色瓷粒饰面的施工方法如下。

（1）砂浆底层　现砌砖墙抹 1∶2.5 ~ 3 水泥砂浆底灰，用木抹子搓平不压光。如基层为加气混凝土砌块，抹灰前应分多次用水将墙面浇透，刮稠素水泥浆后再抹底灰；如系檐口腰线等受大气侵蚀严重部分，刮素水泥浆时宜掺入水泥重量的 10% 的聚醋酸乙烯乳液（PVA）。

（2）黏结与饰面层　黏结层砂浆配合比为白水泥∶细砂 = 1∶2（重量比），外加水泥重量

10%的107胶，水灰比约0.5左右，黏结层厚度约3mm。粘彩色瓷粒时，应随抹黏结层随甩粘彩色瓷粒（同于干粘石做法），然后用铁抹子或其他工具轻轻拍平压实。

（3）表面处理　配制聚乙烯醇缩丁醛、聚甲基乙氧基硅氧烷酒精溶液：先将1份缩甲醛原粉溶于15份工业酒精中，在70～80℃水中加热，充分搅拌均匀备用；如采用喷涂方法，溶液于喷涂前再加入0.3份聚甲基乙氧基硅氧烷酒精溶液，混匀24h之内使用。溶液在喷涂后数小时酒精挥发，墙表面即成膜。

六、灰线抹灰

灰线抹灰，又称"装饰线抹灰""装饰线脚抹灰""线条抹灰"等，这是传统抹灰工程中的一种装饰线条抹灰，它通过各种不同的起伏、曲直、厚薄的线条造型来达到装饰美化的效果。灰线抹灰一般见于一些标准较高的公共建筑和民用建筑的门窗口阳角、门头灯座、檐口、舞台口周围、女儿墙压顶、腰线、间隔墙门套等处，最常见于室内顶棚四周、梁底、柱端及吊灯周围等处。

装饰线脚抹灰有整体抹灰和预制粘贴两种做法。装饰线脚的式样很多，线条有繁有简，形状有大有小，使用的材料按其所装饰部位而有所选择，用于室内的多为纸筋灰、水泥纸筋灰和石膏灰浆。

（一）灰线抹灰的工具

装饰线脚抹灰工具，除较简单灰线只需在抹灰线的部位镶贴靠尺作为抹灰线厚度的依据，用铁抹子直接抹出灰线外，通常要根据灰线的繁简情况、尺寸大小及其形状，先做出木制足尺灰线模型。这种模型分死模、活模和圆形灰线活模三种。

（1）死模　适用于顶棚四周和墙面交接处设置的灰线，以及较大的灰线抹灰。它是卡在上下两根固定的靠尺上推拉出线条的。

（2）活模　适用于梁底及门窗角灰线。它是靠在一根靠尺（或上靠尺）上，用两手握模捋出线条来。

（3）圆形灰线活模　适用于室内顶棚上的圆形灯具灰线和外墙面门窗洞顶部半圆形装饰等灰线。它的一端做成灰线形状的木模，另一端按圆形灰线半径长度钻一钉孔。操作时，将有孔的一端用钉固定在圆形灰线的中心点上，另一端木模即可在半径范围内移动，扯制圆形灰线。

（二）分层做法

（1）黏结层：薄薄地抹一层1∶1∶1水泥石灰砂浆。

（2）垫灰层：1∶1∶4水泥石灰砂浆略掺麻刀（厚度根据灰线尺寸来定）。

（3）出线灰：1∶2石灰砂浆（砂子过3mm筛孔）。

（三）灰线抹灰的操作方法

1. 简单灰线抹灰的操作方法

方柱、圆柱出口线脚，应在柱子基层清理完、弹线找规矩、底层及中层抹灰完成后进行。一般不用模型，使用水泥混合砂浆或在石灰砂浆里掺石膏抹出线脚。

（1）方柱抹出口线脚的方法　首先，按设计要求的线条形状、厚度和尺寸大小，在柱边角处和线脚出口处卡上竖向靠尺板和水平靠尺板。一般应先抹柱子的侧面出口线脚，将靠尺板临时卡在前后两面；做正面的出口线脚时，把靠尺板卡在两侧面。抹灰时，应分层进行，要做到对称均匀，柱面平整光滑，四边角棱方正顺直，线条清晰，出口线脚平直，并与顶棚或梁的接头处理好，看不出接槎。

(2)圆柱抹出口线脚的方法　根据设计要求，按圆柱出口线脚的形状厚度和尺寸大小，制作圆形样板，将样板套固在线脚的位置上，以样板为圆形标志，用钢皮抹子分层将灰浆抹在圆柱上。此外，也可以用薄靠尺板弯成圆弧形状，进行抹灰。当大致抹圆之后，再用圆弧抹子抹圆，出口线脚柱面要做到形圆、线脚清晰，颜色均匀，并与平顶或梁接头处理严密，看不出接槎。

圆形灰线一般多用于顶棚灯具周围，使用活模扯制。操作前，应先根据顶棚抹灰层厚度，将顶棚底层及中层灰抹好，留出灯位灰线部分。也可先抹一条比灯位线稍宽的圆形冲筋，作为扯制灰线和活模运行的依据。扯灰线前，应先找准中心点。然后将活模钉在中心点上，并使其能灵活转动。随后使用活模绕中心往返扯动，将灰线扯抹成型。

2. 多线条灰线抹灰的操作方法

多线条灰线根据部位不同，分别使用死模和活模操作。

(1)死模双尺操作法　找规矩的方法与一般抹灰基本相同，但灰线抹灰的房间，四周墙面要先找方，不仅阳角方正，阴角也要归方。同时要找出顶棚抹灰的厚度并弹出上水平线。先抹墙面和顶棚底层、中层灰，靠顶棚处留出灰线的尺寸不抹，以便于中层灰上粘贴靠尺板，这样可以避免后抹底层、中层灰时把灰线碰坏。

墙面底、中层灰抹完后，按死模尺寸，确定墙面贴靠尺板(称下靠尺)的位置，在立墙四周弹一道水平标准线，并将下靠尺按此线贴好(简称稳尺)。稳尺的方法是用纸筋石灰∶水泥＝1∶1的水泥混合砂浆灰饼粘贴靠尺板，或用石膏灰粘贴靠尺板，也可以把靠尺板稳平后，找出砖缝位置，用钉子钉上，这样会更稳妥。下靠尺稳好后，要四周校正一遍，把死模坐在房间四周的下靠尺上，用线垂挂直线找正死模的垂直平正角度后，靠模头外侧定出上靠尺的位置，然后按四角位置再弹水平线，依线粘贴上靠尺。如果是板条顶棚，可用板条或竹条夹住上靠尺。上下靠尺粘贴要牢固，出进上下要水平一致。死模坐入后，要上下灰口适当。死模推拉时要不卡不松，如有阻碍和偏差可校正上靠尺。靠尺两端要留出大于死模宽度的尺寸，以便安放和取出死模。

灰线扯制要分层进行，以免砂浆一次涂抹过厚而造成起鼓开裂。待粘贴靠尺的灰饼干硬后，先薄薄地抹一层1∶1∶1水泥石灰砂浆(略掺麻刀)，使其与混凝土顶棚黏结牢固。接着用1∶1∶4水泥石灰砂浆(略掺麻刀)，一层层地抹第二道垫层灰，垫层灰厚度根据灰线尺寸决定。死模要随时推拉，超过灰线面的多余砂浆要及时刮掉，低凹的地方应添加砂浆，直至灰线表面砂浆饱满平直。成型时，要把死模倒拉一次，以便于抹第三道出线灰和第四道罩面灰时不卡模。

第二天先用1∶2石灰砂浆(砂子要过3mm筛孔的筛子)，抹一遍出线灰，再用普通纸筋石灰罩面。扯制罩面灰的方法与出线灰基本相同，但上灰使用喂灰板。扯制罩面灰时，一人在前，将罩面灰放在喂灰板上，双手托起来使灰浆紧贴灰线的出线灰上，并将喂灰板顶住死模模口进行喂灰；一人在后推死模。等基本推出棱角时，再用细纸筋石灰(桩光灰)罩面推到使灰线棱角整齐光滑为止(分两遍推抹罩面灰的厚度不超过2mm)。然后将模取下，刷洗干净。

扯模及喂灰操作动作要协调，步子要稳，使喂灰板依靠模的推动前进。在扯罩面灰时，要分遍连续操作。死模只能往前推，不能往后拉。无论是扯制出线灰或罩面灰，模头及模底板下面小木条都要始终紧靠上、下靠尺板，用力要均匀，使死模平稳地沿轨道缓缓向前。

如果抹石膏灰线，在底层、中层及出线灰抹完并六至七成干时稍洒水，用 4:6 的比例配好石灰石膏浆罩面，灰浆要控制在 7～10min 用完。

(2)死模单尺操作法　这种方法是只用下靠尺，不用上靠尺。上靠尺用事先已抹好的顶棚中层砂浆的冲筋压光条代替。这种方法可少贴上靠尺，但操作时较双靠尺难掌握。一般简单灰线多用这种方法操作。其操作准备与双靠尺基本相同。

操作时，将死模下端卡在靠尺上，左手把死模紧靠在顶棚抹灰层上，用右手推死模。行走推模要稳，其他与双靠尺操作方法相同。

(3)活模的操作方法　活模的操作方法与死模单尺操作基本相同。活模一边靠在靠尺板上，一边紧贴标志筋上，捋出线条。

(4)灰线接头的操作方法　灰线接头也称“合拢”，是难度较大的一项操作，它要求与四周已扯制好的灰线镶接互相贯通，其棱角、尺寸大小及凹凸形状成为一个整体。为此，不但要求操作技术熟练，而且事先还须细心领会灰线每个细小组成部位的结构，掌握接角处的特点。

①接阴角的方法　当房间四周灰线抹完之后，拆除靠尺，切齐甩槎，然后开始连接每两条灰线的接头，使之在阻角处合拢。连接的方法是先用抹子抹灰线的各层灰，当抹上出线灰及罩面灰后，分别都用灰线接角直尺一边轻接已成活的灰线作为规矩，一边刮接角的灰使之成型。成型之后再用铁皮或竹皮修理，使之不显接槎，最后用排笔清刷。要求接头阴角的交线与立墙阴角的交线在一个平面之内。

②接阳角的方法　接阳角之前，首先要找出垛、柱阳角距离来确定灰线位置，统称“过线”。过线的方法是用方尺套在已成型灰线的墙面上，用小线锤按在顶棚灰线的外口(要与线口齐)，吊在方尺水平线的上端，接着用铅笔划在方尺水平线上，就成为垛、柱靠顶棚上面所需要的尺寸。再将方尺安在垛、柱上，紧挨顶棚，划一条线，然后用方尺一头与已成型灰线的上端放平，一头与短线比齐，再用铅笔划一长条直至成型灰线，一头至垛、柱最外处。在垛、柱的另一面，用同样的方法求出所需要的线(总称“灰线上口线”)。过下口线只需将两边的成型线下口用方尺套在垛、柱上，与成型灰线最下面划齐。注意在操作时严格控制，不要越出上下的划线。首先将两边靠阴角处与垛、柱结合齐，再接阳角(垛、柱)。抹灰要与成型灰线相同，大小一致。抹后应仔细检查，要求阴阳角方正，并要成一直线。

第五节　特种砂浆抹灰

一、钡砂(重晶石)砂浆抹灰

钡砂(重晶石)是天然硫酸钡($BaSO_4$)。钡砂砂浆是一种放射性防护材料，用它作为掺合料制成砂浆的面层对X射线有阻隔作用,常用于X射线探伤室、X射线治疗室、同位素实验室等墙面抹灰。

(一)使用材料

(1)水泥　32.5级普通硅酸盐水泥(不宜用其他掺混合料的水泥)。

(2)砂子　一般洁净中砂,不宜用细砂。

(3)钡砂　粒径0.6~1.2mm,无杂质。

(4)钡粉　细度全部通过0.3mm筛孔。

(二)配合比

钡砂(重晶砂)砂浆的配合比,见表2-10。

表2-10　钡砂(重晶石)砂浆配合比

材料名称	水	水泥	砂子	钡砂	钡粉
配合比(质量比)	0.48	1	1	1.8	0.4
用量 kg/m^3	252.5	526	526	947	210.4

(三)施工要点

(1)在拌制砂浆时水应加热到50℃左右。

(2)按比例先将重晶石石粉与水泥拌合,然后再与砂子、钡粉拌合加入50℃水搅拌均匀。

(3)抹灰前墙面基层要认真清除尘污,凹凸不平处预先用1:3水泥砂浆补齐或凿平,并浇水湿润。

(4)抹灰厚度每层一般不得超过3~4mm,每天抹一层,一般应根据设计厚度分7~8次抹成。要一层竖抹一层横抹分层施工,每层抹灰要连续施工,不得留施工缝。在抹灰过程中如发现裂缝,必须铲除重抹;每层抹完后半小时要再压一遍,表面要划毛,最后一层必须待收水后用铁抹子压光。

(5)阴阳角要抹成圆弧形,以免棱角开裂。

(6)每天抹灰后,昼夜喷水不少于5次,整个抹灰完毕后须关闭门窗一周,地面要浇水,使室内有足够的湿度,并用喷雾器喷水养护。

二、膨胀珍珠岩砂浆抹灰

(一)使用材料

(1)水泥为32.5级普通硅酸盐水泥或矿渣硅酸盐水泥。

(2)膨胀珍珠岩宜用Ⅰ级(小于80kg/m^3)或Ⅱ级(80~120kg/m^3)。

(3)石灰膏。

(4)聚醋酸乙烯。

(5)泡沫剂:掺量为1%~3%,能提高砂浆的和易性。其配制方法为:按1:4.5(氢氧化钠:水)配成氢氧化钠溶液,将氢氧化钠溶液加热至沸点,然后按1:0.36(氢氧化钠溶液:松香粉,松香粉需过3mm筛)缓慢加入松香粉,随加随搅拌,并继续熬煮1~1.5h,至松香完全溶化、颜色均匀、没有颗粒沉淀为止,冷却备用(在熬制过程中蒸发掉的水分应补充)。为了使加气剂用量准确,在使用前可另加9倍水进行稀释后再用。

(二)配合比

膨胀珍珠岩砂浆的配合比,见表2-11。

表2-11　膨胀珍珠岩砂浆配合比

做　法	水泥	石灰膏	膨胀珍珠岩	聚醋酸乙烯	纸筋	泡沫剂
用于纸筋灰罩面的底层灰(体积比)		1	4~5			适量
用于纸筋灰罩面的中层灰(体积比)	1	1	4~6			
用于罩面灰(质量比)	1	0.1~0.2	0.03~0.05	0.003	0.1	

(三)施工要点

膨胀珍珠岩砂浆抹灰的操作方法,基本上与一般石灰砂浆或石灰膏罩面相同,所不同的是:

(1)采取分底、中、面层抹灰时,基层需适当润湿,但不宜过湿,因为膨胀珍珠岩灰浆具有良好的保水性。采用直接抹罩面灰时(一般用于加气混凝土条板、大模板混凝土墙面),基层涂刷1:5~6的107胶或聚醋酸乙烯乳液水(如基层表面有油迹,应先用5%~10%火碱水溶液清洗两、三遍,再用清水冲刷干净)。

(2)抹底层灰浆厚度宜在15~20mm,分层操作;中层灰厚度宜在5~8mm,为避免干缩裂缝,在底层灰抹完后,须隔夜方可抹中层灰。灰浆稠度宜在10cm左右,不宜太稀。待中层灰稍干时用木抹子搓平,待6~7成干时,方可罩纸筋灰面层。

(3)采用直接抹罩面灰时,要随抹随压,至表面平整光滑为止,厚度越薄越好,一般以2mm左右为宜。

(四)注意事项

(1)在灰浆制作时,应将水泥和膨胀珍珠岩按一定配合比干拌均匀,然后加水拌合。水不宜过多,否则膨胀珍珠岩由于质轻上浮,产生离析现象。加水量以灰浆外观松散,手握成团不散,挤不出水泥浆或只能挤出少量水泥浆为宜。

(2)当采用喷涂法施工时,喷前先将水泥和膨胀珍珠岩按一定比例干拌均匀,然后送入喷射机内进一步搅拌,在风压作用下经输送管送至喷枪,水与干拌物料在喷枪口混合后由喷嘴喷出。

(3)喷涂时要随时注意调整风量、水量。当施工对象为墙面、屋面时,喷嘴与基层表面的角度以90°为宜;喷顶棚时以45°为宜。一次喷涂厚度可达30mm,多次喷涂可达80mm。当采用水泥石灰膨胀珍珠岩灰浆时,宜分两遍喷涂,两次喷涂间隔时间约24h。水泥石灰膨胀珍珠岩灰浆两遍喷涂的总厚度不宜超过30mm。

三、膨胀蛭石砂浆抹灰

(一)使用材料

(1)水泥:32.5级普通硅酸盐水泥或矿渣硅酸盐水泥。

(2)膨胀蛭石:颗粒粒径应在10mm以下,并应以1.2~5mm为主,1.2mm占15%左右,小于1.2mm不得超过10%。

(3)石灰膏。

(4)塑化剂稀释溶液：掺量1%～3%，以提高灰浆的和易性。

(二)配合比

膨胀蛭石砂浆的配合比，见表2-12。

表2-12　膨胀蛭石灰浆配合比

做　法	水泥	石灰膏	蛭石	塑化剂	备注
底　层	1		4～3		1. 砂浆质量密度405～749kg/m³ 2. 导热系数0.152～0.194W/m·K
底　层	1	1	5～8	适量	
面　层		1	2.5～4		

(三)施工要点

(1)须先清洗基层，然后喷刷一道石灰水或喷一道厚度为2～3mm水泥细砂砂浆(1:1.5～3)。

(2)抹灰分两层操作，底层厚度宜在15～20mm，面层灰厚度宜在10mm。

(3)为避免蛭石灰浆会因厚度过厚而发生裂缝，在底层灰抹完后，须经一昼夜方可抹面层。

(4)抹灰时，用力应适当。用力过大，易将水泥浆由蛭石缝中挤出，影响灰浆强度；过小则非但灰浆与基层结合不牢，也影响灰浆本身质量。

(5)蛭石灰浆配好后，应在2h内用完，并须边用边拌，使浆液保持均匀，否则将影响灰浆质量。

第六节　抹灰工程的质量标准与检验方法

抹灰工程的质量标准与检验方法应符合《建筑装饰装修工程质量验收规范》(GB50210—2001)和《建筑工程施工质量验收统一标准》(GB50300—2001)的相关规定。

一、一般规定

(1)抹灰工程验收时应检查下列文件和记录

①抹灰工程的施工图、设计说明及其他设计文件。

②材料的产品合格证书、性能检测报告、进场验收记录和复验报告。

③隐蔽工程验收记录。

④施工记录。

(2)抹灰工程应对水泥的凝结时间和安全性进行复验。

(3)抹灰工程应对下列隐蔽工程项目进行验收：

①抹灰总厚度大于或等于35mm时的加强措施。

②不同材料基体交接处的加强措施。

(4)各分项工程的检验批应按下列规定划分：

①相同材料、工艺和施工条件的室外抹灰工程每500～1 000m² 应划分为一个检验批，不足500m² 也应划分为一个检验批。

②相同材料、工艺和施工条件的室内抹灰工程每50个自然间(大面积房间和走廊按抹灰面积$30m^2$为一间)应划分为一个检验批,不足50间的也应划分为一个检验批。

(5)检查数量应符合下列规定

①室内每个检验批应至少抽查10%,并不得少于3间;不足3间时应全数检查。

②室外每个检验批每$100m^2$应至少抽查一处,每处不得小于$10m^2$。

(6)外墙抹灰工程施工前应先安装钢木门窗框、护栏等,并应将墙上的施工孔洞堵塞密实。

(7)抹灰用的石灰膏的熟化期不应少于15d;罩面用的磨细石灰粉的熟化期不应少于3d。

(8)室内墙面、柱面和门洞口的阳角做法应符合设计要求。设计无要求时,应采用1:2水泥砂浆做暗护角,其高度不应低于2m,每侧宽度不应小于50mm。

(9)当要求抹灰层具有防水、防潮功能时,应采用防水砂浆。

(10)各种砂浆抹灰层,在凝结前应防止快干、水冲、撞击、振动和受冻,在凝结后应采取措施防止玷污和损坏。水泥砂浆抹灰层应在湿润条件下养护。

(11)外墙和顶棚的抹灰层与基层之间及各抹灰层之间必须黏结牢固。

二、一般抹灰工程

一般抹灰工程分为普通抹灰和高级抹灰,当设计无要求时,按普通抹灰验收。对于石灰砂浆、水泥砂浆、水泥混合砂浆、聚合物水泥砂浆和麻刀石灰、纸筋石灰、石膏灰等一般抹灰工程的质量应按下列要求验收。

(一)主控项目

(1)抹灰前基层表面的尘土、污垢、油渍等应清除干净,并应洒水润湿。

检验方法:检查施工记录。

(2)一般抹灰所用材料的品种和性能应符合设计要求。水泥的凝结时间和安定性复验应合格。砂浆的配合比应符合设计要求。

检验方法:检查产品合格证书、进场验收记录、复验报告和施工记录。

(3)抹灰工程应分层进行。当抹灰总厚度大于或等于35mm时,应采取加强措施。不同材料基体交接处表面的抹灰,应采取防止开裂的加强措施;当采用加强网时,加强网与各基体的搭接宽度不应小于100mm。

检验方法:检查隐蔽工程验收记录和施工记录。

(4)抹灰层与基层之间及抹灰层之间必须黏结牢固,抹灰层应无脱层、空鼓,面层应无爆灰和裂缝。

检验方法:观察;用小锤轻击检查;检查施工记录。

(二)一般项目

(1)一般抹灰工程的表面质量应符合下列规定:

①普通抹灰表面应光滑、洁净、接槎平整,分格缝应清晰。

②高级抹灰表面应光滑、洁净、颜色均匀、无抹纹,分格缝和灰线应清晰美观。

检查方法:观察;手摸检查。

(2)护角、孔洞、槽、盒周围的抹灰表面应整齐、光滑;管道后面的抹灰表面应平整。

检验方法:观察。

(3)抹灰层的总厚度应符合设计要求;水泥砂浆不得抹在石灰砂浆层上;罩面石灰膏不得抹在水泥砂浆层上。

检验方法:检查施工记录。

(4)抹灰分格缝的设置应符合设计要求,宽度和深度应均匀,表面应光滑,棱角应整齐。

检验方法:观察;尺量检查。

(5)有排水要求的部位应做滴水线(槽)。滴水线(槽)应整齐顺直,滴水线应内高外低,滴水槽的宽度和深度均不应小于 10mm。

检验方法:观察;尺量检查。

(6)一般抹灰工程质量的允许偏差和检验方法应符合表 2-13 的规定。

表 2-13　一般抹灰的允许偏差和检验方法

项次	项　目	允许偏差/mm		检验方法
		普通抹灰	高级抹灰	
1	立面垂直度	4	3	用 2m 垂直检测尺检查
2	表面平整度	4	3	用 2m 靠尺和塞尺检查
3	阴阳角方正	4	3	用直角检测尺检查
4	分格条(缝)直线度	4	3	拉 5m 线,不足 5m 拉通线,用钢直尺检查
5	墙裙、勒角上口直线度	4	3	拉 5m 线,不足 5m 拉通线,用钢直尺检查

注:1) 普通抹灰,本表第 3 项阴角方正可不检查;

2) 顶棚抹灰,本表第 2 项表面平整度可不检查,但应平顺。

三、装饰抹灰工程

对于水刷石、斩假石、干粘石、假面砖等装饰抹灰工程的质量应按下列要求验收。

(一)主控项目

(1)抹灰前基层表面的尘土、污垢、油渍等应清除干净,并应洒水润湿。

检验方法:检查施工记录。

(2)装饰抹灰工程所用材料的品种和性能应符合设计要求。水泥的凝结时间和安定性复验应合格。砂浆的配合比应符合设计要求。

检验方法:检查产品合格证书、进场验收记录、复验报告和施工记录。

(3)抹灰工程应分层进行。当抹灰总厚度大于或等于 35mm 时,应采取加强措施。不同材料基体交接处表面的抹灰,应采取防止开裂的加强措施;当采用加强网时,加强网与各基体的搭接宽度不应小于 100mm。

检验方法:检查隐蔽工程验收记录和施工记录。

(4)各抹灰层之间及抹灰层与基层之间必须黏结牢固,抹灰层应无脱层、空鼓和裂缝。

检验方法:观察;用小锤轻击检查;检查施工记录。

(二)一般项目

(1)装饰抹灰工程的表面质量应符合下列规定

①水刷石表面应石粒清晰、分布均匀、紧密平整、色泽一致，应无掉粒、接槎和痕迹。

②斩假石表面剁纹应均匀顺直、深浅一致,应无漏剁处;阳角处应横剁并留出宽窄一致的不剁边条,棱角应无损坏。

③干粘石表面应色泽一致、不露浆、不漏粘,石粒应黏结牢固、分布均匀,阳角处应无明显黑边。

④假面砖表面应平整、沟纹清晰、留缝整齐、色泽一致,应无掉角、脱皮、起砂等缺陷。

检验方法:观察;手摸检查。

(2)装饰抹灰分格条(缝)的设置应符合设计要求,宽度和深度应均匀,表面应平整光滑,棱角应整齐。

检验方法:观察。

(3)有排水要求的部位应做滴水线(槽)。滴水线(槽)应整齐顺直,滴水线应内高外低,滴水槽的宽度和深度均不应小于10mm。

检验方法:观察;尺量检查。

(4)装饰抹灰工程质量的允许偏差和检验方法应符合表2-14的规定。

表2-14 装饰抹灰的允许偏差和检验方法

项次	项目	允许偏差/mm				检验方法
		水刷石	斩假石	干粘石	假面砖	
1	立面垂直度	5	4	5	5	用2m垂直检测尺检查
2	表面平整度	3	3	5	4	用2m靠尺和塞尺检查
3	阴、阳角方正	3	3	4	4	用直角检测尺检查
4	分格条(缝)直线度	3	3	3	3	拉5m线,不足5m拉通线,用钢直尺检查
5	墙裙、勒脚上口直线度	3	3	–	–	拉5m线,不足5m拉通线,用钢直尺检查

复习思考题

1. 抹灰饰面分为几类？它由哪几层组成？
2. 抹灰工程的施工准备工作有哪些？
3. 内墙抹灰的施工方法有哪些？
4. 顶棚抹灰的施工方法有哪些？
5. 外墙抹灰的施工方法有哪些？
6. 机械喷涂抹灰的工艺流程有哪些？
7. 砂浆类装饰抹灰主要有哪些？它们分别应怎样施工？

8. 石粒类装饰抹灰主要有哪些？它们分别应怎样施工？

9. 装饰抹灰工程的表面要求怎样？

第三章

门 窗 工 程

门窗工程是建筑装饰工程中的一个重要组成部分。门窗除了以适时的开、闭来满足人们不同的使用要求外,同时还具有较强的装饰性。

第一节　概　述

一、门的分类

(一)根据开启方式的不同分

根据开启方式的不同,门可分为平开门、弹簧门、推拉门、折叠门以及具有特殊功能的门等几种。

1. 平开门

平开门,就是水平启闭的门。平开门一般有单扇门和双扇门之分,可以向内开或向外开。房间的门,一般应内开;安全疏散门,一般应外开。在寒冷地区,还可以做成内、外开的双层门。门扇侧边装有铰链,门扇与门框用铰链连接,铰链处加设弹簧便为弹簧门。单扇门与双扇门的选择,要视门宽多少而定,除了特殊场合以外,宽度在1.0m以下的门多为单扇,宽度大于1.0m者可设双扇。平开门构造简单、开启灵活、制作安装方便,是民用建筑常用的类型。

2. 弹簧门

弹簧门与平开门相似,只是门扇与门框的连接方式不同。弹簧门采用弹簧铰链或地弹簧,一般用于人流出入频繁,或有自动关闭要求的场合。幼儿园、托儿所等建筑中,不宜采用弹簧门。弹簧门通常分为单面弹簧、双面弹簧和地面弹簧等几种。

3. 推拉门

推拉门的门扇安装在设于门上部或下部的滑轨上,分上悬式和下滑式两种,推动时可左右滑行。推拉门启闭占用空间小,但构造较复杂。

4. 折叠门

折叠门是多扇门,它将门扇用铰链连合在一起,向一个方向启闭。小型折叠门做法简单,可用铰链将门扇同门框在同一侧依次相连;门扇较大者,必须在门框的上边或下边设置轨道及转动五金件,起支撑门扇和启闭方便的作用。这种门占用空间小,但是结构较复杂,适用于宽度较大的门洞或空间狭小处。

5. 具有特殊功能的门

例如,转门、上翻门、升降门、卷帘门等。

(二)根据所用材料的不同分

根据所用材料的不同,门可分为木门、钢门、铝合金门和塑料门等几种。

1. 木门

木门使用很普遍,通常有镶板门、夹板门、拼板门、玻璃门等。

2. 钢门

钢门分空腹和实腹两类。普通钢门一般在中低档建筑中使用,它关闭不严、重量大、形式单一,保温、隔声性能差、关门声音太大。目前,钢门在标准较高的建筑中已很少采用。

3. 铝合金门

铝合金门主要用于商业建筑和大型公共建筑的主要出入口处,以及标准较高的住宅、商品房和写字楼等。由于它表面呈白色或青铜色,轻巧美观,给人以轻松、舒适的感觉,因而很受人们青睐。

4. 塑料门

塑料门用硬质 PVC 塑料制成,它具有造型美观、防腐、密闭、隔热、不需涂漆维护等优点,而且比铝合金材料造价低,目前已被广泛采用。

(三)根据功能要求的不同分

根据功能要求的不同,门除了普通门外,还有用于通风、遮阳的百叶门,用于保温、隔热的保温门,用于隔声的隔声门,以及防火门、射线防护门等。

二、窗的分类

(一)根据开启方式的不同分

根据开启方式的不同,窗可分为固定窗、平开窗、横转旋窗、立转旋窗和推拉窗等。

1. 固定窗

固定窗不能开启,一般不设窗扇,只能将玻璃嵌固在窗框上,有时为同其他窗产生相同的立面效果,也设窗扇,但窗扇固定在窗框上。固定窗仅作采光和眺望之用,通常用于只考虑采光而不考虑通风的场合。由于窗扇固定,玻璃面积可稍大些。

2. 平开窗

平开窗在窗扇一侧装铰链,与窗框相连。它与平开门一样,有单扇、双扇之分,可以内开或外开。平开窗构造简单,制作与安装方便,采风、通风效果好,应用较广。

3. 横转旋窗

横转旋窗根据转动轴心位置的不同,有上悬窗、中悬窗、下悬窗之分。上悬窗和中悬窗用于外窗时,通风与防雨效果较好。

4. 立转旋窗

立转旋窗转动轴位于上下冒头的中间部位,窗扇可以立向转动。这种窗通风、挡雨效果较好,并易于窗扇的擦洗,但是构造复杂、防止雨水渗漏性能差,故不多用。

5. 推拉窗

推拉窗分上下推拉和左右推拉两种形式。推拉窗的开启不占空间，但通风面积较小（只有平开窗的一半）。目前，大量使用的是铝合金推拉窗和塑料推拉窗。

（二）根据所用材料的不同分

根据所用材料的不同，窗可分为木窗、钢窗、铝合金窗、玻璃钢窗和塑料窗等几种。

1. 木窗

木窗具有自重轻、制作简单、维修方便、密闭性好等优点，但是木材会因气候的变化而胀缩，有时开关不便，并耗用木材；同时，木材易被虫蛀、易腐朽，不如钢窗经久耐用。

2. 钢窗

钢窗分空腹和实腹两类。钢窗的特点与钢门相同，与木窗相比，钢窗坚固耐用、防火耐潮、断面小。钢窗的透光率较大，约为木窗的 160%，但是它关闭不严、重量大、形式单一，保温、隔声性能差，关开声音太大且易生锈。

3. 铝合金窗

铝合金窗除具有钢窗的优点外，还有密闭性好、不易生锈、耐腐蚀、不需刷油漆、美观漂亮、装饰性好等优点，但造价较高，一般用于标准较高的建筑中。

4. 玻璃钢窗

玻璃钢窗质轻高强，耐腐蚀性极好，但是生产工艺较复杂，造价较高，目前主要用于具有高腐蚀性的场合。

5. 塑料窗

塑料窗色彩较多，与铝合金一样具有密闭性好、不易生锈、耐腐蚀、不需刷油漆、美观漂亮、装饰性好等优点，目前正被广泛采用。

（三）根据镶嵌材料的不同分

根据镶嵌材料的不同，窗可分为玻璃窗、纱窗、百叶窗、保温窗及防风沙窗等几种。玻璃窗能满足采光功能要求；纱窗在保证通风的同时，可以阻止蚊蝇进入室内；百叶窗一般用于只需通风不需采光的房间；百叶窗起遮阳通风的作用，分固定百叶窗和活动百叶窗两种。

（四）根据窗在建筑物上开设的位置不同分

根据窗在建筑物上开设的位置不同，窗可分为侧窗和天窗两大类。设置在内外墙上的窗称为“侧窗”，设置在屋顶上的窗称为“天窗”。前面所介绍的窗均为侧窗，当侧窗不能满足采光、通风要求时，可设天窗以增加采光和加强通风。

三、门窗安装的一般规定

门窗施工包括门窗制作和门窗安装两部分。一些门窗是由工厂生产的成品，施工时只需安装即可，如木门窗、钢门窗、塑料门窗以及铝合金门窗等。但是铝合金门窗、木门窗有不少是在现场制作的。有特殊功能的门窗，如防火门、防爆门、隔声门窗、保温门窗、密闭门窗和观察窗等，在制作和安装时，均应严格按照设计要求进行。

(1)门窗安装前，应根据设计和厂方提供的门窗节点图和结构图进行检查。核对品种、规格与开启形式是否符合设计要求，零件、附件、组合杆件是否齐全，是否有出厂合格证等,如不符合要求应进行处理。

(2)门窗在运输和存放时,底部均需垫 200mm × 200mm 的方枕(木材或混凝构件均可),其间距为 500mm,枕木应保持水平、表面光洁,并应有可靠刚性的支架支撑,以保证门窗在运输和存放过程中不受损伤和变形。此外,门窗露天存放时,还应采取措施遮盖,以防门窗日晒雨淋。

(3)金属门窗的存放处不得有酸碱等杂物,特别是易挥发性酸,如盐酸、硝酸等,并要求有良好的通风条件,以防止门窗被酸碱腐蚀。

(4)塑料门窗在运输和存放时,不能平堆码放,应竖直排放,樘与樘之间用非金属软质材料(如玻璃丝毡片、粗麻编织物、泡沫塑料等)隔开,并固定牢靠;存放处应远离热源 2m 以上。这是因为,塑料门窗是由聚氯乙烯塑料型材组装而成的,属于有机高分子热塑性材料,材质较脆;型材是中空多腔的,虽然在组装成门窗时插装轻钢骨架,但这些骨架未经铆或焊接,其整体刚度较差,经受不了外力的强烈碰撞和挤压,同时,塑料受热后易变软。

(5)金属门窗、塑料门窗在安装过程中均不得作为受力构件使用,不得在门窗框、扇上安放脚手架或悬挂重物。这是因为,门窗在设计和生产时,末考虑作为受力构件使用,仅考虑了门窗本身和使用过程中的承载能力,如果在门窗框、扇上安放脚手架或悬挂重物,轻则引起门窗变形,重则可能引起门窗损坏。

(6)注意保护铝合金门窗和涂色镀锌钢板门窗的表面镀膜。这是因为,铝合金表面的氧化膜、涂色镀锌钢板表面的镀膜有保护金属不受腐蚀的作用,如果一旦镀膜被破坏就失去了保护作用,使金属锈蚀而影响门窗的装饰效果和使用寿命。

(7)塑料门窗在搬、吊和运输时,应用非金属软制材料做衬垫和非金属绳索捆扎。这是因为,塑料门窗表面平整光滑,具有较好的装饰效果,如因搬、吊运磨损或擦伤表面,则影响美观。

(8)为了保证安装质量和使用效果,金属门窗和塑料门窗的安装,必须采用预留洞口后安装的方法(即后塞法),严禁采用边安装边砌洞口或先安装后砌洞口的做法。这是因为,金属门窗和塑料门窗与木门窗不一样,除实腹钢门窗外都是空腹的,门窗壁较薄,锤击和挤压易引起局部弯曲;金属门窗表面都有一层保护装饰镀膜或防锈涂层,如保护装饰镀膜或防锈涂层被磨损后,将难以修复,影响装饰效果、降低防锈作用。

(9)门窗固定可采用焊接、膨胀螺栓或射钉等方式,但砖墙不能用射钉,因砖受力冲击后易碎。门窗安装固定十分重要,必须进行隐蔽工程验收,以保证安装质量。

(10)门窗在安装过程中,难免有少量的水泥砂浆或密封膏液粘在门窗表面上,若不在其凝固干燥前擦干净,凝固干燥后将牢固黏附在门窗表面,影响表面的美观。因此,应及时用擦布或棉纱清理粘在门窗表面的砂浆和密封膏液。

第二节　木　门　窗

一、木门窗的制作

(一)木门窗制作的生产操作程序

木门窗制作的生产操作程序为:配料→裁料→刨料→画线、凿眼→开榫、裁口→整理线角→堆放→拼装。

(二)木门窗制作的施工要点

1. 配料、裁料的施工要点

(1)在配料、裁料时,需要精打细算、配套下料,不得大材小用、长材短用。采用马尾松、木麻黄、桦木、杨木易腐朽、虫蛀的树种时,整个构件应做防腐、防虫处理。

(2)要合理确定加工余量。宽度和厚度的加工余量为:一面刨光的留 3mm,两面刨光的留 5mm,如长度在 50cm 以下的构件,加工余量可留 3~4mm。长度方向的加工余量,见表 3-1。

表 3-1　门窗构件长度加工余量

构件名称	加工余量
门框立梃	按图纸规格放长 7cm
门窗框冒头	按图纸规格放长 20cm,无走头时放长 4cm
门窗框中冒头、窗框中竖梃	按图纸规格放长 1cm
门窗扇梃	按图纸规格放长 4cm
门窗扇冒头、玻璃棂子	按图纸规格放长 1cm
门窗中冒头	在五根以上者,有一根可考虑做半榫
门心板	按图纸冒头及扇梃内净距放长各 5cm

(3)门窗框料有顺弯时,其弯度一般不应超过 4mm,扭弯者一般不准使用。

(4)青皮、倒楞如在正面,除裁口时能裁完者外,一般不能使用。如在背面超过木料厚的 1/6 或长的 1/5,一般不能使用。

2. 门窗框、扇画线的施工要点

(1)画线前应检查已刨好的木料,合格后,将料放到画线机或画线架上,准备画线。

(2)画线前应认真学习图纸要求,尺寸、规格必须与样板样式完全一致,一般应先做样品,经审查合格后再正式画线。

(3)画线时要选光面作为表面,有缺陷的放在背后,画出的榫、眼、厚、薄、宽、窄尺寸必须一致。

(4)用画线刀画线时须用钝刃,避免画线过深,影响质量和美观。画好的线,其宽度不得超过 0.3mm,且应均匀、清晰,不用的线应立即废除,避免混乱。

(5)画线应先画外皮横线,再画分格线,最后画顺线。

(6)门窗框及厚度大于 50mm 的门窗扇应采用双夹榫连接。冒头料宽度大于 180mm 时,一般需画上下双榫。榫眼厚度一般为料厚的 1/5~1/3,中冒头大面宽度大于 100mm 者,榫头必须大进小出。门窗棂子榫头厚度为料厚的 1/3,半榫眼深度一般不大于料宽度的 1/3,冒头拉肩应和榫吻合。

(7)门窗框的宽度超过 120mm 时,背面应推凹槽,以防卷曲。

3. 打眼的施工要点

(1)打眼的凿刀应和眼的宽窄一致,凿出的眼,顺木纹两侧要直,不得错岔。

(2)打通眼时,先打背面,后打正面。凿眼时,眼的一边线要凿半线、留半线。手工凿眼时,眼内上下端中部宜稍微突出些,以便拼装时加楔打紧,半眼深度应一致,并比半榫深

2mm。

(3)成批生产时,要经常核对、检查眼的位置和尺寸,以免发生误差。

4. 拉肩、开榫的施工要点

(1)拉肩、开榫要留半个墨线。拉出的肩和榫要平、正、直、方、光,不得变形。

(2)开出的榫要与眼的宽、窄、厚、薄一致,并在加楔处锯出楔子口。半榫的长度要比眼的深度短 2mm,拉肩不得伤榫。

5. 裁口、起线的施工要点

(1)起线刨、裁口刨的刨底应平直,刨刃盖要严密,刨口不宜过大,刨刃要锋利。

(2)起线刨使用时应加导板,以使线条平直,操作时应一次推完线条。

(3)裁口遇有节疤时,不准用斧砍,要用凿子剔平然后刨光,阴角处不清时要用单线刨清理。

(4)裁口、起线必须方正、平直、光滑,线条清秀、深浅一致,不得戗槎、起刺或凸凹不平。

6. 门窗拼装成形的施工要点

(1)拼装前对部件应进行检查。要求部件方正、平直,线脚整齐分明,表面光滑,尺寸、规格、式样符合设计要求,拼装前用细刨将遗留墨线刨去、刨光。

(2)拼装时,下面用木楞垫平,放好各部件,然后对正榫眼,最后用斧轻轻敲击打入。

(3)所有榫头均需加楔。楔宽和榫宽一致,一般门窗框每个榫加两个楔,木楔打入前应先刷胶。

(4)紧榫时应用木垫板,并注意随紧随找平、随规方。

(5)窗扇拼装完毕,构件的裁口应在同一平面上。镶门芯板的凹槽深度应于镶入后尚余 2 ~ 3mm 的间隙。

(6)制作胶合板门(包括纤维板门)时,边框和横楞必须在同一平面上,面层与边框及横楞应加压胶结。同时,为了防止面板受潮后脱胶或起鼓,应在横楞和上、下冒头各钻两个以上的透气孔。

(7)普通双扇门窗,刨光后应平放,刻刮错口,刨平后成对作记号。

(8)门窗框靠墙面应刷防腐涂料。

(9)拼装好的成品,应在明显处编写号码,用楞木四角垫起,离地 20 ~ 30cm,水平放置,加以覆盖。

(三)木门窗制作的质量要求

木门窗制作的质量要求应符合《建筑装饰装修工程质量验收规范》(GB50210—2001)和《建筑工程施工质量验收统一标准》(GB50300—2001)的相关规定(详见第九节)。

二、木门窗的安装

(一)木门窗安装的作业条件

(1)结构工程已完成并验收合格。

(2)室内已弹好 +50cm 水平线(简称 50 线)。

(3)门窗框、扇在安装前应检查和验收半成品质量,如有问题,应进行处理。

(4)门窗框进场后,应将靠墙的一面涂刷防腐涂料,刷后分类码放平整。

(5)准备安装木门窗的砖墙洞口已按要求预埋防腐木砖,木砖中心距不大于 1.2m,并应满足每边不少于 2 块木砖的要求;单砖或轻质砌体应砌入带木砖的预制混凝土块。

(6)砖墙洞口安装带贴脸的木门窗,为使门窗框与抹灰面平齐,应在安框前做出抹灰标筋。

(7)门窗框安装如在室内、外抹灰前进行,则门窗扇安装应在饰面完成后进行。

(二)木门窗框的安装要点

1. 先立门窗框(先塞法)

(1)立门窗框前须对成品加以检查,进行校正规方,钉好斜拉条(不得小于 2 根),无下坎的门框应加钉水平拉条,以防在运输和安装中变形。

(2)立门窗框前要事先准备好撑杆、木橛子、木砖或倒刺钉,并在门窗框上钉好护角条。

(3)立门窗框前要看清门窗框在施工图上的位置、标高、型号、门窗框规格、门扇开启方向、门窗框是里平、外平或是立在墙中等,应按图施工。

(4)立门窗框时要注意拉通线,撑杆下端要固定在木橛子上。

(5)立框子时要用线锤找直吊正,并在砌筑砖墙时随时检查有否倾斜或移动。

2. 后塞门窗框(后塞法)

(1)后塞门窗框前要预先检查门窗洞口的尺寸、垂直度及木砖数量,如有问题,应提前处理。

(2)门窗框应用钉子固定在墙内的预埋木砖上,每边的固定点应不小于两处,其间距应不大于 1.2m。

(3)在预留门窗洞口的同时,应留出门窗框走头(门窗框上、下坎两端伸出口外部分)的缺口,在门窗框调整就位后,封砌缺口。当受条件限制,门窗框不能留走头时,应采取可靠措施将门窗框固定在墙内木砖上。

(4)后塞门窗框时需注意横平竖直。门窗安装时,横竖均拉通线;当门窗框的一面有贴脸板时,则门窗框应凸出墙面,凸出的厚度等于抹灰层的厚度。

(5)寒冷地区门窗框与外墙间的空隙,应填塞保温材料。

(三)木门窗扇的安装要点

(1)安装前检查门窗扇的型号、规格、质量是否符合要求,如发现问题,应事先修好或更换。

(2)安装前先量好门窗框的高、宽尺寸,然后在扇边上画出相应的高、宽线,双扇门要打迭(自由门除外),先在中间缝处画出中线,再画出边线,并保证梃宽一致,上下冒头要画线刨直。

(3)画好高、宽线后,用粗刨刨去线外部分,再用细刨刨至光滑平直,使其符合设计尺寸要求。

(4)将扇放入框中试装合格后,按扇高的 1/8 ~ 1/10 在框上按合叶大小画线,并剔出合页槽,槽深应与合页厚度相适应,要求槽底平整,连接吻合。

(5)门窗扇安装的留缝宽度,应符合《建筑装饰装修工程质量验收规范》(GB50210—

2001)的规定(详见第九节)。

(四)木门窗小五金的安装要点

(1)有木节处或已填补的木节处,均不得安装小五金。

(2)安装合叶、插销、L形铁、T形铁等小五金时,先用锤将木螺钉打入长度1/3,然后将木螺钉拧紧、拧平,不得歪扭、倾斜,严禁打入全部深度。采用硬木时,应先钻2/3深度的孔,孔径为木螺钉直径的0.9倍左右,然后再将木螺钉由孔中拧入。

(3)合叶距门窗上、下端宜取立梃高度的1/10,并避开上、下冒头,安装后应开关灵活。门窗拉手应位于门窗高度中点以下,窗拉手距地面以1.5~1.6m为宜,门拉手距地面以0.9~1.05m为宜,门拉手应里外一致。

(4)门锁不宜安装在中冒头与立梃的接合处,以防伤榫。门锁位置一般宜高出地面90~95cm。

(5)门窗扇嵌L形铁、T形铁时应做凹槽加以隐蔽,安装后应低于表面1mm左右。门窗扇为外开时,L形铁、T形铁应安装在内面;内开时安装在外面。

(6)上、下插销要安在梃宽的中间,如采用暗插销,则应在外梃上剔槽。

(五)后塞法预安窗扇的安装要点

预安窗扇就是窗框安到墙上以前,先将窗扇安到窗框上,方便操作,提高工效。其操作要点如下:

(1)按图纸要求,检查各类窗的规格、质量,如发现问题,应进行修整。

(2)按图纸的要求,将窗框放到支撑好的临时木架内调整,用木拉子或木楔子将窗框稳固,然后安装窗扇。

(3)有关安装技术要点与现场安装窗扇要求一致。

(4)装好的窗框、扇应将插销插好,风钩用小圆钉暂时固定,并在水平面内加钉木拉子,码垛垫平,防止变形。

(5)已安好五金的窗框,将底油和第一道油漆刷好,以防止受潮变形。

(6)在塞放窗框时,应仔细核对图纸,做到平整方直;如窗框边与墙中预埋木砖有缝隙时,应加木垫垫实,用大木螺钉或圆钉与墙内木砖固定,并将上冒头紧靠过梁,下冒头垫平,用木楔夹紧。

(六)木门窗安装的质量要求

木门窗安装的质量要求应符合《建筑装饰装修工程质量验收规范》(GB50210—2001)和《建筑工程施工质量验收统一标准》(GB50300—2001)的相关规定(详见第九节)。

第三节 钢 门 窗

钢门窗是为了节约木材、代替木门窗而逐步发展起来的,目前在我国建筑工程中仍有较大的应用。

一、钢门窗的类型、特点及适用范围

钢门窗分普通钢门窗和涂色镀锌钢板门窗两大类。

(一)普通钢门窗

普通钢门窗,简称“钢门窗”,又分为实腹钢门窗和空腹钢门窗两种。

1. 实腹钢门窗

实腹钢门窗系采用低碳钢热轧成各种异型材,再经断料、冲孔、焊接并与附件组装等工艺制成的。实腹钢门窗的金属表面外露,易于涂涂料(油漆),所以耐腐蚀性能相对较好,但是用钢量大、质量重、不经济。实腹钢门窗通常适用于一般的工业厂房、生产辅助建筑和民用住宅建筑等。

2. 空腹钢门窗

空腹钢门窗系采用冷轧带钢经高频焊管机组轧制焊接成各种型材,然后经切割、铣削、焊接、钻孔、组装等工艺制成的。空腹钢门窗的材料为空芯材料,芯部空间的表面不便于涂涂料(油漆),所以耐腐蚀性能不如实腹钢门窗好,但是用钢量少、质量轻、刚度大。

应当指出,普通钢门窗的缺点之一就是耐腐蚀性能较差,同时,钢门窗的气密性、水密性较差,导热系数也较大,使用过程中的热损耗较多。因此,普通钢门窗只能用于一般的建筑物,而很少用于较高级的建筑物上,特别是有空调设备的建筑物。

(二)涂色镀锌钢板门窗

涂色镀锌钢板门窗是以涂色镀锌钢板和4mm厚平板玻璃或双层中空玻璃为主要材料,经过机械加工而制成的,色彩有红色、绿色、乳白、棕、蓝等。其门窗四角用插接件插接,玻璃与门窗交接处以及门窗框与扇之间的缝隙,全部用橡皮密封条和密封胶密封。

涂色镀锌钢板门窗的生产工艺过程完全摒弃了能耗高的焊接工艺,全部采用插接件和自攻螺钉连接。这种门窗具有质量轻、强度高、采光面积大、防尘、防水、隔声、保温、密封性能好、造型美观、色彩鲜艳、质感均匀柔和、装饰性好、耐腐蚀等优点,解决了普通钢门窗耗料多、易腐蚀,隔声、密封、保温性能差等缺陷。

涂色镀锌钢板门窗适用于商店、超级市场、试验室、教学楼、高级宾馆、旅社、各种剧场影院及民用住宅等建筑的门窗工程。

根据构造的不同,涂色镀锌钢板门窗又分为带副框和不带副框两种类型。带副框的涂色镀锌钢板门窗适用于外墙面为大理石、各种面砖等材料,或门窗与内墙面需要平齐的建筑;不带副框的涂色镀锌钢板门窗适用于室外为一般粉刷的建筑,门窗与墙体直接连接,但洞口粉刷成型尺寸必须准确。

二、钢门窗安装的准备工作

(一)安装材料

(1)钢门窗　规格、型号符合设计要求,五金配件齐全并有产品出厂合格证。

(2)其他材料　各种型号的螺丝、焊条、木楔、扁铁、防锈漆、水泥、砂等。

(二)安装工具、机具

钢门窗安装的工具、机具,主要有钢卷尺、扳手、撬棍、靠尺板、线锤、电钻、螺丝刀、剪钳、钢板锉、电焊机等。

（三）作业条件

（1）结构工程已完成，并验收合格。

（2）墙体预留门窗洞口尺寸符合设计要求，预埋铁脚的洞眼数量无误、位置准确，并已清扫干净。

（3）预制钢筋混凝土过梁和钢门窗之间的连接件已预埋好且位置正确。

（4）钢门窗已全面进行检查，有缺陷的钢门窗框、扇已进行校正、修复，无变形、翘曲、脱焊、漏刷防锈漆等缺陷。

（5）组合钢门窗已试组装完毕，并经鉴定合格。

三、钢门窗的安装方法

钢门窗安装一般采用后塞法，即在砌筑墙体时预留门窗洞口，后装门窗。

钢门窗安装的工艺流程为：弹控制线→立钢门窗框、校正→门窗框固定→安装五金配件→安装纱门窗

（一）弹控制线

钢门窗安装前，应在离楼地面500mm高的墙面上测弹一条水平控制线，再按门窗安装标高、尺寸和开启方向，在墙体预留洞口四周弹出门窗落位线。双层钢窗之间的距离，应符合设计或生产厂家的产品要求；若设计无具体要求时，两窗扇之间的净距应不小于100mm。若工程为多层或高层建筑时，可用线锤从顶层往下吊垂线，每层按此垂线弹好引线，并弹好垂线。

（二）立钢门窗框、校正

把钢门窗框塞入洞口内摆正，用对拔木楔在门窗框四角和框梃端部临时固定，然后用水平尺、对角线尺和拉线法将门窗框校正、找直；待同一墙面相邻的门窗装完后，再拉水平通线找平，上下层窗框用线锤吊线找直。做到钢门窗安装后左右通平，上下层顺直。

（三）门窗框固定

钢门窗铁脚与预埋铁件焊接应牢固可靠，铁脚埋入预留洞后应用1:2水泥砂浆（或豆石混凝土）填塞严实，并浇水养护；待堵孔砂浆具有一定强度后，再用水泥砂浆嵌实门窗框四周缝隙。砂浆凝固后取出木楔再填补水泥砂浆。水泥砂浆凝固前，不得在钢门窗上进行任何作业。

（四）安装五金配件

（1）安装五金配件宜在内外面装饰结束后进行，高层建筑应在安装玻璃前将螺丝拧在框上，待交活油漆做完后再安装五金配件。

（2）安装五金配件之前，应检查门窗在洞口内是否牢固、开启是否灵活、关闭是否严密。如有问题，应调整后方可安装。

（3）五金配件应按生产厂家提供的装配图试装合格后，方可全面进行安装。

（4）密封条应在钢门窗最后一遍涂料干燥后按型号安装压实。如用直条密封条时，拐角处必须裁成45°角，再粘成直角安装。密封条应比门窗扇的密闭槽尺寸长10~20mm，以防收缩引起局部不密封。

(5)各类五金配件的转动和滑动配合处,应灵活无卡阻现象。

(6)装配螺钉拧紧后不得松动,埋头螺钉不得高于零件表面。

(五)安装纱门窗

(1)纱门窗扇如有变形,应校正后安装。

(2)高、宽大于1400mm的纱扇,应在装纱前在纱扇中部用木条临时支撑,以防窗纱凹陷,影响使用。

(3)检查压纱条和扇配套后将纱切成比实际尺寸宽50mm。绷纱时先用螺丝拧入上下压纱条,再装两侧压纱条,切除多余纱头,再将螺丝的丝扣剔平后用钢板锉锉平。

(4)金属纱装完后,应集中刷油漆。交工前再将纱门窗扇安在钢门窗框上,最后在纱门上装上护纱条和拉手。

四、钢门窗安装的质量要求

钢门窗安装的质量要求应符合《建筑装饰装修工程质量验收规范》(GB50210—2001)和《建筑工程施工质量验收统一标准》(GB50300—2001)的相关规定(详见第九节)。

第四节　涂色镀锌钢板门窗

一、涂色镀锌钢板门窗的安装材料与安装工具、机具

(一)涂色镀锌钢板门窗的安装材料

涂色镀锌钢板门窗的安装材料,主要有自攻螺钉、膨胀螺栓、连接件、焊条、密封膏、密封胶条(或塑料垫片)、对拔木楔、钢钉、硬木条(或玻璃条)、抹布、小五金等。

(二)涂色镀锌钢板门窗的安装工具、机具

涂色镀锌钢板门窗的安装工具、机具,主要有螺丝刀、灰线包、吊线锤、扳手、手锤、钢卷尺、毛刷、刮刀、塞尺、扁铲、铁水平、靠尺板、冲击电钻、射钉枪、电焊机等。

二、涂色镀锌钢板门窗的安装方法

(一)带副框的涂色镀锌钢板门窗的安装方法

(1)按门窗图纸尺寸在工厂组装好副框,运到施工现场,用自攻螺钉将连接件铆固在副框上。

(2)将副框装入洞口的安装线上,用对拔木楔初步固定。

(3)校对副框正面、侧面垂直度和对角线,校正合格后,对拔木楔应固定牢靠。

(4)将副框的连接件逐件电焊焊牢在洞口预埋件上。

(5)粉刷内、外墙和洞口。副框底粉刷时,应嵌入硬木条或玻璃条,副框两侧预留槽口;粉刷干燥后,消除浮灰、尘土,注密封膏防水。

(6)室内、外墙面和洞口装饰完毕并干燥后,在副框与门窗外框接触的顶、侧面上贴密封胶条,将门窗装入副框内,适当调整,用自攻螺钉将门窗外框与副框连接牢固、扣上孔盖。安装推拉窗时,还应调整好滑块。

(7)洞口与副框、副框与门窗之间的缝隙，应填充密封膏封严。安装完毕后，剥去门窗构件表面的保护胶条，擦净玻璃及门窗框扇。

(二)不带副框的涂色镀锌钢板门窗的安装方法

(1)室内、外及洞口应粉刷完毕。洞口粉刷后的成型尺寸应略大于门窗外框尺寸，其间隙：宽度方向为3～5mm，高度方向为5～8mm。

(2)按设计图的规定在洞口内弹好门窗安装线。

(3)门窗与洞口宜用膨胀螺栓连接。按门窗外框上膨胀螺栓的位置，在洞口相应位置的墙体上钻膨胀螺栓孔。

(4)将门窗装入洞口安装线上，调整门窗的垂直度、水平度和对角线，合格后以木楔固定。门窗与洞口用膨胀螺栓连接，盖上螺钉盖。门窗与洞口之间的缝隙，用建筑密封膏密封。

(5)竣工后剥去门窗上的保护胶条，擦净玻璃及框扇。

(6)不带副框的涂色镀锌钢板门窗亦可采用“先安装外框、后做粉刷”的工艺。具体做法是：门窗外框先用螺钉固定好连接铁件，放入洞口内调整水平度、垂直度和对角线，合格后以木楔固定，用射钉将外框连接件与洞口墙体连接，框料及玻璃用薄膜保护，然后进行室内外装饰。砂浆干燥后，清理门窗构件装入内扇。清理构件时，切忌划伤门窗上的涂层。

三、涂色镀锌钢板门窗安装的质量要求

涂色镀锌钢板门窗安装的质量要求应符合《建筑装饰装修工程质量验收规范》(GB50210—2001)和《建筑工程施工质量验收统一标准》(GB50300—2001)的相关规定(详见第九节)。

第五节 铝合金门窗

铝合金门窗是将经过表面处理的型材，通过下料、打孔、铣槽、攻丝、制作等加工工艺而制成的门窗框料构件，然后再与连接件、密封件、开闭五金件一起组合装配而成的。由于它在造型、色彩、玻璃镶嵌、密封材料的封缝和耐久性等方面，都比钢门窗、木门窗有着明显的优势，因此，铝合金门窗在高层建筑和公共建筑中获得了广泛的应用。

一、铝合金门窗的特点、类型

(一)铝合金门窗的特点

铝合金门窗与普通木门窗、钢门窗相比，具有下列几个特点。

(1)轻质、高强　由于门窗框的断面是空腹薄壁组合断面，因而减轻了铝合金型材的质量，铝合金门窗较钢门窗轻50%左右。在断面尺寸较大，且质量较轻的情况下，其截面却有较高的抗弯刚度。

(2)密闭性能好　密闭性能为门窗的重要性能指标，铝合金门窗较之普通木门窗和钢

门窗,其气密性、水密性和隔音性能均佳。铝合金窗本身,其推拉窗比平开窗的密闭性稍差,因此推拉窗在构造上加设了尼龙毛条,以增强其密闭性能。

(3)使用中变形小　一是因为型材本身的刚度好,二是由于其制作过程中采用冷连接。横竖杆件之间、五金配件的安装,均是采用螺丝、螺栓或铝钉,它是通过角铝或其他类型的连接件,使框、扇杆件连成一个整体。这种冷连接同钢门窗的电焊连接相比,可以避免在焊接过程中因受热不均而产生的变形现象,从而确保制作精度。

(4)立面美观　一是造型美观,门窗面积大,使建筑物立面效果简洁明亮,并增加了虚实对比,富有层次感;二是色调美观,其门窗框料经过氧化着色处理,可具银白色、金黄色、青铜色、古铜色、黄黑色等色调或带色的花纹,外观华丽雅致,无需再涂漆或进行表面维修。

(5)耐腐蚀,使用维修方便　铝合金门窗不需要涂漆,不褪色、不脱落,表面不需要维修。铝合金门窗强度高、刚性好、坚固耐用、开闭轻便灵活、无噪音。

(6)施工速度快　铝合金门窗现场安装的工作量较小,施工速度快。

(7)使用价值高　在建筑装饰工程中,从装饰效果、空调运行及年久维修等方面综合权衡,铝合金门窗的使用价值优于其他种类门窗。

(8)便于工业化生产　铝合金门窗框料型材加工、配套零件及密封件的制作与门窗装配试验等,均可在工厂内进行大批量工业化生产,有利于实现门窗设计标准化、产品系列化和零配件通用化,以及门窗产品商品化。

(二)铝合金门窗的类型

根据结构与开闭方式的不同,铝合金门窗可分为推拉门、推拉窗、平开门、平开窗、固定窗、悬挂窗、回转门、回转窗等几种。根据色泽的不同,铝合金门窗可分为银白色、金黄色、青铜色、古铜色、黄黑色等几种。根据生产系列(习惯上按门窗型材截面的宽度尺寸)的不同,铝合金门窗可分为38系列、42系列、50系列、54系列、60系列、64系列、70系列、78系列、80系列、90系列、100系列等。

二、铝合金门窗材料及其施工的常用工具、机具

(一)铝合金门窗材料

(1)型材　铝合金门窗常用型材截面尺寸系列,见表3-2所示。

铝合金型材是用铝镁硅等合金经机械挤压成型而成的,其化学成分和机械性能,应符合表3-3和表3-4的规定。

表3-2　铝合金型材常用截面尺寸系列(单位:mm)

代号	型材截面系列	代号	型材截面系列
38	38系列(框料截面宽度38)	70	70系列(框料截面宽度70)
42	42系列(框料截面宽度42)	80	80系列(框料截面宽度80)
50	50系列(框料截面宽度50)	90	90系列(框料截面宽度90)
60	60系列(框料截面宽度60)	100	100系列(框料截面宽度100)

表 3-3 铝合金型材化学成分(%)

合金牌号	Cu	Si	Fe	Mn	Mg	Zn	Cr	Ti	Al	其他
LD_{31}	≤0.1	0.2~0.6	≤0.35	≤0.1	0.45~0.9	≤0.1	≤0.1	≤0.1	余量	≤0.15

表 3-4 铝合金型材机械性能

合金牌号	状态	抗拉强度 f_b/N/mm²	屈服强度 $f_{0.2}$/N/mm²	伸长 δ/%	硬度 HV
LD_{31}	RCS	≥157	≥108	≥8	≥58

型材表面质量,应满足下列要求。

①型材表面应清洁,无裂纹、起皮和腐蚀存在,装饰面不允许有气泡。

②普通精度型材装饰面上碰伤、擦伤和划伤,其深度不得超过 0.2mm;由模具造成的纵向挤压痕深度不得超过 0.1mm。对于高精度型材的表面缺陷深度,装饰面应不大于 0.1mm,非装饰面应不大于 0.25mm。

③型材经表面处理后,其氧化膜厚度应不小于 10μm,并着银白色、金黄色、青铜色、古铜色和黄黑色等颜色,色泽应均匀一致。其面层不允许有腐蚀斑点和氧化膜脱落等缺陷。

(2)密封材料　见表 3-5。

表 3-5 铝合金门窗安装用密封材料

品种	特性与用途
聚氯酯密封膏	高档密封膏中的一种,适用于±25%接缝形变位移部位的密封,价格较便宜,只有硅酮、聚硫的一半
聚硫密封膏	高档密封膏中的一种,适用于±25%接缝形变位移部位的密封,价格较硅酮便宜 15%~20%,使用寿命可达 10 年以上
硅酮密封膏	高档密封膏中的一种,性能全面,变形能力达 50%,高强度、耐高温(-54~260℃)
水膨胀密封膏	遇水后膨胀能将缝隙填满
密封带	
密封垫	用于门窗框与外墙板接缝密封
膨胀防火密封件	主要用于防火门
底衬泡沫条	和密封胶配套使用,在缝隙中它能随密封胶形变而形变
防污纸质胶带纸	贴于门窗框表面,防嵌缝时污染

(3)五金配件　见表 3-6。

表 3-6 铝合金门窗用五金配件

品种	用途
门锁(双头通用门锁)	配有暗藏式弹子锁,可以内外启闭,适用于铝合金平开门
勾锁(推拉式门锁)	分单面、双面两种形式,可作推拉式门、推拉式窗的拉手和锁闭器用(带锁式)
暗插锁(扳动插锁)	适用于铝合金弹簧门(双扇)及平开门(双扇)用
滚轮(滑轮)	适用于推拉式门、窗(90 系列、70 系列及 55 系列等用),可承载门窗扇在滑轮中运行,常与勾锁或半月形执手配套使用
半月形执手(半月形锁紧件)	有左、右两种形式,适用于推拉窗的扣紧

续表

品种	用途
滑撑铰链(滑移铰链或平行铰链)	能保存窗扇开启在0°~90°或0°~60°自行定位,可作横向或竖向窗扇滑移使用
铝窗执手	适用于平开式、上悬式铝窗的启闭
联动执手	适用于密闭式平开窗的启闭,能在窗扇上、下两处联动扣紧
地弹簧	装置于门扇下部的一种缓速自动闭门器

(二)铝合金门窗施工的常用工具、机具

铝合金门窗施工的常用工具、机具,主要有角尺、水平尺、灰线袋、螺丝刀、扳手、手锤、钢錾子、电钻、冲击电钻、射钉枪、线锯、切割机、电焊机等。

三、铝合金门窗的制作

(一)铝合金门窗制作的施工准备

(1)铝合金门窗加工前,应对所用材料和附件进行检验,其材质应符合现行国家标准或行业标准,所选用的型材形状、尺寸及壁厚应符合设计和使用要求。选用的附件,除不锈钢外,应做防腐处理,以防止与铝合金型材发生接触腐蚀。

(2)应认真检查门窗洞口的实际尺寸,并根据土建施工图核实洞口的实际尺寸与设计要求是否相符,若有出入,应会同土建部门共同处理。

(3)检查施工工具、机具。

(二)铝合金门窗的制作方法

(1)断料　断料(又称"下料")是铝合金门窗制作的第一道工序,也是关键的工序。断料主要使用切割设备,材料长度应根据设计要求并参考门窗施工大样图来确定,要求切割准确;否则,门窗的方正难以保证,断料尺寸误差值应控制在2mm以内。一般来说,推拉门窗断料宜采用直角切割;平开门窗断料宜采用45°角切割;其他类型应根据拼装方式来选用切割方式。

(2)钻孔　铝合金门窗的框扇组装一般采用螺丝连接,因此不论是横竖杆件的组装,还是配件的固定,均需要在相应的位置钻孔。型材钻孔,可以用小型台钻或手枪式电钻,前者由于有工作台,所以能有效保证钻孔位置的精确度,而后者操作方便。

钻孔前应根据组装要求在型材上弹线定位,要求钻孔位置准确、孔径合适,不可在型材表面反复更改钻孔,因为孔一旦形成,则难以修复。

(3)组装　将型材根据施工大样图要求通过连接件用螺丝连接组装,铝合金门窗的组装方式有45°角对接、直角对接和垂直对接三种。横竖杆的连接,一般采用专用的连接件或铝角,再用螺钉、螺栓或铝拉钉固定。

(4)保护或包装　铝合金门窗组装完毕后,应对其进行保护或包装。一般可用塑料胶纸、塑料薄膜等无腐蚀性的软质材料,将所有表面严密包裹起来。特别是铝合金门窗框安装较早,土建施工中的水泥砂浆等容易掉落而粘在其表面上,从而使表面氧化膜遭到破坏,影响质量。

四、铝合金门窗的安装

铝合金门窗装入洞口应横平竖直，外框与洞口应弹性连接牢固，不得将门窗外框直接埋入墙体。门窗安装节点，如图 3-1 所示。

（一）铝合金门窗安装的施工准备

(1)安装时间　铝合金门窗框的安装，应在主体结构基本结束后进行，铝合金门窗扇的安装，宜在室内外装饰基本结束后进行，以免土建施工时将其破坏。

(2)门窗洞口质量检查　由于门窗框采用后塞法施工，因此铝合金门窗安装前应对洞口进行检查，要求实际洞口尺寸稍大于门窗框尺寸，其差值视不同材料而有所区别。在一般情况下，洞口尺寸应符合表 3-7 的规定。门窗洞口的尺寸允许偏差：宽度和高度 ± 5mm；对角线长度 ± 5mm；洞口下口面水平标高 ± 5mm；垂直度偏差 1.5/1 000；洞口中心线与建筑物基准轴线偏差 ± 5mm。此外，有预埋件的门窗洞口，还应检查预埋件的数量、位置以及埋设方法是否符合设计要求，如有问题应及时处理。

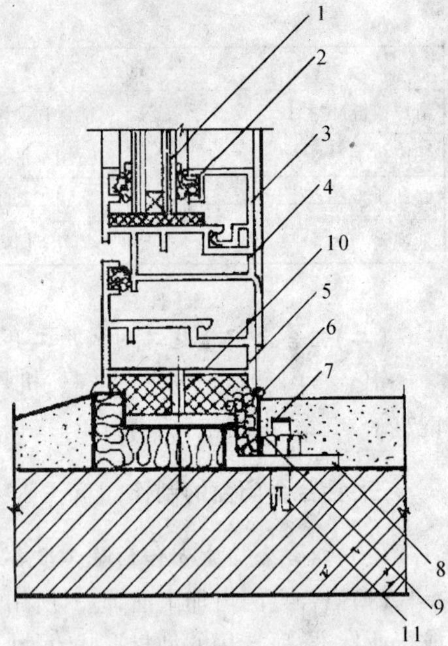

图 3-1　铝合金门窗安装节点及缝隙处理示意图

1—玻璃　2—橡胶条　3—压条　4—内扇　5—外框　6—密封膏　7—砂浆　8—地脚　9—软填料　10—塑料垫　11—膨胀螺栓

(3)检查铝合金门窗框、扇质量　应检查门窗框、扇的尺寸是否符合设计要求，有无变形和扭曲，并检查方正。

表 3-7　门窗洞口尺寸(mm)

墙面装饰类型	宽度	高度	
一般粉刷面	门窗框宽度 + 50	窗框高度 + 50	门框高度 + 25
玻璃马赛克贴面	+ 60	+ 60	+ 30
大理石贴面	+ 80	+ 80	+ 40

(4)检查各种配件　应检查铝合金门窗各种配件数量、品种、规格是否符合施工要求。

（二）铝合金门窗的安装方法

铝合金门窗安装必须采取预留洞口的方法，严禁采取边安装边砌口或先安装后砌的方法。

(1)放线　按设计要求在门窗洞口弹出门窗位置线，并注意同一立面的窗在水平及垂直方向应做到整齐一致，还要特别注意室内地面的标高。地弹簧的表面，应该与室内地面标高一致。

(2)安框　在安装制作好的铝合金门窗框时，吊垂线后要卡方，待两条对角线的长度相等、表面垂直后，将框临时用木楔固定，待检查立面垂直、左右间隙、上下位置符合要求后，再把镀锌锚固板固定在结构上。镀锌锚固板是铝合金门窗固定的连接件，它一端固定在门窗框的外侧，另一端固定在密实的基层上。门窗框固定可采用焊接、膨胀螺栓或射钉等方式，但砖墙严禁用射钉固定。

(3)填缝　经过平整度、垂直度等的安装质量验收后,将框四周清扫干净、洒水湿润基层,然后派专人进行填缝。填缝材料应按设计和规范要求选用。

(4)抹面　铝框四周的塞灰砂浆达到一定的强度后,轻轻取下框周的木楔、继续补灰,然后才能抹面层、压平抹光。

(5)门窗扇安装

①铝合金门窗扇安装,应在室内外装饰基本完成后进行。

②推拉门窗扇的安装,是将配好的门窗扇分内扇和外扇,先将外扇插入上滑道的外槽内,自然下落于对应的下滑道的外滑道内,然后再用同样的方法安装内扇。

③对于可调导向轮,应在门窗扇安装之后调整导向轮,调节门窗扇在滑道上的高度,并使门窗扇与边框间平行。

④平开门窗扇安装,应先把合叶按要求位置固定在铝合金门窗框上,然后将门窗扇嵌入框内临时固定,调整合适后,再将门窗扇固定在合叶上,必须保证上、下两个转动部分在同一个轴线上。

⑤地弹簧门扇安装,应先将地弹簧主机埋设在地面上,并浇筑混凝土使其固定。主机轴应与中横档上的顶轴在同一垂线上,主机表面与地面齐平,待混凝土达到设计强度后,调节上门顶轴将门扇装上,最后调整门扇间隙及门扇开启速度。

五、铝合金门窗安装的质量要求

铝合金门窗安装的质量要求应符合《建筑装饰装修工程质量验收规范》(GB50210—2001)和《建筑工程施工质量验收统一标准》(GB50300—2001)的相关规定(详见第九节)。

第六节　铝合金自动门

一、铝合金自动门的特点及适用范围

铝合金自动门是由铝合金型材和玻璃组成的门体结构及控制自动门的指挥系统组成的,它具有外观新颖、结构精巧、运行噪声小、启动灵活、可靠、节能等特点。铝合金自动门适用于高级宾馆、饭店、大厦、医院、候机楼、车站、商场(商店)、办公大楼、高级净化车间、计算机房等建筑设施的启闭。

二、铝合金自动门的主要类型、结构特点及技术参数

铝合金自动门的主要类型、结构特点及技术参数,见表3-8所示。

三、铝合金自动门的安装

(一)地面导向轨道的安装

铝合金自动门和全玻璃自动门在地面上均装有导向性下轨道,异型钢管自动门无下轨道。有下轨道的自动门在土建做地坪时,必须在地面上预埋50~75mm方木条一根;自动门安装时,撬出方木条便可埋设下轨道,下轨道长度为开启门宽的2倍。

表 3-8 铝合金自动门的主要类型、结构特点及技术参数

名称	结构特点	技术参数
ZM-E2 型微波自动门	其传感系统是采用微波感应方式，当人或其他活动目标进入或离开微波传感器的感应范围时，门扇自动开启和关闭。门扇运行时有快、慢两种速度自动变换，使启动、运行、停止等动作达到最佳协调状态。同时，可确保门扇之间的柔性合缝，安全可靠。自动门的机械运行机构无自锁作用，可在断电状态下作手动移门使用，轻巧灵活	电源：AC200V 50Hz 功耗：150W 门速调节范围：0～350mm/s 微波感应范围：门前 1.5～4m 感应灵敏度：现场调节至用户需要 报警延时时间：10～15s 使用环境温度：-20～+40℃， 断电时手推力：<10N
TDLM100 系列推拉自动门	由电脑逻辑记忆控制系统和无触点可控硅交流传动系统以及超声波、远红外、微波、传感器组成。自动门的滑动扇上部为吊挂滚轮结构，下部有滚轮导向结构和槽轨导向结构两种。 自动门有普通型和豪华型两种。普通型门扇为有框式结构，豪华型门扇为无框玻璃结构	手动开门力：35N 电源：220VAC50Hz 电功率：130W 探测距离：1～3m(可调) 探测范围：1.5m×1.5m 保持时间：0～60s
PDLM100 系列平开自动门	由电子识别控制系统和直流伺服传动系统以及传感器(超声波或微波或远红外)组成，结构新颖、噪声小、开闭灵活，并有各种防堵反馈装置(遇有障碍自动回归)，可以装成内开或外开形式，有普通型和豪华型两种，普通型门扇为有框结构、豪华型门扇为无框茶色玻璃结构	手动开门力：20N 电源：220VAC50Hz 功耗：130W 探测距离：1～3m(可调) 探测范围：1.5m×1.5m
YDLM100 系列圆弧自动门	电脑控制系列和传感器方面与 TDLM100 系列自动门相同，但其做弧线往复运动的传动机构比较新颖复杂。这个系列的产品(整圆形)相当于两重推拉自动门的节能、隔声功能，而所占用的空间又比较小，且圆弧造型立体感强，活动门扇部分为茶色全玻结构。此门为保温型人流出入用门，不适于车辆、货物的进出	手动开门力：35N 电源：220VAC50Hz 功耗：130W 探测距离：1～3m(可调) 探测范围：1.5m×1.5m
DN001 滑动式自动门	无框全玻璃自动门，一体化安装结构、不预埋、无预焊、安装简单，造型新颖美观。 采用交流电机驱动，噪声小，无电磁辐射干扰、体积小。 接头采用超声波、微波、红外等，并可遥控	电源：AC220V 50Hz±10% 功能：不大于 150W 探测范围：$\not<1.2m^2$ 连续工作时间：8h 运行速度：35cm/s 绝缘电阻：$\not<20M\Omega$ 运行噪声：$\not>70dB$
京光 86-Ⅱ型自动门	控制器采用微波传感(必要时可换用红外线传感器)、控制电路为 CMOS 集成电路，灵敏度和精度高，可靠性好，抗干扰能力强，功耗低，其传统机构反行成不自锁，可随转手动不会夹人	总能耗：不大于 100W 电源电压：220VAC±10% 作用距离：不小于 5m(根据需要调整) 开闭速度：不低于 lm/s(根据需要调整) 动作时间：0.09～5.2s 连续可调 环境要求：-20～50℃ 工作方式：24h 连续

续表

名称	结构特点	技术参数
遥控伸缩式自动门	有豪华型(2m高)、雅致型(1.7m、1.3m高)、静雅型(1.3m高)、新雅型(1.7m高)等系列制品。颜色分红、黄、蓝、绿、灰、黑六种。是采用铝合金、不锈钢等材料制作	豪华型(2m高) 片数:7片组~42片组 适应通道:2.0~16.0m 收台通缩地:0.65~3.35m 雅致型(1.7m高) 片数:15~42片组 适应通道:4.94~15.2m 收合退缩地:0.9~2.4m
微波自动门	无框全玻璃中分门(镀膜玻璃、钢化玻璃)	门宽:1200~2000mm 门洞:门宽×4(两固定、两平开) 功耗:150W 手动开门力:<100N 感应距离:1.5~4m 保持时间:10~15s
电控自动门(对讲防盗门)	该自动门宜作住户单元门,各住户配备对讲机,来访者可与住户主人通话确认后,主人通过话机上的按键遥控打开大门口锁(住户配有钥匙),在人员进门后即由闭门器关死,可保证停电一周内系统正常工作	
FHM-防火式自动门	该门配有高灵敏度烟雾装置及能绝对隔离火源的钢板石棉门,一旦附近发生火灾时,它能起到隔离火源,压缩受灾区域作用,并有自动报警设备。分透光型和遮光型两种,透光型又分有框和无框两种,有框型选用优质古铜色或银白色铝合金型材制成门框,内装5~8mm茶色或透明玻璃。无框型选用进口10~12mm特厚茶色玻璃,用铝合金型材做门托。遮光型有四种: 1. 用经过电化着色的优质铝合金制成门扇; 2. 用镀锌铁板做门扇; 3. 用3~8mm钢板(或中间夹石棉板)制成门扇; 4. 用彩色塑料板或木质板材制成门扇	传感控制区域:4×4(m^2) 传感控制机构:烟雾 运行噪声:<70(dB) 开门运行时间:5(s) 电动机功率:500~1340(W) 电压(V):AC220V±15% 手动推力:≤300(N) 使用环境温度:60(℃)
FDM防盗自动门	系用金属钢板制成门扇,一旦外人闯入禁区作案时,高度灵敏的微波传感系统立即在数秒钟内将自动门关闭、自锁,使作案人不能深入其他区域或无法逃离现场,门上并设有自动报警装置。适用于金库、博物馆、高级展览厅、监狱以及需要严格防盗、防窃的场所	传感控制区域:3×3(m^2) 传感控制机构:烟雾 运行噪声:<55(dB) 开门运行时间:2.5(s) 关门运行时间:4(s) 电动机功率:≤180(W) 电压(V):AC220V±15% 手动推力:40(N) 使用环境温度:-20~45℃

(二)自动门横梁的安装

自动门上部机箱层主梁是安装中的重要环节。由于机箱内装有机械及电控装置,因此对支承横梁的土建支承结构有一定的强度及稳定性要求。

四、铝合金自动门的使用与维护

(1)门扇地面滑行轨道(下轨道)必须经常清理垃圾杂物,槽内不得留有异物,以免影响自动门扇的滑行。结冰气候要防止水流进下轨道,以免结冰后卡阻活动门扇。

(2)微波传感器及控制箱等一旦调试正常,就不能任意变动各种旋钮的位置,以免失去其最佳工作状态,达不到应有的技术性能。

(3)铝合金门框、门扇、装饰板等是经过表面化学防腐蚀氧化处理的,产品运往施工现场后应妥善保管,并注意门体不得与石灰、水泥及其他酸、碱性化学物品接触,以免损伤表面而影响美观。

(4)对使用频繁的自动门,要定期检查传动部分装配紧固零件是否松动、缺损。对机械活动部位定期加油,以保证门扇运行润滑、平稳。

第七节　塑料(塑钢)门窗

一、塑料门窗的特点

塑料门窗是以聚氯乙烯树脂、改性聚氯乙烯或其他树脂为主要原料,添加适量助剂和改性剂,经挤压机挤出成各种截面的空腹门窗异型材,再根据不同的品种规格选用不同截面异型材组装而成的。由于塑料的变形大、刚度差,所以一般在成型的塑料门窗型材的空腔内嵌装轻钢或铝合金型材加强,从而增加了塑料门窗的刚度,提高于塑料门窗的牢固性和抗风能力,因此,塑料门窗又称“塑钢门窗”。

塑料门窗线条清晰、挺拔,造型美观,表面光洁细腻,颜色可任选,不仅具有良好的装饰性,而且具有良好的隔热性、密闭性和耐腐蚀性。此外,塑料门窗不需要涂涂料(油漆),可节约施工时间和费用,因此,在建筑上得到了广泛应用。

二、塑料门窗的种类

根据原材料的不同,塑料门窗可分为以聚氯乙烯树脂为主要原材料的钙塑门窗(又称“硬 PVC 门窗”),以改性聚氯乙烯为主要原材料的改性聚氯乙烯门窗(又称“改性 PVC 门窗”),以合成树脂为基料、以玻璃纤维及其制品为增强材料的玻璃钢门窗。

根据开闭方式的不同,塑料门窗可分为平开窗(门)、固定窗、悬挂窗、组合窗(又称“折叠窗”)等。

根据构造的不同,塑料门窗可分为全塑窗(门)、复合 PVC 窗。在塑料门中,又分为全塑料门、组装塑料门(又称“折叠塑料门”)、塑料夹层门。根据复合 PVC 窗选用的窗框不同又分为两种:一种是塑料窗框内部嵌入金属型材增强,另一种是里面为 PVC 外面为铝的复合窗框。

三、塑料门窗的安装准备

（一）安装材料

（1）塑料门窗　框、窗多为工厂制作的成品，并有五金配件。

（2）其他材料　木螺丝、平头机螺丝、塑料胀管螺栓、自攻螺钉、钢钉、对拔木楔、密封条、密封膏、抹布等。

（二）安装机具

塑料门窗的安装机具，主要有冲击钻、射钉枪、螺丝刀、锤子、钢尺、吊线锤、灰线包等。

（三）作业条件

（1）门窗洞口质量应按设计要求检查门窗洞口的尺寸，若无设汁要求，一般应满足下列规定：

①门洞口宽度为门框宽加 50mm；

②门洞口高度为门框高加 20mm；

③窗洞口宽度为窗框宽加 40mm；

④窗洞口高度为窗框高加 40mm；

⑤门窗洞口尺寸的允许偏差值为：

洞口表面平整度允许偏差 3mm；

洞口正、侧面垂直度允许偏差 3mm；

洞口对角线长度允许偏差 3mm。

（2）检查洞口的位置、标高与设计要求是否相符。

（3）检查洞口内预埋件的位置、数量是否准确。

（4）按设计要求弹好门窗安装位置线。

（5）准备好安装脚手架。

四、塑料门窗的安装方法

塑料门窗由于大多是在工厂制作好，在现场整体安装到洞口内，因此工序比较简单。但是，由于塑料门窗的热膨胀系数较大，且弯曲弹性模量又较小，加之又是成品安装，稍不注意就可能造成塑料门窗的损伤变形，影响使用功能、装饰效果和耐久性。因此，安装塑料门窗的技术难度比钢门窗、木门窗要大得多，施工时应特别注意。

（一）门窗框与墙体的连接

塑料门窗框与墙体的固定方法，常见的有连接件法、直接固定法和假框法三种。

1. 连接件法

连接件法是用一种专门制作的铁件将门窗框与墙体相连接，是我国目前运用较多的一种方法。其做法是先将塑料门窗放入门窗洞口内，找平对中后用木楔临时固定，然后将固定在门窗框异型材靠墙一面的锚固铁件用螺钉或膨胀螺丝固定在墙上。其优点是比较经济，且基本上可以保证门窗的稳定性。

2. 直接固定法

在砌筑墙体时先将木砖预埋入门窗洞口内，当塑料门窗安入洞口并定位后，用木螺钉直接穿过门窗框与预埋木砖连接,从而将门窗框直接固定于墙体上。

3. 假框法

先在门窗洞口内安装一个与塑料门窗框配套的镀锌铁皮金属框,或者当木门窗换成塑料门窗时,将原来的木门窗框保留,待抹灰装饰完成后,再将塑料门窗框直接固定在上述框材上,最后再用盖口条对接缝及边缘部分进行装饰。

(二)确定连接点位置

(1)确定连接点的位置时,首先应考虑能使门窗扇通过合叶将作用于门窗框的力尽可能直接传递给墙体。

(2)确定连接点的数量时,必须考虑防止塑料门窗在温度应力、风压及其他静荷载作用可能产生的变形。

(3)连接点的位置和数量,还必须适应塑料门窗变形较大的特点,保证在塑料门窗与墙体之间微小的位移,不致影响门窗的使用功能及连接本身。

(4)在合叶的位置应设连接点,相邻两连接点的距离不应大于700mm。在横档或竖框的地方不宜设连接点时,相邻的连接点应在距其150mm处。

(三)框与墙间缝隙处理

(1)由于塑料的膨胀系数较大,故要求塑料门窗框与墙体间应留出一定宽度的缝隙,以适应塑料伸缩变形的安全余量。

(2)框与墙间的缝隙宽度,可根据总跨度、膨胀系数、年最大温差计算出最大膨胀量,再乘以要求的安全系数求出,一般取10~20mm。

(3)框与墙间的缝隙,应用泡沫塑料条或油毡卷条填塞,填塞不宜过紧,以免框架变形。门窗框四周的内外接缝应用密封材料嵌填严密,也可以采用硅橡胶嵌缝条,不宜采用嵌填水泥砂浆的做法。

(4)不论采用何种填缝方法,均要求做到以下两点:

①嵌填封缝材料应能承受墙体与框间的相对运动而保持密封性能。

②嵌填封缝材料不应对塑料门窗框有腐蚀、软化作用,沥青类材料可能使塑料软化,故不宜使用。

(5)嵌填、密封完成后,就可以进行墙面抹灰。工程有要求时,最后还需加装塑料盖口条。

(四)五金配件安装

塑料门窗安装五金配件时,必须先在杆件上钻孔,然后用自攻螺丝拧入,严禁在杆件上直接锤击钉入。

(五)清洁

门框扇安装后应暂时取下门窗扇,编号单独保管。门窗洞口粉刷时,应将门窗表面贴纸保护。粉刷时如框扇沾上水泥浆,应立即用软料抹布擦洗干净,切勿使用金属工具擦刮。粉刷完毕,应及时清除玻璃槽口内的灰渣。

五、塑料门窗的安装质量要求

塑料门窗的安装质量应符合《建筑装饰装修工程质量验收规范》(GB50210—2001)和

《建筑工程施工质量验收统一标准》(GB50300—2001)的相关规定(详见第九节)。

第八节　特殊门窗

一、装饰门

(一)装饰门的类型

装饰门主要起装饰作用,主要有下列三种类型:

(1)普通装饰门　它又分为镶板门和玻璃门两种。

(2)塑料浮雕装饰门　其门扇是用木材装钉成框架,外部用三合板塑料浮雕热压黏合而成的。

(3)普通木板门改装装饰门　即在普通老式木门扇的前后两侧加装水曲柳胶合板、层压板、硬木板或塑料成压板改造而成的装饰门。

(二)装饰门的施工要点

(1)普通装饰门应采用窑干的硬木制作,要求木纹自然、协调、美观,加工制作应精细,所选用的五金配件应与门相适应。

(2)普通装饰门采用木材本色,刷聚酯漆,露木纹。

(3)普通装饰门的安装,详见本章第二节木门窗的安装。

(4)塑料浮雕装饰门一般由工厂加工成形后在现场进行安装。安装时,需要特别注意与门框配套,并选用与其色调相适应的五金配件。

(5)塑料浮雕装饰门在运输和存放过程中要特别注意保护,以免将塑料浮雕损坏。门扇要直立存放在库房内,避免风吹、日晒、雨淋。

(6)将普通木门改装成装饰门时,应先将五金配件卸掉,旧门拆下,清除旧门扇上的涂料或油漆。如有压条时,应将其刨平;如旧门扇上有空档,要嵌入胶合板或门芯板,并用黏结法和无头钉钉牢,以便在铺贴新面板时,能够提供均匀涂刷胶粘剂的表面。

(7)按照旧门的尺寸,根据装饰门的要求,将贴面薄板进行准确裁割,精心刨平、修整,以便能准确地进行安装。

(8)所用的胶粘剂,一般应选用接触型胶粘剂,白胶可用于内门,外门宜采用防水胶,如间苯酚树脂或粉状合成树脂胶等。在操作时,应在旧门表面及新加板的背面,均匀涂刷胶粘剂,待表面稍干后,按要求将其定位,并黏结到一起,再用小圆钉临时固定。

(9)胶粘剂固化后,将门锁装配孔和执手装配孔开好,重新安装上全部小五金配件。

(10)如新改装的装饰门较厚,则需重新调整合叶的位置,使其与旧门框弥合。为确保美观,在旧门框两侧亦需用胶合板镶包平齐,使其与门扇配套、协调。

二、隔音门

(一)隔音门的类型

隔音门主要起隔音作用,常用于音像室、播音室、会议室等有隔音要求的房间。隔音门要求用吸音材料做成门扇,门缝用海绵橡胶条等具有弹性的材料封严。常见的隔音门主要有下列三种：

(1)填芯隔音门　是用玻璃棉丝或岩棉填充在门扇芯内，门扇缝口处用海绵橡皮条封严。

(2)外包隔音门　是在普通木门扇外面包裹一层人造革，人造革内填塞岩棉，并将人造革压条用泡钉钉牢，四周缝隙用海绵橡皮条粘牢封严。

(3)隔音防火门　是在门扇木框架中嵌填岩棉等吸音材料，外部用石棉板、镀锌铁皮及耐火纤维板镶包，四周缝隙用海绵橡皮条粘牢封严。

(二)隔音门的施工要点

(1)制作隔音门时，门扇芯内应用超细玻璃棉丝或岩棉填塞，但不宜挤压密实，应保持其松软状态，以确保其隔音效果。

(2)门扇与门框之间的缝隙，应用海绵橡皮条等弹性材料嵌入门框上的凹槽中，粘牢卡紧。海绵橡皮条的截面尺寸，应比门框上的凹槽宽度大1mm，并凸出框边2mm，保证门扇关闭后能将缝隙处挤紧打严。

(3)双扇隔音门的门扇搭接缝，应做成双L形缝口，在搭接缝的中间，应设置海绵橡皮条。门扇关闭时，搭接缝两边将海绵橡皮条挤紧，门扇之间应留2mm宽的缝隙，接头处木材与木材不应直接接触。

(4)外包隔音门宜用人造革进行包裹。在人造革与木门扇之间应填塞岩棉毯，然后用双层人造革压条规则地压在门扇表面，再用泡钉钉牢，人造革表面应包紧、绷平。

(5)在隔音门扇底部与地面间应留5mm宽的缝隙，然后将3mm厚的橡皮条用通长扁铁压钉在门扇下部，与地面接触处橡皮条应伸长5mm，封闭门扇与地面间的缝隙。

(6)有防水要求的隔音防火门，门扇可用耐火纤维板制作，两面各镶钉5mm厚的石棉板，再用26号镀锌铁皮满包，外露的门框部分亦应包裹镀锌铁皮。

(7)隔音门的五金，应与隔音门的功能相适应，如合叶应选用无声合叶等。

三、卷帘门窗

卷帘门窗是在商业建筑中被广泛应用的一种门窗。

(一)卷帘门窗的特点

卷帘门窗具有造型美观新颖、结构紧凑、操作简便、坚固耐用、刚性强、密封性好、不占地面面积、启闭灵活方便和防风、防尘、防火、防盗等特点。

(二)卷帘门窗的类型

1. 根据传动方式分

卷帘门窗可分为四种：电动卷帘门窗；遥控电动卷帘门窗；手动卷帘门窗；电动兼手动卷帘门窗。

2. 根据外形分

卷帘门窗可分为四种：全鳞网状卷帘门窗；直管横格卷帘门窗；帘板卷帘门窗；压花帘板卷帘门窗。

3. 根据材质分

卷帘门窗可分为五种：铝合金卷帘门窗；电化铝合金卷帘门窗；镀锌铁板卷帘门窗；不

锈钢钢板卷帘门窗;钢管及钢筋卷帘门窗。

4. 根据门扇结构分

卷帘门窗可分为两种:①帘板结构卷帘门窗:其门扇由若干帘板组成,根据门扇帘板的形状,卷帘门窗的型号有所不同。其卷帘门窗的特点是:防风、防砂、防盗,并可制成防烟、防火的卷帘门窗。②通花结构卷帘门窗:其门扇由若干圆钢、钢管或扁钢组成。卷帘门窗的特点是:美观大方、轻便灵活。

5. 根据性能分

卷帘门窗可分为三种:普通型卷帘门窗;防火型卷帘门窗;抗风型卷帘门窗。

(三)卷帘门窗的适用范围

卷帘门窗适用于各类商店和商场、宾馆、银行、医院、学校、机关、厂矿、车站、码头、仓库、变电室及工业厂房等装璜设施。

(四)防火卷帘门的构造及其安装与调试

1. 防火卷帘门的构造

防火卷帘门由帘板、卷筒体、导轨、电气传动等部分组成。帘板为1.5mm厚的冷轧带钢轧制成"C"形板重叠联锁,具有刚度好,密封性能优的特点。亦可采用钢质"L"形串联式组合结构,另配温感、烟感、光感报警系统,水幕喷淋系统,遇有火情自动报警、自动喷淋、门体自控下降、定点延时关闭,使受灾区域人员得以疏散,全系统防火综合性能显著。

2. 防火卷帘门的安装与调试

防火卷帘门的安装与调试顺序如下:

(1)按设计型号查阅产品说明书和电气原理图;检查产品表面处理和零附件;量测产品各部位基本尺寸;检查门洞口是否与卷帘门尺寸相符;导轨、支架的预埋件位置、数量是否正确。

(2)测量洞口标高,弹出两导轨垂线及卷筒中心线。

(3)将垫板电焊在预埋铁板上,用螺丝固定卷筒的左右支架,安装卷筒。卷筒安装后应转动灵活。

(4)安装减速器和传动系统。

(5)安装电气控制系统。

(6)空载试车。

(7)将事先装配好的帘板安装在卷筒上。

(8)安装导轨。按图纸规定位置,将两侧及上方导轨焊牢于墙体预埋件上,并焊成一体,各导轨应在同一垂直平面上。

(9)安装水幕喷淋系统,并与总控制系统连接。

(10)试车可先用手去试运行,再用电动机启闭数次,调整至无卡住、阻滞及异常噪音等现象为止,全部调试完毕,安装防护罩。

(11)卷筒上的护罩可做成方形,亦可做成半圆形。护罩的尺寸大小应与门的宽度和门条板卷起后的直径相适应,保证卷筒将门条板卷满后与护罩仍保持一定的距离,不得相互碰撞,经检查无误后,再与护罩预埋件焊牢。

(12)粉刷或镶砌导轨墙体装饰面层。

(五)普通卷帘门窗

普通卷帘门窗一般有两种类型:一种是由若干帘板组成的帘板结构,其型号根据门窗扇帘板形状而定,这种门窗扇具有防风、防砂、防盗等功能,应用比较普遍;另一种是门扇由扁钢、圆钢和钢管组成的通花结构,这种门形式美观大方、启闭轻便灵活。

卷帘门窗启闭通常采用手动、电动兼手动或自动开启方式。正常情况下门窗电动,遇临时停电或其他情况则手动开闭。

卷帘门窗安装方式:卷帘板装在门洞外,帘板在外侧卷起;卷帘板装在洞内,帘板在内侧卷起;卷帘板装在门窗洞口中,卷帘板可向内侧或外侧卷起。

普通卷帘门窗的安装方法与防火卷帘门基本相同。

四、防盗门

(一)防盗门的种类、特点和适用范围

防盗门,又称"防盗安全门",它是用金属制作的,由专门的工厂加工成制品,然后在现场进行安装。

1. 防盗门的种类

目前,我国防盗门的种类很多,主要有推拉式栅栏防盗门、平开式栅栏防盗门、塑料浮雕防盗门和多功能豪华防盗门等几种类型。

2. 防盗门的特点

防盗门的最大特点是保安性强,具有坚固耐用、开启灵活、外形美观等特点。

3. 防盗门的适用范围

防盗门适用于民用建筑和住宅、高层建筑和机要室、财务部门等处。

(二)防盗门的安装要点

(1)防盗门的安装应按照所采用的防盗门种类,采取相适应的安装方法。

(2)防盗门的门框可以采用膨胀螺栓与墙体固定,也可以在砌筑墙体时在洞口处预埋铁件,安装时与门框连接件焊牢。

(3)门框与墙体不论采用何种连接方式,每边均不应少于3个锚固点,且应牢固连接。

(4)安装防盗门时,应先找直、吊正,尺寸量合适后将其临时固定,并进行校正、调整,无误后方可以进行连接锚固。

(5)要求推拉门安装后推拉灵活;平开门开启方便,关闭严密牢固。

(6)门框与门扇之间或其他部位应安装防盗装置。

(7)防盗门上的拉手、门锁、观察孔等五金配件,必须齐全;多功能防盗门上的密码护锁、电子报警密码系统、门铃传呼等装置,必须有效完善。

(8)要求与地平面的间隙不大于5mm。

五、防火门

(一)防火门的类型

1. 根据耐火极限分

防火门分甲、乙、丙三个等级。

(1)甲级防火门　它的耐火极限为1.2h,一般为全钢板门,无玻璃窗。甲级防火门以火灾时防止扩大火灾为目的。

(2)乙级防火门　它的耐火极限为0.9h,为全钢板门,在门上开一小玻璃窗,玻璃选用5mm厚夹丝玻璃或耐火玻璃。乙级防火门以火灾时防止开口部蔓延火灾为主要目的。性能较好的木质防火门也可达到乙级防火门的要求。

(3)丙级防火门　它的耐火极限为0.6h,为全钢板门,在门上开一小玻璃窗,玻璃选用5mm厚夹丝玻璃。大多数木质防火门都在这一级范围内。

2. 根据材质分

防火门分木质防火门与钢质防火门两种。

(1)木质防火门　即在木质门表面涂以耐火涂料,或用装饰防火胶合板贴面,以达到防火要求,其防火性能要稍差一些。

(2)钢质防火门　即采用普通钢板制作,在门扇夹层中填入岩棉等耐火材料,以达到防火要求。

(二)防火门的特点

防火门具有表面光滑平整、美观大方、开启灵活、坚固耐用、使用方便、安全可靠等特点。

防火门的规格有多种,除按国家建筑门窗洞口统一模数制规定的门洞口尺寸外,还可根据用户的要求而订制。

(三)防火门的安装要点

1. 划线

按设计要求尺寸、标高和方向,画出门框框口位置线。

2. 立门框

先拆掉门框下部的固定板,凡框内高度比门扇的高度大于30mm者,洞口两侧地面须设预留凹槽。门框一般埋入室内地平标高以下20mm,须保证框口上下尺寸相同,允许误差<1.5mm,对角线允许误差<2mm。将门框用木楔临时固定在洞口内,经校正合格后,固定木楔,门框铁脚与预埋铁板件焊牢。

3. 安装门扇及附件

门框周边缝隙用1:2的水泥砂浆或强度不低于C10的细石混凝土嵌塞牢固,应保证与墙体结合成整体,经养护凝固后,再粉刷洞口及墙体。

粉刷完毕后,安装门扇、五金配件及有关防火装置。门扇关闭后,门缝应均匀平整,开启自由轻便,不得有过紧、过松和反弹现象。

六、金属转门

金属转门有铝质与钢质两类型材结构。铝结构是采用铝、镁、硅合金挤压型材,经阳极氧化成银白与古铜等色,外形美观并耐大气腐蚀;钢结构系采用20号碳素结构钢无缝异型管,冷拉成各种类型的转门、转壁框架,然后喷涂各种油漆而成。

(一)金属转门的特点与应用

(1)铝结构采用合成橡胶密封固定玻璃,具有良好的密闭、抗震和耐老化性能。活扇与转壁之间采用聚丙烯毛刷条,钢结构玻璃采用油面腻子固定,铝结构采用厚5~6mm玻璃,钢结构采用6mm厚的玻璃,玻璃尺寸根据实际使用进行装配。

(2)门扇一般为逆时针旋转,转动平稳和灵便,清洁和维修方便。

(3)转门需关闭时,将门扇插销插入预埋的插壳内即可。

(4)门扇旋转主轴下部,设有可调节阻尼装置,以控制门扇因惯性产生偏快的转速,以保持旋转平稳状态。

(5)转壁分双层铝合金装饰板和单层弧形玻璃。

金属转门适用于宾馆、机场、使馆、商场等中、高级民用与公共建筑设施的启闭。它具有控制人的流量并保持室内温度的作用。

(二)金属转门的安装技术要点

(1)开箱后,要检查各类零件是否正常,门樘外形尺寸是否符合门洞口尺寸,以及转壁位置要求,预埋件位置和数量等。

(2)桁架按洞口左右、前后、位置尺寸与预埋件固定,并保证水平。

(3)装转轴、固定底座。底座下要垫实,不允许下沉。临时点焊上轴承座,使转轴垂直于地平面。

(4)装转门顶与转壁。转壁不允许预先固定,以便于调整与活扇之间的间隙。装门扇,应保持90度夹角;旋转转门时,保证上下间隙。

(5)调整转壁位置,以保证门扇与转壁之间的间隙。

(6)先焊上轴承座,后用混凝土固定底座,再埋插销下壳,最后固定转壁。

(7)钢转门喷涂油漆。

第九节　门窗工程的质量标准和检验方法

门窗工程应符合《建筑装饰装修工程质量验收规范》(GB50210—2001)和《建筑工程施工质量验收统一标准》(GB50300—2001)的相关规定。

一、一般规定

(1)门窗工程验收时应检查下列文件和记录

①门窗工程的施工图、设计说明及其他设计文件。

②材料的产品合格证、性能检测报告、进场验收记录和复验报告。

③特种门及其附件的生产许可证。

④隐蔽工程验收记录。

⑤施工记录。

(2)门窗工程应对下列材料及其性能指标进行复验

①人造木板的甲醛含量。

②建筑外墙金属窗、塑料窗的抗风压性能、空气渗透性能和雨水渗透性能。

(3)门窗工程应对下列隐蔽工程项目进行验收

①预埋件和锚固件。

②隐蔽部位的防腐、填嵌处理。

(4)各分项工程的检验批应按下列规定划分

①同一品种、类型和规格的木门窗、金属门窗、塑料门窗及门窗玻璃每100樘应划分为一个检验批，不足100樘也应划分为一个检验批。

②同一品种、类型和规格的特种门每50樘应划分为一个检验批，不足50樘也应划分为一个检验批。

(5)检查数量应符合下列规定

①木门窗、金属门窗、塑料门窗及门窗玻璃，每个检验批应至少抽查5%，并不得少于3樘，不足3樘时应全数检查；高层建筑的外窗，每个检验批应至少抽查10%，并不得少于6樘，不足6樘时应全数检查。

②特种门每个检验批应至少抽查50%，并不得少于10樘，不足10樘时应全数检查。

(6)门窗安装时，应对门窗洞口尺寸进行检验。

(7)金属门窗和塑料门窗安装应采用与预留洞口的方法施工，不得采用边安装边砌口或先安装后砌口的方法施工。

(8)木门窗与砖石砌体、混凝土或抹灰层接触处应进行防腐处理并应设置防潮层；埋入砌体或混凝土中的木砖应进行防腐处理。

(9)当金属窗或塑料窗组合时，其拼樘料的尺寸、规格、壁厚应符合设计要求。

(10)建筑外门窗的安装必须牢固。在砌体上安装门窗严禁用射钉固定。

(11)特种门安装除应符合设计要求和本规范规定外，还应符合有关专业标准和主管部门的规定。

二、木门窗制作与安装工程

对于木门窗制作与安装工程的质量应符合下列规定。

(一)主控项目

(1)木门窗的木材品种、材质等级、规格、尺寸、框扇的线型及人造木板的甲醛含量符合设计要求。设计未规定材质等级时，所用木材的质量应符合规范要求。

检验方法：观察；检查材料进场验收记录和复验报告。

(2)木门窗应采用烘干的木材，含水率应符合《建筑木门、木窗》(JG/T122)的规定。

检验方法：检查材料进场验收记录。

(3)木门窗的防火、防腐、防虫处理应符合设计要求。

检验方法：观察；检查材料进场验收记录。

(4)木门窗的结合处和安装配件处不得有木节或已填补的木节。木门窗如有允许限值以内的死节及直径较大的虫眼时，应用同一材质的木塞加胶填补。对于清漆制品，木塞的木纹和色泽应与制品一致。

检验方法：观察。

(5)门窗框和厚度大于50mm的门窗扇应用双榫连接。榫槽应采用胶料严密嵌合，并应用胶楔加紧。

检验方法:观察;用手扳检查。

(6)胶合板门、纤维板门和模压门不得脱胶。胶合板门不得刨透表层单板,不得有戗槎。制作胶合板门、纤维板门时,边框和横楞应在同一平面上,面层、边框及横楞应加压胶结。横楞和上、下冒头应各钻两个以上的透气孔,透气孔应通畅。

检验方法:观察。

(7)木门窗的品种、类型、规格、开启方向、安装位置及连接方式应符合设计要求。

检验方法:观察;用尺量检查;检查成品门的产品合格证书。

(8)木门窗框的安装必须牢固。预埋木砖的防腐处理、木门窗框固定点的数量、位置及固定方法应符合设计要求。

检验方法:观察;用手扳检查;检查隐蔽工程验收记录和施工记录。

(9)木门窗扇必须安装牢固,开关灵活,关闭严密,无倒翘。

检验方法:观察;开启和关闭检查;用手扳检查。

(10)木门窗配件的型号、规格、数量应符合设计要求,安装应牢固,位置应准确,功能应满足使用要求。

检验方法:观察;开启和关闭检查;用手扳检查。

(二)一般项目

(1)木门窗表面应洁净,不得有刨痕、锤印。

检验方法:观察。

(2)木门窗的割脚、拼缝应严密平整。门窗框、扇裁口应顺直,刨面应平整。

检验方法:观察。

(3)木门窗上的槽、孔应边缘整齐,无毛刺。

检验方法:观察。

(4)木门窗与墙体间缝隙的填嵌材料应符合设计要求,填嵌应饱满。寒冷地区外门窗(或门窗框)与砌体间的空隙应填充保温材料。

检验方法:轻敲门窗框检查;检查隐蔽工程验收记录和施工记录。

(5)木门窗批水、盖口条、压缝条、密封条的安装应顺直,与门窗结合应牢固、严密。

检验方法:观察;用手扳检查。

(6)木门窗制作的允许偏差和检验方法应符合表3-9的规定。

(7)木门窗安装的留缝限值、允许偏差和检验方法应符合表3-10的规定。

三、金属门窗安装工程

对于钢门窗、铝合金门窗、涂色镀锌钢板门窗等金属门窗安装工程的质量应符合下列规定。

(一)主控项目

(1)金属门窗的品种、类型、规格、尺寸、性能、开启方向、安装位置、连接方式及铝合金门窗的型材壁厚应符合设计要求。金属门窗的防腐处理及填嵌、密封处理应符合设计要求。

检验方法:观察;尺量检查;检查产品合格证书、性能检测报告、进场验收记录和复验报告;检查隐蔽工程能够验收记录。

(2)金属门窗框和副框的安装必须牢固。预埋件的数量、位置、埋设方式、与框的连接方式必须符合设计要求。

表 3-9　木门窗制作的允许偏差和检验方法

项次	项目	构件名称	允许偏差(mm)		检验方法
			普通	高级	
1	翘曲	框	3	2	将框、扇平放在检查平台上,用塞尺检查
		扇	2	2	
2	对角线长度差	框、扇	3	2	用钢尺检查,框量裁口里角,扇量外角
3	表面平整度	扇	2	2	用1m靠尺和塞尺检查
4	高度、宽度	框	0; -2	0; -1	用钢尺检查,框量裁口里角,扇量外角
		扇	+2;0	+1;0	
5	裁口、线条结合处高低差	框、扇	1	0.5	用钢直尺和塞尺检查
6	相邻棂子两端间距	扇	2	1	用钢直尺检查

表 3-10　木门窗安装的留缝限值、允许偏差和检验方法

项次	项目	留缝限值(mm)		允许偏差(mm)		检验方法
		普通	高级	普通	高级	
1	门窗槽口对角线长度差	—	—	3	2	用钢尺检查
2	门窗框的正、侧面垂直度	—	—	2	1	用1m垂直检测尺检查
3	框与扇、扇与扇接缝高低差	—	—	2	1	用钢直尺和塞尺检查
4	门窗扇对口缝	1~2.5	1.5~2	—	—	用塞尺检查
5	工业厂房双扇大门对口缝	2~5	—	—	—	
6	门窗扇与上框间留缝	1~2	1~1.5	—	—	
7	门窗扇与侧框间留缝	1~2.5	1~1.5	—	—	
8	窗扇与下框间留缝	2~3	2~2.5	—	—	
9	门扇与下框间留缝	3~5	3~4	—	—	
10	双层门窗内外框间距	—	—	4	3	用钢尺检查
11	无下框时门扇与地面间留缝	4~7	5~6	—	—	用塞尺检查
		5~8	6~7	—	—	
		8~12	8~10	—	—	
		10~20	—	—	—	

检验方法:用手扳检查;检查隐蔽工程验收记录。

(3)金属门窗必须安装牢固,并应开关灵活、关闭严密。推拉门窗扇必须有防脱落措施。

检验方法:观察;开启和关闭检查;用手扳检查。

(4)金属门窗配件的型号、规格、数量应符合设计要求,安装应牢固,位置应正确,功能应满足使用要求。

检验方法:观察;开启和关闭检查;用手扳检查。

(二)一般项目

(1)金属门窗表面应洁净、平整、光滑、色泽一致,无锈蚀。大面应无划痕、碰伤。漆膜或保护层应连续。

检验方法:观察。

(2)铝合金门窗推拉门扇开关应不大于100N。

检验方法:用弹簧秤检查。

(3)金属门窗框与墙体之间的缝隙应填嵌饱满,并采用密封胶密封。密封胶表面应光滑、顺直,无裂纹。

检验方法:观察;轻敲门窗框检查;检查隐蔽工程验收记录。

(4)金属门窗扇的橡胶密封条或毛毡密封条应安装完好,不得脱槽。

检验方法:观察;开启和关闭检查。

(5)有排水孔的金属门窗,排水孔应畅通,位置和数量应符合设计要求。

检验方法:观察。

(6)钢门窗安装的留缝限值、允许偏差和检验方法应符合表3-11的规定。

表3-11 钢门窗安装的留缝限值、允许偏差和检验方法

项次	项目		留缝限值(mm)	允许偏差(mm)	检验方法
1	门窗槽口宽度、高度	≤1 500mm	—	2.5	用钢尺检查
		>1 500mm	—	3.5	
2	门窗槽口对角线长度差	≤2 000mm	—	5	用钢尺检查
		>2 000mm	—	6	
3	门窗框的正、侧面垂直度		—	3	用1m垂直检测尺检查
4	门窗横框的水平度		—	3	用1m水平尺和塞尺检查
5	门窗横框标高		—	5	用钢尺检查
6	门窗竖向偏离中心		—	4	用钢尺检查
7	双层门窗内外框间距		—	5	用钢尺检查
8	门窗框、扇配合间隙		≤2	—	用塞尺检查
9	无下框时门扇与地面间留缝		4~8	—	用塞尺检查

(7)铝合金门窗安装的允许偏差和检验方法应符合表3-12的规定。

表3-12 铝合金门窗安装的允许偏差和检验方法

项次	项目		允许偏差(mm)	检验方法
1	门窗槽口宽度、高度	≤1 500mm	1.5	用钢尺检查
		>1 500mm	2	
2	门窗槽口对角线长度差	≤2 000mm	3	用钢尺检查
		>2 000mm	4	
3	门窗框的正、侧面垂直度		2.5	用垂直检测尺检查
4	门窗横框的水平度		2	用1m水平尺和塞尺检查
5	门窗横框标高		5	用钢尺检查
6	门窗竖向偏离中心		5	用钢尺检查
7	双层门窗内外框间距		4	用钢尺检查
8	推拉门窗扇与框搭接量		1.5	用钢直尺检查

(8)涂色镀锌钢板门窗安装的允许偏差和检验方法应符合表3-13的规定。

表 3-13　涂色镀锌钢板门窗安装的允许偏差和检验方法

项次	项目		允许偏差(mm)	检验方法
1	门窗槽口宽度、高度	≤1 500mm	2	用钢尺检查
		>1 500mm	3	
2	门窗槽口对角线长度差	≤2 000mm	4	用钢尺检查
		>2 000mm	5	
3	门窗框的正、侧面垂直度		3	用垂直检测尺检查
4	门窗横框的水平度		3	用 1m 水平尺和塞尺检查
5	门窗横框标高		5	用钢尺检查
6	门窗竖向偏离中心		5	用钢尺检查
7	双层门窗内外框间距		4	用钢尺检查
8	推拉门窗扇与框搭接量		2	用钢直尺检查

四、塑料门窗安装工程

对于塑料门窗安装工程的质量应符合下列规定。

(一)主控项目

(1)塑料门窗的品种、类型、规格、尺寸、开启方向、安装位置、连接方式及填嵌密封处理应符合设计要求,内衬增强型钢的壁厚及设置应符合国家现行产品标准的质量要求。

检验方法:观察;用尺量检查;检查产品合格证书、性能检测报告、进场验收记录和复验报告;检查隐蔽工程验收记录。

(2)塑料门窗框、副框和扇的安装必须牢固。固定片或膨胀螺栓的数量与位置应正确,连接方式应符合设计要求。固定点应距窗角、中横框、中竖框 150～200mm,固定点间距应不大于 600mm。

检验方法:观察;用手扳检查;检查隐蔽工程验收记录。

(3)塑料门窗拼樘内衬增强型钢的规格、壁厚必须符合设计要求,型钢应与型材内腔紧密吻合,其两端必须与洞口固定牢固。窗框必须与拼樘料连接紧密,固定点间距应不大于 600mm。

检验方法:观察;用手扳检查;用尺量检查;检查进场验收记录。

(4)塑料门窗扇应开关灵活、关闭严密。推拉门窗扇必须有防脱落措施。

检验方法:观察;开启和关闭检查;用手扳检查。

(5)塑料门窗配件的型号、规格应符合设计要求,安装应牢固,位置应正确,功能应满足使用要求。

检验方法:观察;用手扳检查;用尺量检查。

(6)塑料门窗框与墙体间缝隙应采用闭孔弹性材料填嵌饱满,表面应采用密封胶密封。密封胶应黏结牢固,表面应光滑、顺直、无裂纹。

检验方法:观察;检查隐蔽工程验收记录。

(二)一般项目

(1)塑料门窗表面应洁净、平整、光滑,大面应无划痕、碰伤。

检验方法:观察。

(2)塑料门窗扇的密封条不得脱槽。旋转窗间隙应基本均匀。

(3)塑料门窗扇的开关力应符合下列规定

①平开门窗扇平铰链的开关力应不大于80N;滑撑铰链的开关力应不大于80N,并不小于30N。

②推拉门窗扇的开关力应不大于100N。

检验方法:观察;用弹簧秤检查。

(4)玻璃密封条与玻璃及玻璃槽口的接缝应平整,不得卷边、脱槽。

检验方法:观察。

(5)排水孔应畅通,位置和数量应符合设计要求。

检验方法:观察。

(6)塑料门窗安装的允许偏差和检验方法应符合表3-14的规定。

表3-14　塑料门窗安装的允许偏差和检验方法

项次	项目		允许偏差(mm)	检验方法
1	门窗槽口宽度、高度	≤1 500mm	2	用钢尺检查
		>1 500mm	3	
2	门窗槽口对角线长度差	≤2 000mm	4	用钢尺检查
		>2 000mm	5	
3	门窗框的正、侧面垂直度		3	用垂直检测尺检查
4	门窗横框的水平度		3	用1m水平尺和塞尺检查
5	门窗横框标高		5	用钢尺检查
6	门窗竖向偏离中心		5	用钢直尺检查
7	双层门窗内外框间距		4	用钢尺检查
8	同樘平开门窗相邻扇高度差		2	用钢直尺检查
9	平开门窗铰链部位配合间隙		+2;-1	用塞尺检查
10	推拉门窗扇与框搭接量		+1.5;-2.5	用钢直尺检查
11	推拉门窗扇与竖框平行度		2	用1m水平尺和塞尺检查

五、特种门安装工程

对于防火门、防盗门、自动门、全玻门、旋转门、金属卷帘门等特种门安装工程的质量应符合下列规定。

(一)主控项目

(1)特种门的质量和各项性能应符合设计要求。

检验方法:检查生产许可证、产品合格证书和性能检测报告。

(2)特种门的品种、类型、规格、尺寸、开启方向、安装位置及防腐处理应符合设计要求。

检验方法:观察;用尺量检查;检查进场验收记录和隐蔽工程验收记录。

(3)带有机械装置、自动装置或智能化装置的特种门,其机械装置、自动装置或智能化装置的功能应符合设计要求和有关标准的规定。

检验方法:启动机械装置、自动装置或智能化装置,观察。

(4)特种门的安装必须牢固。预埋件的数量、位置、埋设方式、与框的连接方式必须符合设计要求。

检验方法:观察;用手扳检查;检查隐蔽工程验收记录。

(5)特种门的配件应齐全,位置应正确,安装应牢固,功能应满足使用要求和特种门的各项性能要求。

检验方法:观察;用手扳检查;检查产品合格证书、性能检测报告和进场验收记录。

(二)一般项目

(1)特种门的表面装饰应符合设计要求。

检验方法:观察。

(2)特种门的表面应洁净,无划痕、碰伤。

检验方法:观察。

(3)推拉自动门安装的留缝限值、允许偏差和检验方法应符合表3-15的规定。

表3-15　推拉自动门安装的留缝限值、允许偏差和检验方法

项次	项目		留缝限值(mm)	允许偏差(mm)	检验方法
1	门槽口宽度、高度	≤1 500mm	—	1.5	用钢尺检查
		>1 500mm	—	2	
2	门槽口对角线长度差	≤2 000mm	—	2	用钢尺检查
		>2 000mm	—	2.5	
3	门框的正、侧面垂直度		—	1	用1m垂直检测尺检查
4	门构件装配间隙		—	0.3	用塞尺检查
5	门梁导轨水平度		—	1	用1m水平尺和塞尺检查
6	下导轨与门梁轨平行度		—	1.5	用钢尺检查
7	门扇与侧框间留缝		1.2~1.8	—	用塞尺检查
8	门扇对口缝		1.2~1.8	—	用塞尺检查

(4)推拉自动门的感应时间限值和检验方法应符合表3-16的规定。

表3-16　推拉自动门的感应时间限值和检验方法

项次	项目	感应时间限值	检验方法
1	开门响应时间/s	≤0.5	用秒表检查
2	堵门保护延时/s	16~20	用秒表检查
3	门扇全开启后保持时间/s	13~17	用秒表检查

(5)旋转门安装的允许偏差和检验方法应符合表3-17的规定。

表 3-17 旋转门安装的允许偏差和检验方法

项次	项目	允许偏差(mm)		检验方法
		金属框架玻璃旋转门	木质旋转门	
1	门扇正、侧面垂直度	1.5	1.5	用1m垂直检测尺检查
2	门扇对角线长度差	1.5	1.5	用钢尺检查
3	相邻扇高度差	1	1	用钢尺检查
4	扇与圆弧边留缝	1.5	2	用塞尺检查
5	扇与上顶间留缝	2	2.5	用塞尺检查
6	扇与地面间留缝	2	2.5	用塞尺检查

六、门窗玻璃安装工程

对于平板、吸热、中空、夹层、夹丝、磨砂、钢化、压花玻璃等玻璃安装工程的质量应符合下列规定。

(一)主控项目

(1)玻璃的品种、规格、尺寸、色彩、图案和涂膜朝向应符合设计要求。单块玻璃大于 1.5m^2 时应使用安全玻璃。

检验方法:观察;检查产品合格证书、性能检测报告和进场验收记录。

(2)门窗玻璃裁割尺寸应正确。安装后的玻璃应牢固,不得有裂纹、损伤和松动。

检验方法:观察;轻敲检查。

(3)玻璃的安装方法应符合设计要求。固定玻璃的钉子或钢丝卡的数量、规格应保证玻璃安装牢固。

检验方法:观察;检查施工记录。

(4)镶钉木压条接触玻璃处,应与裁口边缘平齐。木压条应互相紧密连接,并与裁口边缘紧贴,割角应整齐。

检验方法:观察。

(5)密封条与玻璃、玻璃槽口的接触应紧密、平整。密封胶与玻璃、玻璃槽口的边缘应黏结牢固、接缝平齐。

检验方法:观察。

(6)带密封条的玻璃压条,其密封条必须与玻璃全部贴紧,压条与型材之间应无明显缝隙,压条接缝应不大于 0.5mm。

检验方法:观察;用尺量检查。

(二)一般项目

(1)玻璃表面应洁净,不得有腻子、密封胶、涂料等污渍。中空玻璃内外表面均应洁净,玻璃中空层内部不应有灰尘和水蒸气。

检验方法:观察。

(2)门窗玻璃不应直接接触型材。单面镀膜玻璃的镀膜层及磨砂玻璃的磨砂面应朝向室内。中空玻璃的单面镀膜玻璃应在最外层,镀膜层应朝向室内。

检验方法:观察。

(3)腻子应填抹饱满、黏结牢固;腻子边缘与裁口应平齐。固定玻璃的卡子不应在腻子表面显露。

检验方法:观察。

复习思考题

1. 门窗通常分为哪几种类型?
2. 木门窗的制作要点有哪些?
3. 木门窗的安装要点有哪些?
4. 铝合金门窗有何特点?
5. 铝合金门窗是怎样制作的?
6. 铝合金门窗是怎样安装的?
7. 铝合金自动门是怎样安装的?
8. 塑料门窗有何特点?
9. 塑料门窗是怎样安装的?

第四章

玻 璃 工 程

在建筑装饰工程中，玻璃是一种十分重要的装饰材料。它不仅具有装饰功能，而且具有透光、透视、控制光线、隔热、隔声、保温、密闭、节能、围护、分隔等功能。此外，还具有降低建筑结构自重、改善建筑环境、提高建筑艺术等功能。玻璃不仅用于门窗，还可用于屋面、墙体以及有关设施中。

第一节　玻璃工程施工的材料及常用工具

一、玻璃工程施工的材料

（一）玻璃

1. 普通平板玻璃

普通平板玻璃又称“净片玻璃”，表面光滑，高度透明。这是一般建筑工程中常用的玻璃，主要装配于门窗，起透光、挡风和保温作用。普通平板玻璃主要用于普通民用住宅、工业建筑和各种公共建筑门窗上。

2. 浮法玻璃

浮法玻璃是平板玻璃的一种，具有表面平整光洁、厚度均匀、光学畸变极小等特点。它适用于高级建筑门窗、橱窗、指挥塔窗、夹层玻璃原片、中空玻璃原片、制镜玻璃、有机玻璃模具等。

3. 磨光玻璃

磨光玻璃又称“镜面玻璃”，是由平板玻璃经抛光而制成的。它有单面磨光和双面磨光两种。其表面光滑且有光泽，透光率高。磨光玻璃常用于大型高级门窗、商店陈列橱窗或制镜子。

4. 磨砂玻璃

磨砂玻璃又称“毛玻璃”，是用机械喷砂、手工研磨或氢氟酸溶蚀等方法，将普通平板玻璃表面处理成均匀毛面而制成的。它只能透光不能透视，能使室内光线柔和而不刺眼。磨砂玻璃常用于透光不透视的门窗、卫生间、浴室、办公室、隔断等，也可用做黑板面及灯罩等。

5. 压花玻璃

压花玻璃又称“滚花玻璃”，是在玻璃硬化前，经过刻有花纹的滚筒，在玻璃单面或两面压铸有深浅不同的各种花纹图案而制成的。它透光不透视，能起到窗帘的作用。压花玻璃常用于需要装饰并应遮挡视线的场所，如高级卫生间、浴室、走廊、会议室和公共场所的分隔室的门窗玻璃和隔断等。

6. 有色玻璃

有色玻璃又称“彩色玻璃”，分透明和不透明两种。透明有色玻璃是在原料中加入一定的金属氧化物使玻璃带色而制成的；不透明颜色玻璃则是在一定形状的平板玻璃的一面，喷以色釉，经过烘烤而制成的。有色玻璃具有耐腐蚀、抗冲刷、易于清洗的特点，而且还可以拼成各种图案和花纹。有色玻璃适用于门窗及对光有特殊要求的采光部位和内、外墙面的装饰。

7. 钢化玻璃

钢化玻璃是普通玻璃经过特殊的热处理而制成的。其强度是未经处理玻璃的 4～6 倍，具有良好的抗冲击、抗折和耐急冷、急热的性能。钢化玻璃使用安全，玻璃破碎时，裂成圆钝的小碎片，不至于伤人。因此，钢化玻璃适用于高层建筑门窗和高温操作车间作防护玻璃。

8. 夹层玻璃

夹层玻璃是用聚乙烯醇缩丁醛塑料衬片，将 2～8 层平板玻璃黏合在一起而制成的。其强度较高，被击碎时，可借中间的塑料层的黏合作用使碎片不易脱落伤人，且不影响透明度和产生折光现象。夹层玻璃常用于高层建筑门窗及工业厂房的天窗，还可作为航空用安全玻璃。

9. 夹丝玻璃

夹丝玻璃又称“钢丝玻璃”，是将普通平板玻璃加热至红热软化状态，接着把经预热处理的钢丝网压入玻璃中间而制成的。其表面有压花和磨光之分，颜色有透明和彩色之分。由于中间夹有一层钢丝网，因而强度很高，当玻璃受到冲击破碎或温度剧变炸裂时，不会使碎片飞出伤人，有良好的安全性和防护性，且有防震、防火作用。夹丝玻璃适用于既要采光，又要安全、防震的厂房天窗及仓库门窗上。

10. 中空玻璃

中空玻璃，又称“双层玻璃”，是用两块平板玻璃组成的。通常中空玻璃的外层为钢化有色玻璃，内层为普通玻璃，玻璃四周用框架架空并密封，中间充入干燥气体，两玻璃的间距，根据其导热性和强度而定。中空玻璃能起到控光、控音和装饰效果，并能避免冬期窗户结露，保持室内一定的湿度。中空玻璃适用于对隔声、隔热、保温等有特殊要求的房间。

11. 吸热玻璃

吸热玻璃是在普通硅酸盐玻璃中加入一定量有吸热性能的着色剂，或在玻璃表面喷镀吸热和着色的氧化物涂膜而制成的。它能全部或部分吸收热射线，改善室内光泽，减少射线透射对人体的损害，并保持良好的透明度。吸热玻璃适用于体育馆、展览馆、商店和车站等建筑的门窗及玻璃幕墙。

12. 热反射玻璃

热反射玻璃又称“镀膜玻璃”，是一种既有较高的热反射能力，又保持较好透光性的平板玻璃。它在迎光面具有镜子的特性,而在背光面又如窗玻璃那样透明,对建筑物起遮蔽和帷幕的作用。热反射玻璃适用于各种建筑的门窗以及各种艺术装饰。

13. 镭射玻璃

镭射玻璃又称“激光全息装饰玻璃”,就是把全息图案转印到玻璃上,即经过特种工艺处理玻璃背面而出现的全息光栅或其他几何光栅,使玻璃呈现全息图像的一种产品。由于全息图像有着丰富的色彩、立体的图像,随着光源或视角的变化可有很强的动感,产生物理衍射的七彩光,且对同一感光点或感光面随光源入射角或观察的变化,会感到光谱分光的颜色变化,使装饰物显得华贵、高雅,给人以美丽神奇的感觉,是极好的装饰材料。

14. 玻璃砖

玻璃砖有空心砖和实心砖两种。实心玻璃砖是采用机械压制而成的;空心玻璃砖则是采用箱式模具压制而成的,即两块玻璃加热熔接成整体的空心砖,中间充以干燥空气,经退火,最后涂饰侧面而成。空心玻璃砖有单孔和双孔两种,所用的玻璃可以是光面的,亦可以在内部或外部压铸成带各种花纹或是各种颜色的,玻璃空心砖用来砌筑透光的墙壁、隔墙以及楼面,具有热控、光控、隔声、减少灰尘透过及结露等优点。

15. 玻璃锦砖

玻璃锦砖又称“玻璃马赛克”,是一种小规格的彩色饰面玻璃。它具有色调柔和、质地坚硬、性能稳定、朴实典雅、美观大方、不变色、不积尘、能雨天自涤等特点,是一种理想的外墙饰面材料。

16. 防火玻璃

防火玻璃和普通玻璃一样是透明的,在火灾发生时,防火玻璃受热膨胀发泡,形成很厚的防火隔热层,起到防火保护作用。防火玻璃分为夹层防火玻璃和夹丝防火玻璃两种类型。夹层防火玻璃是由两层以上的平板玻璃,中间灌以起防火作用的胶粘剂,经一定工序而制成;夹丝防火玻璃是将有颜色的丝网用防火胶粘剂牢牢地和玻璃黏结在一起。目前,我国的防火玻璃,以夹层防火玻璃为主。建筑用防火玻璃属 A 类,并分为甲、乙、丙三级。其防火要求是:试样放入 50℃恒温箱 6h 取出后,外观应无变化,透明度分别为:甲级 ≥65% 为合格;乙级 ≥70% 为合格;丙级 ≥75% 为合格。

(二)安装用辅助材料

1. 油灰

油灰是一种油性腻子。安装玻璃用的油灰可以采购使用,也可以自制,其原料与配比如下:

(1)选材　大白要干燥,不得潮湿,油料应使用不含有杂质的熟桐油、鱼油、豆油。

(2)质量要求　搓捻成细条不断,具有附着力,使玻璃与窗槽连接严密而不脱落。

(3)配方　每 100kg 大白用油及每 $100m^2$ 玻璃面积的油灰用量,见表 4-1 所示。

2. 其他材料

(1)橡皮条　有商品供应,可按设计要求的品种、规格进行选用。

(2)木压条　在工地加工而成,按设计要求自制。

(3)小圆钉　有商品供应,可按要求选购。

(4)胶粘剂　用来黏结中空玻璃,常用的有环氧树脂加 701 固化剂和稀释剂配成的环氧胶粘剂，其配比见表4-2所示。

表4-1　100kg大白用油量及每100m² 玻璃面积油灰用量(kg)

工作项目	每100kg大白用油量			每100m² 玻璃面积油灰用量
	清油	熟桐油	鱼油	
木门窗	13.5	3.5	13.5	80～106
钢门窗	12	5	12	440
天棚	12	5	12	335
坐底灰	15	5	15	

表4-2　黏结剂配方

材料名称	配　合　比	
	1	2
环氧树脂	100份	100份
701固化剂	20～25份	
乙二胺		8～10份
二丁酯		20份
乙辛基醚或二甲苯	适量	适量
瓷粉		50份

二、玻璃的运输与保管

(一)玻璃的运输

(1)在装载时，要把箱盖向上，直立紧靠放置，不得摇晃碰撞。若有空隙，应以稻草、软物填实或用木条钉牢。

(2)做好防雨措施，防止雨水浸水箱内。这是因为，成箱的玻璃遭雨淋后，容易发生玻璃间相互粘连现象，分开时容易破裂。

(3)装卸和堆放时，要轻抬轻放，不能随意溜滑，防止震动和倒塌。

(二)玻璃的保管

(1)玻璃应按规格、等级分别堆放，以免混淆。

(2)玻璃堆放时，要使箱盖向上，立放紧靠，不得歪斜或平放，不得受重压和碰撞。

(3)玻璃木箱底下必须垫高100mm，以防受潮。

(4)玻璃在露天堆放时，要在下面垫高，离地面30～80mm，上面用帆布盖好，且时间不宜过长。

(5)若玻璃受潮发霉，可用棉花蘸煤油或酒精揩擦，如用丙酮揩擦效果更好。

三、玻璃工程施工的常用工具

玻璃工程施工常用工具，主要有玻璃刀、直尺、木折尺、水平尺、水平托尺、粉线包、钢丝钳、毛笔、刨刀、吸盘器、工作台等。工作台一般用木料制成，台面大小根据需要而定。常用的有1m×1.5m、1.2m×1.5m、1.5m×2m。为了保证台面的刚度，以防止操作时台面变形，台面厚度不得小于50mm。玻璃裁割时，一般需加垫绒布或其他缓冲材料。图4-1

为部分玻璃工程施工工具。

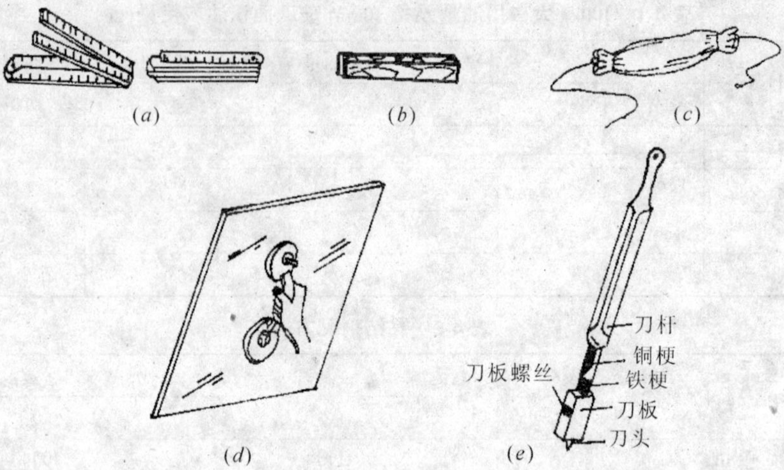

图4-1　玻璃工程施工工具

(a)木折尺　(b)水平尺　(C)粉线包　(d)吸盘　(e)玻璃刀

第二节　玻璃的裁割与加工

一、玻璃裁割

(一)玻璃裁割的一般要求

(1)根据设计要求确定玻璃品种,并按材料计划且留有适当余量组织进场,按要求的尺寸进行集中配料。

(2)根据安装所需的玻璃规格,结合装箱玻璃规格,合理进行套裁。

(3)玻璃应集中裁割。套裁时应按照"先裁大,后裁小;先裁宽,后裁窄"的顺序进行。

(4)选择几樘不同尺寸的框、扇量准尺寸进行试裁割和试安装,核实玻璃尺寸正确、留量合适后方可成批裁制。

(5)钢化玻璃严禁裁划或用钳扳。应按设计规格和要求,预先订货加工。

(6)玻璃裁割留量,一般按实测长、宽各缩小2~3mm为准。

(7)裁割玻璃时,严禁在已划过的刀路上重划第二遍。必要时,只能将玻璃翻过面来重划。

(二)玻璃裁割的操作要点

玻璃裁割应根据不同的玻璃品种、厚度及外形尺寸,采取不同的操作方法,以保证裁割质量。

1. 2~3mm厚的平板玻璃裁割

裁割薄玻璃,可用12mm×12mm细木条直尺,用折尺量出玻璃门窗框尺寸,再在直尺上定出所划尺寸,此时,要考虑留3mm间隙和2mm刀口。对于北方寒冷地区的钢框、扇,要考虑门窗的收缩,留出适当间隙。例如,玻璃框宽500mm,在直尺上495mm处钉一小钉,再加刀口 2mm,则所划的玻璃应为 497mm。操作时将直尺上的小钉紧靠玻璃一端,玻璃刀紧靠直尺的另一端,一手掌握小钉挨住的玻璃边口不使松动,另一手掌握刀刃端直向后退划,不能有轻重弯曲。

2. 4 ~ 6mm 的厚玻璃裁割

裁割 4 ~ 6mm 的厚玻璃,除了掌握薄玻璃裁割方法外,按下述方法裁割。可采用 5mm × 40mm 直尺,玻璃刀紧靠直尺裁割。裁割时,要在划口上预先刷上煤油,使划口渗油易于扳脱。

3. 5 ~ 6mm 厚的大块玻璃裁割

裁割 5 ~ 6mm 厚的大玻璃,方法同第二条,但因玻璃面积大,人需脱鞋站在玻璃上裁割,因此,裁割前用绒垫垫在操作台上,使玻璃受压均匀,裁割后双手握紧玻璃,同时向下扳脱。另一种方法是:一人趴在玻璃上,身体下面垫上麻袋布,一手掌握玻璃刀,一手扶好直尺,另一人在后拉动麻布后退,刀子顺尺拉下,中途不宜停顿,中途停顿则找不到锋口。

4. 夹丝玻璃的裁割

夹丝玻璃的裁割方法与 5 ~ 6mm 平板玻璃相同。但夹丝玻璃裁割因高低不平,裁割时刀口容易滑动难掌握,因此要认清刀口、握稳刀头,用力比一般玻璃要大,速度相应要快,这样才不致出现弯曲不直。裁割后双手紧握玻璃,同时用力向下扳,使玻璃沿裁口线裂开。如有夹丝未断,可在玻璃缝口内夹一细长木条,再用力往下扳,夹丝即可扳断,然后用钳子将夹丝划倒,以免搬运时划破手掌。裁割边缘上宜刷防锈涂料。

5. 压花玻璃的裁割

裁割压花玻璃时,压花面应向下,裁割方法与夹丝玻璃同。

6. 磨砂玻璃的裁割

裁割磨砂玻璃时,毛面应向下,裁割方法与平板玻璃同,但向下扳时用力要大、要均匀,向上回时要在裁开的玻璃缝处压一木条再上回。

7. 玻璃条(窄条)的裁割

玻璃条(宽度 8 ~ 12mm,水磨石地面嵌条用)的裁割可用 5mm × 30mm 直尺,先把直尺的上端用钉子固定在台面上(不能钉死、钉实,要能转动、能上下升降),再在台面上距直尺右边 2 ~ 3mm 的间距处钉上两只小钉挡住玻璃,然后在贴近直尺下端的左边台面上钉一小钉,作为靠直尺用,如图 4-2 所示,用玻璃刀紧靠直尺右边,裁割出所要求的玻璃条,取出玻璃条后,再把大块玻璃向前推到碰住钉子为止,靠好直尺后可连续进行裁割。

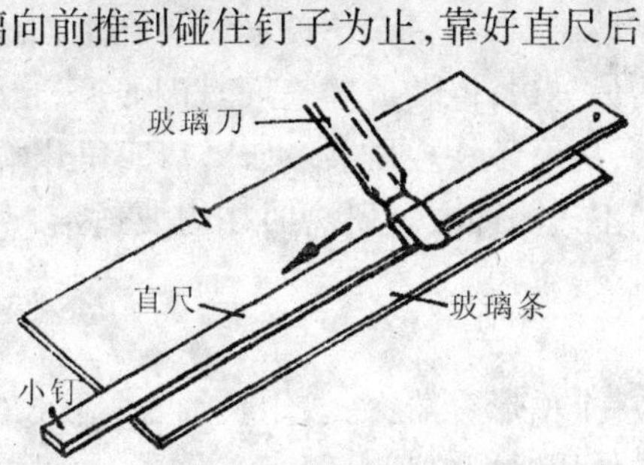

图 4-2 裁割玻璃条

裁割各种矩形玻璃,要注意对角线长短必须一致,划口要齐直不能弯曲。划异形玻璃,最好在事前划出样板或做出套板,然后进行裁割,以求准确。

二、玻璃加工

为了满足玻璃面装饰在使用功能、安装方法及装饰美观方面的要求,有些玻璃在裁割完成后,还需要进行钻孔、打槽、磨砂、磨边等加工工作。

(一)玻璃钻孔

玻璃钻孔视洞眼的直径大小,一般有两种方法:玻璃刀划孔和台钻钻孔。玻璃刀划孔适用于加工直径大于20mm的洞眼,台钻钻孔适用于加工直径小于20mm的洞眼。当洞眼直径10~20mm时,两种方法均可选择,但以台钻钻孔为佳。

1. 玻璃刀划孔

先定出圆心,用玻璃刀划出圆圈并从背面将其敲出裂痕,再在圈内正反两面划上几条相互交叉的直线和横线,同样敲出裂痕,然后再将一块尖头铁器轻而慢地把圆圈中心处击穿,用小锤逐点向外轻敲圆圈内玻璃,使玻璃破裂后取出即成毛边洞眼,最后用金刚石或油石磨光圈边即可。此法适用于加工直径大于20mm的洞眼。

2. 台钻钻孔

定出圆心并点上墨水,将玻璃垫实,平放于台钻平台上,不得移动。再将内掺煤油的280~320目金刚砂点在玻璃钻眼处,然后将安装在台钻上的平头工具钢钻头对准圆心墨点轻轻压下,不能摇晃,旋转钻头,不断上下运动钻磨,边磨边点金刚砂。钻磨自始至终用力要轻而均匀,尤其是接近磨穿时,用力更要轻,要有耐心。此法适用于加工直径小于10mm的洞眼。直径在11~20mm之间的洞眼,采用打眼和钻眼均可,但以钻为佳。

(二)玻璃打槽

先在玻璃上按槽的长、宽尺寸要求划出墨线,将玻璃平放于固定在工作台上的手摇砂轮机的砂轮下,紧贴工作台,使砂轮对准槽口的墨线,选用边缘厚度稍小于槽宽的细金刚砂轮,倒顺交替摇动摇把,使砂轮来回转动,转动弧度不大于周长的1/4,转速不能太快,边磨边加水,注意控制槽口深度,直至打好槽口。

(三)玻璃磨砂

常用手工研磨,即将平板玻璃平放在垫有棉毛毯等柔软物的操作台上,将280~300目金刚砂堆放在玻璃面上并用粗瓷碗反扣住,后用双手轻压碗底,并推动碗底打圈移动研磨;或将金刚砂均匀地铺在玻璃上,再将一块玻璃覆盖在上面,一手拿稳上面一块玻璃的边角,一手轻轻压住玻璃的另一边,推动玻璃来回打圈研磨,也可在玻璃上放置适量的矿砂或石英砂,再加少量的水,用磨砂铁板研磨。研磨从四角开始,逐步移向中间,直至玻璃呈均匀的乳白色,达到透光不透明即成。研磨时用力要适当,速度可慢一些,以避免玻璃压裂或缺角。

(四)玻璃磨边

玻璃磨边前需先加工一个槽形容器,一般用长约2m、肢长为40mm的等边角钢,在其两端焊以薄钢板封口即成,使用时槽口朝上置于工作凳上,槽内盛清水和金刚砂,将玻璃立放在槽内,双手紧握玻璃两边,使玻璃毛边紧贴槽底,用力推动玻璃来回移动,即可磨去毛边棱角。磨时勿使玻璃同角钢碰撞,防止玻璃缺棱掉角。

第三节 玻璃的安装

一、门窗玻璃的安装

(一)木门窗玻璃的安装

木门窗玻璃的安装工艺,一般分为分放玻璃、清理裁口、涂抹底油灰、嵌钉固定、涂表面油灰或钉木压条等五道工序。

1. 分放玻璃

按照当天需安装的数量、大小,将已裁割好的玻璃分放于安装地点,注意切勿放在门窗开关范围内,以防不慎碰撞碎裂。

2. 清理裁口

玻璃安装前,必须清除门窗裁口(玻璃槽)内的灰尘和杂物,以保证油灰与槽口的有效黏结。

3. 涂抹底油灰

在玻璃底面与裁口之间,沿裁口的全长抹厚1~3mm底油灰,要求均匀连续,随后将玻璃推入裁口并压实。待底油灰达到一定强度时,顺着槽口方向将溢出的底油灰刮平清除。底油灰的作用是使玻璃和玻璃框紧密吻合,以免玻璃在框内振动发声,也可减少因玻璃振动而造成的碎裂,因而涂抹应挤实严密。

4. 嵌钉固定

玻璃四边均须钉上玻璃钉,每个钉间距离一般不超过300mm,每边不少于2个,要求钉头紧靠玻璃。钉完后,还需检查嵌钉是否平整牢固,一般由轻敲玻璃所发出的声音判断。

5. 涂抹表面油灰

选用无杂质、稠度适中的油灰涂抹表面。油灰不能抹得太多或太少,太多造成油灰的浪费,太少又不能涂抹均匀。一般用油灰刀从一角开始,紧靠槽口边,均匀地用力向一个方向刮成斜坡形,再反方向理顺光滑,如此反复修整,四角成八字形,表面光滑、无流淌、裂缝、麻面和皱皮现象,黏结牢固,以使打在玻璃上的雨水易于流走而不致腐蚀门窗框。涂抹表面油灰后用刨铁收刮油灰时,如发现玻璃钉外露,应敲进油灰面层。

6. 木压条固定玻璃

选用大小宽窄一致的优质木压条,用小钉钉牢。钉帽应进入木压条表面1~3mm,不得外露。木压条要贴紧玻璃、无缝隙,也不得将玻璃压得过紧,以免挤破玻璃,要求木压条光滑平直。

(二)钢门窗玻璃的安装

钢门窗玻璃的安装工艺与木门窗基本相同,但应特别注意控制以下几点:

1. 操作准备

检查门窗扇有无翘曲变形现象,钢丝卡孔眼预留位置是否正确,遇有异位应及时修理。

2. 清理槽口

槽口内如有焊渣、铁皮、灰尘等污垢，将影响油灰的黏结牢固，因此必须予以清除。

3. 涂底油灰

在槽口内涂抹厚度为3～4mm的底油灰，要求调制均匀、稀稠适中，涂抹饱满、均匀、不堆积。

4. 安装玻璃

用双手推平玻璃，使油灰挤出，然后将油灰与槽口、玻璃接触的部位刮齐刮平。

5. 安钢丝卡

用钢丝卡固定玻璃，其间距不大于300mm，每边不少于两个，并嵌抹油灰填实抹光。在采用橡皮垫固定时，应先将其嵌入钢门窗裁口内，并用螺丝钉和压条固定，防止门窗玻璃松动和脱落。

（三）铝合金、涂色镀锌钢板门窗玻璃的安装

铝合金、涂色镀锌钢板门窗由于加入了合金元素，并经热处理加工制成，不但提高了强度和硬度，还具有良好的耐腐蚀性和装饰性。为了保证框扇的密封性，安装玻璃时应注意控制以下几点：

1. 玻璃裁割

玻璃裁割必须尺寸准确，边缘不得歪斜，玻璃与槽口的间隙应符合设计要求。

2. 清理槽口

框扇槽口内的灰尘、杂物应清除干净，排水孔畅通。使用密封胶时，黏结处必须干净、干燥。

3. 在安装玻璃时应注意下列事宜：

（1）按设计要求安装。

（2）玻璃应放在定位垫块上，面积较大的门窗扇和玻璃，应在垂直边位置上设隔置片，上端的隔片固定在框或扇上。固定框扇的玻璃应放在两块相同的定位垫块上，搁设点设在距玻璃垂直边的距离为玻璃宽度的1/4处。定位垫块的宽度应大于支撑的玻璃厚度，长度以不小于25mm为宜。定位垫块下面应设铝合金垫片，不能采用木质的垫块和垫片。

（3）玻璃镶于槽口内，应镶条压住或用其他材料填塞密实，保证玻璃垂直严整，不致晃动发生翘曲，特别是迎风面的玻璃，应镶通常的嵌条压住或用垫片固定，且位于室外一侧的嵌条，还必须采取防风雨的措施。先安装的嵌条必须紧贴玻璃、槽口，后安装的镶嵌条，在转角处宜涂少量密封胶。

（4）采用密封胶封缝时，必须填充密实，使表面平整光滑。被密封胶污染的框、扇和玻璃，应及时擦净。

4. 成品保护

玻璃安装完毕，应采取保护措施，以防碰碎。

（四）塑料门窗玻璃的安装

塑料门窗玻璃的安装与铝合金门窗相同。

二、厚玻璃装饰门的安装

厚玻璃门是指用12mm以上厚度的玻璃装饰门。一般由活动扇和固定玻璃两部分组合而成，其门框分不锈钢、铜和铝合金饰面。

（一）施工准备

(1)施工前先检查地面标高、门框顶部结构标高是否符合设计要求。

(2)确定门框的位置及玻璃安装方位。

(3)根据设计要求选裁好玻璃。

(4)加工准备好不锈钢或其他有色金属型材的门框、限位槽、板以及玻璃胶、地弹簧、木螺钉、自攻螺钉等辅助材料。

（二）固定厚玻璃门框的安装要点

1. 放线、定位

根据设计要求，放出门框位置线，确定固定及活动部分位置线。

2. 安装门框顶部不锈钢限位槽

限位槽的宽度应大于玻璃厚度2～4mm，槽深10～20mm。

3. 安装不锈钢饰面木底托

先用方木固定在地面上，再用万能胶将不锈钢饰面板粘在木方上。铝合金方管，可用角铝固定在框柱上，或用木螺钉固定于埋入的木楔上。

4. 裁玻璃

应实测实量底部、中部和顶部的尺寸，选择最小尺寸为玻璃宽度的裁切尺寸。如果上中下测得的尺寸一致，则裁切尺寸的宽度应小于实测尺寸2～3mm，高度小于3～5mm。裁好的玻璃，应用手握细砂轮块在四周边进行倒角磨边，倒角宽2mm。

5. 安装玻璃

用玻璃吸盘器把厚玻璃吸紧抬起，将厚玻璃板先插入门框顶部的限位槽内，然后放在底托上，使厚玻璃板的边部正好封住侧框柱的不锈钢饰面对缝口。

6. 玻璃固定

在底托木方上钉木板条，距厚玻璃板4mm左右。然后在木板条上涂刷万能胶，将饰面不锈钢板粘卡在木方上。

7. 注入玻璃胶封口

在顶部限位槽处和底托固定处，以及厚玻璃与框柱的对缝处注入玻璃胶，使玻璃胶在缝隙处形成一条表面均匀的直线，最后刮去多余的玻璃胶，并用干净布擦去胶迹。

在厚玻璃对接时，对接缝应留2～3mm的距离，厚玻璃边需倒角。两块相接的厚玻璃定位并固定后，用玻璃胶注入缝隙中，注满之后，在厚玻璃的两面刮平玻璃胶，用净布擦去胶迹。

（三）厚玻璃活动门扇的安装要点

厚玻璃活动门扇无门扇框。活动门扇的开闭是靠与门窗的金属上下横档铰接的地弹簧来实现。

(1)地弹簧是安装于各类门扇下面的一种自动闭门装置。

(2)在门扇的上下横档内划线,并按线固定转动销的销孔板和地弹簧的转动轴连接板。安装时可参考地弹簧产品所附的安装说明。

(3)钻好安装门把手的孔洞(通常在购买厚玻璃时,已按要求加工好)。注意厚玻璃的高度尺寸,应包括插入上下横档的安装部分。通常厚玻璃的裁切尺寸,应小于测量尺寸5mm左右,以便进行调节。

(4)把上下横档分别装在厚玻璃门扇上下边,并进行门扇高度的测量。如果门扇的上下边距门框和地面的缝隙超过规定值,可向上下横档内的玻璃底下垫木夹板条。如果门扇高度超过安装尺寸,则需裁去厚玻璃门扇的多余部分。

(5)在定好高度后,进行上下横档的固定。在厚玻璃与金属上下横档内的两侧空隙处,同时插入小木条,然后在小木条、厚玻璃、横档之间的缝隙中注入玻璃胶。

(6)门扇定位安装。先将门框横梁上的定位销用本身的调节螺钉调出横梁平面1~2mm;再将玻璃门扇竖起来,把门扇下横档内的转动销连接件的孔位对准地弹簧的转动销轴,并转动门扇将孔位套入销轴上,然后以销轴为轴心,将门扇转动90°(转动时要扶正门扇),使门扇与门横梁成直角,此时即可把门扇上横档中的转动连接件的孔对正门框横梁上的定位销,并把定位销调出,插入门扇上横档转动销连接件的孔内15mm左右。

(7)安装玻璃门拉手。安装前,在拉手插入玻璃的部分涂少许玻璃胶,拉手组装时,其根部与玻璃贴靠紧密后,再上紧固定螺钉,以保证拉手没有松动现象。

三、玻璃隔断的安装

玻璃花格可根据需要选用彩色玻璃、刻花玻璃、压花玻璃和玻璃砖等,或者采用夹花、喷漆等工艺。

(1)拼花彩色玻璃隔断在安装前,应按拼花要求计划好各类玻璃和零配件需要量。

(2)把已裁好的玻璃按部位编号,并分别竖向堆放待用。

(3)用木框安装玻璃时,在木框上要裁口或挖槽,其上镶玻璃,玻璃四周常用木压条固定。

(4)用铝合金框时,玻璃镶嵌后应用橡胶带固定玻璃。

(5)玻璃安装后,应随时清理玻璃面,特别是冰雪片彩色玻璃,要防止污垢积淤,影响美观。

四、玻璃砖隔墙的施工

玻璃砖以砌筑局部墙面为主,其特色是可以提供自然采光,兼隔热、隔声和装饰作用,其透光与散光现象所造成的视角效果非常富于装饰性。

(一)施工准备

(1)根据需砌筑玻璃砖隔墙的面积和形状计算玻璃砖的数量和排列次序。两玻璃砖对砌砖缝的间距为5~10mm。

(2)根据玻璃砖的排列做出基础底脚,底脚通常厚度为40mm或70mm,即略小于玻璃砖的厚度。

(3)将与玻璃砖隔墙相接的建筑墙面的侧边整修平整垂直。

(4)如玻璃砖是砌筑在木质或金属框架中,则应先将框架固定好。

(5)做好防水层及保护层。用素混凝土或垫木找平并控制好标高。

(6)在玻璃砖墙四周弹好墙身线,在墙下面弹好撂底砖线,按标高立好皮数杆,皮数杆的间距以15~20m为宜。

(二)施工方法

玻璃砖砌体隔墙的施工采用十字缝立砖砌法。

(1)根据弹好的位置线,首先要认真核对玻璃砖墙长度尺寸是否符合排砖模数,如不符合,可调整隔墙两侧的槽钢或木框的厚度及砖缝的厚度,但隔墙两侧调整的宽度要保持一致,并与隔墙上部槽钢调整后的宽度保持一致。

玻璃砖应挑选棱角整齐、规格相同、砖的对角线基本一致、表面无裂痕和磕碰的砖。

(2)砌筑第一层应双面挂线。如玻璃砖隔墙较长,则应在中间多设几个支线点,每层玻璃砖砌筑时均需挂水平线。

(3)砌筑要点

①玻璃砖采用白水泥:细砂=1:1水泥砂浆,或白水泥:107胶=100:7水泥浆(重量比)砌筑。白水泥浆要有一定的稠度,以不流淌为好。

②按上、下层对缝的方式,自下而上砌筑。

③为了保证玻璃砖墙的平整度和砌筑方便,每层玻璃砖在砌筑之前,宜在玻璃砖上放置垫木块。其长度有两种:玻璃砖厚度为50mm时,木垫块长35mm左右;玻璃砖厚度为80mm时,木垫块长60mm左右。每块玻璃砖上放2块,卡在玻璃砖的凹槽内。

(4)砌筑时,将上层玻璃砖下压在下层玻璃砖上,同时使玻璃砖的中间槽卡在木垫块上,两层玻璃砖的间距为5~8mm。

缝中承力钢筋间隔不大于650mm,并伸入竖缝和横缝,且与玻璃砖上下、两侧的框体和结构体牢固连接。

(5)每砌完一层后,要用湿布将玻璃砖面上沾着的水泥浆擦去。

(6)玻璃砖墙砌筑完后,立即进行表面勾缝。先勾水平缝,再勾竖缝,缝的深度要一致。

(三)施工注意事项

(1)玻璃砖不要堆放过高,以防打碎伤人。

(2)玻璃砖隔墙砌筑完后,在距玻璃砖隔墙两侧各约100~200mm处搭设木架,防止玻璃砖隔墙遭到磕碰。

(3)水平砂浆要铺得稍厚一些,慢慢挤揉,立缝灌砂浆一定要捣实,勾缝时要勾严,以保证砂浆饱满。

五、装饰玻璃镜的安装

装饰玻璃镜是采用高质量平板玻璃、茶色平板玻璃为基材,在其表面经镀银工艺,再覆盖一层镀银,加之一层底漆,最后涂上灰色面漆而制成。它具有抗烟雾、抗温热性能好,使用寿命长的特点,适用于室内墙面、柱面、天棚面的装饰。安装固定通常用玻璃钉、黏结和压线条的方式。小尺寸镜面厚度3mm左右,大尺寸镜面5mm以上。

(一)天棚镜面玻璃的安装要点

1. 基本要求

(1)天棚玻璃镜敷设的基层,一般为木基层,且要求基面平整。

(2)固定玻璃镜的固定件,必须固定在吊顶龙骨或结实基层上。

(3)玻璃镜安装前,应根据吊顶龙骨尺寸和玻璃镜面尺寸在基层弹线,确定镜面排列方式,并尽量做到每块尺寸相同。

2. 嵌压式固定

嵌压式一般采用木压条、铝合金压条、不锈钢压条固定。用木压条固定时,最好用20~35mm的射钉枪固定,避免用普通圆钉,以防止在钉压条时震破玻璃镜。铝压条和不锈钢压条可用木螺钉固定在其凹部。

3. 玻璃钉固定

(1)安装前应按木骨架的间距尺寸在玻璃上打孔,孔径小于玻璃钉端头直径3mm。每块玻璃板上需钻出4个孔,孔位均匀布置,并不应太靠镜面的边缘,以防开裂。

(2)玻璃镜逐块就位后,先用直径2mm的钻头,通过玻璃镜上的孔位,在吊顶骨架上钻孔,然后再呈对角线拧入玻璃钉,以玻璃不晃动为准,最后在玻璃钉上拧入装饰帽。

4. 黏结与玻璃钉双固定

在一些重要场所或玻璃面积大于1m^{2}的顶面、墙面,常采用黏结与玻璃钉的双固定方法,以保证玻璃镜在偶然开裂时不下落伤人。

(1)将镜的背面清扫干净,除去尘土和沙粒后,在镜的背面涂刷一层白乳胶,用一张薄的牛皮纸粘贴在镜背面,并刮平整。

(2)分别在镜背面的牛皮纸上和顶面木基层面涂刷万能胶。当胶面不粘手时,把玻璃镜按弹线位置粘贴到顶面木基层上,使其与顶面粘合紧密,并注意边角处的粘贴情况,然后用玻璃钉将镜面四个点固定。

应当注意的是,在粘贴玻璃镜时,不能直接将万能胶涂在镜面背后,以防止对镜面涂层的腐蚀损伤。

(二)墙面镶贴镜面玻璃的要点

1. 基层处理

镶贴的基层先埋入木砖,然后钉立筋铺钉衬板。木砖横向与镜面宽度相等,竖向与镜面高度相等,大面积安装还应在横竖向每隔500mm埋木砖。基层表面要进行抹灰,在抹灰上刷热沥青或贴油毡,也可将油毡铺在木衬板和玻璃之间,其目的是防止潮气使木衬板变形和使水银脱落。

墙筋采用40mm×40mm或50mm×50mm小木方,钉于木砖上。安装小块镜面多为双向立筋,安装大片镜面可以单向立筋,横竖墙筋的位置与木砖一致。要求立筋横平竖直,以便于衬板和镜面玻璃的固定。

衬板采用15mm厚木板或5mm厚胶合板,钉在墙筋上的衬板,要求表面无翘曲、起皮现象,表面平整、清洁,板与板之间缝隙应在立筋处。

2. 镜面玻璃的固定方法

(1)螺钉固定　即用ϕ3~5平头或圆头螺钉,透过玻璃上的钻孔钉在墙筋上,对玻璃起固定作用。一般从下向上，由左至右进行安装。全部镜面固定后，用长靠尺靠平、调平。然后将镜面之间的缝隙用玻璃胶嵌缝，要求密实、饱满、均匀、不污染镜面。

(2)嵌钉固定　即用嵌钉钉于墙筋上，将镜面玻璃的四个角压紧。先在平整的木衬板上先铺一层油毡，油毡两端用木压条临时固定，以保证油毡的平整，然后按镜面玻璃分块尺寸在油毡表面弹线。安装时从下向上进行，安装第一排时，嵌钉应临时固定，装好第二排后再拧紧。

(3)粘贴固定　即是将镜面玻璃用环氧树脂、玻璃胶粘贴于木衬板上。检查木衬板的平整度和固定牢靠程度后，清除木衬板表面污物和浮灰，并在木衬板上按镜面玻璃分块尺寸弹线。然后刷胶粘贴玻璃。环氧树脂胶应涂刷均匀，不宜过厚，每次刷胶面积不宜过大，随刷随粘贴，并及时将从镜面缝中挤出的胶浆擦净。用打胶筒打玻璃胶，胶点应均匀。粘贴应按弹线分格自下而上进行，应待底下的镜面黏结达一定强度后，再进行上一层黏结。

以上三种方法固定的镜面，还可在周边加框，起封闭端头和装饰作用。

(4)托压固定　即是靠压条和边框将镜面托压在墙上。压条和边框可采用木材和金属型材。自下向上，先用竖向压条固定最下层镜面，安放上一层镜面后再固定横向压条。木压条一般宽30mm，表面可做出装饰线，每200mm内钉一颗钉子，钉头应没入压条中0.5~1mm，用腻子找平后刷漆。因为钉子要从镜面玻璃缝中钉入，因此，两镜面之间要考虑留10mm左右缝宽。大面积单块镜面多以托压做法为主，也可结合粘贴方法固定。镜面的重量主要落在下部边框或砌体上，其他边框起防止镜面外倾和装饰作用。

六、玻璃栏板的安装

玻璃栏板，又称“玻璃栏河”或“玻璃扶手”。它是采用大块的透明安全玻璃作楼梯栏板，上面加设不锈钢、铜或木扶手，用于高级宾馆的主楼梯等部位。

玻璃栏河的构造，主要有扶手、钢化玻璃板、栏河底座三部分。

(一)材料

1. 玻璃

常用的是钢化玻璃和夹层钢化玻璃。单块尺寸多用1.5m或2m左右，厚12mm。

2. 扶手

常使用的扶手有不锈钢圆管、黄铜圆管和高级木材(柚木或水曲柳)。

(二)厚玻璃的安装

楼梯扶手中的厚玻璃安装主要有半玻式和全玻式两种，通常采用不锈钢管和全铜管扶手。

1. 半玻式安装

半玻式楼梯扶手的厚玻璃有两种安装方法，一种是用卡槽安装于楼梯扶手立柱之间；另一种在立柱上开出槽位，将厚玻璃直接安装在立柱内，并用玻璃胶固定。采用卡槽安装时，卡槽的下端头必须起到托住厚玻璃的作用，并且也应与斜裁玻璃一致，在其端头有两种封闭端，一种封闭端上斜，一种封闭端下斜，安装时配对使用。

2. 全玻式安装

全玻式楼梯扶手的厚玻璃,其下部固定在楼梯踏步地面内,上部与不锈钢或全铜管连接。厚玻璃与不锈钢管或全铜管的连接方式有三种:

(1)在管子的下部开槽,厚玻璃插入槽内。

(2)在管子的下部安装卡槽,厚玻璃卡装在槽内。

(3)用玻璃胶直接将厚玻璃黏结于管子下部。厚玻璃的下部与楼梯的结合方式也有两种:

①用角钢(高度不宜小于 100mm)将厚玻璃先夹住定位,角钢间距除玻璃厚度外,每侧留 3~5mm 缝隙,然后再用玻璃胶将厚玻璃固定。

②用花岗岩或大理石饰面板,在安装厚玻璃的位置处留槽,留槽宽度大于玻璃厚度 5~8mm,将厚玻璃安放在槽内后,再注入玻璃胶。

(三)施工注意事项

(1)在墙、柱施工时,应注意楼梯的锚固预埋件的设置,并保证位置准确。

(2)玻璃栏河底座施工时,固定件的埋设应符合设计要求。需加立柱时,应确定柱的位置。

(3)扶手与铁件的连接,可用焊接或螺栓连接,也可用膨胀螺栓锚固铁件。

(4)扶手安装后,要对扶手表面进行保护。当扶手较长时,应考虑扶手的侧向弯曲,在适当的部位加设临时立柱,减少其变形。

(5)不锈钢管、铜管扶手在交工前,除进行擦拭外,一般应抛光处理。

(6)安装玻璃前,应检查玻璃板的周边有无缺口边,如有,则应用磨角机或砂轮打磨,以免伤人。

七、玻璃工程的质量标准

玻璃工程的质量标准与检验方法应符合《建筑装饰装修工程质量验收规范》(GB50210—2001)和《建筑工程施工质量验收统一标准》(GB50300—2001)的相关规定。

(一)门窗玻璃安装工程

对于平板、吸热、中空、夹层、夹丝、磨砂、钢化、压花玻璃等玻璃安装工程,其质量应符合下列要求。

1. 主控项目

(1)玻璃的品种、规格、尺寸、色彩、图案和涂膜朝向应符合设计要求。单块玻璃大于 1.5m^2 时应使用安全玻璃。

检验方法:观察;检查产品合格证书、性能检测报告和进场验收记录。

(2)门窗玻璃裁割尺寸应正确。安装后的玻璃应牢固,不得有裂纹、损伤和松动。

检验方法:观察;轻敲检查。

(3)玻璃的安装方法应符合设计要求。固定玻璃的钉子或钢丝卡的数量、规格应保证玻璃安装牢固。

检验方法:观察;检查施工记录。

(4)镶钉木压条接触玻璃处,应与裁口边缘平齐。木压条应互相紧密连接,并与裁口边缘紧贴,割角应整齐。

检验方法:观察。

(5)密封条与玻璃、玻璃槽口的接触应紧密、平整。密封胶与玻璃、玻璃槽口的边缘应黏结牢固、接缝平齐。

检验方法:观察。

(6)带密封条的玻璃压条,其密封条必须与玻璃全部贴紧,压条与型材之间应无明显缝隙,压条接缝应不大于0.5mm。

检验方法:观察;用尺量检查。

2. 一般项目

(1)玻璃表面应洁净,不得有腻子、密封胶、涂料等污渍。中空玻璃内外表面均应洁净,玻璃中空层内部没有灰尘和水蒸气。

检验方法:观察。

(2)门窗玻璃不应直接接触型材。单面镀膜玻璃的镀膜层及磨砂玻璃的磨砂面应朝向室内。中空玻璃的单面镀膜玻璃应在最外层,镀膜层应朝向室内。

检验方法:观察。

(3)腻子应填抹饱满、黏结牢固;腻子边缘与裁口应平齐。固定玻璃的卡子不应在腻子表面显露。

检验方法:观察。

(二)玻璃隔墙工程

对于玻璃砖、玻璃板隔墙工程,检查数量应符合下列规定:每个检验批应至少抽查20%,并不得少于6间;不足6间时应全数检查。其质量应符合下列要求。

1. 主控项目

(1)玻璃隔墙工程所用材料的品种、规格、性能、图案和颜色应符合设计要求。玻璃板隔墙应使用安全玻璃。

检验方法:观察;检查产品合格证书、进场验收记录和性能检测报告。

(2)玻璃砖隔墙的砌筑或玻璃板隔墙的安装方法应符合设计要求。

检验方法:观察。

(3)玻璃砖隔墙砌筑中埋设的拉结筋必须与基体结构连接牢固,并应位置正确。

检验方法:用手扳检查;用尺量检查;检查隐蔽工程验收记录。

(4)玻璃板隔墙的安装必须牢固。玻璃板隔墙胶垫的安装应正确。

检验方法:观察;手推检查;检查施工记录。

2. 一般项目

(1)玻璃隔墙表面应色泽一致、平整洁净、清晰美观。

检验方法:观察。

(2)玻璃隔墙接缝应横平竖直,玻璃应无裂痕、缺损和划痕。

检验方法:观察。

(3)玻璃板隔墙嵌缝及玻璃隔墙勾缝应密实平整、均匀顺直、深浅一致。

检验方法:观察。

(4)玻璃隔墙安装的允许偏差和检验方法应符合表4-3的规定。

表 4-3 玻璃隔墙安装的允许偏差和检验方法

项次	项目	允许偏差(mm)		检验方法
		玻璃砖	玻璃板	
1	立面垂直度	3	2	用 2m 垂直检测尺检查
2	表面平整度	3	—	用 2m 靠尺和塞尺检查
3	阴阳角方正	—	2	用直角检测尺检查
4	接缝直线度	—	2	拉 5m 线,不足 5m 拉通线,用钢直尺检查
5	接缝高低差	3	2	用钢直尺和塞尺检查
6	接缝宽度	—	1	用钢直尺检查

第四节 玻璃幕墙

玻璃幕墙是由玻璃与金属构件组成的悬挂在建筑物主体结构外面的非承重连续外围护墙体。由于它像帷幕一样,故称为“玻璃幕墙”,简称“幕墙”。

一、玻璃幕墙的构造

(一)全隐框玻璃幕墙

全隐框玻璃幕墙的构造是在铝合金构件组成的框格上固定玻璃框,玻璃框的上框挂在铝合金整个框格体系的横梁上,其余三边分别用不同方法固定在竖杆及横梁上。玻璃用结构胶预先粘贴在玻璃框上,玻璃框之间用结构密封胶密封。玻璃为各种颜色的镀膜镜面反射玻璃,玻璃框及铝合金框格体系均隐在玻璃后面,从外侧看不到铝合金框,形成一个大面积的有颜色的镜面反射幕墙。这种幕墙的全部荷载均由玻璃通过胶传给铝合金框架。

(二)半隐框玻璃幕墙

1. 竖隐横不隐玻璃幕墙

这种玻璃幕墙只有竖杆隐在玻璃后面,玻璃安放在横杆的玻璃镶嵌槽内,镶嵌槽外加盖铝合金压板,盖在玻璃外面。这种体系一般在车间将玻璃粘贴在两竖边有安装沟槽的铝合金玻璃框上,将玻璃框竖边再固定在铝合金框格体系的竖杆上,玻璃上、下两横边则固定在铝合金框格体系横梁的镶嵌槽中。由于玻璃与玻璃框的胶缝在车间内加工完成,材料粘贴表面洁净有保证,况且玻璃框是在结构胶完全固化后才运往施工现场安装,所以胶缝强度得到保证。

2. 横隐竖不隐玻璃幕墙

这种玻璃幕墙横向采用结构胶粘贴式结构性玻璃装配方法,在专门车间内制作,结构胶固化后运往施工现场,竖向采用玻璃嵌槽内固定。竖边用铝合金压板固定在竖杆的玻璃镶嵌槽内,形成从上到下整片玻璃由竖杆压板分隔成长条形画面。

(三)明框玻璃幕墙

1. 型钢骨架

型钢做玻璃幕墙的骨架，玻璃镶嵌在铝合金的框内，然后再将铝合金框与骨架固定。型钢组合的框架，其网格尺寸可适当加大，但对主要受弯构件，截面不能太小，最大挠度宜控制在 5mm 以内；否则将影响铝窗的玻璃安装，也影响幕墙的外观。

2. 铝合金型材骨架

用特殊断面的铝合金型材作为玻璃幕墙的骨架，玻璃镶嵌在骨架的凹槽内。玻璃幕墙的竖杆与主体结构之间用连接板固定，安装玻璃时，先在竖杆的内侧上安铝合金压条，然后将玻璃放入凹槽内，再用密封材料密封。支承玻璃的横杆略有倾斜，目的是排除因密封不严而流入凹槽内的雨水，外侧用一条盖板封住。

（四）挂架式玻璃幕墙

采用四爪式不锈钢挂件与立柱相焊接，每块玻璃四角在厂家加工钻 4 个 ϕ20 孔，挂件的每个爪与一块玻璃的一个孔相连接，即一个挂件同时与四块玻璃相连接，或一块玻璃固定于四个挂件上。

（五）无骨架玻璃幕墙

前面介绍的四种玻璃幕墙，均属于采用骨架支托着玻璃饰面。无骨架玻璃幕墙与前四种的不同点是：玻璃本身既是饰面材料，又是承受自重及风荷载的结构构件。这种玻璃幕墙又称“结构玻璃”，采用悬挂式，多用于建筑物首层，类似落地窗。由于采用大块玻璃饰面，使幕墙具有更大的透明性。为了增强玻璃结构的刚度，保证在风荷载下安全稳定，除玻璃应有足够的厚度外，还应设置与面部玻璃呈垂直的玻璃肋。

二、玻璃幕墙材料的选用要求

（一）一般规定

（1）幕墙材料应符合现行国家标准和行业标准，并应有出厂合格证。

（2）幕墙材料应有足够的耐气候性，金属材料和零附件除不锈钢外，钢材应进行表面热浸镀锌处理；铝合金材料应进行表面阳极氧化处理。

（3）幕墙材料应采用不燃性和难燃性材料。

（4）隐框和半隐框幕墙使用的结构硅酮密封胶，应有与接触材料相容性试验合格报告，并应有物理耐用年限和保险年限的质量证书。

（二）铝合金材料、钢材及配件

（1）幕墙所用铝合金型材，应符合国家标准的规定，其膜厚不宜低于 AA15 级。

（2）与幕墙配套用铝合金门窗，应符合国家标准的规定。

（3）幕墙采用的标准五金件，应符合国家标准的规定。

（4）幕墙采用非标准五金件，应符合设计要求，并应有出厂合格证。

（5）幕墙用的承重件和连接件的钢材，应符合国家标准的规定。

（6）幕墙用的不锈钢应符合国家标准。

（三）玻璃

（1）幕墙可根据功能要求的不同选用安全玻璃（包括钢化和夹层玻璃）、中空玻璃、热反射镀膜玻璃、吸热玻璃、浮法玻璃、夹丝玻璃和防火玻璃等。

(2)幕墙玻璃的外观质量和性能应符合国家标准的规定。

(3)幕墙使用热反射镀膜玻璃时,应采用真空磁控阴极溅射镀膜玻璃,带圆弧型幕墙可使用线热喷涂镀膜玻璃。

(4)幕墙使用的中空玻璃,除应符合国家标准中的有关规定外,还必须采用双道密封。明框幕墙中空玻璃的密封胶应用聚硫密封胶和丁基密封腻子;半隐框和隐框幕墙的中空玻璃的密封胶,必须是结构硅酮密封胶和丁基密封腻子。干燥剂宜采用专用设备填装,以保证其密实度和干燥度。

(5)幕墙使用夹层玻璃时,应采用聚乙烯醇缩丁醛(PVB)胶片干法加工合成的夹层玻璃。

(6)幕墙使用夹丝玻璃时,裁割后玻璃的边缘应及时进行修理和防腐处理。当加工成中空玻璃时,夹丝玻璃应朝室内一侧。

(7)所有幕墙玻璃的边缘,必须进行倒棱、倒角处理。

(四)密封材料

密封材料是保证幕墙具有防水功能、气密性能和抗震性能的关键,用于接缝密封。

在高层建筑中,为了防止高空强大的风力使雨水渗入空腔而浸入室内,一般在接缝的一定位置处设置排水孔,排水孔将渗入空腔的雨水通过排水系统排至室外。为了防止雨水渗入排水孔,一般均加外屏障或保护罩。

(1)幕墙用的橡胶制品宜采用合成的三元乙丙橡胶、氯丁橡胶;密封胶条应用挤出成形产品,橡胶块宜用压模成形产品。

(2)密封胶条应符合国家标准。

(3)幕墙用的聚硫密封胶应具有优良的耐水、耐溶剂和耐大气老化性,并应有低温弹性好、低透气率等特点,其性能应符合国家标准的规定。

(4)幕墙用的氯丁密封胶的性能,应符合表4-4的规定。

表4-4 氯丁密封胶的性能

项目	指标
稠度	不流淌,不塌陷
含固量(%)	75
表干时间(min)	≤15
固化时间(h)	≤12
耐寒性(-40℃)	不龟裂
耐热性(90℃)	不龟裂
低温柔性(-40℃,棒 φ10mm)	无裂纹
剪切强度(N/mm^2)	0.1
施工温度(℃)	-5~50
施工性	采用手工注胶机不流淌
有效期 (月)	12

(5)耐候硅酮密封胶的性能,应符合表4-5的规定,并严禁使用过期的耐候硅酮密

封胶。

表 4-5　耐候硅酮密封胶的性能

项 目	技 术 指 标
表干时间(h)	1.0~1.5
流淌性(mm)	无
初步固化时间,25℃(d)	3
完全固化时间(d)	7~14
邵氏硬度(度)	20~30
极限拉伸强度(N/mm²)	0.11~0.14
撕裂强度(N/mm)	无
施工温度(℃)	5~48
固化后的变位承受能力(%)	$25 \leqslant \delta \leqslant 50$
有效期 (月)	9~12

(五)结构硅酮密封胶

(1)单组份和双组份的结构硅酮密封胶应用高模数中性胶,其性能应符合表 4-6 的规定。

表 4-6　结构硅酮密封胶的性能

项 目	技 术 指 标	
	中性双组份	中性单组份
有效期(月)	9	9~12
施工温度(℃)	10~30	5~48
使用温度(℃)	-48~8	
操作时间(min)	≤30	
表干时间(h)	≤3	
初步固化时间(d)	7	
完全固化时间(d)	14~21	
邵氏硬度(度)	35~45	
黏结拉伸强度(H 型试件)(N/mm²)	≥0.7	
延伸率(%)(哑铃型)	≥100	
黏结破坏率(%)(哑铃型)	不允许	
内聚力(母材)破坏率(%)	100	
剥离强度(与玻璃、铝)(N/mm)	5.6~8.7(单组份)	
撕裂强度(B 模)(N/mm)	4.7	
抗臭氧及紫外线性拉伸强度	不变	
污染和变色	无污染,无变色	
耐热性(℃)	150	
热失重(%)	≤10	
流淌性(mm)	≤2.5	
冷变形(蠕变)	不明显	
外观	无龟裂,无变色	
完全固化后的变位承受能力(%)	$12.5 \leqslant \delta \leqslant 50$	

(2)结构硅酮密封胶,应在有效期内使用,过期的结构硅酮密封胶不得使用。

(六)低发泡间隔双面胶带

该种胶带用于幕墙之间防水、防风的连接。

(1)根据幕墙的风荷载、高度和玻璃的大小,选用低发泡间隔双面胶带。

(2)幕墙风荷载大于 $1.8kN/m^2$ 时,宜选用中等硬度的聚胺基甲酸乙酯低发泡间隔双面胶带,其性能应符合表 4-7 的规定。

表 4-7 聚胺基甲酸乙酯双面胶带的性能

项 目	技术指标
密度(g/cm^2)	0.35
邵氏硬度(度)	30~35
拉伸强度(N/mm^2)	0.91
延伸率(%)	105~125
承受压应力(N/mm^2)	压缩 10%时,0.11
动态拉伸黏结性(N/mm^2)	0.39,停留 15min
静态拉伸黏结性(N/mm^2)	7×10^{-3},2 000h
动态剪切力(N/mm^2)	0.28,停留 15min
隔热值($W/m^2\cdot K$)	0.55
抗紫外线(300W,25~30cm),3 000h	颜色不变
烤漆耐污染性(70℃)200h	无污染

(3)幕墙风荷载小于 $1.8kN/mm^2$ 时,宜选用聚乙烯低发泡间隔双面胶带,其性能应符合表 4-8 的规定。

表 4-8 聚乙烯双面胶带的性能

项 目	技术指标
密度(g/cm^2)	0.21
邵氏硬度(度)	40
拉伸强度(N/mm^2)	0.87
延伸率(%)	125
承受压应力(N/mm^2)	压缩 10%时,0.18
剥离强度(N/mm)	27.6
剪切强度(N/mm^2)	40,保持 24h
隔热值($W/m^2\cdot K$)	0.41
使用温度(℃)	-44~75
施工温度(℃)	15~52

(七)其他材料

(1)填充材料可采用圆形、半圆形、椭圆形和三角形等聚乙烯发泡材料,其密度应控制在 $0.037g/cm^2$。

(2)聚乙烯发泡填充料,应具有优良的稳定性、弹性、防水性、耐酸碱性和耐老化性。

(3)幕墙宜采用岩棉、矿棉、玻璃棉、防火板等不燃性和难燃性材料作隔热保温材料。并应采用铝箔和塑料薄膜包装的复合材料,以保证其防水和防潮性。

三、玻璃幕墙的专用施工工具

玻璃幕墙的专用施工工具,主要有手动真空吸盘、牛皮带、电动吊篮、嵌缝枪、撬板、竹签、滚轮、热压胶带、电炉等。

四、玻璃幕墙的安装施工

玻璃幕墙的安装施工方式,除挂架式和无骨架式外,一般分为单元式(工厂组装式)和元件式(现场组装式)两种。

单元式是将铝合金框架、玻璃、垫块、保温材料、减震和防水材料等,由工厂制成分格窗,用专用运输车运往施工现场,在现场吊装装配,与建筑物主体结构连接。这种幕墙由于采取直接与建筑物结构的楼板、柱子连接,所以其规格应与层高、柱距尺寸一致。当与楼板或梁连接时,幕墙的高度应相当于层高或是层高的倍数;当与柱连接时,幕墙的宽度相当于柱距。

元件式是将必须在工厂制作的单件材料及其他材料运至施工现场,直接在建筑物结构上逐件进行安装。这种幕墙是通过竖向骨架(竖杆)与楼板或梁连接,并在水平方向设置横杆,以增加横向刚度和便于安装,其分块规格可以不受层高和柱网尺寸的限制。这是目前采用较多的一种方法,既适用于明框幕墙,也适用于隐框和半隐框幕墙。

(一)基本要求

1. 作业条件

(1)应编制幕墙施工组织设计,并严格按施工组织设计的顺序进行施工。

(2)幕墙应在主体结构施工完毕后开始施工。对于高层建筑的幕墙,因工期需要,应在保证质量与安全的前提下,可按施工组织设计沿高度分段施工。在与上部主体结构进行立体交叉施工幕墙时,结构施工层下方及幕墙施工的上方,必须采取可靠的安全防护措施。

(3)幕墙施工时,原主体结构施工搭设的外脚手架宜保留,并根据幕墙施工的要求进行必要的拆改(脚手架内层距主体结构不小于300mm)。如采用吊篮安装幕墙时,吊篮必须安全可靠。

(4)幕墙施工时,应配备必要的安全可靠的起重吊装工具和设备。

(5)当其他装修工程会对幕墙造成污染或损伤时,应将该项工程安排在幕墙施工之前施工,或应对幕墙采取可靠的保护措施。

(6)不应在大风大雨气候下进行幕墙的施工。当气温低于-5℃时不得进行玻璃安装,不应在雨天进行密封胶施工。

(7)应在主体结构施工时控制和检查固定幕墙的各层楼(屋)面的标高、边线尺寸和预埋件位置的偏差,并在幕墙施工前应对其进行检查与测量。当结构边线尺寸偏差过大时,应先对结构进行必要的修正;当预埋件位置偏差过大时,应调整框料的间距或修改连接件与主体结构的连接方式。

2. 玻璃幕墙安装

(1)应采用(激光)经纬仪、水平仪、线锤等仪器工具,在主体结构上逐层投测框料与主体结构连接点的中心位置,x、y 和 z 轴三个方向位置的允许偏差为 ±1.0mm。

(2)对于元件式幕墙,如玻璃为钢化玻璃、中空玻璃等现场无法裁割的玻璃,应事先检查玻璃的实际尺寸,如与设计尺寸不符,应调整框料与主体结构连接点中心位置,或可按框料的实际安装位置(尺寸)定制玻璃。

(3)按测定的连接点中心位置固定连接件,确保牢固。

(4)单元式幕墙安装宜自下往上进行。元件式幕墙框料宜自上往下进行安装。

(5)当元件式幕墙框料或单元式幕墙各单元与连接件连接后,应对整幅幕墙进行检查和纠偏,然后应将连接件与主体结构的预埋件焊牢。

(6)单元式幕墙的间隙用 V 和 W 形或其他形胶条密封,嵌填密实,不得遗漏。

(7)元件式幕墙应按设计图纸要求进行玻璃安装。玻璃安装就位后,应及时用橡胶条等嵌填材料与边框固定,不得临时固定或明摆浮搁。

(8)玻璃周边各侧的橡胶条应各为单根整料,在玻璃角部断开。橡胶条型号应无误,镶嵌平整。

(9)橡胶条外涂敷的密封胶,品种应无误(镀膜玻璃的镀膜面严禁采用醋酸型有机硅酮胶),应密实均匀,不得遗漏,外表平整。

(10)单元式幕墙各单元的间隙、元件式幕墙的框架料之间的间隙、框架料与玻璃之间的间隙,以及其他所有的间隙,应按设计图纸要求予以留够。

(11)单元式幕墙各单元之间的间隙及隐式幕墙各玻璃之间缝隙,应按设计要求安装,保持均匀一致。

(12)镀锌连接件施焊后应去掉药皮,镀锌面受损处焊缝表面应刷两道防锈漆。所有与铝合金型材接触的材料(包括连接件)及构造措施,应符合设计图纸,不得发生接触腐蚀,且不得直接与水泥砂浆等材料接触。

(13)应按设计图纸规定的节点构造要求,进行幕墙的防雷接地,以及所有构造节点(包括防火节点)和收口节点的安装与施工。

(14)清洗幕墙的洗涤剂应经检验,应对铝合金型材镀膜、玻璃及密封胶条无侵蚀作用,并应及时将其冲洗干净。

(二)单元式玻璃幕墙的安装方法

1. 工艺流程

单元式玻璃幕墙现场安装的工艺流程为:测量放线→检查预埋 T 形槽位置→穿入螺钉→固定牛腿→牛腿找正→牛腿精确找正→焊接牛腿→将 V 形和 W 形胶带大致挂好→起吊幕墙并垫减震胶垫→紧固螺丝→调整幕墙平直→塞入和热压接防风带→安设室内窗台板、内扣板→填塞与梁、柱间的防火、保温材料。

2. 安装要点

(1)测量放线　测量放线的目的是确定幕墙安装的准备位置,因此必须先吃透幕墙设计施工图纸。对主体结构的质量(如垂直度、水平度、平整度及预留孔洞、埋件等)进行检查,做好记录,如有问题应提前进行剔凿处理。根据检查的结果,调整幕墙与主体结构的间隔距离。校核建筑物的轴线和标高，然后弹出玻璃幕墙安装位置线。

(2)牛腿安装　在建筑物上固定幕墙，首先要安装好牛腿铁件。牛腿铁件应在土建结构施工时按设计要求将固定牛腿的T形槽预埋在每层楼板(梁、柱)的边缘或墙面上。预埋件标高偏差不大于10mm，埋件轴线与幕墙轴线垂直方向的前后距离偏差不大于20mm，平行方向的左右偏差不大于30mm。

当主体结构为钢结构时，连接件可直接焊接或用螺栓固定在主体结构上；当主体结构为钢筋混凝土结构时，如施工能保证预埋件位置的精度，可采用在结构上预埋铁件或T形槽来固定连接件，否则应采用在结构上钻孔安装金属膨胀螺栓来固定连接件。

在风荷载较大地区和地震区，预埋件应埋设在楼板结构层上，采用膨胀螺栓连接时，亦须锚固在楼板结构层上，螺栓距结构边缘不应小于100mm，螺栓不应小于M12，螺栓埋深不应小于70mm。

牛腿安装前，用螺钉先穿入T形槽内，再将铁件初次就位，就位后进行精确找正。牛腿找正是幕墙施工中重要的一环，它的准确与否将直接影响幕墙安装质量。

按建筑物轴线确定距牛腿外表面的尺寸，用经纬仪测量平直，误差控制在±1mm。水平轴线确定后，即可用水平仪抄平牛腿标高，找正时标尺下端放置在牛腿减震橡胶平面上，误差控制在±1mm。同一层牛腿与牛腿的间距用钢尺测量，误差控制在±1mm。每层牛腿测量要“三个方向”同时进行，即：外表定位(x 轴方向)、水平高度定位(y 轴方向)和牛腿间距定位(z 轴方向)。

水平找正时可用(1~4)mm×40mm×300mm的镀锌钢板条垫在牛腿与混凝土表面进行调平。当牛腿初步就位时，要将两个螺丝稍加紧固，待一层全部找正后再将其完全紧固，并将牛腿与T形槽接触部分焊接。牛腿各零件间也要进行局部焊接，防止移位。凡焊接部位均应补刷防锈油漆。

(3)幕墙的吊装和调整　幕墙由工厂整榀组装后，要经质检人员检验合格后方可运往现场。幕墙必须采取立运(切勿平放)，应用专用车辆进行运输。幕墙与车架接触面要垫好毛毡减震、减磨，上部用花篮螺丝将幕墙拉紧。幕墙运到现场后，有条件的应立即进行安装就位。否则，应将幕墙存放箱中，也可搭木支架临时存放，但必须用苫布遮盖。牛腿找正焊牢后即可吊装幕墙，幕墙吊装应由下逐层向上进行。吊装前需将幕墙之间的V形和W形防风橡胶带暂时铺挂外墙面上。幕墙起吊就位时，应在幕墙就位位置的下层设人监护，上层要有人携带螺钉、减震橡胶垫和扳手等准备紧固。幕墙吊至安装位置时，幕墙下端两块凹型轨道插入下层已安装好的幕墙上端的凸形轨道内，将螺钉通过牛腿孔穿入幕墙螺孔内，螺钉中间要垫好两块减震橡胶圆垫。幕墙上方的方管梁上焊接的两块定位块，座落在牛腿悬挑出的长方形橡胶块上，用两个六角螺栓固定。幕墙吊装就位后，通过紧固螺栓、加垫等方法进行水平、垂直、横向三个方向调整，使幕墙横平竖直，外表一致。

(4)塞焊胶带　幕墙与幕墙之间的间隙，用V形和W形橡胶带封闭，胶带两侧的圆形槽内，用一条ϕ6mm圆胶棍将胶带与铝框固定。胶带遇有垂直和水平接口时，可用专用热压胶带电炉将胶带加热后压为一体。塞圆形胶棍时，为了润滑，可用喷壶在胶带上喷硅油(冬季)或洗衣粉水(夏季)。塞胶带和热压接口工作宜在室内作业，当遇到无窗口墙面(如在建筑物的内、外拐角处)，可在室外进行。

(5)填塞保温、防火材料　幕墙内表面与建筑物的梁柱间,四周均有约200mm间隙,这些间隙要按防火要求进行收口处理,用轻质防火材料充塞严实。空隙上封铝合金装饰板,下封0.8mm厚镀锌钢板,并宜在幕墙后面粘贴黑色非燃织品。

施工时,必须使轻质耐火材料与幕墙内侧锡箔纸接触部位黏结严实,不得有间隙,不得松动,否则将达不到防火和保温要求。

(三)元件式玻璃幕墙的安装方法

1. 明框玻璃幕墙的安装方法

明框玻璃幕墙安装的工艺流程为:检验、分类堆放幕墙部件→测量放线→主次龙骨装配→楼层紧固件安装→安装主龙骨(竖杆)并抄平、调整→安装次龙骨(横杆)→安装保温镀锌钢板→在镀锌钢板上焊、铆螺钉→安装层间保温矿棉→安装楼层封闭镀锌板→安装单层玻璃窗密封条、卡→安装单层玻璃→安装双层中空玻璃密封条、卡→安装双层中空玻璃→安装侧板→镶嵌密封条→安装玻璃幕墙铝盖条→清扫→验收、交工。

(1)测量放线　主龙骨(竖杆)由于与主体结构锚固,所以位置必须准确;次龙骨(横杆)以竖杆为依托,在竖杆布置完毕后再安装,所以对横杆的弹线可推后进行。在工作层上放出x、y轴线,用激光经纬仪依次向上定出轴线,再根据各层轴线定出楼板预埋件的中心线,并用经纬仪垂直逐层校核,再定各层连接件的外边线,以便与主龙骨连接。如果主体结构为钢结构,由于弹性钢结构有一定挠度,故应在低风时测量定位,且要多测几次,并与原结构轴线复核、调整。放线结束后,必须建立自检、互检与专业人员复验制度,确保万无一失。

预埋件位置的偏差与单元式安装相同。

(2)装配铝合金主、次龙骨　这项工作可在室内进行。主要是装配好竖向主龙骨之间的连接件、横向次龙骨的连接件、安装镀锌钢板、主龙骨之间接头的内套管、外套管以及防水胶等。装配好横向次龙骨与主龙骨连接的配件及密封橡胶垫等。

(3)安装主、次龙骨　常用的固定办法有两种,一种是将骨架竖杆型钢连接件与预埋铁件依弹线位置焊牢;另一种是将竖杆型钢连接件与主体结构上的膨胀螺栓锚固。

两种方法各有优劣:预埋铁件由于是在主体结构施工中预先埋置,不可避免地会产生偏差,必须在连接件焊接时进行接长处理;膨胀螺栓则是在连接件设置时随钻孔埋设,准确性高,机动性大,但钻孔工作量大,劳动强度高,工作较困难。如果在土建施工中安装与土建能统筹考虑,密切配合,则应优先采用预埋件。

应该注意:连接件与预埋件连接时,必须保证焊接质量。每条焊缝的长度、高度及焊条型号均须符合焊接规范要求。

采用膨胀螺栓时,钻孔应避开钢筋,螺栓埋入深度应能保证满足规定的抗拔能力。连接件一般为型钢,形状随幕墙结构竖杆型式变化和埋置部位变化而不同。连接件安装后,可进行竖杆的连接。主龙骨一般每2层1根,通过紧固件与每层楼板连接,主龙骨安装完一根,即用水平仪调平、固定。将主龙骨全部安装完毕,并复验其间距、垂直度后,即可安装横向次龙骨。

高层建筑幕墙均有竖向杆件接长的工序,尤其是型铝骨架,必须用连接件穿入薄壁型材中用螺栓拧紧。两根立柱用角钢焊成方管连接,并插入立柱空腹中,最后用M12×

90mm 螺栓拧紧。考虑到钢材的伸缩,接头应留有一定的空隙。接口宜采用 15°接口。

横向杆件型材的安装,如果是型钢,可焊接,亦可用螺栓连接。焊接时,因幕墙面积较大,焊点多,要排定一个焊接顺序,防止幕墙骨架的热变形。

固定横杆的另一种办法是,用一穿插件将横杆穿担在穿插件上,然后将横杆两端与穿插担件固定,并保证横竖杆件间有一个微小间隙便于温度变化伸缩。穿插件用螺栓与竖杆固定。

在采用铝合金横竖杆型材时,两者间的固定多用角钢或角铝作为连接件。角钢、角铝应各有一肢固定横竖杆。如果横杆两端套有防水橡胶垫,则套上胶垫后的长度较横杆位置长度稍有增加(约 4mm)。安装时,可用木撑将竖杆撑开,装入横杆,拿掉支撑,则将横杆胶垫压缩,这样有较好的防水效果。

幕墙主、次龙骨安装,应符合以下要求:

①立柱(即主龙骨、竖杆)与连接件连接,连接件与主体结构埋件连接,应按立柱轴线前后偏差不大于 2mm、左右偏差不大于 3mm、立柱连接件标高偏差不大于 3mm 调整、固定。相邻两根立柱连接件标高偏差不大于 3mm,同层立柱连接件标高偏差不大于 5mm,相邻两根立柱距离偏差不大于 2mm。立柱安装就位应及时调整、紧固,临时固定螺栓在紧固后应及时拆除。

②横杆(即次龙骨)两端的连接件以及弹性橡胶垫,要求安装牢固,接缝严密,应准确安装在立柱的预定位置。相邻两根横杆的水平标高偏差不大于 1mm,同层水平标高偏差:当一幅幕墙宽度 $\leqslant$35m 时,不应大于 5mm;当一幅幕墙宽度 $>$ 35m 时,不应大于 7mm。横杆的水平标高应与立柱的嵌玻璃凹槽一致,其表面高低差不大于 1mm。同一楼层横杆应由下而上安装,安装完一层时应及时检查、调整、固定。

(4)安装楼层间封闭镀锌钢板(贴保温矿棉层)　将橡胶密封垫套在镀锌钢板四周,插入窗台或天棚次龙骨铝件槽中,在镀锌钢板上焊钢钉,将矿棉保温层粘在钢板上,并用铁钉、压片固定保温层。如设计有冷凝水排水管线,亦应进行管线安装。

(5)安装玻璃　幕墙玻璃的安装,由于骨架结构有不同的类型,玻璃固定方法也有差异。型钢骨架,因型钢没有嵌玻璃的凹槽,一般要用窗框过渡。可先将玻璃安装在铝合金窗框上,而后再将窗框与型钢骨架连接。铝合金型材骨架,此种类型框架截面分为立柱和横杆,它在生产成型的过程中,已将玻璃固定的凹槽同整个截面一次挤压成型,故玻璃安装工艺与铝合金窗框安装一样。但要注意立柱和横杆玻璃安装时的构造处理。立柱安装玻璃时,先在内侧安上铝合金压条,然后将玻璃放入凹槽内,再用密封材料密封。横杆装配玻璃与立柱在构造上不同,横杆支承玻璃的部分呈倾斜,要排除因密封不严流入凹槽内的雨水,外侧须用一条盖板封住。安装时,先在下框塞垫两块橡胶定位块,其宽度与槽口宽度相同,长度不小于 100mm,然后嵌入内胶条,安装玻璃,嵌入外胶条。嵌胶条的方法是先间隔分点嵌塞,然后再分边嵌塞。橡胶条的长度比边框内槽口长 1.5% ~ 2%,其断口应留在四角,斜面断开后拼成预定设计角度,用胶粘剂黏结牢固后嵌入槽内。

玻璃幕墙四周与主体结构之间的缝隙,应用防火保温材料堵塞,内外表面用密封胶连续封闭,保证接缝严密不漏水。

2. 隐框玻璃幕墙的安装方法

隐框玻璃幕墙安装的工艺流程为:测量放线→安装固定支座→安装立柱、横杆→安装外围护结构组件→外围护结构组件间的密封及周边收口处理→防火隔层的处理→清洁及其他。其中,安装外围护结构组件及其之间的密封,与明框玻璃幕墙不同。

(1)安装要点　安装外围护结构组件。在立柱和横杆安装完毕后,就开始安装外围护结构组件,安装前,须对外围护结构件做认真的检查,其结构胶固化后的尺寸要符合设计要求,同时要求胶缝饱满平整、连续光滑,玻璃表面不应有超标准的损伤。

外围护结构件的安装主要有两种形式,一为外压板固定式;二为内勾块固定式。不论采用什么形式进行固定,在外围护结构组件放置到主梁框架后,在固定件固定前,要逐块调整好组件相互间的齐平及间隙的一致。板间表面的齐平采用刚性的直尺或铝方通料来进行测定,不平整的部分应调整固定块的位置或加入垫块。为了解决板间间隙的一致,可在两板间的间隙插入半硬质材料制成的标准模块,以确保间隙一致。插入的模块,在组件固定后应取走,以保证板间有足够的位移空间。

(2)外围护结构组件调整、安装固定后,开始逐层实施组件间的密封工序　首先检查衬垫材料的尺寸是否符合设计要求。衬垫材料多为闭孔的聚乙烯发泡体,对于要密封的部位,必须进行表面清理工作。首先要清除表面的积灰,再用类似二甲苯等挥发性强的溶剂擦除表面的油污等,然后用干净布再擦一遍,以保证表面干净并无溶剂存在。放置衬垫时,要注意衬垫放置位置的正确,过深或过浅都影响工程的质量。间隙间的密封采用耐候胶灌注,注完胶后要用工具将多余的胶压平刮去,并清除玻璃或铝板面的多余黏结胶。

(3)施工注意事项

①提高立柱、横杆的安装精度是保证隐框幕墙外表面平整、连续的基础。因此在立柱全部或基本安装完毕后,应再次逐根进行检验和调整,确认无误后再施行永久性固定。

②外围护结构组件在安装过程中,除了要注意其个体的位置以及相邻间的相互位置外,在幕墙整幅沿高度或宽度方向尺寸较大时,还要注意安装过程中的积累误差,适时进行调整。

③外围护结构组件间的密封,是确保隐框幕墙密封性能的关键。因此,必须正确放置衬杆位置。

④密封胶表面处理是隐框幕墙外观质量的主要衡量标准。因此,施工时应采取措施防止密封胶污染玻璃。

3. 挂架式幕墙的安装方法

挂架式幕墙只有立柱而无横杆,所有玻璃均靠挂件挂于立柱上。其施工要点如下:

(1)测量放线后,按正确的幕墙边线确定预埋件位置,用膨胀螺栓将埋件固定在主体结构混凝土内。

(2)自幕墙中心向两边安装立柱和边框,并保证其垂直及间距。

(3)焊装挂件,并用与玻璃同尺寸同孔的模具校正每个挂件的位置,以确保准确无误。

(4)采用吊架自上而下的安装玻璃,并用挂件固定。

(5)用硅胶将每块玻璃之间的缝隙密封处理。

(6)清理。

4. 无骨架玻璃安装方法

由于玻璃长、大、体重，施工时一般采用机械化施工方法，即在叉车上安装电动真空吸盘，将玻璃吸附就位，操作人员站在玻璃上端两侧搭设的脚手架上，用夹紧装置将玻璃上端安装固定，每块玻璃之间用硅胶嵌缝。

5. 细部和节点的处理

不论是单元式、元件式、挂件式以及无骨架式玻璃幕墙，均需要对外围护结构中的一些细部、节点进行处理，它是一项非常细致而又非常重要的工作。不同类型幕墙的节点细部处理有所不同，这里介绍一些典型做法：

(1)擦窗机导轨　为了经常保持幕墙室外的清洁，若不考虑通过开启窗外出或在屋顶设置吊篮等方法擦洗，则应在竖杆(立柱)外侧设置擦窗机轨道。

(2)转角部位处理　当房屋转角处相邻两墙面均为幕墙时，根据转角的角度，其节点构造有如下几种处理方法：

①当转角为阳(钝)角时，如有所需角度的转角铝合金型材，则宜采用一根铝合金型材，两个方向的玻璃直接镶嵌在型材槽内；当无合适的转角铝合金型材时，可在转角处两个方向各设一根竖杆，用铝合金装饰板将其连起来。竖杆与铝饰板间的竖缝及铝饰板之间的水平缝宽宜大于10mm，深宜大于20mm，并用橡胶条和密封胶进行双层密封。

②当转角为90°阴角时，可直接采用两根竖杆拼成。

(3)伸缩缝部位处理　当房屋有沉降缝、温度缝或防震缝，且该部位幕墙连续时，应在缝的两侧各设一根竖杆，用铝饰板将其连起来，连接处应双层密封处理。

(4)压顶部位处理　按照建筑构造形式的不同，有以下几种做法：

①挑檐处理　将幕墙顶部与挑檐板下部之间的间隙用封缝材料填实，并在挑檐口做滴水，以免雨水顺檐流下。

②封檐处理　一般用钢筋混凝土压檐或轻金属顶盖顶。

(5)室内顶棚处理　由于玻璃幕墙是悬挂在主体结构上的，一般与主体结构有一定的间隙，此空间可装设防火、保温材料。在使用要求上对内装修要求不高且无吊顶时，可不考虑幕墙与吊顶的处理，但在上一层楼板上应设置栏杆。

(6)窗台板的处理　窗台板可用木板或轻金属板，窗台下部宜用轻质板材。

6. 安全措施

在编制幕墙施工组织设计或施工方案时，除应确保工程质量外，还应采取措施，切实保证安全施工。

(1)应根据有关施工安全法规，结合工程制定安全措施，并经有关负责人批准。

(2)安装幕墙用的施工机具，在使用前必须进行严格检验。吊篮须做荷载试验和各种安全保护装置的运转试验，手电钻、铆钉枪等电动工具须做绝缘试验；手持玻璃吸盘和玻璃吸盘安装机，须做吸附持续时间试验。

(3)施工人员须配备安全帽、安全带、工具袋，防止人员及物件坠落。

(4)在高层建筑幕墙安装与上部结构施工交叉作业时，结构施工层下方须架设挑出3m以上防护装置。建筑在地面上3m左右，应搭设挑出6m水平安全网。如有困难，可采取其他有效方法，保证安全施工。

(5)防止因密封材料在工程使用中的溶剂中毒，且要保管好溶剂，以免发生火灾。

(6)玻璃幕墙施工应设专职安全人员进行监督和巡回检查。

(7)现场焊接时,应在焊件下方加设接火斗,以免发生火灾。

五、玻璃幕墙工程的质量标准及检验方法

玻璃幕墙工程的质量标准与检验方法应符合《建筑装饰装修工程质量验收规范》(GB50210—2001)、《玻璃幕墙工程质量检验标准》(JGJ/T139—2001)、《玻璃幕墙工程技术规范》(JGJ102—96)和《建筑工程施工质量验收统一标准》(GB50300—2001)的相关规定。

(一)一般规定

(1)幕墙工程验收时应检查下列文件和记录

①幕墙工程的施工图、结构计算书、设计说明及其他设计文件。

②建筑设计单位对幕墙工程设计的确认文件。

③幕墙工程所用各种材料、五金配件、构件及组成的产品合格证书、性能检测报告、进场验收记录和复验记录。

④木墙工程所用硅酮结构胶的认定证书和抽查合格证明;进口硅酮结构胶的商检证;国家指定检测机构出具的硅酮结构胶相容性和剥离黏结性试验报告;石材用密封胶的耐污染性试验报告。

⑤后置埋件的现场拉拔强度检测报告。

⑥幕墙的抗风压性能、空气渗透性能、雨水渗漏性能及平面变形性能检测报告。

⑦打胶、养护环境的温度、湿度记录;双组份硅酮结构胶的混匀性试验记录及拉断试验记录。

⑧防雷装置测试记录。

⑨隐蔽工程验收记录。

⑩幕墙构件和组件的加工制作记录;幕墙安装施工记录。

(2)幕墙工程应对下列材料及其性能指标进行复验

①铝塑复合板的剥离强度。

②石材的弯曲强度;寒冷地区石材的耐冻融性;室内用花岗石放射性。

③玻璃幕墙用结构胶的邵氏硬度、标准条件拉伸黏结强度、相容性试验;石材用结构胶黏结强度;石材用密封胶的污染性。

(3)幕墙工程应对下列隐蔽工程项目进行验收

①预埋件(或后置埋件)。

②构件的连接节点。

③变形缝及墙面转角处的构造节点。

④幕墙防雷装置。

⑤幕墙防火构造。

(4)各分项工程的检验批应按下列规定划分

①相同设计、材料、工艺和施工条件的幕墙每500～1 000m^2应划分为一个检验批,不足500m^2也应划分为一个检验批。

②同一单位工程的不连续的幕墙工程应单独划分检验批。

③对于异型或有特殊要求的幕墙，检验批的划分应根据幕墙的结构、工艺特点及幕墙工程规模，由监理单位（或建设单位）和施工单位协商确定。

(5)检查数量应符合下列规定

①每个检验批每 100 m^2应至少抽查一处，每处不得少于 10m^2。

②对于异型或有特殊要求的幕墙工程，应根据幕墙的结构和工艺特点，由监理单位（或建设单位）和施工单位协商确定。

(6)幕墙及其连接件应具有足够的承载力、刚度和相对于主体结构的位移能力。幕墙构架立柱的连接金属角码与其他连接件应采用螺栓连接，并应有防松动措施。

(7)隐框、半隐框幕墙所采用的结构黏结材料必须是中性硅酮结构密封胶，其性能必须符合《建筑用硅酮结构密封胶》(GB16776)的规定；硅酮结构密封胶必须在有效期内使用。

(8)立柱和横梁等主要受力构件，其截面受力部分的壁厚应经计算确定，且铝合金型材壁厚不应小于 3.0mm，钢型材壁厚不应小于 3.5mm。

(9)隐框、半隐框幕墙构件中板材与金属框之间硅酮结构密封胶的黏结宽度，应分别计算风荷载标准值和板材自重标准值作用下硅酮结构密封胶的黏结宽度，并取其较大值，且不得小于 7.0mm。

(10)硅酮结构密封胶应打注饱满，并应在温度为 15～30℃、相对湿度 50%以上、洁净的室内进行；不得在现场墙上打注。

(11)幕墙的防火除应符合现行国家标准《建筑设计防火规范》(GBJ16)和《高层民用建筑设计防火规范》(GB50045)的有关规定外，还应符合下列规定。

①应根据防火材料的耐火极限决定防火层的厚度和宽度，并应在楼板处形成防火带。

②防火层应采取隔离措施。防火层的衬板应采用经防腐处理且厚度不小于 1.5mm 的钢板，不得采用铝板。

③防火层的密封材料应采用防火密封胶。

④防火层与玻璃不应直接接触，一块玻璃不应跨两个防火分区。

(12)主体结构与幕墙连接的各种预埋件，其数量、规格、位置和防腐处理必须符合设计要求。

(13)幕墙的金属框架与主体结构预埋件的连接、立柱与横梁的连接及幕墙面板的安装必须符合设计要求，安装必须牢固。

(14)单元幕墙连接处和吊挂处的铝合金型材的壁厚应通过计算确定，并不得小于 5.0mm。

(15)幕墙的金属框架与主体结构应通过预埋件连接，预埋件应在主体结构混凝土施工时埋入，预埋件的位置应准确。当没有条件采用预埋件连接时，应采用其他可靠的连接措施，并应通过试验确定其承载力。

(16)立柱应采用螺栓与角码连接，螺栓直径应经过计算，并不应小于 10mm。不同金属材料接触时应采用绝缘垫片分隔。

(17)幕墙的抗震缝、伸缩缝、沉降缝等部位的处理应保证缝的使用功能和饰面的完整性。

(18)幕墙工程的设计应满足维护和清洁的要求。

(二)主控项目

(1)玻璃幕墙工程所使用的各种材料、构件和组件的质量,应符合设计要求及国家现行产品标准和工程技术规范的规定。

检验方法:检查材料、构件、组件的产品合格证书、进场验收记录、性能检测报告和材料的复验报告。

(2)玻璃幕墙的造型和立面分格应符合设计要求。

检验方法:观察;用尺量检查。

(3)玻璃幕墙使用的玻璃应符合下列规定

①幕墙应使用安全玻璃,玻璃的品种、规格、颜色、光学性能及安装方向应符合设计要求。

②幕墙玻璃的厚度不应小于6.0mm。全玻幕墙肋玻璃的厚度不应小于12mm。

③幕墙的中空玻璃应采用双道密封。明框幕墙的中空玻璃应采用聚硫密封胶及定基密封胶;镀膜面应在中空玻璃的第2或第3面上。

④幕墙的夹层玻璃应采用聚乙烯醇缩丁醛(PVB)胶片干法加工合成的夹层玻璃。点支承玻璃幕墙夹层玻璃的夹层胶片(PVB)厚度不应小于0.76mm。

⑤钢化玻璃表面不得有损伤;8.0mm以下的钢化玻璃应进行引爆处理。

⑥所有幕墙玻璃均应进行边缘处理。

检验方法:观察;用尺量检查;检查施工记录。

(4)玻璃幕墙与主体结构连接的各种预埋件、连接件、紧固件必须安装牢固,其数量、规格、位置、连接方法和防腐处理应符合设计要求。

检验方法:观察;检查隐蔽工程验收记录和施工记录。

(5)各种连接件、紧固件的螺栓应有防松动措施;焊接连接应符合设计要求和焊接规范的规定。

检验方法:观察;检查隐蔽工程验收记录和施工记录。

(6)隐框或半隐框玻璃幕墙,每块玻璃下端应设置两个铝合金或不锈钢托条,其长度不应小于100mm,厚度不应小于2mm,托条外端应低于玻璃表面2mm。

检验方法:观察;检查施工记录。

(7)明框玻璃幕墙的玻璃安装应符合下列规定

①玻璃槽口与玻璃的配合尺寸应符合设计要求和技术标准的规定。

②玻璃与构件不得直接接触,玻璃四周与构件凹槽底部应保持一定的空隙,每块玻璃下部应至少放置两块宽度与槽口宽度相同、长度不小于100mm的弹性定位垫块;玻璃两边嵌入量及空隙应符合设计要求。

③玻璃四周橡胶条的材质、型号应符合设计要求,镶嵌应平整,橡胶条长度应比边框内槽长1.5%~2.0%,橡胶条在转角处应斜面断开,并应用黏结剂黏结牢固后嵌入槽内。

检验方法:观察;检查施工记录。

(8)高度超过4m的全玻幕墙应吊挂在主体结构上,吊夹具应符合设计要求,玻璃与玻璃、玻璃与玻璃肋之间的缝隙,应采用硅酮结构密封胶填嵌严密。

检验方法:观察;检查隐蔽工程验收记录和施工记录。

(9)点支承玻璃幕墙应采用带万向头的活动不锈钢爪,其钢爪间的中心距离应大于250mm。

检验方法:观察;用尺量检查。

(10)玻璃幕墙四周、玻璃幕墙内表面与主体结构之间的连接节点、各种变形缝、墙角的连接节点应符合设计要求和技术标准的规定。

检验方法:观察;检查隐蔽工程验收记录和施工记录。

(11)玻璃幕墙应无渗漏。

检验方法:在易渗漏部位进行淋水检查。

(12)玻璃幕墙结构胶合密封胶的打注应饱满、密实、连续、均匀、无气泡,宽度和厚度应符合设计要求和技术标准的规定。

检验方法:观察;用尺量检查;检查施工记录。

(13)玻璃幕墙开启窗的配件应齐全,安装应牢固,安装位置和开启方向、角度应正确;开启应灵活,关闭应严密。

检验方法:观察;用手扳检查;开启和关闭检查。

(14)玻璃幕墙的防雷装置必须与主体结构的防雷装置可靠连接。

检验方法:观察;检查隐蔽工程验收记录和施工记录。

(三)一般项目

(1)玻璃幕墙表面应平整、洁净;整幅玻璃的色泽应均匀一致;不得有污染和镀膜损坏。

检验方法:观察。

(2)每平方米玻璃的表面质量和检验方法应符合表4-9的规定。

表4-9　每平方米玻璃的表面质量和检验方法

项次	项目	质量要求	检验方法
1	明显划伤和长度>100mm的轻微划伤	不允许	观察
2	长度≤100mm的轻微划伤	≤8条	用钢尺检查
3	擦伤总面积	≤500mm^2	用钢尺检查

(3)一个分格铝合金型材的表面质量和检验方法应符合表4-10的规定。

表4-10　一个分格铝合金型材的表面质量和检验方法

项次	项目	质量要求	检验方法
1	明显划伤和长度>100mm的轻微划伤	不允许	观察
2	长度≤100mm的轻微划伤	≤2条	用钢尺检查
3	擦伤总面积	≤500mm^2	用钢尺检查

(4)明框玻璃幕墙的外露框或压条应横平竖直,颜色、规格应符合设计要求,压条安装应牢固。单元玻璃幕墙的单元拼缝或隐框玻璃幕墙的分格玻璃拼缝应横平竖直、均匀一致。

检验方法:观察;用手扳检查;检查进场验收记录。

(5)玻璃幕墙的密封胶缝应横平竖直、深浅一致、宽窄均匀、光滑顺直。

检验方法:观察;用手摸检查。

(6)防火、保温材料填充应饱满、均匀,表面应密实、平整。

检验方法:检查隐蔽工程验收记录。

(7)玻璃幕墙隐蔽节点的遮封装修应牢固、整齐、美观。

检验方法:观察;用手扳检查。

(8)明框玻璃幕墙安装的允许偏差和检验方法应符合表4-11的规定。

表4-11 明框玻璃幕墙安装的允许偏差和检验方法

项次	项目		允许偏差(mm)	检验方法
1	幕墙垂直度	幕墙高度≤30m	10	用经纬仪检查
		30m<幕墙高度≤60m	15	
		60m<幕墙高度≤90m	20	
		幕墙高度>90m	25	
2	幕墙水平度	幕墙幅宽≤35m	5	用水平仪检查
		幕墙幅宽>35m	7	
3	构件直线度		2	用2m靠尺和塞尺检查
4	构件水平度	构件长度≤2m	2	用水平仪检查
		构件长度>2m	3	
5	相邻构件错位		1	用钢直尺检查
6	分格框对角线长度差	对角线长度≤2m	3	用钢尺检查
		对角线长度>2m	4	

(9)隐框、半隐框玻璃幕墙安装的允许偏差和检验方法应符合表4-12的规定。

表4-12 隐框、半隐框玻璃幕墙安装的允许偏差和检验方法

项次	项目		允许偏差(mm)	检验方法
1	幕墙垂直度	幕墙高度≤30m	10	用经纬仪检查
		30m<幕墙高度≤60m	15	
		60m<幕墙高度≤90m	20	
		幕墙高度>90m	25	
2	幕墙水平度	层高≤3m	3	用水平仪检查
		层高>3m	5	
3	幕墙表面平整度		2	用2m靠尺和塞尺检查
4	板材立面垂直度		2	用垂直检测尺检查
5	板材上沿水平度		2	用1m水平尺和钢直尺检查
6	相邻板材板角错位		1	用钢直尺检查
7	阳角方正		2	用直角检测尺检查
8	接缝直线度		3	拉5m线,不足5m拉通线,用钢直尺检查
9	接缝高低差		1	用钢直尺和塞尺检查
10	接缝宽度		1	用钢直尺检查

复习思考题

1. 在建筑装饰工程中，常用的玻璃材料有哪些?
2. 玻璃应如何裁割?
3. 门窗玻璃怎样安装?
4. 厚玻璃装饰门怎样安装?
5. 玻璃砖隔墙应怎样施工?
6. 装饰玻璃镜应怎样安装?
7. 玻璃幕墙应怎样安装?

第五章

吊顶与轻质隔墙工程

吊顶与轻质隔墙多用于室内墙面和顶棚。内墙采用轻质隔墙能起分隔空间的作用，对浴室、厨房等房间还能起防潮、防火的作用；顶棚采用吊顶，具有防寒、保温和隔声作用，还为灯具、管道的安装创造了遮挡条件。

第一节 吊顶与轻质隔墙常用材料和机具

一、吊顶与轻质隔墙饰面的常用材料

（一）人造板

人造板有压型板、层压板和夹芯板三种基本形式。压型板是由一种基本材料如纤维或松散材料用胶粘剂粘合成形的板材，如纤维板、木丝板和刨花板等；层压板是用相同或不同的薄板材料，分层用胶粘剂黏结压合的板材，如胶合板等；夹芯板则是以一种材料作为芯材，两面用其他材料作为面层的板材，如各种细木工板等。

1. 胶合板

胶合板是将三层或多层木质单板，按每层板的纤维方向互相垂直的原则胶合而成的薄板。

2. 纤维板

纤维板按容重分为硬质纤维板（容重大于 800kg/m^3）、半硬质纤维板（400 ~ 800kg/m^3）和软质纤维板（小于 400kg/m^3）。

3. 木丝板

木丝板具有吸声、保温和隔热等特性。

4. 刨花板

刨花板是用木材加工的废料经加工压制而成的板材，多用于顶棚饰面。

5. 细木工板

细木工板是利用木材边角小料，经过刨光、施胶、拼接、贴面而成的一种人造板材，贴面多用胶合板、纤维板等。

6. 印刷木纹板

印刷木纹板又名“装饰人造板”，是在人造板表面印上各种花纹（如木纹等）制成的。

这种板的优点是不需任何贴面材料，适用于胶合板、硬质纤维板、刨花板的表面处理。

（二）装饰吸声板

1. 钙塑装饰板

钙塑装饰板，又称“钙塑泡沫装饰吸声板”，分一般板和难燃板两种，表面有各种凸凹图案或穿孔图案。它具有质轻、吸声、隔热、耐水及施工方便等特点。

2. 纤维装饰板

纤维装饰板，又称“纤维装饰吸声板”，分软质和硬质两种。软质纤维装饰板是用软质纤维板根据需要尺寸锯割后将表面加工处理而成的；硬质纤维装饰板则是用硬质纤维板经板面钻孔，形成各种图案。硬质纤维装饰板质地坚硬，吸声和防水性能良好，经久耐用，施工方便，其表面可以喷涂各种花色油漆、涂料，装饰效果更佳。

（三）石膏装饰板

石膏装饰板是以石膏为主要原料，加入纤维及适量添加剂加工而成。分有纸面与无纸面两种，前者系在石膏板上，用特制板纸护面，以加强板的强度。这种板表面裱糊壁纸，制成贴面石膏装饰板。

（四）塑料板

1. 聚氯乙烯塑料装饰板

聚氯乙烯塑料装饰板是以聚氯乙烯树脂与稳定剂、色料等经捏和、混炼、拉片、切粒、挤出成型而成。它表面光滑、色彩鲜艳，具有防水、耐腐蚀等性能。

2. 塑料贴面复合板

塑料贴面复合板是用专用纸浸渍高压三聚氰胺树脂、酚醛树脂、经热压制成的贴面，覆于胶合板、纤维板等基材上而成。它具有一定的耐磨、耐热、耐污染、耐腐蚀等优点。

（五）铝合金装饰板

铝合金装饰板具有质量轻、不燃烧、耐腐蚀、施工方便、装饰华丽等优点，适用于公共建筑室内外装饰饰面。目前，产品规格主要有开放式、封闭式、波浪式、重叠式条板和藻井式、内圆式、龟板式块板吊顶等。其颜色有本色、古铜色、金黄色、茶色，表面处理有阳极电化和烤漆等形式。

（六）其他装饰板

1. 珍珠岩装饰板

珍珠岩装饰板，又名珍珠岩石膏装饰吸声板，是以膨胀珍珠岩及石膏为主要原料，配以其他辅料及胶粘剂加工而成。其表面可喷涂各种涂料，具有质轻、美观、吸声隔热等特点。

2. 聚苯乙烯泡沫塑料装饰板

聚苯乙烯泡沫塑料装饰板是以可发性聚苯乙烯泡沫塑料制成。有凸型、凹型、十字等花纹图案，具有隔声、隔热、保温、保冷、质轻、色白等优点。

3. 矿棉装饰板

矿棉装饰板是以矿渣为主要材料，加入少量胶粘剂经加压烘干、饰面而成。具有防火、吸声、质轻、保温、施工方便等特点，适用于有吸声、隔声、保温、隔热等要求的室内饰面之用。

4. 玻璃棉装饰板

玻璃棉装饰板是以玻璃棉加胶粘剂，经热压成型加工而成。特点和用途与矿棉装饰板相同。

5. 岩棉板

岩棉板是以精选的玄武岩为主要原料，经高温熔融加工制成的人造无机纤维（即岩棉）中加入特制的胶粘剂，经过加工，即可制成岩棉板。它具有质轻、导热系数小、吸声性能好、不燃、化学稳定性好等特点。

6.TK 板

TK 板是中碱玻璃纤维、短石棉、低碱度水泥平板的简称。是以低碱度水泥、中碱玻璃纤维、五级短石棉为原料，在圆网抄取机上制作而成。它是一种薄型、轻质、多功能的饰面板材，其强度、刚度、吸水率、防火、隔音等性能比纤维板和胶合板好。TK 板表面平整，耐燃烧、耐湿性好，不腐不蛀，可锯可钉，干湿变化不变形，可以涂刷各种涂料，也可漆出各种美丽的图案。

二、吊顶与轻质隔墙施工常用的连接材料

（一）固结材料

吊顶与轻质隔墙饰面安装常用的固接材料，除有圆钉、扁头钉、各种木螺丝钉外，还有直接固结于硬质基体（砖、混凝土）上所采用的水泥钉、射钉和金属胀锚螺栓，固结于轻钢龙骨或铝合金龙骨的自攻螺钉，固结于轻质板材（如加气混凝土）基体的塑料胀锚螺栓等。

1. 水泥钉

水泥钉，又称"钢钉"，是一种可以直接钉入混凝土、砖墙等基层的手工固结材料。它适用于装钉较薄的装饰板。

2. 自攻螺钉

自攻螺钉是将吊顶与轻质隔墙固结于轻钢龙骨或铝合金龙骨上的连接件。

3. 射钉

射钉是利用射钉枪子弹内火药燃烧释放的能量，直接钉入钢铁、混凝土或砖砌体等硬质基层中的固结件。

4. 胀锚螺栓

胀锚螺栓是利用电钻钻孔后安装在各种基层中，它可以以其自锚性能来代替预埋螺栓。施工非常简便，锚固能力也很强。有聚乙烯、聚丙烯塑料胀锚螺栓和金属胀锚螺栓等。

（二）胶粘剂

1. 聚氯乙烯胶粘剂（601 胶）

聚氯乙烯胶粘剂系属硬质，适用于把塑料板黏结在混凝土或水泥砂浆基层上，使用方便，黏结力强。

2. 聚醋酸乙烯胶粘剂

聚醋酸乙烯胶粘剂是醋酸乙烯与丙稀酸丁脂在甲醇溶剂中共聚而成的无色透明状黏稠液，干燥快、黏结强度高。适用于木材面与装饰板面的黏结。

3.XY401 橡胶胶粘剂

XY401 橡胶胶粘剂是将氯丁橡胶与酚醛树脂经混合搅拌后，溶解于乙酸乙酯和汽油的混合液中而成。适用于橡胶与橡胶、金属、木材、混凝土、玻璃等多种材料的黏结，其黏

结性能优越，施工操作简单，固化速度快。

三、吊顶与轻质隔墙施工的常用机具

吊顶与轻质隔墙装饰品种繁多，因此常用的机具也较多。一般手工工具有木质材料作业的框锯、单刃刀锯、双刃刀锯、夹背刀锯、侧锯、钢丝锯和多用刀等锯割工具，以及平刨、边刨、槽刨、线刨等刨削工具，还有划线工具及量具，如划线笔、墨针、量尺、角尺、水平尺、线锤等，其他如羊角锤、平头锤、起钉器及螺丝刀等。常用机械有手电钻、电锤、砂轮机等，此外，还有专用的小型无齿锯和电动螺丝刀等机械。

第二节　吊顶与轻质隔墙骨架的安装

吊顶与轻质隔墙罩面板根据设计要求不同，有安装和镶贴两种，有的直接镶贴于墙面基体上，但绝大部分采用木或轻钢和铝合金骨架进行组装。

一、木骨架的安装

（一）墙面木骨架（墙筋）的安装

安装轻质隔墙罩面板，无论是整体罩面、墙裙或门窗洞口筒子板等，都应按设计要求的位置，在墙体结构施工时，预先埋入经过防腐处理的木砖，中距一般为 50cm，以便固定墙筋。墙筋的间距应按轻质隔墙罩面板的长、宽规格尺寸安装，一般宜在 40 ~ 60cm 之间，墙筋与轻质隔墙罩面板的接触面应刨光，并应涂刷防腐剂。

墙筋安装前，先在墙上弹线分档。墙筋与墙体接触面要垫实，表面要平整，靠墙的一面一般应干铺一层油毡防潮。先安装墙上下端两行墙筋，用长托线板或线锤将上下端两行墙筋靠平吊垂直后，用钉子将墙筋与木砖钉牢。以此为依据，再安装其他各行墙筋，使墙筋表面在同一个垂直面上，以确保轻质隔墙罩面板安装时接缝平整，表面垂直。

结构施工时，如没有预埋防腐木砖，砖墙可加钉防腐硬木楔。方法是先用电锤钻孔，孔径不小于 20mm，深度不小于 60mm。然后钉木楔，间距应在 40cm 以下，钉紧的木楔应将突出墙面的木楔锯平，然后安装墙筋。混凝土墙，可用电锤钻孔后，下 $\phi 6$ 的胀杆螺栓，其间距 80cm 左右，然后墙筋按螺栓位置钻孔，安装墙筋的螺栓端头应沉入墙筋下 5mm，亦可用螺纹射钉固定墙筋。

（二）吊顶木骨架的安装

1. 屋架下面做顶棚

这种顶棚是由主梁、搁栅、吊杆组成。施工时先根据顶棚的设计标高，沿墙四周弹一道墨线，作为顶棚四周的水平线，7 ~ 10m 跨度按 3/1 000 起拱，10 ~ 15m 跨度按 5/1 000 起拱。沿墙方向预埋木砖，间距 1m 左右。

在屋架下面安装主梁时，将保温顶棚的主梁悬吊在桁架下弦的节点上，顶棚搁栅（小龙骨）固定在主梁上，如图 5-1 所示。非保温顶棚可沿顶棚直接悬吊在桁架下弦上。

主梁用 5cm × 7cm 方木（大开间用 6cm × 10cm）或 6mm × 60mm ~ 7mm × 70mm 角钢，间

距为 1~1.5m，搁栅用 4cm×4cm 或 4cm×6cm 方木，间距为 0.4~0.5m，搁栅底面应刨平、刨光，并位于同一标高，搁栅的接头以及断裂、大节疤处均需用双面夹板夹住，且应错开使用。

保温顶棚的吊杆宜用圆钢，非保温顶棚可用木吊杆，但应采用不易劈裂的干燥木材，间距为 1m 左右。

2. 楼板下面做顶棚

这种顶棚是由吊筋、主梁和搁栅三部分组成。施工时先根据顶棚标高，沿墙弹出水平线，作为吊顶的水平依据，并检查墙上预埋木砖和板内预埋钢筋的位置是否正确，顶棚中间应起拱，起拱高度不应小于短跨的 1/200。

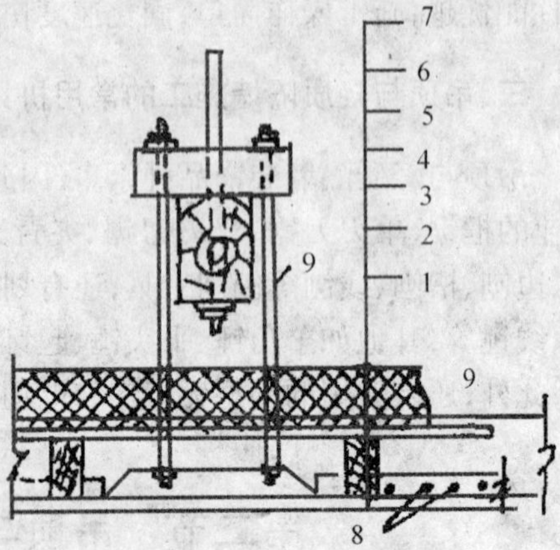

图 5-1　保温顶棚构造图

1—顶棚面层　2—小方木　3—顶棚搁栅　4—顶棚主梁　5—衬板　6—油毡　7—保温层　8—钉子　9—吊杆

主梁间距为 0.6~1m，截面用 40mm×(40~60)mm，用 φ4 镀锌铁丝绕过预埋钢筋从板缝中穿出，把主梁置于楼板下，摆正间距及位置，逐个用镀锌铁丝绑牢，在主梁之间布置搁栅，搁栅与主梁垂直，搁栅间距为 400~600mm、截面 40mm×40mm 的方木，并与主梁钉牢，沿墙的搁栅钉在墙内预埋木砖上。搁栅要求牢固，表面应顺平。

二、轻钢龙骨的安装

轻钢龙骨是以薄壁镀锌钢带、薄壁冷轧退火卷带为原料，经冷弯或冲压而成。具有自重轻、刚度大、防火、抗震性能好、节约木材、干作业施工简便等特点。轻钢龙骨常用的有 U 型和 T 型吊筋龙骨和 C 型轻质隔墙龙骨等。

表 5-1 和表 5-2 为 U 形轻钢龙骨和 C 形轻钢龙骨主件、配件示意图。

表 5-1　U 形轻钢龙骨主件、配件表

名称	简图	用途
大龙骨		承重龙骨，并固定中、小龙骨
中龙骨	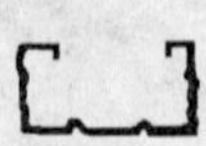	复板骨架
小龙骨	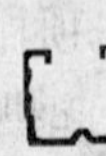	复板骨架
大吊挂件		联系吊杆与承重大龙骨

续表

名称	简图	用途
中吊挂件		联系承重大龙骨与中龙骨
小吊挂件		联系承重大龙骨与小龙骨
大接插件	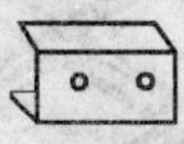	承重大龙骨之间连接
中接插件		中龙骨之间连接
小接插件	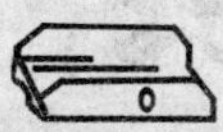	小龙骨之间连接
中挂插件		中龙骨支托
小挂插件		小龙骨支托

表 5-2　C 形轻钢龙骨主、配件表

主件名称	简图	配件名称	简图	配件用途
沿顶沿地龙骨		支撑卡		竖向龙骨加强卡；竖向龙骨与通贯横撑连接件
加强龙骨		卡托		竖向龙骨开口面与横撑连接
竖向龙骨	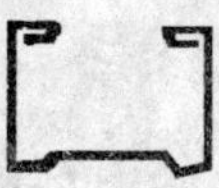	角托	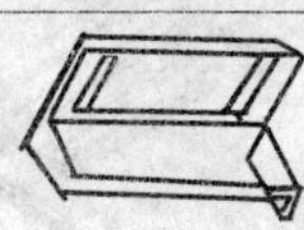	竖向龙骨背面与横撑连接
		通贯横撑连接件		通贯横撑连接
通贯横撑龙骨		加强龙骨固定件		加强龙骨与主件结构连接

(一)吊顶龙骨的安装

吊顶龙骨根据需要,可用U形吊顶龙骨或T形吊顶龙骨。龙骨的主件、配件和有关附件应按设计要求选用,按产品说明书组装。常见的轻钢龙骨吊顶安装,如图5-2和图5-3所示。

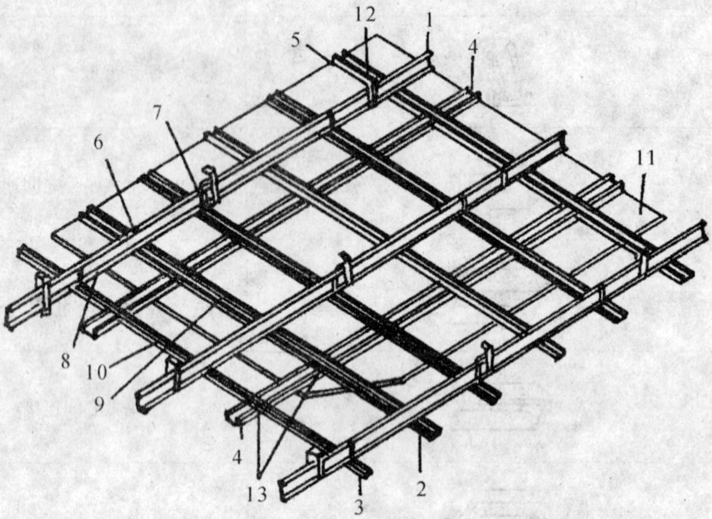

图5-2 U形轻钢龙骨吊顶安装示意图

1—大龙骨 2—中龙骨 3—小龙骨 4—横撑龙骨 5—大吊挂件 6—中吊挂件 7—小吊挂件 8—大接插件 9—中接插件 10—小接插件 11—吊顶与轻质隔墙 12—吊件 13—龙骨支托连接

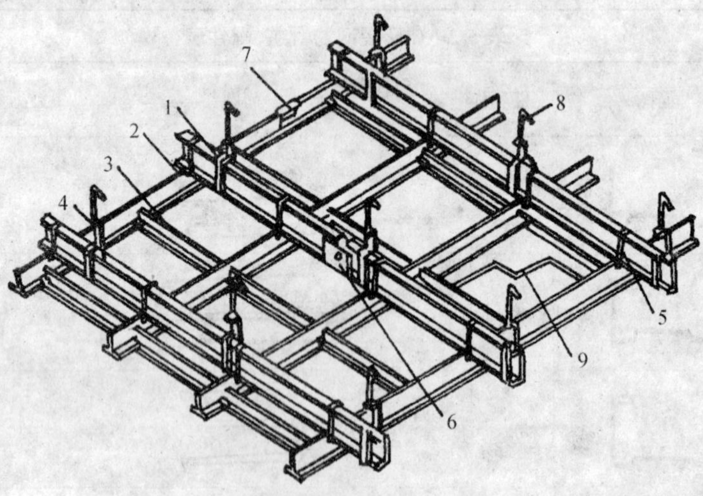

图5-3 T形轻钢龙骨吊顶安装示意图

1—大龙骨 2—中龙骨 3—小龙骨 4—大吊挂件 5—中吊挂件 6—大接插件 7—中接插件 8—吊杆 9—吊顶与轻质隔墙

1. 龙骨安装前的施工准备工作

轻钢吊顶龙骨安装前应根据房间的大小和饰面板材的种类,按照设计要求合理布局,排列出各种龙骨的距离,绘制施工组装平面图。以施工组装平面图为依据,统计并提出各种龙骨、吊杆、吊挂件及其他各种配件的数量，然后用无齿锯分别截取各种轻钢龙骨备用。如为现浇钢筋混凝土楼板，应预先埋设吊筋或吊点铁件，亦可先预埋铁件，以备焊接吊筋用；如为装配式楼板，可在板缝内预埋吊杆或用射钉枪固定吊点铁件，这种方法目前被广泛采用。图5-4为目前常采用的上人吊顶吊点连接法，图5-5为常采用的不上人吊顶吊点连接法。各种龙骨如无电镀层，则应事先将龙骨刷两道防锈漆，其他铁件如吊杆等亦须同样处理。

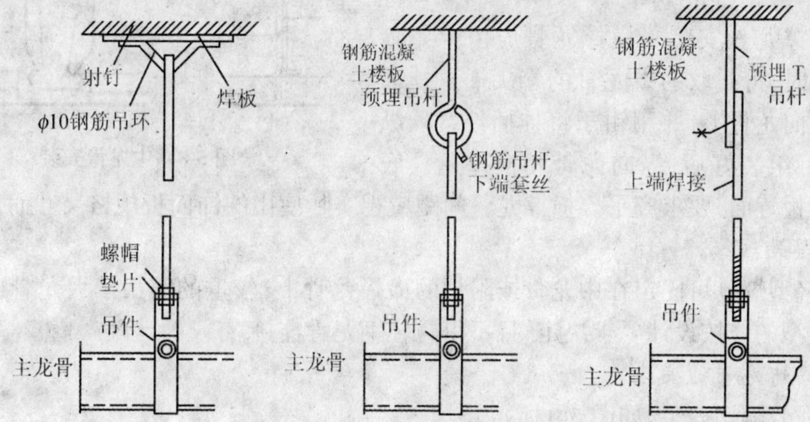

图5-4　上人吊顶吊点

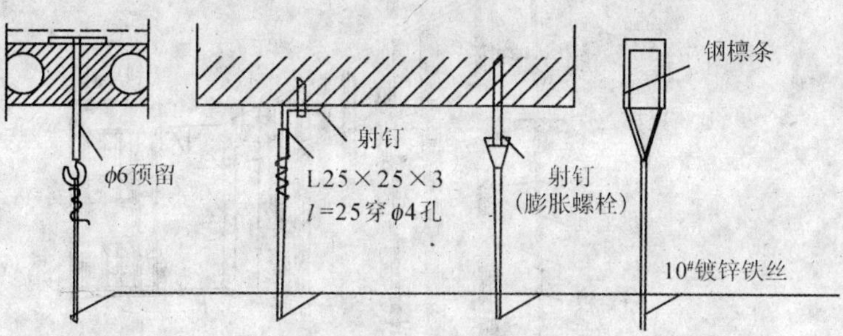

图5-5　不上人吊顶吊点

2. 吊杆安装

吊杆用ϕ6～10mm钢筋制作，上人吊顶吊杆间距一般为900～1 200mm，不上人吊顶吊杆间距一般为1 200～1 500mm。安装前，应先按龙骨的标高沿房屋四周在墙上弹出水平线，再按龙骨的间距弹出龙骨中心线，找出吊杆中心点，计算好吊杆的长度，将吊杆上端焊接固定在预埋件上（不设预埋件的则按吊点中心用射钉枪射钉固定吊杆），下端套丝，并配好螺帽，以便与主龙骨连接。

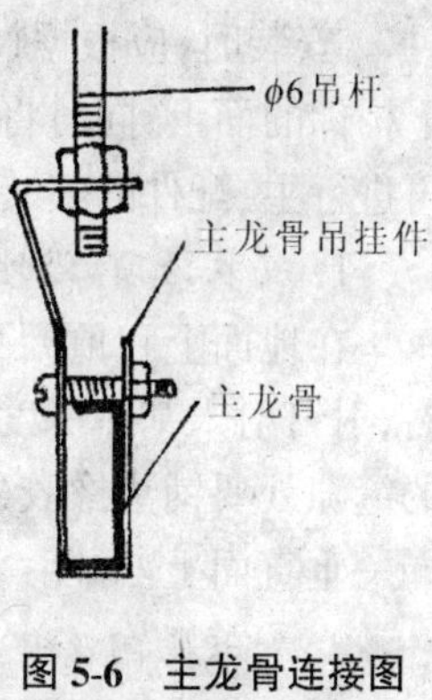

图5-6　主龙骨连接图

3. 龙骨安装

(1)主龙骨安装　用吊挂件将主龙骨连接在吊杆上，拧紧螺丝卡牢，如图5-6所示，然后以一个房间为单位，将大龙骨调整平直。调整方法可用6cm×6cm方木按主龙骨间距钉圆钉，将主龙骨卡住并临时固定。方木两端要顶到墙上或梁边，再按十字和对角拉线，拧动吊杆螺栓，升降调平，如图5-7所示。调平时，一般可按3/1 000起拱。

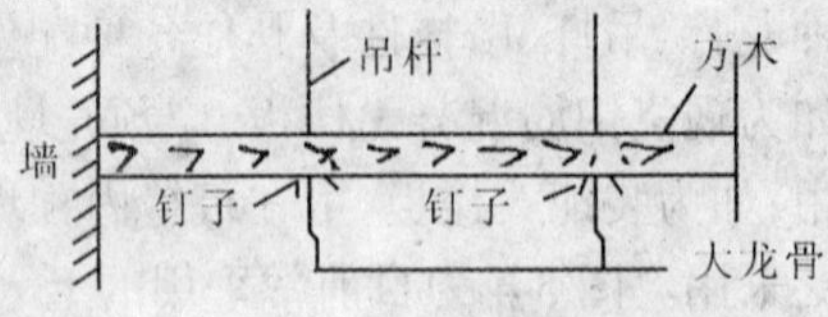

图 5-7 主龙骨固定调平示意图

(2)中龙骨安装　中龙骨垂直于主龙骨，在交叉点用中龙骨吊挂件将其固定在主龙骨上，吊挂件上端搭在主龙骨上，挂件U形腿用钳子卧入龙骨内，如图5-8所示。

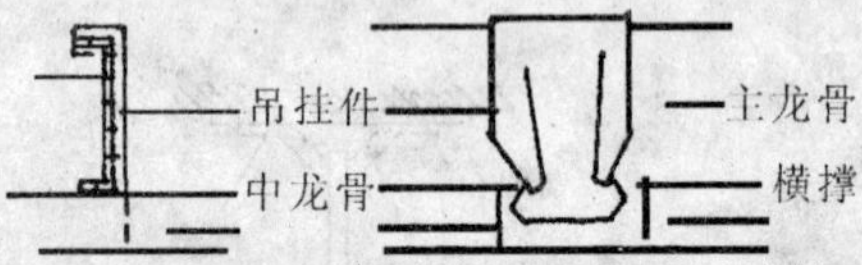

图 5-8 中龙骨安装

(3)横撑龙骨安装　横撑龙骨应由中龙骨截取，安装时，将截取的中龙骨的端头插入挂插件，扣在纵向龙骨上，并用钳子将挂插件弯入纵向龙骨内。组装好后，纵向龙骨和横撑龙骨底面(即饰面板背面)要求齐平。横撑龙骨间距应视实际使用的饰面板规格尺寸而定。

4. 灯具处理

一般轻型灯具可固定在中龙骨或附加的横撑龙骨上；较重的需吊于大龙骨或附加大龙骨上；重型的应按设计要求决定，且不得与轻钢龙骨连接。

(二)隔墙龙骨的安装

轻钢龙骨隔墙安装，如图5-9所示。

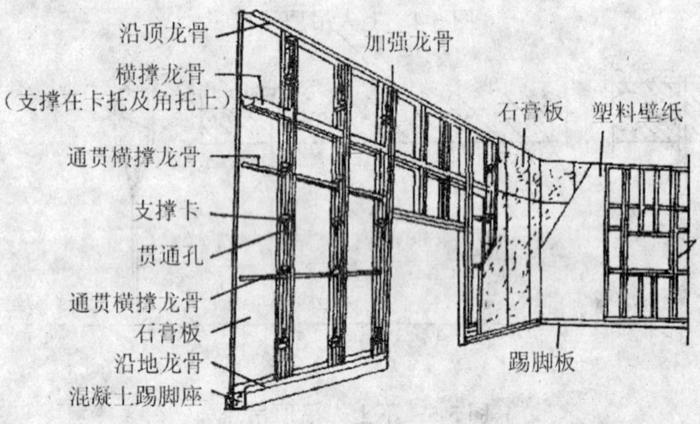

图 5-9 隔墙龙骨安装示意

安装时，应根据设计要求在楼(地)面上弹出隔墙位置线，并引测到隔墙的两端和上下构件的面上，同时将门洞位置、竖向龙骨位置在隔墙的上下处分别标出来，作为基准线，再进行主、配件的安装。

1. 安装沿顶、沿地龙骨

在地面上和顶棚下按设计标高分别摆好沿地和沿顶龙骨，用射钉固定，钉距80cm左右，射钉射入基体深度为：混凝土基体20～30mm，砖墙基体30～50mm。龙骨与地面、顶面的缝隙处要铺垫橡胶条或沥青泡沫塑料条。龙骨安装要求横平竖直，沿地、沿顶龙骨应在同一垂直面上。

2. 安装竖向龙骨

竖向龙骨的间距根据吊顶与轻质隔墙的实际尺寸而定，并要符合设计要求。竖向龙骨与沿地、沿顶龙骨一般用铆钉固定，与基体采用射钉固定，也可采用电钻钻孔，用膨胀螺栓固定，或在基体上留预埋铁件固定。门窗洞口处应采用加强龙骨，如门窗较大时，可在洞口处上下加斜撑，以加强洞口刚度。

3. 安装横撑

横撑龙骨的间距应根据设计要求并结合轻质隔墙罩面板的实际尺寸而定。横撑龙骨与竖向龙骨的连接方法有三种，即在竖向龙骨上安装支撑卡与横撑龙骨连接；在竖向龙骨背面安装角托与横撑连接；在竖向龙骨开口面安装卡托与横撑连接。

4. 安装墙内管线

当隔墙龙骨主件、配件安装完毕后，应在吊顶与轻质隔墙铺钉前敷设墙内管线，并填装墙内的保温材料。墙内管线安装时，应加强龙骨的保护工作，并要求墙内管线与轻质隔墙罩面板间应留有一定的间隙。

第三节　吊顶与轻质隔墙罩面板的安装

一、人造板罩面的安装

人造板多安装在木骨架上，一般采用钉子、木螺钉、木压条固定。在现场先将大规格的人造板加工成设计要求的板块，做到四角方正、板边平直。有吸音要求的板块需按孔距钻孔，应孔径一致、孔间距相等，孔的排列要符合设计要求。

人造板罩面安装前，应在龙骨表面拉通线。板面设计为明缝时，缝的宽窄一致，横平竖直；板面设计为压条盖缝时，木压条应刨光起线，分格要方正，接头要严密。

（一）胶合板的安装

安装胶合板的基体表面，如用油毡、油纸防潮时，应铺设平整，搭接严密，不得有皱折、裂缝和透孔等。

胶合板用钉子固定时，其钉距不能过大，以防止铺钉的胶合板不牢固而出现翘曲、起鼓等现象。钉距为80～150mm，钉长为20～30mm，钉帽不得外露，以防生锈。要求钉帽打扁并进入板面0.5～1mm，钉眼处用油性腻子抹平。

胶合板应在木龙骨上接缝，如设计为明缝且缝隙设计无规定时，缝宽以8～10mm为宜，以便适应面板有微量伸缩的可能。缝隙可做成方形，如图5-10(*a*)所示；也可做成三角形，如图5-10(*b*)所示；如缝隙无压条，则木龙骨看面应刨光，以使看缝美观。当装饰要求高时，接缝处可钉制木压条或嵌金属压条，如图5-10所示。

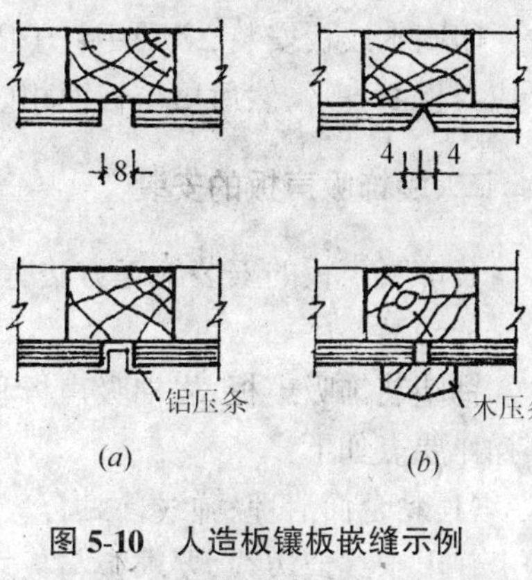

图5-10　人造板镶板嵌缝示例

墙面安装胶合板时，其阳角处应覆盖胶合板或做护角，以防止板边楞角损坏，并能增强装饰效果，护角可采用图5-11所示的形式。

墙板安装胶合板，其阴角处应安装装饰木压条，以增强装饰效果，如不安装木压条，则应使看面不露板边，如图5-12所示。

（二）纤维板的安装

纤维板安装方法与胶合板安装基本相同，但硬质纤维板安装前应用水浸透、晾干、表面无明水后方可安装。因为未经浸水处理的硬质纤维板，有湿胀、干缩的性能，能吸收空气中的水分，从而造成纤维板安装后起鼓、翘角等。如将其提前浸水膨胀，安装后由于钉子已固定则无法伸胀，在空气中逐渐干燥，微有收缩，使板面绷得更紧，板面显得较平整。工地上，可采取隔天浸水、晚上晾干、第二天使用的方法。硬质纤维板浸水时，四边易起毛，板的强度降低，为此，要适当控制浸水的时间，搬运时要轻拿轻放，尽量减少摩擦。纤维板如采用钉子固定，其钉距为 80～120mm，钉长 20～30mm 较适合。其他与胶合板安装相同。

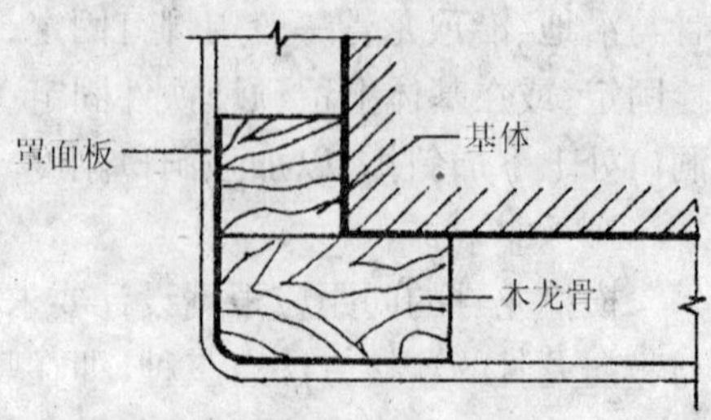

图 5-11　阳角护角

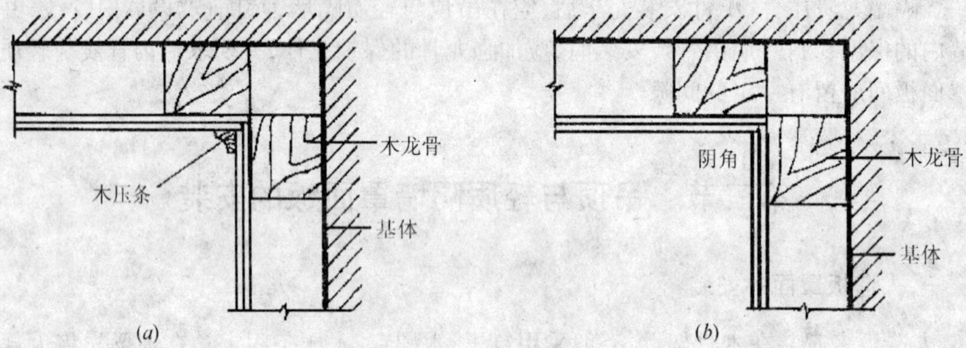

图 5-12　阴角处理

（a）安装木压条　（b）不安装木压条

（三）木丝板、刨花板和细木工板的安装

木丝板、刨花板和细木工板等人造板安装时，一般多用压条固定，其板与板间隙要求 3～5mm。如不采用压条固定而采用钉子固定时，最好采用半圆头木螺钉，并加垫圈，钉距 100～120mm。钉距应一致，纵横成线，以提高装饰效果。

印刷木纹板安装，多采用钉子固定法，钉距不大于 120mm。为防止破坏板面装饰，钉子应与板面齐平，然后用与板面相同颜色的油漆涂饰。

二、装饰吸声板的安装

装饰吸声板的安装施工方法有以下两种：

（一）黏合法

钙塑装饰吸声板、岩棉吸声板和聚苯乙烯泡沫塑料装饰板等可使用黏结剂黏合安装。其操作要点如下：

（1）黏合面清理、弹线　黏合法粘贴罩面板前，应在小龙骨（木或轻钢龙骨）的下口光面上弹出中线或边线，要求板与板之间的缝宽一致，黏合板面时要按弹线施工。刷胶前，要认真清理龙骨和罩面板的黏合面。金属黏合面应将表面锈污用砂布磨除，非金属材质需将表面脱膜剂、浮灰等打磨干净，油污应用甲醇、丙酮或汽油等溶剂擦洗干净。

(2)板材挑选、修整　钙塑装饰板等罩面板目前常存在厚薄不一、板面光滑度不够，有皱纹、坑洼、麻点、翘曲等现象。因此，板材应认真地挑选，并将板的飞边裁切成一致的规格。按周围平边的尺寸做定型的扁铁框，将扁铁框套在装饰板上并与操作平台用钢筋卡子卡牢，再用刀沿扁铁框裁齐。

(3)刷胶、黏合　刷胶时，先刷龙骨，接着刷罩面板背面，都要刷两遍，每遍都应在温度适宜、相对湿度不大于70%的条件下干燥5~10min。将罩面板对准龙骨上的线依次安装，用手将板四周与龙骨均匀托压一遍，然后用小木条再托压一遍，将板粘牢固。为确保缝隙一致，可用钉子将木条或十字条对准龙骨上的十字交叉点作临时固定，待罩面板粘好后，再将木条拆除。

(4)U形钉锚固　罩面板用胶粘剂黏合后，为使罩面板与龙骨黏合得更牢固，可采用以空气压缩机为动力，用射钉机射U形钉锚固，将罩面板稳固在基层上，一般每边不少于2处。采用这种方法，胶粘剂可先间断黏合，大规格板每边不少于3处，小规格每边2处，每处大约刷40mm长。

(二)钉子固定法

纤维装饰板、珍珠岩装饰板、矿棉装饰板等一般都用钉子固定安装。钙塑装饰板亦可用钉子固定安装。

1. 一般要求

用钉子固定装饰板，可采用圆钉、扁头钉、木螺钉(木龙骨)和自攻螺钉(轻钢龙骨)等。为防止明露的钉帽生锈，应采用经过镀锌等防锈处理的钉子。用钉子固定操作时不得污染或损坏装饰板表面。

2. 安装操作要点

用钉子固定安装装饰板，应在小龙骨的下口光面上弹出中线或边线。钉子固定有以下几种方法：

(1)钉子固定　直接用钉子固定时，钉距一般不大于150mm，钉帽应与板面齐平。

(2)塑料装饰小花固定　采用塑料装饰小花或塑料垫圈固定，不仅牢固，而且可增强装饰效果。塑料托花应用木螺钉或自攻螺钉拧固托于四块装饰板的交角处。为防止板面翘曲、空鼓等，应在塑料托花或塑料垫圈之间，沿板边等距离加钉固定。

(3)压条固定　装饰板也可用压条固定，目前用的压条品种很多，有木压条、金属压条、硬塑料压条等。使用木压条时，木材必须干燥，以防变形。各种压条用钉固定拉应通线，安装后应平直，接口要严密，不得翘曲。

三、石膏装饰板的安装

(一)石膏平板、穿孔石膏板及半穿孔吸声石膏板的安装

1. 钉固法安装

螺钉与板边距离应不小于15mm，螺钉间距以150~170mm为宜，均匀布置，并与板面垂直。钉头嵌入石膏板深度以0.5~1mm为宜，钉帽应涂刷防锈涂料，并用石膏腻子抹平。

2. 黏结法安装

胶粘剂应涂抹均匀、粘实粘牢、不得漏涂。

(二)深浮雕嵌装式装饰石膏板安装

(1)板材与龙骨系列配套。

(2)板材安装应确保企口的相互咬接及图案花纹的吻合。

(3)板与龙骨嵌装时,应防止相互挤压过紧或脱挂。

(三)纸面石膏板安装

(1)板材应在自由状态下进行固定,防止出现弯曲、凸鼓现象。

(2)纸面石膏板的长边应沿纵向次龙骨铺设。

(3)自攻螺钉与纸面石膏板边距离:面纸包封的板边以 10 ~ 15mm 为宜,切割的板边以 15 ~ 20mm 为宜。

(4)固定石膏板的次龙骨间距一般不应大于 600mm。在南方潮湿地区,间距应适当减小,以 300mm 为宜。

(5)钉距以 150 ~ 170mm 为宜,螺钉应与板面垂直,弯曲、变形的螺钉应剔除,并在相隔 50mm 的部位另安螺钉。

(6)安装双层石膏板时,面层板与基层板的接缝应错开,不得在同一根龙骨上接缝。

(7)石膏板的接缝,应按设计要求进行板缝处理。

(8)纸面石膏板与龙骨固定,应从一块板的中间向四边固定,不得多点同时作业。

(9)螺钉头宜略埋入板面,并不使纸面破损,钉眼应作除锈处理并用石膏腻子抹平。

(10)拌制石膏腻子,必须用清洁水和清洁容器。

四、塑料板罩面的安装

(一)黏结法

聚氯乙烯塑料装饰板多采用聚氯乙烯胶粘剂(601 胶)或聚醋酸乙烯胶黏结。要求粘贴板材的水泥砂浆基层必须坚硬平整、洁净,含水率不得大于 8%。基层表面如有麻面,宜采用乳胶腻子修理平整,再用乳胶水溶液涂刷一遍,以增强黏结力。粘贴前,基层表面应按分块尺寸弹线预排,涂胶应用橡皮刮板或短毛板刷同时在墙面和塑料板背面涂刷,不应有漏刷。涂胶后待胶液流动性显著消失,用手接触胶层感到黏性较大时,即可粘贴。黏粘后,应采取临时固定措施,同时将挤压在板缝中的多余胶液刮除、将板面擦净。

(二)钉结法

安装塑料贴面复合板,多采取先钻孔,再用木螺钉加垫圈固定,也可以采取金属压条固定。木螺钉钉距一般为 400 ~ 500mm,钉帽应排列整齐。当采用金属压条时,应拉横竖通线找直,并应先用钉子将塑料贴面复合板临时固定,然后加盖金属压条,用垫圈找平。

五、铝合金装饰板的安装

铝合金装饰板可用来装饰墙面和顶棚。当用铝合金装饰板装饰墙面时,可以用螺钉直接固定在结构层上,也可用锚固件悬挂或嵌卡的方法,将装饰板固定在轻钢龙骨上。当用铝合金装饰板吊顶时,一般用 φ6 吊杆固定吊挂件和金属挂钩搁栅,金属挂钩搁栅根据装饰面板的形状和尺寸做成各种不同的夹齿，直接固定装饰面板。

第四节　吊顶与轻质隔墙工程的质量标准和检验方法

吊顶与轻质隔墙工程的质量标准与检验方法应符合《建筑装饰装修工程质量验收规范》(GB50210—2001)和《建筑工程施工质量验收统一标准》(GB50300—2001)的相关规定。

一、吊顶工程

(一)一般规定

(1)吊顶工程验收时应检查下列文件和记录

①吊顶工程的施工图、设计说明及其他设计文件。

②材料的产品合格证书、性能检测报告、进场验收记录和复验报告。

③隐蔽工程验收记录。

④施工记录。

(2)吊顶工程应对人造木板的甲醛含量进行复验。

(3)吊顶工程应对下列隐蔽工程项目进行验收

①吊顶内管道、设备的安装及水管试压。

②木龙骨防火、防腐处理。

③预埋件、连接件。

④吊杆安装。

⑤龙骨安装。

⑥填充材料的设置。

(4)同一品种的吊顶工程每50间(大面积房间和走廊按吊顶面积30m^{2}为一间)应划分为一个检验批，不足50间也应划分为一个检验批。

(5)每个检验批应至少抽查10%，并不得少于3间；不足3间时应全数检查。

(6)安装龙骨时，应按设计要求对房间净高、洞口标高和吊顶内管道、设备及其支架的标高进行交接检验。

(7)吊顶工程的木吊杆、木龙骨和木饰面板必须进行防火处理，并应符合有关设计防火规范的规定。

(8)吊顶工程中的预埋件、钢筋吊杆和型钢吊杆应进行防锈处理。

(9)安装饰面前应完成吊顶内管道和设备的调试及验收。

(10)吊杆距主龙骨端部距离不得大于300mm，当大于300mm时，应增加吊杆；当吊杆长度大于1.5m时，应设置反支撑；当吊杆与设备相遇时，应调整并增设吊杆。

(11)重型灯具、电扇及其他重型设备严禁安装在吊顶工程的龙骨上。

(二)暗龙骨吊顶工程

对于以轻钢龙骨、铝合金龙骨、木龙骨等为骨架，以石膏板、金属板、矿棉板、木板、塑料板或格栅等为饰面材料的暗龙骨吊顶工程，其质量应符合下列要求。

1. 主控项目

(1)吊顶标高、尺寸、起拱和造型应符合设计要求。

检验方法:观察;用尺量检查。

(2)饰面材料的材质、品种、规格、图案和颜色应符合设计要求。

检验方法:观察;检查产品合格证书、性能检测报告、进场验收记录和复验报告。

(3)暗龙骨吊顶工程的吊杆、龙骨和饰面材料的安装必须牢固。

检验方法:观察;用手扳检查;检查隐蔽工程验收记录和施工记录。

(4)吊杆、龙骨的材质、规格、安装间距及连接方式应符合设计要求。金属吊杆、龙骨应经过表面防腐处理;木吊杆、龙骨应进行防腐、防火处理。

检验方法:观察;用尺量检查;检查产品合格证书、性能检测报告、进场验收记录和复验报告。

(5)石膏板的接缝应按其施工工艺标准进行板缝防裂处理。安装双层石膏板时,面层板与基层板的接缝应错开,并不得在同一根龙骨上接缝。

检验方法:观察。

2. 一般项目

(1)饰面材料表面应洁净、色泽一致,不得有翘曲、裂缝及缺损。压条应平直、宽窄一致。

检验方法:观察;用尺量检查。

(2)饰面板上的灯具、烟感器、喷淋头、风口篦子等设备的位置应合理、美观,与饰面板的交接应吻合、严密。

检验方法:观察。

(3)金属吊杆、龙骨的接缝应均匀一致,角缝应吻合,表面应平整,无翘曲、锤印。木质吊杆、龙骨应顺直,无劈裂、变形。

检验方法:检查隐蔽工程验收记录和施工记录。

(4)吊顶内填充吸声材料的品种和铺设厚度应符合设计要求,并应有防散落措施。

检验方法:检查隐蔽工程验收记录和施工记录。

(5)暗龙骨吊顶工程安装的允许偏差和检验方法应符合表 5-3 的规定。

表 5-3 暗龙骨吊顶工程安装的允许偏差和检验方法

项次	项目	允许偏差(mm)				检验方法
		纸面石膏板	金属板	矿棉板	木板、塑料板、格栅	
1	表面平整度	3	2	2	2	用 2m 靠尺和塞尺检查
2	接缝直线度	3	1.5	3	3	拉 5m 线,不足 5m 拉通线,用钢直尺检查
3	接缝高低差	1	1	1.5	1	用钢直尺和塞尺检查

(三)明龙骨吊顶工程

对于以轻钢龙骨、铝合金龙骨、木龙骨等为骨架,以石膏板、金属板、矿棉板、木板、塑料板或格栅等为饰面材料的明龙骨吊顶工程,其质量应符合下列要求。

1. 主控项目

(1)吊顶标高、尺寸、起拱和造型应符合设计要求。

检验方法:观察;用尺量检查。

(2)饰面材料的材质、品种、规格、图案和颜色应符合设计要求。当饰面材料为玻璃板时,应使用安全玻璃或采取可靠的安全措施。

检验方法:观察;检查产品合格证书、性能检测报告和进场验收记录。

(3)饰面材料的安装应稳固严密。饰面材料与龙骨的搭接宽度应大于龙骨受力面宽度的2/3。

检验方法:观察;用手扳检查;用尺量检查。

(4)吊杆、龙骨的材质、规格、安装间距及连接方式应符合设计要求。金属吊杆、龙骨应进行表面防腐处理;木龙骨应进行防腐、防火处理。

检验方法:观察;用尺量检查;检查产品合格证书、进场验收记录和隐蔽工程验收记录。

(5)明龙骨吊顶工程的吊杆和龙骨安装必须牢固。

检验方法:用手扳检查;检查隐蔽工程验收记录和施工记录。

2. 一般项目

(1)饰面材料表面应洁净、色泽一致,不得有翘曲、裂缝及缺损。饰面板与明龙骨的搭接应平整、吻合,压条应平直、宽窄一致。

检验方法:观察;用尺量检查。

(2)饰面板上的灯具、烟感器、喷淋头、风口篦子等设备的位置应合理、美观,与饰面板的交接应吻合、严密。

检验方法:观察。

(3)金属龙骨的接缝应平整、吻合、颜色一致,不得有划伤、擦伤等表面缺陷。木质龙骨应平整、顺直、无劈裂。

检验方法:观察。

(4)吊顶内填充吸声材料的品种和铺设厚度应符合设计要求,并有防散落措施。

检验方法:检查隐蔽工程验收记录和施工记录。

(5)明龙骨吊顶工程安装的允许偏差和检验方法应符合表5-4的规定。

表5-4　明龙骨吊顶工程安装的允许偏差和检验方法

项次	项目	允许偏差(mm)				检验方法
		石膏板	金属板	矿棉板	塑料板、玻璃板	
1	表面平整度	3	2	3	2	用2m靠尺和塞尺检查
2	接缝直线度	3	2	3	3	拉5m线,不足5m拉通线,用钢直尺检查
3	接缝高低差	1	1	2	1	用钢直尺和塞尺检查

二、轻质隔墙工程

(一)一般规定

(1)轻质隔墙工程验收时应检查下列文件和记录

①轻质隔墙工程的施工图、设计说明及其他设计文件。

②材料的产品合格证书、性能检测报告、进场验收记录和复验报告。

③隐蔽工程验收记录。

④施工记录。

(2)轻质隔墙工程应对人造木板的甲醛含量进行复验。

(3)轻质隔墙工程应对下列隐蔽工程项目进行验收

①骨架隔墙中设备管线的安装及水管试压。

②木龙骨防火、防腐处理。

③预埋件或连接件。

④龙骨安装。

⑤填充材料的设置。

(4)各分项工程的检验批划分规定:同一品种的轻质隔墙工程每50间(大面积房间和走廊按轻质隔墙的墙面$30m^2$为一间)应划分为一个检验批,不足50间也应划分为一个检验批。

(5)轻质隔墙与顶棚和其他墙体的交接处应采取防开裂措施。

(6)民用建筑轻质隔墙工程的隔声性能应符合现行国家标准《民用建筑隔声设计规范》(GBJ 118)的规定。

(二)板材隔墙工程

对于复合轻质墙板、石膏空心板、预制或现制的钢丝水泥板等板材隔墙工程,检查数量应符合下列规定:每个检验批应至少抽查10%,并不得少于3间;不足3间时应全数检查。其质量应符合下列要求。

1. 主控项目

(1)隔墙板材的品种、规格、性能、颜色应符合设计要求。有隔声、隔热、阻燃、防潮等特殊要求的工程,板材应有相应性能等级的检测报告。

检验方法:观察;检查产品合格证书、进场验收记录和性能检测报告。

(2)安装隔墙板材所需预埋件、连接件的位置、数量及连接方法应符合设计要求。

检验方法:观察;用尺量检查;检查隐蔽工程验收记录。

(3)隔墙板材安装必须牢固。现制钢丝水泥隔墙与周边墙体的连接方法应符合设计要求,并应连接牢固。

检验方法:观察;用手扳检查。

(4)隔墙板材所用接缝材料的品种及接缝方法应符合设计要求。

检验方法:观察;检查产品合格证书和施工记录。

2. 一般项目

(1)隔墙板材安装应垂直、平整、位置正确,板材不应有裂缝或缺损。

检验方法:观察;用尺量检查。

(2)板材隔墙表面应平整光滑、色泽一致、洁净,接缝应均匀、顺直。

检验方法:观察;手摸检查。

(3)隔墙上的孔洞、槽、盒应位置正确、套割方正、边缘整齐。

检验方法：观察。

(4)板材隔墙安装的允许偏差和检验方法应符合表 5-5 的规定。

表 5-5 板材隔墙安装的允许偏差和检验方法

项次	项 目	允许偏差(mm)				检验方法
		复合轻质墙板		石膏空心板	钢丝网水泥板	
		金属夹芯板	其他复合板			
1	立面垂直度	2	3	2	2	用 2m 垂直检测尺检查
2	表面平整度	2	3	3	3	用 2m 靠尺和塞尺检查
3	阴阳角方正	3	3	3	4	用直角检测尺检查
4	接缝高低差	1	2	2	3	用钢直尺和塞尺检查

(三)骨架隔墙工程

对于以轻钢龙骨、木龙骨等为骨架，以纸面石膏板、人造木板、水泥纤维板等为墙面板的隔墙工程，检查数量应符合下列规定：每个检验批应至少抽查 10%，并不得少于 3 间；不足 3 间时应全数检查。其质量应符合下列要求。

1. 主控项目

(1)骨架隔墙所用龙骨、配件、墙面板、填充材料及嵌缝材料的品种、规格、性能和木材的含水率应符合设计要求。有隔声、隔热、阻燃、防潮等特殊要求的工程，材料应有相关性能等级的检测报告。

检验方法：观察；检查产品合格证书、进场验收记录、性能检测报告和复验报告。

(2)骨架隔墙工程边框龙骨必须与基体结构连接牢固，并应平整、垂直、位置正确。

检验方法：用手扳检查；用尺量检查；检查隐蔽工程验收记录。

(3)骨架隔墙中龙骨间距和构造连接方法应符合设计要求。骨架内设备管线的安装、门窗洞口等部位加强龙骨应安装牢固、位置正确，填充材料的设置应符合设计要求。

检验方法：检查隐蔽工程验收记录。

(4)木龙骨及木墙面板的防火和防腐处理必须符合设计要求。

检验方法：检查隐蔽工程验收记录。

(5)骨架隔墙的墙面板应安装牢固，无脱层、翘曲、折裂及缺损。

检验方法：观察；用手扳检查。

(6)墙面板所用接缝材料的接缝方法应符合设计要求。

检验方法：观察。

2. 一般项目

(1)骨架隔墙表面应平整光滑、色泽一致、洁净、无裂缝，接缝应均匀、顺直。

检验方法：观察；用手摸检查。

(2)骨架隔墙上的孔洞、槽、盒应位置正确、套割吻合、边缘整齐。

检验方法：观察。

(3)骨架隔墙内的填充材料应干燥，填充应密实、均匀、无下坠。

检验方法：轻敲检查；检查隐蔽工程验收记录。

(4)骨架隔墙安装的允许偏差和检验方法应符合表 5-6 的规定。

表 5-6 骨架隔墙安装的允许偏差和检验方法

项次	项目	允许偏差(mm)		检验方法
		纸面石膏板	人造木板、水泥纤维板	
1	立面垂直度	3	4	用 2m 垂直检测尺检查
2	表面平整度	3	3	用 2m 靠尺和塞尺检查
3	阴阳角方正	3	3	用直角检测尺检查
4	接缝直线度	—	3	拉 5m 线,不足 5m 拉通线,用钢直尺检查
5	压条直线度	—	3	拉 5m 线,不足 5m 拉通线,用钢直尺检查
6	接缝高低差	1	1	用钢直尺和塞尺检查

(四)活动隔墙工程

对于各种活动隔墙工程,检查数量应符合下列规定:每个检验批应至少抽查 20%,并不得少于 6 间;不足 6 间时应全数检查。其质量应符合下列要求。

1. 主控项目

(1)活动隔墙所用墙板、配件等材料的品种、规格、性能和木材的含水率应符合设计要求。有阻燃、防潮等特性要求的工程,材料应有相应性能等级的检测报告。

检验方法:观察;检查产品合格证书、进场验收记录、性能检测报告和复验报告。

(2)活动隔墙轨道必须与基体结构连接牢固,并应位置正确。

检验方法:用尺量检查;用手扳检查。

(3)活动隔墙用于组装、推拉和制动的构配件必须安装牢固、位置正确,推拉必须安全、平稳、灵活。

检验方法:用尺量检查;用手扳检查;推拉检查。

(4)活动隔墙制作方法、组合方式应符合设计要求。

检验方法:观察。

2. 一般项目

(1)活动隔墙表面应色泽一致、平整光滑、洁净,线条应顺直、清晰。

检验方法:观察;用手摸检查。

(2)活动隔墙上的孔洞、槽、盒应位置正确、套割吻合、边缘整齐。

检验方法:观察;用尺量检查。

(3)活动隔墙推拉应无噪声。

检验方法:推拉检查。

(4)活动隔墙安装的允许偏差和检验方法应符合表 5-7 的规定。

表 5-7 活动隔墙安装的允许偏差和检验方法

项次	项目	允许偏差(mm)	检验方法
1	立面垂直度	3	用 2m 垂直检测尺检查
2	表面平整度	2	用 2m 靠尺和塞尺检查
3	接缝直线度	3	拉 5m 线,不足 5m 拉通线,用钢直尺检查
4	接缝高低差	2	用钢直尺和塞尺检查
5	接缝宽度	2	用钢直尺检查

复习思考题

1. 罩面装饰的常用材料、常用机具有哪些?
2. 在罩面装饰工程中,骨架应如何安装?
3. 人造板罩面如何安装?
4. 装饰吸声板如何安装?
5. 石膏装饰板如何安装?
6. 塑料板罩面如何安装?
7. 铝合金装饰板如何安装?

第六章

饰面板(砖)装饰工程

饰面板(砖)装饰,就是把饰面材料镶贴到基层上的一种装饰方法。饰面材料的种类很多,常用的有天然石材、人工合成石材、陶瓷砖等。

第一节　饰面板(砖)装饰材料及施工机具

一、贴面装饰材料的基本种类及其适用范围

(一)天然石饰面板

建筑饰面用的天然石材,主要有大理石和花岗石两大类。它是由大块荒料经锯切、研磨、酸洗、抛光,最后按所需规格、形状切割加工而成的。

1. 大理石饰面板

天然大理石的结晶常是层状结构,其纹理有斑和条纹,是一种富有装饰性的天然石材,其颜色有纯黑、纯白、纯灰等色泽以及各种混杂花纹色彩。它主要用于建筑物室内的墙面、柱面、地面等部位的装饰。

2. 花岗石饰面板

花岗石是一种分布较广的火成岩(又称“岩浆岩”),主要由长石、石英和云母等成分构成,其岩质坚硬密实,按其结晶颗粒大小可分为“伟晶”、“粗晶”和“细晶”三种。常用花岗岩饰面板材,一般采用晶粒较粗、结构较均匀、排列比较规则的花岗岩原材,经加工、磨光而成,其颜色有纯黑、灰白色、花皮等多种多样。它适用于高级民用建筑或永久性纪念建筑的墙面和地面。

根据加工方法的不同,花岗石饰面板可分为四种:

(1)剁斧板材　其表面粗糙,并具有规则的条状剁纹。

(2)机刨板材　其表面平整,具有平行刨纹。

(3)粗磨板材　其表面光滑无光。

(4)磨光板材　其表面平整,色泽光亮如镜,晶粒显露。

(二)人造石饰面板

人造石饰面板是用天然大理石、花岗石的石粉、石屑或碎石作为填充材料,以不饱和聚脂树脂为黏结剂(或用水泥为黏结剂),经搅拌成型、研磨、抛光等工序制成的。它具有

花纹图案多样,自重轻、强度高、耐腐蚀、抗污染等优点,而且有较好的加工性,能根据设计要求制成弧面、曲面等,施工方便,经济合理。人造石饰面板可用于室内墙面、柱面的装饰。人造石饰面板主要有人造大理石(花岗石)板和预制水磨石板两种。

(三)饰面砖

饰面砖的品种、规格、图案和颜色繁多,华丽精致,属于较高档墙面装饰材料。

1. 外墙面砖

外墙面砖是用于建筑物外墙表面的半瓷质饰面砖,分有釉和无釉两种,质地坚硬,耐水抗冻,经久耐用。外墙面砖主要适用于商店、餐厅、旅馆、展览馆、图书馆、公寓等民用建筑的外墙装饰。

2. 釉面砖(瓷砖、瓷片、釉面陶土砖)

釉面砖是用水泥砂浆作底灰,将各种规格、颜色和花纹图案的釉面砖黏贴在建筑物表面的一种饰面砖。一般有正方形和长方形两种,阴阳角处有特制的配砖,表面光滑平整,按其外观质量分有一级、二级和三级,适用于室内墙面装饰。

3. 陶瓷锦砖

陶瓷锦砖,旧称"马赛克",是以优质瓷土烧制的片状小瓷砖,拼成各种图案贴在纸上的一种饰面材料。有挂釉及不挂釉两种,具有质地坚硬、色泽多样、耐酸、耐碱、耐火、耐磨、不渗水、抗压强度高、在±20℃温度下不开裂等特点,按外观质量分为一级和二级。这种饰面砖除可铺地外,也常用做内、外墙面的装饰。

4. 玻璃锦砖

玻璃锦砖,又称"玻璃马赛克",是以玻璃烧制而成的贴于纸上的小块饰面材料,施工时用掺胶水的水泥浆作胶黏剂,镶贴在外墙的一种面层装饰。它花色品种多,透明光亮,性能稳定,具有耐热、耐酸碱、不龟裂、不易污染等特点,雨水一淋,冲去积灰,洁净如初。这种外墙装饰若利用色泽的深浅变化予以适当搭配,显得分外雅致。玻璃锦砖主要适用于商场、宾馆、影剧院、图书馆、医院等建筑外墙装饰。

二、贴面装饰的常用机具

(一)贴面装饰施工用的手工工具

贴面装饰施工除一般抹灰常用的手工工具外,根据饰面的不同,还需有一些专用的手工工具,如镶贴饰面砖拨缝用的开刀、镶贴陶瓷锦砖用的木垫板、安装或镶贴饰面板敲击振实用的木锤和橡皮锤、用于饰面砖和饰面板手工切割剔槽用的錾子、磨光用的磨石、钻孔用的合金钢钻头等,如图6-1所示。

(二)贴面装饰施工用的机具

贴面装饰施工用的机具有专门切割饰面砖用的手动切割器(见图6-2)、饰面砖打眼用的打眼器(见图6-3)和钻孔用的手电钻、切割大理石饰面板用的台式切割机和电动切割机,以及饰面板安装在混凝土等硬质基层上钻孔安放胀杆螺栓用的电锤等。

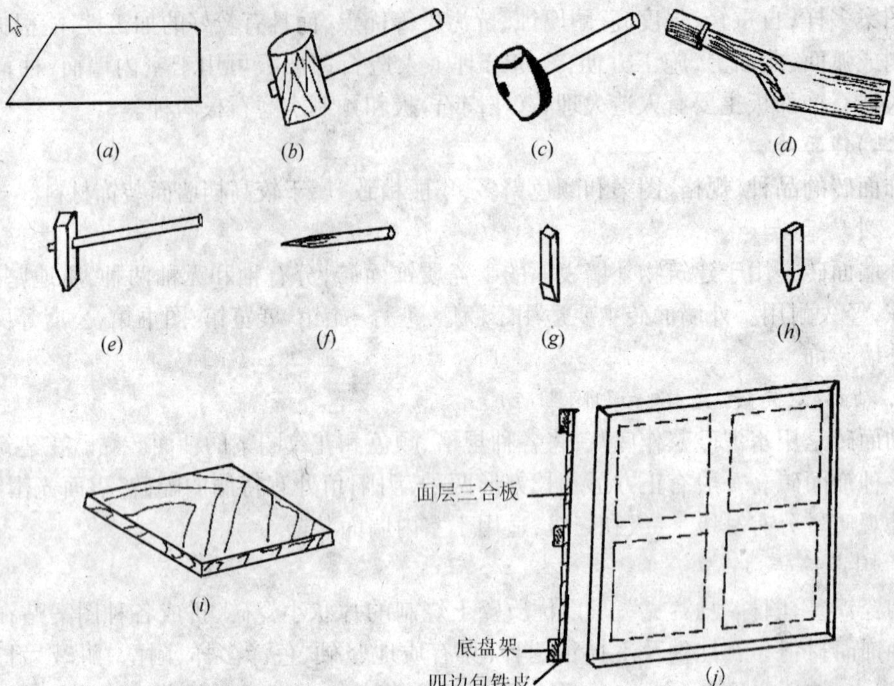

图 6-1　手工工具

(a)开刀　(b)木锤　(c)橡皮锤　(d)铁铲　(e)小手锤　(f)合金錾子　(g)扁錾　(h)方头錾　(i)硬木拍板　(j)木垫板

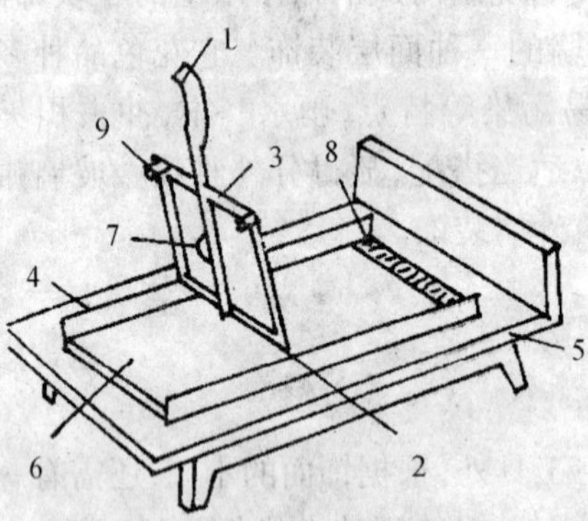

图 6-2　手动切割器

1—手压把　2—轴　3—压板　4—滑道　5—底盘　6—胶板　7—合金刀片　8—标尺　9—胶头

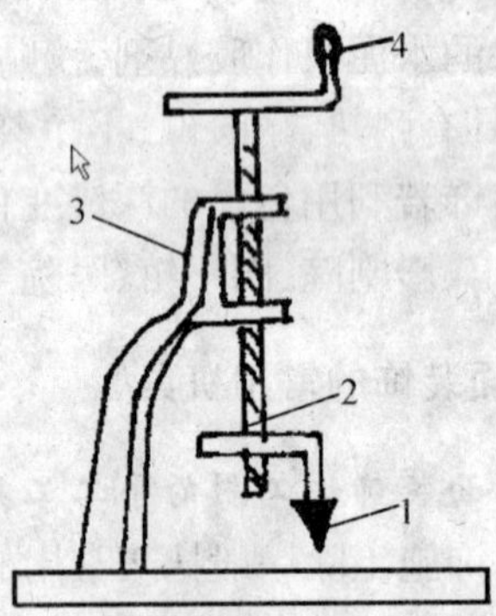

图 6-3　打眼器

1—合金钢尖　2—调整螺丝　3—金属架　4—摇把

第二节　饰面砖镶贴

饰面砖镶贴一般是指釉面砖、外墙面砖、陶瓷锦砖和玻璃马赛克的镶贴。

一、饰面砖镶贴的施工准备

(一)基层处理

镶贴饰面层都需要找平层。找平层的优劣,是保证饰面层镶贴质量的关键,而基层处理又是做好找平层的前提。

1. 混凝土表面处理

当基体为混凝土时,先剔凿混凝土基体上凸出部分,使基体基本保持平整、毛糙,然后用钢丝刷将表面附着的脱模剂、油污等清除干净,最后用清水刷净。基体表面如有凹入部位,需用1:2或1:3水泥砂浆补平。如为不同材料的结合部位,例如填充墙与混凝土面结合处,还应用钢板网压盖接缝,射钉钉牢。为防止混凝土表面与抹灰层结合不牢,发生空鼓,还可采用30%107胶加70%水拌合的水泥素浆或界面剂满涂基体一道,以增加结合层的附着力。

2. 加气混凝土表面处理

砌块内墙应在基体清净后,先刷一道107胶水溶液,然后为保证块料镶贴牢固,最好再满钉丝径0.7mm、孔径32mm×32mm或以上的机制镀锌铁丝网一道,用ϕ6"U"形钉(间距≤600mm),梅花形布置。

3. 砖墙表面处理

当基体为砖砌体时,应用钢錾子剔除砖墙面多余灰浆,然后用钢丝刷清除浮土,并用清水将墙体充分湿水,使润湿深度为2~3mm。另外,在基体表面处理的同时,需将内隔板、阳台阴角以及给排水穿墙洞眼封堵严实,脚手眼亦应填塞严密,尤其光滑的混凝土面,须用钢尖或扁錾凿坑处理,使表面粗糙。打点凿毛应注意两点:一是受凿面积应大于或等于70%,绝不能象征性的打坑;二是凿点后,应清理凿点面,由于凿打中必然产生凿点局部松动,必须用钢丝刷清刷一道,并用清水冲洗干净,防止产生隔离层。

(二)找平层施工

1. 贴饼、冲筋

找平层应吊垂线,贴灰饼。外墙面作找平层时,应在房屋小角用经纬仪和线锤,按找平层厚度从顶到底测定垂直线,沿垂线做标志、贴灰饼。垂直线应一次吊线,严禁两次吊线。外柱到顶的外墙,每个外柱边角必须吊线(即柱面双线),做双灰饼,然后再根据垂直线拉横向通线,沿通线每隔1 200~1 500mm做灰饼,同时应在门窗或阳台等处拉横向通线,找出垂直方正后,贴好灰饼。应特别注意各层楼的阳台和窗口的水平向、竖向和进出方向必须"三向"成线。

冲筋,作为找平层砂浆平整度和垂直度的标准。外墙面局部镶贴饰面砖时,应对相同水平部分拉通线,对相同的垂直面吊线锤,进行贴灰饼、冲筋。内墙面应在四角吊垂线、拉通线,确定抹灰厚度后贴灰饼、连通灰饼(竖向、水平向)进行冲筋,作为内墙找平层砂浆垂直度和平整度的标准。

2. 抹底层砂浆

(1)材料　用1:3水泥砂浆或1:1:4混合砂浆,严格控制找平层砂浆的稠度。

(2)湿水　基层抹灰前必须充分润湿基体,严禁在干燥的混凝土或砖墙上抹砂浆找平层。因为干燥的墙面,尤其当混凝土或砖砌体表面温度较高时,紧贴基体的砂浆很快被基体吸干水分,使紧靠基体的砂浆失水,形成抹灰层与基体的隔离层,即“干浆层”,此层水化极不充分,无强度,容易引起基层抹灰空壳和出现裂缝而影响质量。

(3)基层抹灰(即找平层抹灰)　基层抹灰的质量,要控制好垂直度及平整度,应分层抹灰,每一层厚度不宜太厚,一般小于或等于 7mm,局部加厚部位应加挂钢丝网。抹灰时应快抹快找平,不得反复揉压,造成人为空鼓。为克服混凝土基层抹灰易于空鼓,可在抹灰前在基体表面刷界面剂。抹外墙面的找平层时,应注意墙面的窗台、腰线、阳角及滴水线等部位饰面层镶贴排砖方法和换算关系,正面砖要往下突 3mm 左右,底面砖要做出流水坡度,如图 6-4 所示。

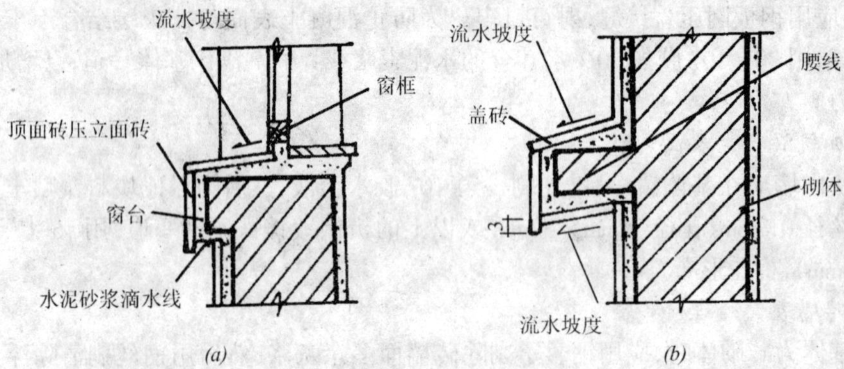

图 6-4　窗台、腰线找平示意图

(a)窗台　(b)腰线

(4)养护　在找平层完成后,应洒水养护,一般 3 ~ 7d。

3. 抹中层砂浆

找平层抹灰完成后,在铺镶块料的前一天,再用 1:2 水泥砂浆或 1:1:4 水泥石灰砂浆批满。中层砂浆为精找平,一般厚小于或等于 5mm,以解决基层抹灰找平回缩产生的不平,保证找平层平整。其操作应随手带平,俗称“铁板糙”。

(三)饰面材料的验收

对已进入现场的各种饰面材料,必须进行外观与内在质量的检查和验收,验收合格后方可使用。检查和验收的原则是:

(1)对已到场的饰面材料进行数量清点核对。

(2)按设计要求,对各方选定的样品进行外观对比检查,检查的内容主要包括:

①检查大宗进料与选定样品的图案、花色、颜色是否相符,有无色差。

②检查各种饰面材料的规格是否符合质量标准所规定的尺寸和公差要求。

③检查各种饰面材料是否有表面缺陷或破损现象。

(3)按设计要求,对各方选定的样品进行内在质量的检查,检查的内容主要包括:

①检查吸水率是否符合要求。

②检查耐酸碱性能是否符合要求。

③检查耐骤冷骤热性能是否符合设计要求。

应当强调的是,以上检查必须开箱进行全数检查,不得抽样或部分检查,防止以劣充优。因为大面积装饰贴面,如果有一块不合格,就会破坏整个装饰面的效果。

(四)作业条件准备

在块料饰面材料铺贴安装前,必须完成下列技术准备:

(1)施工单位会同建设单位、设计单位、监理单位、质量监督部门对主体结构进行中间验收,并认可同意隐蔽。

(2)饰面施工的上层楼板或屋面应已完工不漏,全部饰面材料按计划数量完成验收入库。

(3)找平层拉线贴灰饼和冲筋已做完,大面积底糙完成,基层经自检、互检、交接检符合要求,墙面平整度、垂直度合格。

(4)突出基体表面之钢筋头、钢筋混凝土垫头、梁头已剔平,脚手洞眼已封堵完毕。

(5)水暖管道经检查无漏敷,试压完成并合格,墙洞封闭,电管埋设完成,壁上灯具支架做完,预埋件无遗漏。

(6)门窗框及其他木制、钢制、铝合金埋件按正确位置预埋完毕,标高符合设计。配电嵌柜等嵌入件已嵌入指定位置,周边用水泥砂浆嵌固完毕,扶手栏杆装好。

二、内墙饰面砖的镶贴

(一)弹线分格

弹线分格是在找平层上用粉线弹出饰面砖分格线。弹线前应根据镶贴墙面长、宽尺寸(找平后的精确尺寸),将纵、横面砖的皮数划出皮数杆,定出水平标准。

1. 弹水平线

对要求面砖贴到顶的墙面,应先弹出顶棚边或龙骨下标高线,按饰面砖上口伸入吊顶线内 25mm 计算,确定面砖铺贴上口线,然后从上往下按整块饰面砖的尺寸分划到最下面的饰面砖;当最下面砖的高度小于半块砖时,应重新分划,使最下面一层面砖高度大于半块砖。重新排饰面砖出现的超出尺寸,可将面砖伸入到吊顶内。

2. 弹竖向线

一般从墙面一侧端部开始,以便将不足模数的面砖贴于阴角或阳角处。弹线分格示意,如图 6-5 所示。

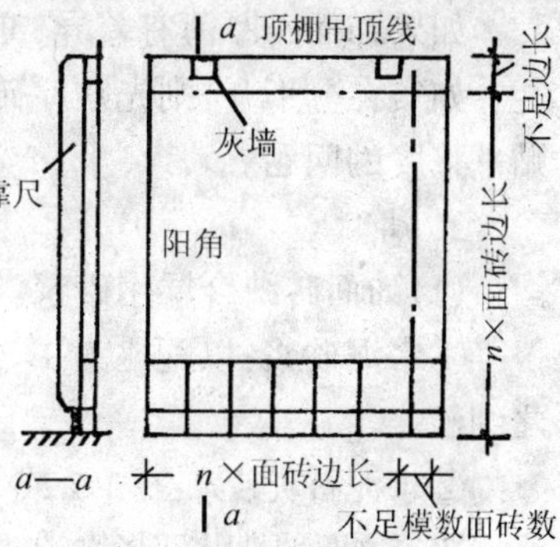

图 6-5　饰面砖弹线分格示意图

(二)选砖

选砖是保证饰面砖镶贴质量的关键工序。为保证镶贴质量,必须在镶贴前按颜色的深浅不同进行挑选归类,然后再对其几何尺寸大小进行分选。挑选饰面砖几何尺寸的大小,可采用自制分选套模。套模根据饰面砖几何尺寸及公差大小做成几种"U"形木框钉在木板上,将砖逐块放入木框,即能分选出大、中、小,以此分类堆放备用。在分选饰面砖的同时,还必须挑选配砖,如阴角条、阳角条、压顶等。

(三)浸砖

分级归类的饰面砖,在铺贴前应充分浸水,防止干砖铺贴上墙后吸收灰浆中的水分,致使砂浆结晶硬化不完全，造成粘贴不牢或面砖浮滑。一般浸水时间不少于 2h，取出阴干到表面无水膜，通常为 6h 左右，以手摸无水感为宜。

（四）做灰饼

在贴釉面砖的找平层上，用废面砖按铺贴厚度，在墙面上下左右做灰饼，并以废砖楞角作为基准线，上下用靠尺靠直，横向用靠尺或细线拉平。灰饼间距一般为 1 500mm。阳角处除正面做灰饼外，侧面亦应有灰饼，即所谓的双面挂直，如图 6-6 所示。

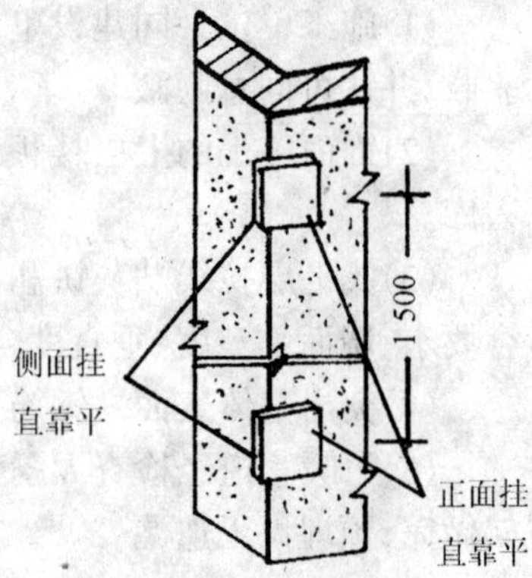

图 6-6　双面吊直示意图

（五）铺贴方法

1. 预排饰面砖

在同一墙面最后只能留一行（排）非整块饰面砖，非整块饰面砖应排在紧靠地面上或不显眼的阴角处。排砖时可用调整砖缝宽度的方法解决，一般饰面砖缝宽可在 1～1.5mm 中变化。凡有管线、卫生设备、灯具支撑等时，面砖应裁成“U”形口套入，再将裁下的小块截去一部分，原砖套入“U”形口嵌好，严禁用几块零砖拼凑。内墙面砖镶贴排列方法，主要有直缝镶贴和错缝镶贴（此法第一块砖隔行应有半砖），如图 6-7 所示。

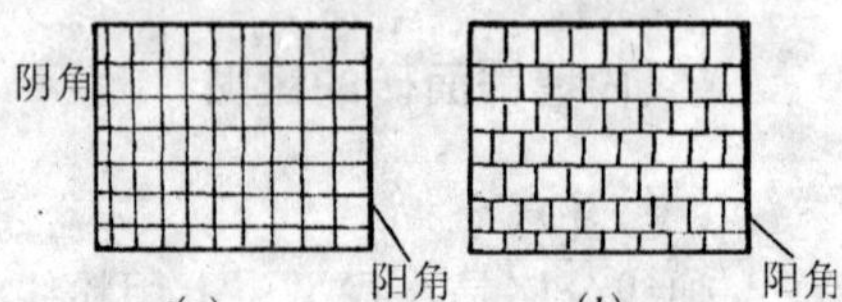

(*a*)　(*b*)

图 6-7　内墙饰面砖贴法示意图

(*a*)直缝　(*b*)错缝

当铺贴面外形尺寸较大且饰面砖偏差又较大时，采用大面积密缝镶贴法效果不好。因饰面砖尺寸不一，极易造成缝线游走、不直，以致不好收头交圈。此时应采用调缝拼法或错缝排列比较合适。这样，既可解决面砖大小不一的问题，又可对尺寸不一的面砖分排镶贴。当面砖外形有偏差，但偏差不太大时，可用分块留缝镶贴，排块时按每排实际尺寸，将误差留于分块中。

如果饰面砖厚薄有差异，亦可将厚薄不一的面砖，按厚度分类，分别镶贴在不同墙面上。如实在分不开，则先贴厚砖，然后用面砖背面填砂浆加厚的方法，调整解决饰面砖镶贴平整度的问题。

2. 铺贴

(1)饰面砖结合层用砂浆。这类砂浆主要有三种：

①水泥砂浆：以配比为 1:2 或 1:3（体积比）水泥砂浆为宜，砂宜取细度模数小于 2.9 之细砂。

②水泥石灰砂浆：在 1:2 或 1:3 水泥砂浆中加入少量石灰膏，以增加粘贴砂浆的保水性与和易性。这两种粘贴砂浆均较软，若粘贴砂浆厚度较厚，砖容易下坐，饰面砖平整度不易掌握。因此，要求工人有较好的技术素质，但工效较低，而黏结却较牢固，此法称“软贴法”。

③在贴面水泥砂浆中加入聚乙烯醇缩甲醛（即 107 胶），其配合比（质量比）为：水泥：砂：水：107 胶 = 1:2.5:0.44:0.03。采用 107 胶水泥砂浆的优点是：由于水泥砂浆中有 107 胶胶体阻隔水膜，砂浆不易流淌，容易保证墙面洁净，减少了清洁墙面工序，且能延长砂浆

使用时间。此外,还可减薄黏结层,一般只需 2~3mm,此法称为“硬贴法”。

107 胶掺量不宜盲目增大,否则会降低黏结层的强度,一般以占水泥质量 3% 为宜,见表 6-1。

表 6-7　107 胶掺量与水泥砂浆强度关系

107 胶掺量%(水泥质量)(%)	砂浆抗拉强度(MPa)	砂浆抗折强度 7d(MPa)	砂浆抗压强度(MPa) 7d	28d
0		4.09	19.65	30.30
1	0.043	3.61	16.79	21.80
2	0.042	3.32	12.84	20.50
3	0.042	3.06	11.51	17.20
4	0.040	2.75	10.40	15.20
5	0.043	2.75	9.93	15.00

(2)铺贴　大面积铺贴的顺序是:自下往上,从阳角开始水平方向逐一铺贴,以弹好的地面水平线为基准,嵌上直靠尺或八字形靠尺条,第一排饰面砖下口应靠紧靠尺条上沿,保证基准行平直。如地面有踢脚板,靠尺条上口应为踢脚板上沿位置,以保证面砖与踢脚板接缝美观。镶贴时,用铲刀在砖背面刮满界面黏结砂浆,再准确镶嵌贴面位置,然后用铲刀木柄轻轻敲击饰面砖表面,使其落实镶贴牢固,并将挤出的砂浆刮净。饰面砖界面黏结砂浆厚度应大于 5mm,但不宜超过 8mm。

在镶贴中,应随贴、随敲击、随用靠尺检查表面平整度和垂直度,严禁从砖边塞砂浆造成空鼓。如检查发现高出标准砖面时,应立即压砖挤浆。如已形成凹陷,必须揭下重新抹灰再贴,严禁从砖边塞砂浆造成空鼓。如遇饰面砖几何尺寸差异较大,应在铺贴中注意调整,调整方法是将相近尺寸的饰面砖贴在一排上,但铺最上面一排时,应保证砖上口平直,以便最后贴压条砖。无压条砖时,宜在上口贴圆角面砖,如图 6-8 所示。

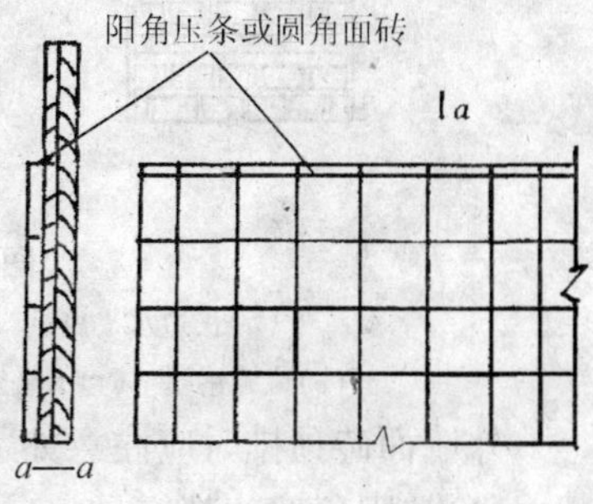

图 6-8　圆角面砖铺贴示意图

在大面积采用 107 胶砂浆镶贴饰面砖时,可用滑动格片木直尺辅助镶贴。其做法是:在墙面下端固定一水平木滑尺,另做一木直尺在其上安小分格片,并在直尺中部开槽,槽中嵌入木滑条,垂直的木直尺可沿木滑条平行移动。木直尺小分格片用铝片或铁片钉成,分格片间距应等于饰面砖和每一条水平缝尺寸之和,格片伸出直尺为2~3cm,木直尺上钉小格片的范围约 1m,如图 6-9 所示。

(3)嵌缝、擦洗　饰面砖铺贴完毕后,应用棉纱头蘸水将砖面灰浆拭净,同时用与饰面砖颜色相同的水泥(彩色面砖应加同色颜料)嵌缝,嵌缝时应全部封闭缝中镶贴时产生的气孔和砂眼。嵌缝后,应用纱头蘸水仔细擦拭干净。如饰面砖砖面污染严重,可用稀盐酸刷洗后,再用清水冲洗干净。

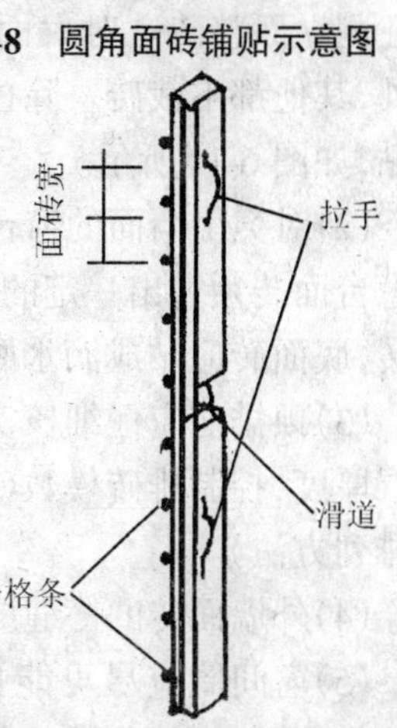

图 6-9　滑动格片木直尺

三、外墙面砖的镶贴

外墙面砖的镶贴一般分为选砖、预排、弹线分格、镶贴、勾缝等工序。

(一)选砖、预排

1. 选砖

根据设计图纸的要求,对面砖进行分选。首先按颜色分选一遍,然后再用自制套模对面砖的大小、厚薄进行分选归类。

2. 预排

外墙面砖预排主要是确定面砖的排列方法和砖缝的大小。外墙面砖镶贴排砖方法较多,常用的矩形面砖排列有矩形长边水平排列和竖直排列两种;按砖缝宽度,又可分为密缝排列(缝宽 1~3mm)与疏缝排列(缝宽大于 4mm,但一般小于 20mm)。此外,还可采用密缝、疏缝,按水平、竖直方向相互排列,如图 6-10 所示。

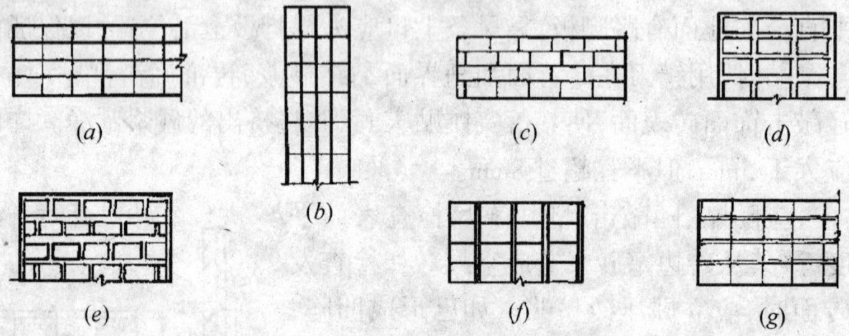

图 6-10　外墙矩形面砖排缝示意图

(*a*)长边水平密缝　(*b*)长边竖直密缝　(*c*)密缝错缝　(*d*)水平、竖直疏缝

(*e*)疏缝错缝　(*f*)水平密缝、竖直疏缝　(*g*)水平疏缝、竖直密缝

外墙面砖预排时应注意如下几点:

(1)凡阳角部位都应是整砖,且阳角处正立面整砖应盖住侧立面整砖。对大面积墙面砖的镶贴,除不规则部位外,其他都不裁砖。除柱面镶贴外,其余阳角不得对角粘贴,如图 6-11 所示。

(2)对突出墙面的窗台、腰线、滴水槽等部位排砖,应注意台面砖须做出一定的坡度,一般 $i=3\%$,台面砖盖立面砖,底面砖应贴成滴水鹰嘴,如图 6-12 所示。

(3)预排前应仔细核实外墙实际尺寸,以确定外墙找平层厚度,控制排砖模数(即确定竖向、水平、疏密缝宽度及排列方法)。

(4)外墙面砖的横缝应与门窗璇脸和窗台相平。

(5)窗间墙应尽可能排整砖,直缝有困难时,可考虑错缝排列,以求得墙砖对称效果。

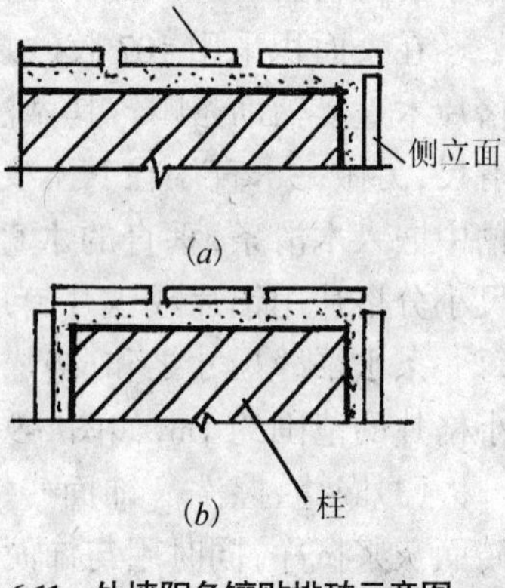

图 6-11　外墙阳角镶贴排砖示意图

(*a*)阳角盖砖关系

(*b*)柱面对角粘贴关系

(二)弹线分格

弹线与做分格条应根据预排画出大样图,按缝的宽窄大小(主要指水平缝)做出分格条,作为镶贴面砖的辅助基准线。弹线的步骤如下:

(1)在外墙阳角处大角用大于5kg的线锤吊垂线并用经纬仪校核,最后用花篮螺栓将线锤吊正的钢丝固定绷紧上下端,作为找准基线。

(2)以阳角基线为准,每隔1 500~2 000mm做标志块,定出阳角方正,抹上隔夜“铁板糙”(即俗称“整糙”)。

(3)在抹面层上,按预排大样先弹出顶面水平线,在墙面的每一部分,根据外墙水平方向面砖数,每隔约1 000mm弹一垂线。

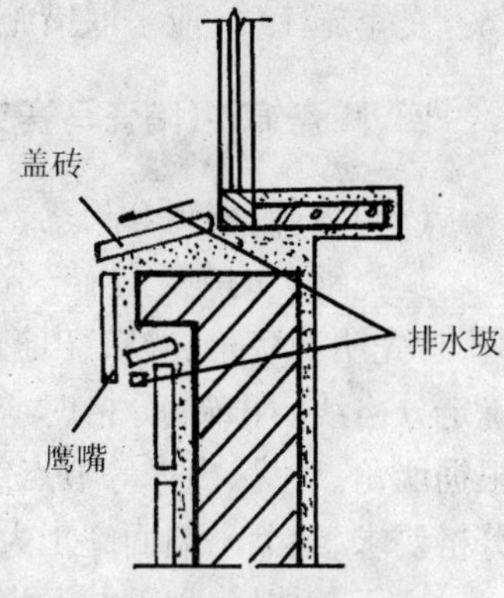

图6-12 外窗台线角面砖镶贴示意图

(4)在层高范围内,按预排面砖实际尺寸和块数,弹出水平分缝、分层皮数(或先做皮数杆,再按皮数杆弹分层线)。

(三)镶贴

镶贴面砖前应先做标志块,其挂线方法与釉面砖相同,并应先将墙面清扫干净,清除妨碍铺贴面砖的障碍物,检查平直度是否符合要求。镶贴顺序应自上而下分层分段进行,每段内镶贴程序应是自下而上进行,而且要先贴附墙柱后贴墙面再贴窗间墙。镶贴时,先按水平线垫平八字尺或直靠尺,操作方法基本与釉面砖相同。铺贴的砂浆一般为1:2水泥砂浆或掺入不大于水泥质量15%的石灰膏的水泥混合砂浆,砂浆的稠度要一致,避免砂浆上墙后流淌。刮灰厚度一般为6~10mm,贴完一行后,须将每块面砖上的灰浆刮净。如上口不在同一直线上,应在面砖的下口垫小木片,尽量使上口在同一直线上,然后在上口放分格条,既控制水平缝的大小与平直,又可防止面砖向下滑移,随后再进行第二皮面砖的铺贴。

面砖竖缝的宽度与垂直一般靠目测控制,所以在操作中要特别注意随时检查,除依靠墙面的控制线外,还应经常用线锤检查。如竖缝是离缝,在黏贴时对挤入竖缝处的灰浆要随手清理干净。分格条应在隔夜后起出,起出后的分格条应清洗干净,方能继续使用。

门窗璇脸、窗台及腰线镶贴面砖时,应先将基体分层刮平,表面随手划纹,待七至八成干时再洒水抹2~3mm厚的聚合物水泥浆,随即镶贴面砖。为了使面砖镶贴牢固,应采用T形托板作临时支撑,隔夜后拆除。窗台及腰线上盖面砖镶贴时,要先在上面用稠度小的砂浆满刮一遍,抹平后,撒一层干水泥灰面(不宜太厚),略停一会见灰面已湿润时,随即铺贴,并按线找直揉平。转角部位,在贴完面砖后,应用方尺找方。

(四)勾缝、擦洗

在完成一个层段的墙面并检查合格后,即可进行勾缝。勾缝用1:1水泥砂浆,砂子过窗纱筛,水泥浆分两次进行嵌实,第一次用一般水泥砂浆,第二次按设计要求用彩色水泥浆或普通水泥浆勾缝。勾缝可做成凹缝(尤其是离缝分格),深度3mm左右。面砖密缝处用和面砖相同颜色的水泥勾缝。完工后应将面砖表面清洗干净,清洗工作应在勾缝材料硬化后进行,如有污染,可用浓度为10%的盐酸刷洗,再用水冲净。

夏季施工时，应采取措施防止阳光暴晒，做好遮挡养护工作。

四、陶瓷锦砖（陶瓷马赛克）的镶贴

（一）排砖、分格和放线

陶瓷锦砖的施工排砖、分格，是按照设计图纸要求，根据门窗洞口、横竖装饰线条的布置，首先明确墙角、墙垛、出檐、线条、分格、窗台、窗膀等节点的细部处理，按整砖模数排砖确定分格线。排砖、分格时应使横缝与璇脸、窗台相平，竖向要求阳角窗口处都是整砖。根据墙角、墙垛、出檐等节点细部处理方案，首先绘制出细部构造详图，然后按排砖模数和分格要求，绘制出墙面施工大样图，以保证墙面完整和镶贴各部位操作顺利。

底子灰抹好、划毛并经浇水养护后，根据节点细部详图和施工大样图，先弹出水平线和垂直线，水平线按每方陶瓷锦砖一道，垂直线最好也是每方一道，也可二至三方一道，垂直线要与房屋大角以及墙垛中心线保持一致。如有分格时，按施工大样图规定的留缝宽度弹出分格线，按缝宽备好分格条。

（二）镶贴

镶贴陶瓷锦砖一般自下而上进行，按已弹好的水平线安放八字靠尺或直靠尺，并用水平尺校正垫平。一般是两人协同操作，一人在前洒水润湿墙面，先刮一道素水泥浆，随即抹上 2mm 厚的水泥浆为黏结层，并掺适量 107 胶；另一人将陶瓷锦砖铺在木垫板上，纸面向下，锦砖背面朝上，先用湿布把底面擦净，用水刷一遍，再刮素水泥浆，将素水泥浆刮至陶瓷锦砖的缝隙中，砖面不应留砂浆，再将一张张陶瓷锦砖沿尺粘贴在墙上。

另外一种操作方法是：一人在润湿后的墙面上抹纸筋混合灰浆（其配合比为纸筋∶石灰∶水泥 = 1∶1∶8，制作时先把纸筋与石灰膏搅匀，过 8mm 筛，再与水泥浆搅匀）2 ~ 3mm，用靠尺板刮平，再用抹子抹平整；另一人将陶瓷锦砖铺在木垫板上，底面朝上，缝里灌细砂，用软毛刷刷净底面，再用刷子稍刷一点水，抹上薄薄一层灰浆，如图 6-13 所示。

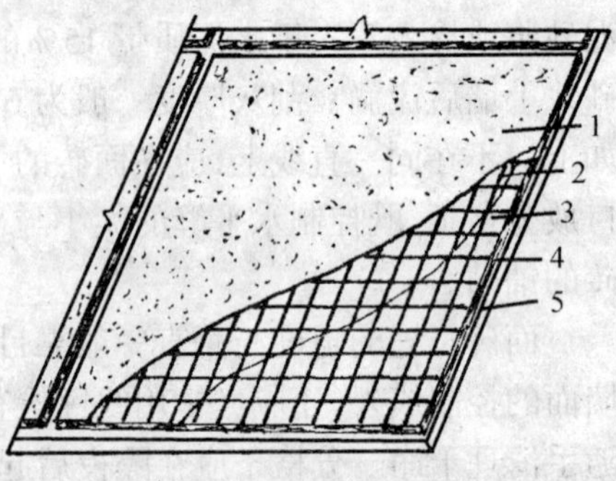

图 6-13　缝中灌砂做法

1— 砂浆　2—细砂　3—陶瓷锦砖底面　4—陶瓷锦砖护面纸　5—木垫板

上述工作完成后，即可在黏结层上铺贴陶瓷锦砖。铺贴时，双手执在陶瓷锦砖上方，使下口与所垫的八字靠尺（或靠尺）齐平，自下往上贴，缝要对齐，并注意使每张之间的距离基本与小块陶瓷锦砖缝相同，不宜过大或过小，以免造成明显的接槎，影响美观。控制接槎宽度一般用目测，也可以借助于薄铜片或其他金属片，将铜片放在接槎处，在陶瓷锦砖贴完后，取下铜片。如设分格条，其方法同外墙面砖。

（三）揭纸

陶瓷锦砖贴于墙面后，一手将硬木拍板放在已贴好的陶瓷锦砖面上，一手用小木锤敲击木拍板，将所有的陶瓷锦砖满敲一遍，使其平整，然后将陶瓷锦砖护面纸用软刷子刷水润湿，等护面纸吸水泡开后即开始揭纸。揭纸时要仔细，有顺序地、慢慢地撕，如发现有少量陶瓷锦砖随纸带下（如只是个别几粒），在揭纸后要重新补上；如随纸带下的数量较多,说明护面纸还未充分泡开,胶水尚未溶化,这时应用抹子将其重新压紧,继续刷水润湿护面纸,直到撕纸无掉粒为止。

(四)调整

揭纸后要检查缝的大小,不合要求的缝必须拨正。调整砖缝的工作,应在黏结层砂浆初凝前进行。拨缝的方法是:一手将开刀放于缝间,一手用抹子轻敲开刀,逐条按要求将缝拨匀、拨正,使陶瓷锦砖的边口以开刀为准排齐。拨缝后用小锤敲击木拍板将其拍实一遍,以增强与墙面的黏结。

(五)擦缝

待黏结水泥浆凝固后,用素水泥浆找补擦缝。其方法是:先用橡皮刮板将水泥浆在陶瓷锦砖表面刮一遍以嵌实缝隙,接着加些干水泥,进一步找补擦缝,全面清理擦干净后,次日喷水养护。擦缝用水泥,如为浅色陶瓷锦砖应使用白水泥。

五、玻璃锦砖(玻璃马赛克)的镶贴

玻璃锦砖因其表面光滑、不吸水,粘贴施工与陶瓷锦砖有所不同,尤其是有的玻璃锦砖外露面大,黏结面小,且四面成八字形,给粘贴带来一定困难。另外,玻璃锦砖的施工选材很重要,应有专人负责逐张挑选,并按颜色、规格、棱角等分类装箱,其余准备工作与陶瓷锦砖相同。

(一)粘贴

玻璃锦砖镶贴时,其抹灰找平层应表面平整、横平竖直、棱角方正,其质量应符合高级抹灰的质量要求。镶贴前的准备工作虽与粘贴陶瓷锦砖相同,但黏结层砂浆应较镶贴陶瓷锦砖厚 4 ~ 5mm,其配合比为水泥:砂子:纸筋石灰 = 1:1:0.15 ~ 0.20。如为外露面大、黏结面小且四面成八字形的玻璃锦砖品种,应采用水泥:细砂 = 1:1 并加入 15%的聚醋酸乙烯乳液的水泥聚合物砂浆为黏结层。以上黏结层砂浆配合比适用于深色品种玻璃锦砖,若采用浅色品种时,因玻璃透明度高,除底灰采用普通水泥外,其他应采用白水泥和 80 目的石英砂,以防止影响浅色玻璃锦砖饰面的美观。整张粘贴前,在背面抹上一层薄薄的白水泥浆,再按预定位置粘贴,用木拍板拍实贴牢。

(二)揭纸、调整

用刷子蘸水润湿纸面,待纸面吸湿后依次把纸轻轻撕下来,并清理干净。对个别掉落的玻璃锦砖以及扭歪偏斜的颗粒,要用开刀拨正,补上贴好。

(三)擦缝

玻璃锦砖擦缝仅在缝隙部位刮浆,不允许在块材表面满涂满刮,以防水泥浆将晶体毛面填满而失去表面光泽,刮浆应仔细,刮浆后应用棉纱及时擦净,以防污染。

第三节　饰面板的安装

饰面板的安装包括天然石材(如大理石、花岗石、青石板等)和人造饰面板(如人造大理石、预制水磨石、预制水刷石等)安装。根据规格大小的不同,饰面板的安装主要有粘贴

施工法、钢筋网片锚固施工法和膨胀螺丝锚固施工法等。

一、饰面板安装前的施工准备工作

由于饰面板价格昂贵,而且大部分用在装饰标准较高的工程上,因此对饰面板安装技术要求更为细致、准确,施工前必须做好各种准备工作。饰面板安装前的施工准备工作主要包括放施工大样图、选板与预拼、基层处理等。

(一)放施工大样图

饰面板安装前,应根据设计图纸,认真核实结构偏差的情况,应先检查基体墙面垂直度和平整度,偏差较大的应剔凿或修补,超出允许偏差的,则应在保证基体与饰面板表面距离不小于5cm的前提下,重新排列分块。柱面应先测量出柱的实际高度和柱子中心线,以及柱与柱之间上、中、下部水平通线,确定出柱饰面板看面边线,从而决定饰面板分块规格尺寸。对于复杂墙面(如楼梯墙裙、圆形及多边形墙面等),则应实测后放足尺大样校对。对于复杂形状的饰面板(如梯形、三角形等),则要用黑铁皮等材料放足尺大样。根据上述墙、柱校核实测的规格尺寸,并将饰面板间的接缝宽度包括在内(如设计无规定时,应符合表6-2的规定),计算出板块的排档,并按安装顺序编上号,绘制方块大样图以及节点大样详图,作为加工定货及安装的依据。

表6-2 饰面板的接缝宽度

项次	名称		接缝宽度(mm)
1	天然石	光面、镜面	1
2		粗磨面、麻面、条纹面	5
3		天然面	10
4	人造石	水磨石	2
5		水刷石	10

(二)选板与预拼

选板工作要点如下:

(1)对照施工大样图检查复核所需板材的几何尺寸,并按误差大小归类。

(2)检查板材磨光面的缺陷,并按纹理和色泽归类。对有缺陷的板材,应改小使用或安装在不显眼处。

(3)选材必须逐块进行,对于有破碎、变色、局部缺陷或缺棱掉角者,一律另行堆放。

(4)破裂板材,可用环氧树脂胶粘剂黏结,其配合比见表6-3。粘接时,黏结面必须清洁干燥,两个黏结面涂胶厚度为0.5mm左右,在15℃以上环境下黏结,并在相同温度的室内环境下养护,养护(固结)时间不得少于3d。对表面缺边少肉、坑注、麻点的修补可刮环氧树脂腻子,其配合比见表6-3,并在15℃以上室内养护1d后,用0号砂纸轻轻磨平,再养护2~3d后打蜡出光。

选板和修补工作完成后,即可进行试拼。试拼是一个"再创作"过程,因为板材特别是天然板材具有天然纹理和色差,如果拼镶巧妙,可以获得意想不到的效果。试拼经业主、设计单位、监理单位等方面的认同后,方可正式安装施工。

表 6-3　环氧树脂胶粘剂与环氧树脂腻子配合比

材料名称	质量配合比	
	胶粘剂	腻子
环氧树脂 E44(6101)	100	100
乙二胺	6~8	10
邻苯二甲酸二丁脂	20	10
白水泥	0	100~200
颜料	适量(与修补板材颜色相近)	适量(与修补板材颜色相近)

(三)基层处理

饰面板安装前,对墙、柱等基体进行认真处理,是防止饰面板安装后产生空鼓、脱落的关键工序。基体应具有足够的稳定性和刚度。基体表面应平整粗糙,光滑的基体表面应进行凿毛处理,凿毛深度应为 0.5~1.5cm,间距不大于 3cm。基体表面残留的砂浆、灰尘、油渍等,应用钢丝刷刷净并用水冲洗。

二、小规格板块粘贴施工方法

当饰面板材的面积小于 400mm×400mm,厚度小于 12mm,且安装高度不超过 3m 时,可采用粘贴施工方法。

粘贴施工方法包括基层处理、抹底子灰、定位弹线和粘贴饰面板四道主要工序。

1. 基层处理

基层处理方法,同本节施工准备中的相应要求。

2. 抹底灰

抹厚约 12mm 的 1:3 水泥砂浆,找规矩,用短木杠刮平,并划毛。

3. 定位弹线

按照设计图纸和实际粘贴的部位,以及所用饰面板的规格、尺寸,弹出水平线和垂直线。为保证板缝严密、不渗水,弹线时应考虑饰面板的接缝宽度,饰面板的接缝宽度应符合设计要求。

4. 粘贴饰面板

先在抹好的底灰上洒水润湿,并在将要粘贴的面上薄薄地刮一道素水泥浆,然后将挑选好的、经过湿润并晾干的饰面板背面抹上 2~3mm 厚的素水泥浆(内掺适量的 107 胶)进行粘贴,贴上后用木锤轻轻敲击,使之固定。粘贴时,应随时用靠尺找平找直,并采用支架稳定靠尺,并随即将流出的水泥浆擦掉,以免污染邻近的饰面。

粘贴饰面板也可用胶粘剂直接镶贴,胶粘剂配合比为:环氧树脂:乙二胺:邻苯二甲酸二丁脂:颜料=100:6~8:20:适量,其操作方法与上述方法相同。

三、大规格板块的施工方法

大规格板块有钢筋网片锚固施工法和膨胀螺栓锚固施工法。

(一)钢筋网片锚固施工法(湿作业法)

1. 绑扎钢筋网片

按施工大样图要求的横竖距离焊接或绑扎安装用的钢筋骨架。其方法是:先剔凿出墙面或柱面结构施工时的预埋钢筋，使其外露于墙、柱面，然后连接绑扎(或焊接)φ8mm 竖向钢筋(竖向钢筋的间距，如设计无规定，可按饰面板宽度距离设置)，随后绑扎横向钢筋，其高度向间距等于饰面板竖向尺寸，钢筋位置比对应饰面板顶标高低 2~3cm，如图 6-14 所示。如基体未预埋钢筋，可使用电锤钻孔，孔径为 25mm，孔深 90mm，用 M16 胀杆螺栓固定预埋铁，然后再按前述方法进行绑扎或焊接竖筋和横筋。

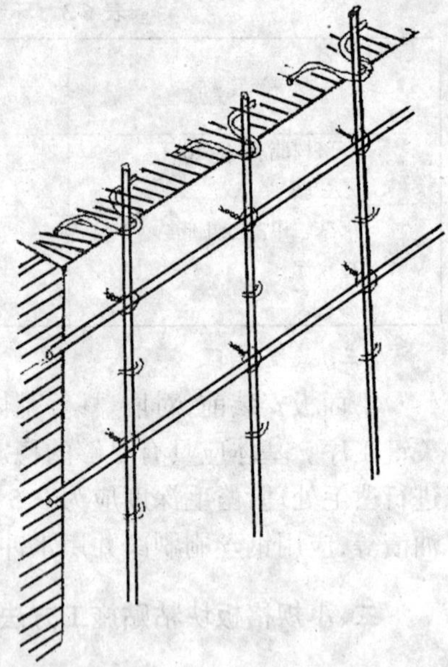

图 6-14 墙面、柱面绑扎钢筋网

2. 钻孔、剔槽、挂丝

在板材侧面上钻孔打眼，孔径 5mm 左右，孔深 15~20mm，孔位一般距板材两端 1/4~1/3。直孔应钻在板厚度中心，为保证钻孔质量和减少板材损失，建议在订货时由生产厂家加工(如现场钻孔，应将饰面板固定在木架上，用手电钻直对板材应钻孔位置下钻)。如板材≥600mm，则应在中间加钻一孔，再在板背的直孔位置，距板边 8~10mm 打一横孔，使直孔与横孔连通成“牛轭孔”。钻孔后，用合金钢錾子在板材背面与直孔正面轻打凿，剔出深 4mm 小槽，以便挂丝时绑扎丝不露出，以免造成拼缝间隙。依次将板材翻转再在背面打出相应的“牛轭孔”。

钻孔亦可打斜孔，即孔眼与板材成 45°左右，亦可以在装饰板材厚度面上与背面的边长 1/3~1/4 处锯三角形锯口，在锯口内挂丝。另一种常用的钻孔方法是：只打直孔，挂丝后孔内充填环氧树脂或用铅皮卷好挂丝挤紧，再灌入黏结剂将挂丝嵌固于孔内。

各种钻孔，如图 6-15 所示。挂丝宜用铜丝，铁丝易腐蚀断脱，镀锌铝丝在拧紧时镀层易损坏，在灌浆不密实、勾缝不严的情况下，也会很快锈断。

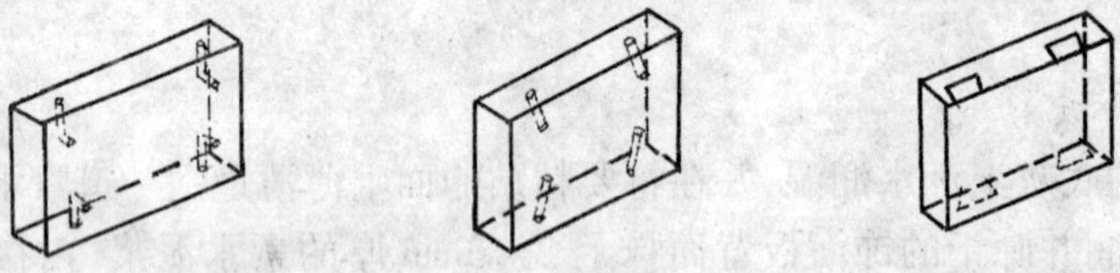

(*a*)　　(*b*)　　(*c*)

图 6-15 饰面板各种钻孔

(*a*)牛轭孔　(*b*)斜孔　(*c*)三角形锯口

3. 安装饰面板

安装饰面板时应首先确定下部第一层板的安装位置。其方法是用线锤从上至下吊线，考虑留出板厚和灌浆厚度以及钢筋网焊接、绑扎所占的位置，来准确确定出饰面板的位置，然后将此位置投影到地面，在墙下边划出第一层板的轮廓尺寸线，作为第一层板的安装基准线。依此基准线，在墙、柱上弹出第一层板标高(即第一层板下沿线)，如有踢脚板，应将踢脚板的上沿线弹好。根据预排编号的饰面板材对号入座，进行安装。其方法是：理好铜丝，将石板就位，并将板材上口略向后仰，单手伸入板材后把石板下口铜丝扭扎于横筋上(扭扎不宜过紧,只要绑牢不脱即可),然后将板材扶正,将上口铜丝扎紧(如用挂钩则应将尾端伸入板材孔中,另一端钩住横筋),并用木楔塞紧垫稳,随后用靠尺与水平尺检查表面平整度与上口水平度,若发现问题,上口用木楔调整,板下沿加垫铁皮或铅条,使表面平整并与上口水平。完成一块板的安装后,其他依次进行。柱面可按顺时针方向逐层安装,一般先从正面开始,第一层装毕,应用靠尺、水平尺调整垂直度、平整度和阴阳角方正,如板材规格有疵病,可用铁皮垫缝,保证板材间隙均匀,上口平直。墙面、柱面板材安装固定方法,如图6-16所示。

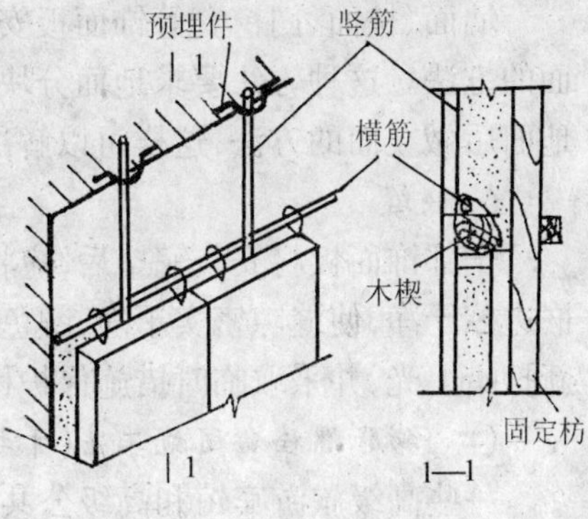

图 6-16　饰面板材安装固定

板材自下而上安装完毕后,为防止水泥砂浆灌缝时板材游走、错位,必须采取临时固定措施。固定方法视部位不同灵活采用,但均应牢固、简便。柱面固定可用方木或小角钢(尺寸略大于柱饰面截面30~50mm)夹牢,然后用木楔塞紧,如图 6-17 所示。小截面柱可用麻绳裹缠。

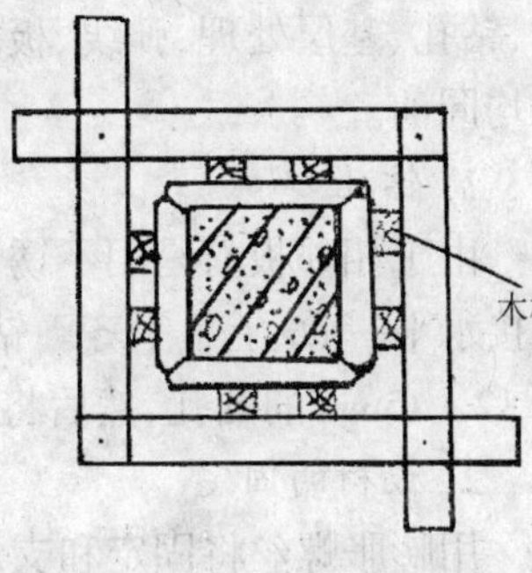

图 6-17　柱饰面临时固定夹具

外墙面固定板材,应充分运用外脚手架的横、立杆,以脚手杆作支撑点,在板面设横木枋,然后用斜木枋支顶横木予以撑牢。

内墙面,由于无脚手架作为撑点,一般采用纸或熟石膏外贴。石膏在调制时应掺入 20%的水泥加水搅拌成粥状,在已调整好的板面上将石膏水泥浆贴于板缝处。由于石膏水泥浆固结后有较大的强度且不易开裂,所以每个拼缝就成为一个支撑点,起到临时固定的作用(浅色板材,为防止水泥污染,应掺入白水泥),但较大板材或门窗璇脸饰面石板材,应另加支撑临时固定。

4. 灌浆

板材经校正垂直度、平整度、方正度后进行临时固定,临时固定完毕,即可灌浆。灌浆一般采用 1:3 水泥砂浆,稠度 8~15cm,将盛砂浆的小桶提起,然后向板材背面与基体间的缝隙中徐徐注入。注意不要碰动石板,全长均匀满灌,并随时检查,不得漏灌,板材不得外移。灌浆宜分层灌入。第一层灌入高度≤150mm,并应≤1/3 板材高。灌时用小铁钎轻轻插捣,切忌猛捣猛灌。一旦发现外胀,应拆除板材重新安装。第一层灌完 1~2h 后,检查板材有无移动,确认下口铜丝与板材均已锚固,再按前法进行第二层灌浆,高度为100mm 左右,即板材 1/2 高度。第三层灌浆高度应低于板材上口 50mm,余量作为上层板材灌浆的接缝(采用浅色大理石或其他饰面板时,灌浆应用白水泥、白石屑,以防透底,影响美观)。

5. 清理

第三次灌浆完毕,待砂浆初凝后,即可清理板材上口的余浆,并用棉纱擦干净,隔天再清理板材上口木楔和有碍安装上层板材的石膏。以后用相同的方法把上层板材下口的不锈钢丝或铜丝拴在下一层板材上口,固定在不锈钢丝或铜丝处,依次进行安装。

墙面、柱面、门窗套等饰面板安装与地面块材铺设的关系，一般采取先做立面后做地面的方法。这种方法要求地面分块尺寸准确，边部块材须切割整齐。同时，亦可采用先做地面后做立面的方法，这样可以解决边部块材不齐问题，但地面应加以保护，防止损坏。

6. 嵌缝

全部饰面板材安装完毕后，应将表面清理干净，并按板材颜色调制水泥色浆嵌缝，边嵌边擦干净，使缝隙密实干净，颜色一致。安装固定后的板材，如面层光泽受到影响，应重新打蜡上光，并采取临时措施保护棱角。

(二)膨胀螺栓锚固施工法(干挂法)

一些高级旅游宾馆和高级公共设施常采用外观漂亮、价格昂贵的天然块材作为外墙饰面板材，对于这种饰面，如采用湿作业法，常常在使用过程中会出现析碱现象，严重影响美观。因此，采用干挂法(又称"膨胀螺栓锚固施工法")就比较合适。其操作工艺包括选材、钻孔、基层处理、弹线、板材铺贴和固定五道工序。除钻孔和板材固定工序外，其余做法均同前。

1. 钻孔

由于相邻板材是用不锈钢销钉连接的，因此钻孔位置一定要准确，以便使板材之间的连接水平一致、上下平齐。钻孔前应在板材侧面按要求定位，再用电钻钻成直径 5mm、孔深 12～15mm 的圆孔，然后将直径为 5mm 的销钉插入孔内。

2. 板材的固定

用膨胀螺丝将固定和支承板块的连接件固定在墙面上，如图 6-18 所示。连接件是根据墙面与板块销孔的距离，用不锈钢加工成 L 形。为便于安装板块时调节销孔和膨胀螺丝的位置，在 L 形连接件上留槽型孔眼，待板块调整到正确位置后，随即拧紧膨胀螺丝进行固定，并用环氧树脂胶将销钉固定。

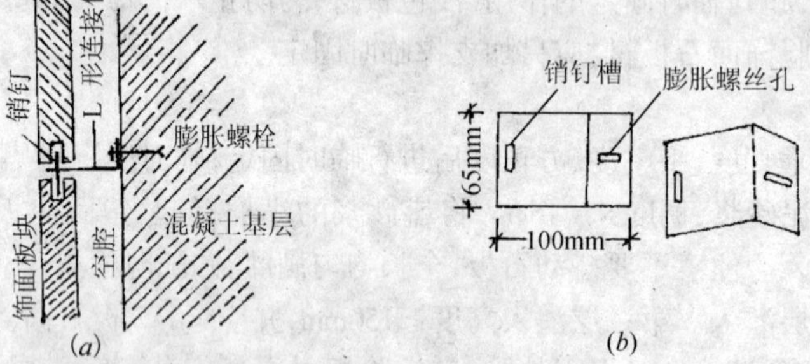

图 6-18 用膨胀螺丝固定板块

(a)板块的固定 (b)L 形连接件

第四节 饰面板(砖)装饰工程的质量标准和检验方法

饰面板(砖)装饰工程的质量标准与检验方法应符合《建筑装饰装修工程质量验收规范》(GB50210—2001)、《外墙饰面砖工程施工及验收规范》(JGJ126—2000)和《建筑工程施工质量验收统一标准》(GB50300—2001)的相关规定。

一、一般规定

(1)饰面板(砖)工程验收时应检查下列文件和记录

①饰面板(砖)工程的施工图、设计说明及其他设计文件。

②材料的产品合格证书、性能检测报告、进场验收记录和复验报告。

③后置埋件的现场拉拔检测报告。

④外墙饰面砖样板件的黏结强度检测报告。

⑤隐蔽工程验收记录。

⑥施工记录。

(2)饰面板(砖)工程应对下列材料及其性能指标进行复验

①室内用花岗石的放射性。

②粘贴用水泥的凝结时间、安定性和抗压强度。

③外墙陶瓷面砖的吸水率。

④寒冷地区外墙陶瓷面砖的抗冻性。

(3)饰面板(砖)工程应对下列隐蔽工程项目进行验收

①预埋件(或后置埋件)。

②连接节点。

③防水层。

(4)各分项工程的检验批应按下列规定划分

①相同材料、工艺和施工条件的室内饰面板(砖)工程每50间(大面积和走廊按施工面积30m^{2}为一间)应划分为一个检验批,不足50间也应划分为一个检验批。

②相同材料、工艺和施工条件的室外饰面板(砖)工程每500~1 000m^{2}应划分为一个检验批,不足500m^{2}也应划分为一个检验批。

(5)检查数量应符合下列规定

①室内每个检验批应至少抽查10%,并不得少于3间;不足3间时应全数检查。

②室外每个检验批每100m^{2}应至少抽查一处,每处不得小于10m^2。

(6)外墙饰面砖黏结前和施工过程中,均应在相同基层上做样板件,并对样板件的饰面砖黏结强度进行检测,其检验方法和结果判定应符合《建筑工程饰面砖黏结强度检验标准》(JGJ 110)的规定。

(7)饰面板(砖)工程的抗震缝、伸缩缝、沉降缝等部位的处理应保证缝的使用功能和饰面的完整性。

二、饰面板安装工程

对于内墙饰面板安装工程和高度不大于24m、抗震设防烈度不大于7度的外墙饰面板安装工程,其质量应符合下列要求。

(一)主控项目

(1)饰面板的品种、规格、颜色和性能应符合设计要求,木龙骨、木饰面板和塑料饰面板的燃烧性能等级应符合设计要求。

检验方法:观察;检查产品合格证书、进场验收记录和性能检测报告。

(2)饰面板孔、槽的数量、位置和尺寸应符合设计要求。

检验方法:检查进场验收记录和施工记录。

(3)饰面板安装工程的预埋件(或后置埋件)、连接件的数量、规格、位置、连接方法和防腐处理必须符合设计要求。后置埋件的现场拉拔强度必须符合设计要求。饰面板安装必须牢固。

检验方法:用手扳检查;检查进场验收记录、现场拉拔检测报告、隐蔽工程验收记录和施工记录。

(二)一般项目

(1)饰面板表面应平整、洁净、色泽一致,无裂痕和缺损。石材表面应无泛碱等污染。

检验方法:观察。

(2)饰面板嵌缝应密实、平直,宽度和深度应符合设计要求,嵌填材料色泽应一致。

检验方法:观察;用尺量检查。

(3)采用湿作业法施工的饰面板工程,石材应进行防碱背涂处理。饰面板与基体之间的灌注材料应饱满、密实。

检验方法:用小锤轻击检查;检查施工记录。

(4)饰面板上的孔洞应套割吻合,边缘应整齐。

检验方法:观察。

(5)饰面板安装的允许偏差和检验方法应符合表6-4的规定。

表6-4 饰面板安装的允许偏差和检验方法

项次	项 目	允许偏差(mm)							检验方法
		石材			瓷板	木材	塑料	金属	
		光面	剁斧石	蘑菇石					
1	立面垂直度	2	3	3	2	1.5	2	2	用2m垂直检测尺检查
2	表面平整度	2	3	—	1.5	1	3	3	用2m靠尺和塞尺检查
3	阴阳角方正	2	4	4	2	1.5	3	3	用直角检测尺检查
4	接缝直线度	2	4	4	2	1	1	1	拉5m线,不足5m拉通线,用钢直尺检查
5	墙群、勒角上口直线度	2	3	3	2	2	2	2	拉5m线,不足5m拉通线,用钢直尺检查
6	接缝高低差	0.5	3	—	0.5	0.5	1	1	用钢直尺和塞尺检查
7	接缝宽度	1	2	2	1	1	1	1	用钢直尺检查

三、饰面砖粘贴工程

对于内墙饰面砖粘贴工程和高度不大于100m、抗震设防烈度不大于8度、采用满粘法施工的外墙饰面砖粘贴工程,其质量应符合下列要求。

(一)主控项目

(1)饰面砖的品种、规格、图案、颜色和性能应符合设计要求。

检验方法:观察;检查产品合格证书、进场验收记录、性能检测报告和复验报告。

(2)饰面砖粘贴工程的找平、防水、黏结和勾缝材料及施工方法应符合设计要求及国家现行产品标准和工程技术标准的规定。

检验方法:检查产品合格证书、复验报告和隐蔽工程验收记录。

(3)饰面砖粘贴必须牢固。

检验方法:检查样板件黏结强度检测报告和施工记录。

(4)满粘法施工的饰面砖工程应无空鼓、裂缝。

检验方法:观察;用小锤轻击检查。

(二)一般项目

(1)饰面砖表面应平整、洁净、色泽一致,无裂痕和缺损。

检验方法:观察。

(2)阴阳角处搭接方式、非整砖使用部位应符合设计要求。

检验方法:观察。

(3)墙面突出物周围的饰面砖应整砖套割吻合,边缘应整齐。墙裙、贴脸突出墙面的厚度应一致。

检验方法:观察;用尺量检查。

(4)饰面砖接缝应平直、光滑,填嵌应连续、密实;宽度和深度应符合设计要求。

检验方法:观察;用尺量检查。

(5)有排水要求的部位应做滴水线(槽)。滴水线(槽)应顺直,流水坡向应正确,坡度应符合设计要求。

检验方法:观察;用水平尺检查。

(6)饰面砖粘贴的允许偏差和检验方法应符合表6-5的规定。

表6-5 饰面砖粘贴的允许偏差和检验方法

项次	项目	允许偏差(mm)		检验方法
		外墙面砖	内墙面板	
1	立面垂直度	3	2	用2m垂直检测尺检查
2	表面平整度	4	3	用2m靠尺和塞尺检查
3	阴阳角方正	3	3	用直角检测尺检查
4	接缝直线度	3	2	拉5m线,不足5m拉通线,用钢直尺检查
5	接缝高低差	1	0.5	用钢直尺和塞尺检查
6	接缝宽度	1	1	用钢直尺检查

复习思考题

1. 贴面装饰材料有哪些?它们的适用范围各是什么?

2. 内墙饰面砖如何镶贴?

3. 外墙饰面砖如何镶贴？
4. 陶瓷锦砖如何镶贴？
5. 玻璃锦砖如何镶贴？
6. 饰面板如何安装？

第七章

楼地面装饰工程

第一节　楼地面的组成、分类及其施工准备

一、楼地面的组成

楼地面一般由基层、垫层和面层三部分组成。

(一)基层

基层的作用是承受其上的全部荷载,它是楼地面的基体。底层的基层多为素土或加入石灰、碎砖的夯实土,楼层的基层一般是现浇或预制钢筋混凝土楼板。

(二)垫层

垫层位于基层之上,其作用是将上部的各种荷载均匀地传给基层,楼层的垫层还起着隔声和找坡作用。垫层按材料性质的不同,分为刚性垫层和非刚性垫层两种。刚性垫层,有足够的整体刚度,受力后不易产生塑性变形,如低强度等级混凝土、碎砖三合土等;非刚性垫层,无整体刚度,受力后易产生塑性变形,如砂、碎石、矿渣等散状材料。

(三)面层

面层是楼地面的最上层,也是表面层,它直接承受着外界各种因素的作用,地面的名称常以面层所用的材料而命名,如水泥砂浆地面、塑料地面、涂布地面等。

二、楼地面的分类

(1)按建筑部位不同,楼地面可分为室外地面、室内底层地面、楼层地面、上人屋顶地面等。

(2)按面层材料不同,楼地面可分为水泥砂浆、现浇水磨石、菱苦土、混凝土、砖、木质、涂料、塑料板、地毯等地面。

三、楼地面施工前的准备工作

(一)现场技术准备

现场技术准备工作的内容主要有以下几点:

(1)按照设计要求对地基进行处理;

(2)依据统一标高,抄平放线,检查各个房间的地面标高;

(3)地漏周围用水泥砂浆或细石混凝土稳固、堵严;

(4)穿过地面的立管加套管,并用膨胀性水泥砂浆或细石混凝土将套管四周填塞;

(5)检查各种管线重叠交叉部位的标高,并敷设钢板网片,再用细石混凝土稳牢;

(6)检查预埋件和预留孔洞的位置、尺寸是否符合设计要求等。

(二)基层准备

底层回填土要分层回填夯实,并清除杂质,排除积水,控制填土的含水率和干容重。碎石、碎砖填铺时,要控制粒径,根据要求可采用机械夯打或压实。楼板要清除浮灰、油渍、杂质,光滑面要凿毛,使基层表面达到粗糙、洁净而湿润。

(三)材料准备

按照设计图纸计算各类材料用量,并根据施工实际情况考虑适当的材料损耗量。施工前应根据施工计划安排提出材料供应计划(包括分批进场数量、要求和进场日期),并依据现场施工平面布置图的要求分类堆放。

(四)机具准备

楼地面施工常用的机械有滚压机、打夯机、地面抹光机、磨石子机、板材切割机、地板刨光机、地面分格器、铁滚筒等,另外,还需准备抹灰使用的全套工具。

第二节　整体地面施工

整体地面主要包括水泥地面(水泥砂浆面层和混凝土面层)、现浇水磨石地面和菱苦土地面等,它是一种应用较为广泛的传统地面做法。

一、水泥地面施工

(一)水泥砂浆面层

水泥砂浆面层是以水泥作胶凝材料,砂作集料,在现场按配合比配制抹压而成。其构造及做法,如图 7-1 所示。

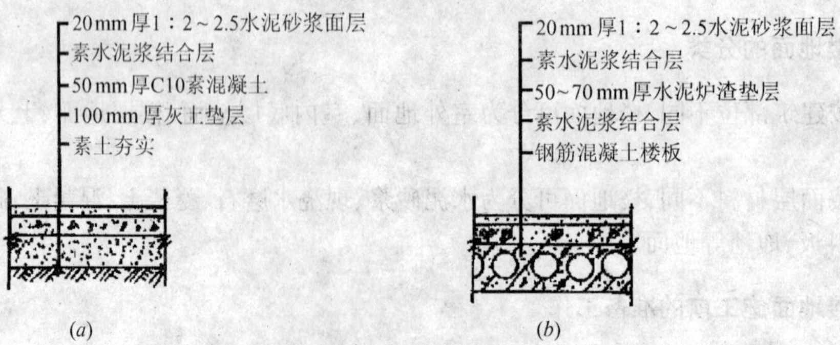

图 7-1　水泥砂浆地(楼)面

(a)水泥砂浆地面　(b)水泥砂浆楼面

1. 材料要求

水泥砂浆面层所用水泥，应优先采用硅酸盐水泥、普通硅酸盐水泥，强度等级不得低于 32.5 级，因为上述品种水泥与其他品种的水泥相比，具有早期强度高、水化热较高和在凝结硬化过程中干缩值较小等优点。如采用矿渣硅酸盐水泥，强度等级应不低于 32.5 级，在施工中要严格按施工工艺操作，且要加强养护，方能保证工程质量。

水泥砂浆面层所用的砂，应采用中砂和粗砂，含泥量不得大于 3%，因为细砂拌制的砂浆强度要比粗、中砂拌制的砂浆强度低 25%～35%，不仅其耐磨性差，而且还有干缩性大、容易产生收缩裂缝等缺点。

2. 施工方法

(1)基层处理　水泥砂浆面层多铺抹在楼、地面混凝土、水泥炉渣、碎砖三合土等垫层上，垫层处理是防止水泥砂浆面层空鼓、裂纹、起砂等质量通病的关键工序。因此，要求垫层应具有粗糙、洁净、潮湿的表面，必须仔细清除一切浮灰、油渍、杂质；否则形成的隔离层，会使面层结合不牢。表面比较光滑的基层，应进行凿毛，并用清水冲洗干净，冲洗后的基层，最好不要上人。在现浇混凝土或水泥砂浆垫层、找平层上做水泥砂浆地面面层时，其抗压强度达到 1.2MPa 后，才能铺设面层，这样不致破坏其内部结构。地面铺设前，应将门框再一次校核找正。其方法是先将门框锯口线抄平校正，并注意当地面面层铺设后，门扇与地面的间隙应符合规定要求，然后将门框固定，防止松动、位移。

(2)找规矩

①弹准线　地面抹灰前，应先在四周墙上弹出一道水平基准线，作为确定水泥砂浆面层标高的依据。水平基线是以地面 ±0.00 及楼层砌墙前的抄平点为依据，一般可根据情况弹在标高 100cm 的墙上，如图 7-2 所示。弹准线时，要注意按设计要求的水泥砂浆面层厚度弹线。

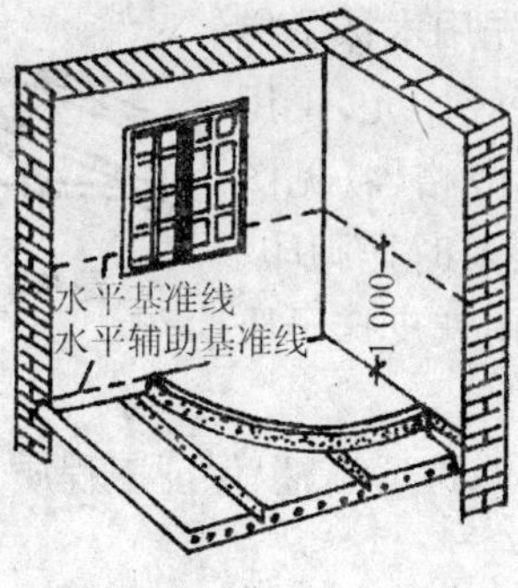

图 7-2　弹准线

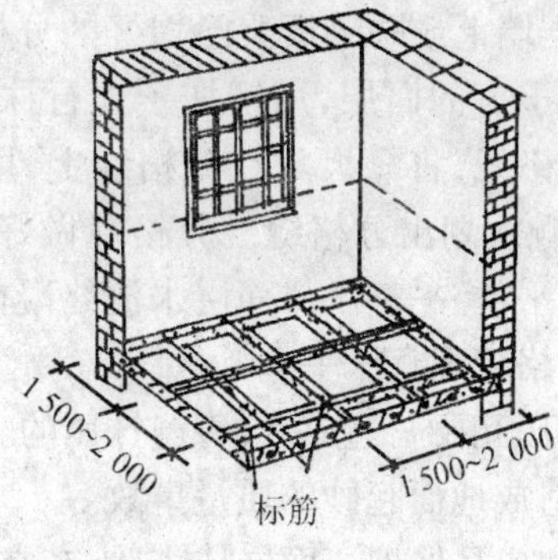

图 7-3　做标筋

②做标筋　根据水平基准线再把楼地面面层上皮的水平辅助基准线弹出，如图 7-3 所示。面积不大的房间，可根据水平基准线直接用长木杠抹标筋，施工中进行几次复尺即可。面积较大的房间，应根据水平基准线，在四周墙角处每隔 1.5～2.0m 用 1∶2 水泥砂浆抹标志块，标志块大小一般为 8～10cm 见方。待标志块结硬后，再以标志块的高度做出纵横方向通长的标筋以控制面层的厚度。地面标筋用 1∶2 水泥砂浆，宽度一般为 8～10cm。做标筋时，要注意控制面层厚度，面层的厚度应与门框的锯口线吻合。对于厨房、浴室、厕

所等房间的地面,必须将流水坡度找好;有地漏的房间,应在地漏四周找出不小于5%的泛水,并弹好水平线,避免地面"倒流水"或积水。抄平时应注意各室内地面与走廊高度的关系。

(3)操作要求　面层水泥砂浆的配合比应符合设计要求,一般不低于1:2,水灰比为0.3~0.4,其稠度不大于3.5cm。水泥砂浆要求拌合均匀,颜色一致。

铺抹前,先将基层浇水湿润,第二天先刷一道水灰比为0.4~0.5的水泥浆结合层,随即进行面层铺抹。如果水泥素浆结合层过早涂刷,则起不到与基层和面层两者黏结的作用,反而易造成地面空鼓。所以,一定要随刷随抹。

地面面层的铺抹方法是在标筋之间铺砂浆,随铺随用木抹子拍实,用短木杠按标筋标高刮平。刮时要从房间由里往外刮到门口,符合门框锯口线标高,然后再用木抹子搓平,并用铁皮抹子紧跟着压第一遍。压光宜轻不宜重,应尽可能使抹纹浅,以压光后表面不出现水纹为宜。如面层有多余的水分,可根据水分的多少适当均匀的撒一层干水泥或干拌水泥砂来吸取面层表面多余的水分,再压实压光(但要注意,如表面无多余的水分,不得撒干水泥或水泥砂),同时把踩的脚印压平并随手把踢脚板上的灰浆刮干净。

当水泥砂浆开始初凝时,即人踩上去有脚印但不塌陷,即可开始用钢皮抹子压第二遍。压第二遍时应压实、压光、不漏压,抹子与地面接触时发出"沙沙"声,并把死坑、砂眼和踩的脚印都压平。第二遍压光很重要,表面要清除气泡、孔隙,做到平整光滑。

等到水泥砂浆终凝前,人踩上去有细微脚印,抹子抹上去不再有抹子纹时,再用铁皮抹子压第三遍。抹压时用劲要稍大些,并把第二遍留下的抹子纹、毛细孔压平、压实、压光。

当地面面积较大或设计要求分格时,应根据地面分格线的位置和尺寸,在墙上或踢脚板上划好分格线位置,在面层砂浆刮抹搓平后,根据墙上或踢脚板上已划好的分格线,先用木抹子搓出一条约一抹子宽的面层,用铁抹子先行抹平,轻轻压光,再用粉线袋弹上分格线,将靠尺放在分格线上,用地面分格器(见图7-4)紧贴靠尺顺线划出分格缝。分格缝做好后,要及时把脚印、工具印子等刮平、搓平整。待面层水泥终凝前,再用铁皮抹子压平、压光,把分格缝理直压平。

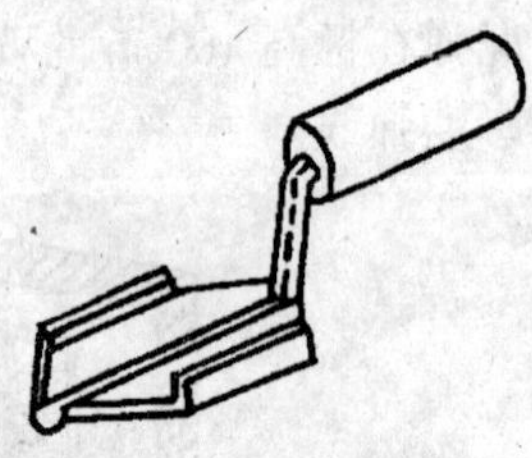

图7-4　地面分格器

水泥地面压光要三遍成活,每遍抹压的时间要掌握适当,以保证工程质量。压光过早或过迟,都会造成地面起砂的质量事故。

(4)养护和成品保护　面层抹完后,在常温下铺盖草垫或锯木屑进行浇水养护,养护时间不少于7d。如采用矿渣水泥,则不少于14d。面层强度达5MPa后,才允许人在地面上行走或进行其他作业。

(二)混凝土面层

混凝土面层绝大多数为细石混凝土面层,也有现浇混凝土楼板或混凝土垫层随捣随抹面层。其构造及做法,如图7-5所示。

1. 细石混凝土面层

细石混凝土面层的强度等级应不低于C20,所用碎石或卵石要求级配良好,粒径不大

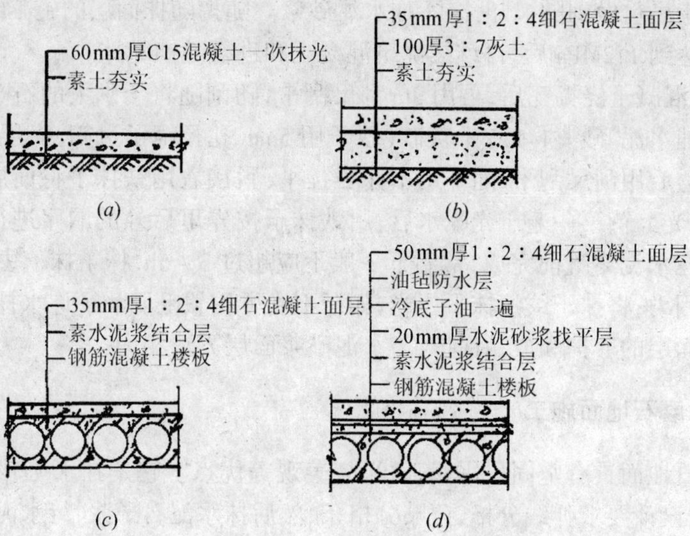

图 7-5 混凝土地面

（*a*）混凝土地面之一 （*b*）混凝土地面之二

（*c*）混凝土楼面之一 （*d*）混凝土楼面之二

于15mm或面层厚度的2/3，含泥量不大于2%，浇筑时的混凝土坍落度不大于3cm。细石混凝土面层施工的基层处理和找规矩的方法与水泥砂浆面层施工相同。

(1)操作要点 细石混凝土必须搅拌均匀，铺设时，应由里面向门口方向，按由远向近的原则铺设。铺设的细石混凝土，按冲筋厚度刮平拍实后，待混凝土稍收水，即用铁抹子预压一遍，使地面平整，不使石子显露，或用铁滚筒来回交叉滚压3~5遍，低洼处用混凝土填补，滚至表面出浆，如泛上的浆水呈均匀细花纹状，则表明已滚压密实，可以进行压光工作。抹光工作基本与水泥砂浆面层施工相同，要求抹2~3遍，使其表面色泽一致，表面光滑无抹子印迹。细石混凝土面层与水泥砂浆面层施工一样，必须强调的是，应在水泥初凝前完成抹平工作，水泥终凝前完成压光工作，以避免面层产生脱皮、裂缝等质量弊病，保证面层强度。

(2)养护及成品保护 细石混凝土面层铺设后1d内，可用锯木屑、砂或其他材料覆盖并洒水湿润，在常温下养护时间一般不少于7d。养护期间，禁止上人走动或进行其他操作活动，以免损伤面层。

2. 随捣随抹面层

随捣随抹面层施工，其现浇混凝土楼(地)面的基层和面层是一次成活的，即在混凝土楼地面浇筑完毕，表面稍收水后，马上进行抹平压光，直至达到设计要求。这种做法，可以省去事后抹面层的一道工序，而且质量易保证。随捣随抹面层施工与水泥砂浆面层的施工方法基本相同，施工时应注意以下几点：

(1)混凝土浇捣 混凝土浇捣时，一定要使表面按墙周围水平线和中间水平标志找平，用2m长刮尺刮平，用木拍或滚筒拍实或压实，将水泥浆压出。面积较大、混凝土较厚的地面应用平板振捣器振捣。如果混凝土振捣后，表面局部缺浆，可在表面略加适量的1:2水泥砂浆进行抹平压光，但不允许撒干水泥，也应杜绝本来表面已泛浆，还普遍加水泥砂浆的做法。应尽量做到随捣随抹，不加水泥砂浆。随捣随抹面层的施工缝处理，应在混凝土抗压强度达到 1.2MPa 后，再继续浇筑混凝土和进行随捣随抹。

(2)压光　混凝土浇捣完后，再用 2m 刮尺刮平，随刮随将个别大的石头挑出，将局部缺浆处均匀撒铺水泥∶砂＝1∶1.5 干灰砂(砂子用 5mm 孔径筛子过筛)一层，厚约 5mm，待干灰砂吸水湿透后用刮尺刮平，随即用木抹子搓平，紧接着用铁抹子将面层的凹坑、砂眼和脚印压平、抹光。待第一遍压光吸水后，用铁抹子按先里后外的顺序进行第二次压光。第三遍压光应在水泥终凝前完成，常温下一般不应超过 3～5h，抹子抹上去以不留痕迹为宜。抹压时要用力，将抹子纹痕抹平压光，如压不光可用软毛刷沾少许水抹压。

随捣随抹面层的养护和成品保护，与水泥砂浆面层方法相同。

二、现浇水磨石地面施工

现浇水磨石地面具有坚固耐用、表面光亮美观等优点。它是在水泥砂浆垫层已完成的基础上，根据设计要求弹线分格，镶贴分格条，然后抹水泥石子浆，待水泥石子浆硬化后磨光露出石碴，并经补浆、细磨、打蜡而成。其构造及做法，如图 7-6 所示。

现浇水磨石地面适用于清洁度要求高的场所，如商店售货厅、医院病房、门厅、走道、楼梯等。

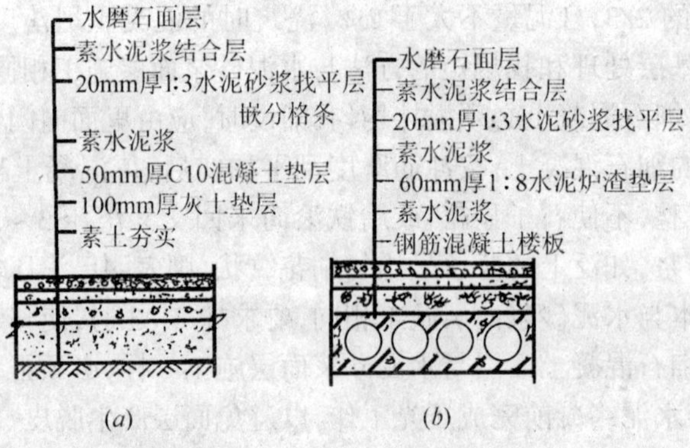

图 7-6　水磨石地面

(a)现浇水磨石地面　(b)现浇水磨石楼面

(一)材料要求

1. 水泥

白色或浅色的水磨石面层，应采用白色硅酸盐水泥；深色的水磨石面层，采用硅酸盐水泥、普通硅酸盐水泥或矿渣硅酸盐水泥。无论白水泥还是普通水泥，其强度等级均不宜低于 32.5 级。

2. 石粒

水磨石面层应采用质地坚硬、耐磨、洁净的大理石、白云石、方解石、花岗石、玄武岩或辉绿岩等，要求石粒中不含风化颗粒和草屑、泥块、砂粒等杂质。石粒的最大粒径以比水磨石面层厚度小 1～2mm 为宜，见表 7-1。石粒粒径过大则不易压平，石粒之间也不易挤密实。各种石粒应按不同的品种、规格、颜色分别存放，切不可互相混杂，使用时按适当比例配合。除了石粒可作水磨石的骨料外，质地坚硬的螺壳、贝壳也是很好的骨料，它在水磨石中经研磨后，大面闪闪发光，可显示珍珠色的光彩。

表 7-1　石粒粒径要求

水磨石面层厚度(mm)	10	15	20	25	30
石子最大粒径(mm)	9	14	18	23	28

3. 颜料

颜料在水磨石面层中占有相当重要的位置。颜料一般采用耐碱、耐光、耐潮湿的矿物颜料，要求无结块，掺量根据设计要求并做样板块确定，一般不大于水泥质量的12%。

4. 其他材料

(1)草酸　草酸为无色透明晶体，有块状和粉末状两种。由于草酸是一种有毒的化工原料，不能接触食物，对皮肤有一定的腐蚀性，因此在施工中应注意劳动保护。

(2)氧化铝　它呈白色粉末状，不溶于水。与草酸混合，可用于水磨石地面面层抛光。

(3)地板蜡　它用于水磨石地面面层磨光后做保护层。地板蜡有成品出售，也可根据需要自配蜡液，但应注意防火工作。

(二)施工方法

水磨石面层施工一般在完成顶棚、墙面抹灰后进行，也可以在水磨石磨光两遍后，进行顶棚、墙面的抹灰，然后进行水磨石面层的细磨和打蜡工作，但水磨石半成品必须采取有效的保护措施。

水磨石的基层和垫层施工方法同混凝土地面。面层施工时，应掌握以下操作要点：

1. 弹线并嵌条分格

先在找平层上按设计要求弹上纵横水平线或图案分格墨线，然后按墨线固定铜条或3mm厚玻璃嵌条，并予以埋牢，作为铺设面层的标志。水磨石分格条的嵌固是一项很重要的工序，应特别注意水泥浆的粘嵌高度和水平方向的角度。图7-7是一种错误的粘嵌法，它使面层水泥石粒浆的石粒不能靠近分格条，磨光后将会出现一条明显的纯水泥斑带，俗称“秃斑”，影响装饰效果。分格条正确的粘嵌方法是粘嵌高度略大于分格条高度的二分之一，水平方向以30°为准，如图7-8所示。这样，在铺设面层水泥石粒浆时，石粒就能靠近分格条，磨光后分格条两边石粒密集，显露均匀、清晰，装饰效果好。

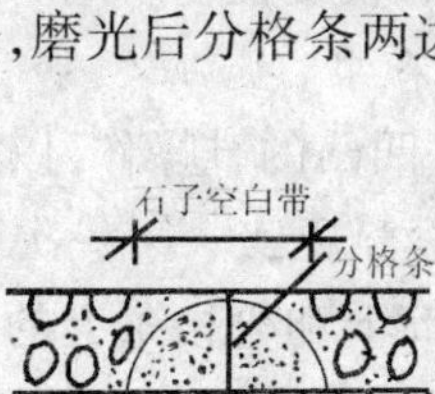

图7-7　错误的粘嵌分格条示意图

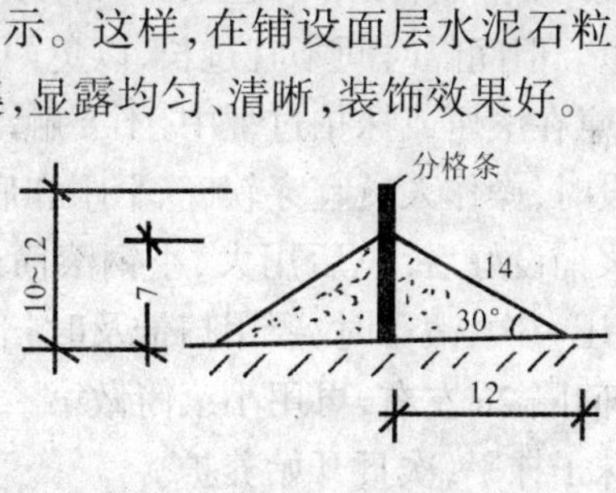

图7-8　分格条正确粘嵌法示意

分格条十字交叉接头处粘嵌水泥浆时，如不留空隙(见图7-9)，则在铺设水泥石粒浆时，石粒就不可能靠近交叉处，磨光后，亦会出现没有石粒的纯水泥斑，影响美观。正确的做法，应按图7-10所示粘嵌，即在十字交叉的四周，留出15~20mm的空隙，以确保铺设水泥石粒浆饱满，磨光后外形美观。

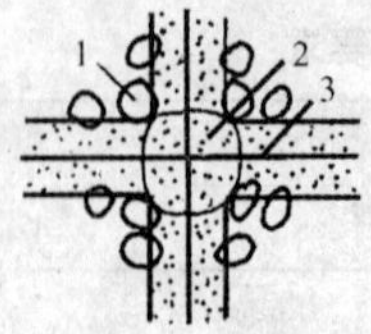

图 7-9　分格条交叉处错误粘嵌法

1—石粒　2—无石粒区　3—分格条

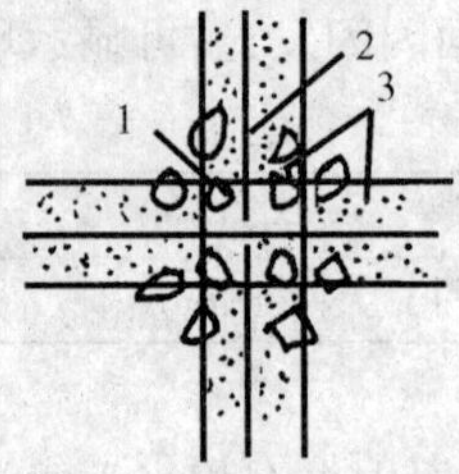

图 7-10　分格条交叉处正确粘嵌法

1—石粒　2—分格条　3—砂浆

分格条粘嵌好后，经 24h 即可洒水养护，一般养护 3～5d。

2. *铺设水泥石粒浆面层*

分格条粘嵌养护后，清除积水浮砂，刷素水泥浆一道，随刷随铺设面层水泥石粒浆。水泥石粒浆调配时，应先按配合比将水泥和颜料干拌均匀，过筛后装袋备用。铺设前，再将石料加入彩色水泥粉中，干拌 2～3 遍，然后加水湿拌。同时，应在选定的灰石袋内取出五分之一石粒，以备撒石用，然后将拌合均匀的石粒浆按分格顺序进行铺设，其厚度应高出分格条 1～2mm，以防滚压时压弯铜条或压碎玻璃条。

铺设时，先用木抹子将分格条两边约 10cm 内的水泥石粒浆轻轻拍紧压实，以免分格条被撞坏。水泥石粒浆铺设后，应在表面均匀地撒一层预先取出的五分之一石粒，用木抹子或铁抹子轻轻拍实、压平，但切勿用刮尺刮平，以防将面层高凸部分的石粒刮出，留下水泥浆，影响装饰效果。如局部铺设太厚，则应用铁抹挖去，再将周围的水泥石粒浆拍实、压平。铺设时，一定要使面层平整，石粒分布均匀。

如在同一平面上有几种颜色的水磨石，应先做深色后做浅色，先做大面后做镶边，待前一种色浆凝固后，再抹后一种色浆。两种颜色的色浆不应同时铺设，以免串色及界线不清而影响质量。但间隔时间不宜过长，以免两种石粒浆的软硬程度不同。一般隔日即可铺设，但应注意在滚压或抹拍过程中，不要触动前一种石粒浆。

面层铺设时，操作人员宜穿软底、平跟和底楞无明显凹凸的鞋操作，以防踩踏较深的脚印。石粒浆铺设好后，先后用大、小钢滚筒或混凝土滚筒压实。第一次先用大滚筒压实，纵横各滚压一次，滚压时，要用扫帚及时扫去粘在滚筒上和分格条上的石粒。缺石粒处，要补齐。间隔 2h 左右，再用小滚筒做第二次压实，直至将水泥浆全部压出为止，再用木抹子或铁抹子抹平，次日开始养护。

水磨石面层另一种铺设方法是干撒滚压施工法。即当分格条经养护粘嵌牢固后，刷素水泥浆一道，随即用 1:3 水泥砂浆二次找平，上部留 8～10mm(当使用大八厘石粒时)，待二次找平砂浆终凝前后，开始坐彩色水泥浆，厚约 4mm，彩色水泥浆为糊状，水灰比为 0.45。坐浆后将彩色石粒均匀撒在坐浆上，用软刮尺刮平，接着用滚筒纵横反复滚压，直至石粒被压平、压实为止，且要求底浆返上 60%～80%，再往上浇一层彩色水泥浆(水灰比 0.56)，浇时用水壶往滚筒上浇，边浇边压，直至上下水泥浆结合为止，最后用铁抹子压一遍，于次日浇水养护。这种方法的主要优点是表面层石粒密集、美观,特别对于掺有彩色石粒的美术水磨石地面,不仅能清楚地观察彩色石粒的分布是否均匀,而且能节约彩色石粒,降低工程成本。

3. 磨光

开磨时间应以石碴不松动为准。大面积施工应用机械磨石机研磨,小面积、边角处的水磨石,可使用小型湿式磨光机研磨。只有工程量不大或无法使用机械时才用手工研磨。大面积开磨前应试磨,一般开磨时间见表 7-2。

表 7-2 现浇水磨石地面开磨时间表

平均温度(℃)	开磨时间(d)	
	机磨	人工磨
20 ~ 30	2 ~ 3	1 ~ 2
10 ~ 20	3 ~ 4	1.5 ~ 2.5
5 ~ 10	5 ~ 6	2 ~ 3

研磨时,要随磨随洒水,确保磨盘下经常有水,冲刷磨出的石浆应及时扫除。若开磨时间过晚,面层过硬时,可在磨盘下撒少量过窗纱的砂子助磨。一般常用“二浆三磨”法,即整个磨光过程为磨光三遍,补浆两次。

第一遍先用 60 ~ 80 号粗磨石磨光,要磨匀磨平,使全部分格条外露,磨后应将水泥浆冲洗干净,稍干后涂擦一道同色水泥浆,用以填补砂眼,个别掉落石碴部位要补好,不同颜色的磨面应先涂补深色浆,后涂补浅色浆,养护 4 ~ 7d。

第二遍用 120 ~ 180 号细磨石磨光,方法同第一遍,主要是磨去凹痕,磨光后再补上一道浆。

第三遍用 180 ~ 240 号油石磨,磨至表面石碴粒粒显露,平整光滑,无砂眼细孔。然后用水冲净,涂草酸溶液(热水 : 草酸 = 1 : 0.35,溶化冷却后使用)一遍,最后可用 280 ~ 320 号油石研磨至出白浆、表面光滑为止,再用水冲洗并晾干。也可以将地面冲洗干净,浇上草酸溶液,用布包在磨石机的磨石上研磨,磨至表面光滑,再冲洗干净并晾干,准备上蜡。表 7-3 为各遍研磨的技术要求。

表 7-3 水磨石面层研磨技术要求

遍数	选用磨石	要求及说明
1	60 ~ 80 号	1. 磨匀磨平,使全部分格条外露 2. 磨后要将泥浆冲洗干净,稍干后即涂擦一道同色水泥浆填补砂眼,个别掉落的石粒要补好 3. 不同颜色的磨面,应先涂深色浆,后涂浅色浆 4. 涂擦色浆后养护 4 ~ 7d
2	120 ~ 180 号金钢石	磨至石粒显露,表面平整,其他同第一遍 2、3、4 条
3	180 ~ 240 号油石	1. 磨至表面平整光滑,无砂眼细孔 2. 用水冲洗后涂草酸溶液(热水 : 草酸 = 1 : 0.35,质量比,溶化冷却后用)一遍 3. 研磨至出白浆,表面光滑为止,用水冲洗干净,晾干

4. 抛光上蜡

抛光是水磨石地面施工的最后一道工序。通过抛光,对细磨面进行最后的加工,使水磨石地面达到验收标准。抛光主要是化学作用和物理作用的混合,即腐蚀作用和填补作用。抛光用的草酸和氧化铝加水后的混合溶液与水磨石表面在摩擦力作用下,立即腐蚀了细磨表面的突出部分,又将生成物挤压到凹陷部位,经表面物理和化学反应,使水磨石表面形成一层光泽膜,然后经打蜡保护,使水磨石地面呈现光泽。

(1)擦草酸　擦草酸可使用10%浓度的草酸溶液,再加入1%~2%的氧化铝。擦草酸有两种方法:一种是涂草酸溶液后随即用280~320号油石进行细磨,草酸溶液起助磨剂作用,照此法施工,一般已能达到表面光洁的要求。如感不足,可采用第二种方法:将地面冲洗干净,浇上草酸溶液,把布卷固定在磨石机上进行研磨,至表面光滑为止,再冲洗干净,晾干,准备上蜡。

(2)上蜡　上述完成后,可进行上蜡工序,其方法是:在水磨石面层上薄薄涂一层蜡,稍干后用磨光机研磨,或用钉有细帆布(或麻布)的木块代替油石,装在磨石机上研磨出光亮后,再涂蜡研磨一遍,直到光滑洁亮为止。

第三节　砖及大理石(花岗岩)地面施工

砖及大理石(花岗岩)地面是采用陶瓷锦砖、缸砖、陶瓷地砖、大理石、花岗岩、碎块大理石、水泥花砖以及预制混凝土、水磨石等铺设的地面。其花色品种多样,经久耐用,易保持清洁,但保温和消音性能较差,且造价较高。适用于人流量大、清洁要求高或经常受潮的建筑物的楼地面。

一、材料及施工准备

1. 材料

(1)陶瓷锦砖、地砖均为高温烧成的小型块材,表面致密、耐磨、不会变色,其规格、颜色、拼花图案和技术要求均应符合设计规定。

(2)缸砖是用黏土烧制的红色砖,也有黄色和白色砖,表面不上釉,色泽较暗,形状有正方形、长方形和六角形等。其规格尺寸见表7-4。砖在使用前应进行挑选,标号和品种不相同的砖不得混用,有裂缝、掉角、扭曲的砖和小于半块的碎砖应剔除。

表7-4　缸砖的规格尺寸(mm)

长	宽	厚
100	100	10
150	150	15
150	75	15
100	50	10

(3)大理石、花岗石平板的花色品种、规格应符合设计要求,其外形尺寸、平整度、外观质量要求应符合有关标准。

(4)水泥砖(混凝土块)是采用混凝土压制而成的,颜色和表面形状应根据设计要求而定,其成品要求边角方正,无裂纹、掉角等缺陷。

(5)预制水磨石平板是用水泥、石粒、颜料、砂等材料经过选配制坯、养护、磨光打蜡而成，色泽丰富，品种多样，其成品质量标准及外观要求应符合设计规定。

2. 施工准备

砖及大理石(花岗岩)地面的施工一般在顶棚、立墙饰面完成后进行，先铺地面，后安装踢脚板。施工前，要清理现场，检查铺砌或铺粘板块部位有无水、暖、电等工种的预埋件，是否影响施工，并要检查板块的规格、尺寸、颜色、边角等，按施工顺序分类码放。

(1)基层处理　砖及大理石(花岗岩)地面铺砌或铺粘前，应先挂线检查并掌握地面垫层的平整度，做到心中有数，然后清扫基层并用水刷净。对于光滑的钢筋混凝土楼面，应提前进行凿毛处理，并提前一天浇水湿润基层表面。

(2)找规矩　根据设计要求，确定平面标高位置，并在相应的立面上弹线，再根据砖、大理石或花岗岩的分块情况挂线找中，即在房间取中点、拉十字线。与走廊直接相通的门口处，要与走道地面拉通线，分块布置要以十字线对称，如室内地面与走廊地面颜色不同，分界线应放在门口门扇中间处。

(3)试拼　根据标准线确定施工顺序和标准块位置。在选定的位置上，对每个房间的板材，应按图案、颜色、纹理试拼。试拼后按两个方向编号排列，然后按编号码放整齐。

(4)试排　在房间的两个垂直方向，按标准线，铺两条干砂，其宽度大于板块。根据设计图要求把板块排好，以便检查板块之间的缝隙(平板间的缝隙如设计无规定，大理石、花岗岩不大于1mm，水磨石和水泥花砖不大于2mm，预制混凝土板块不应大于6mm)，核对板块与墙面、柱、管线洞口等的相对位置，确定找平层砂浆的厚度(对于如浴室、厕所等有排水要求的，应找好泛水)，根据试排结果，在房间主要部位弹上互相垂直的控制线，并引至墙上，用以检查和控制板块的位置。

二、施工方法

(一)陶瓷锦砖、缸砖和地砖地面

这类地面属刚性面层，要求铺贴在整体性、刚性较好的基层上，如铺贴在细石混凝土或预制楼板基层上。其常见的构造及做法，如图7-11和图7-12所示。

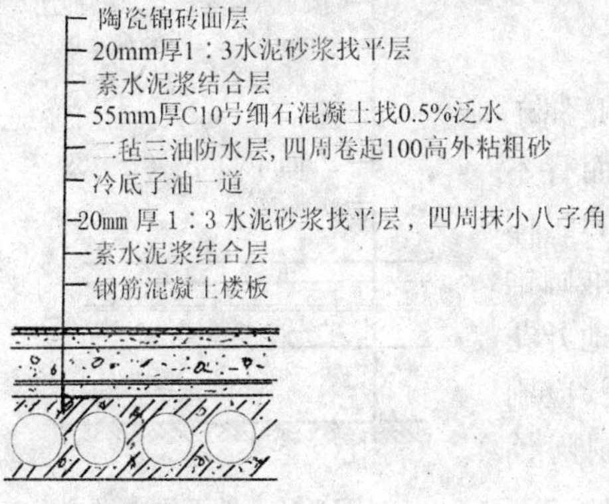

图7-11　楼面做法示意

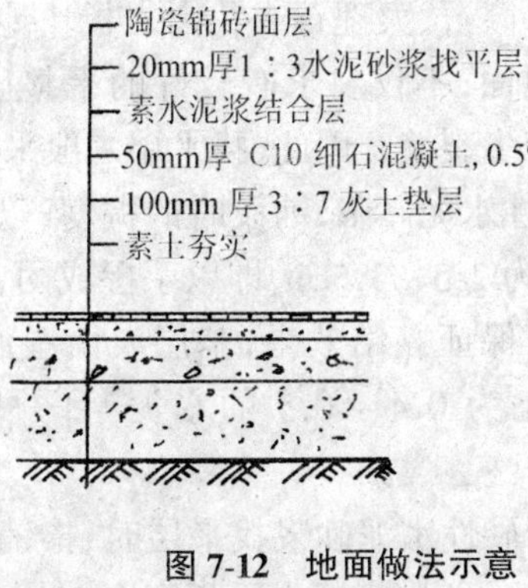

图7-12　地面做法示意

1. 陶瓷锦砖

陶瓷锦砖铺贴操作方法有两种，一种直接在垫层上撒1∶1灰砂，用铁抹子刮平后按试铺的控制线进行铺贴。另一种，是待垫层砂浆具有一定强度后，用1∶1水泥砂浆铺贴。铺贴时，先湿润找平层，均匀撒干水泥面，用刷子蘸水铺贴，用方尺找好规矩，拉通线依次向前进行。砖铺上后可用木锤垫木块仔细拍实拍平，贴完一段，应洒水湿透纸背，常温下15min左右揭纸，用开刀修理缝隙。先调竖缝，后调横缝，边调缝边用木锤敲击垫块，拍实拍平，然后用1∶1水泥砂浆灌缝嵌实。

铺贴完后，将陶瓷锦砖表面清扫干净，次日铺干锯木屑养护3～4d，养护期间不得上人走动，以免破坏面层。

2. 地砖(缸砖)

地砖(缸砖)铺贴时，底层先撒一层干水泥，稍洒点水，用1∶3水泥砂浆，上撒水泥或水泥浆用抹子摊平，按挂线一块一块地由前往后退着贴，随时用木锤轻轻敲平，用开刀和抹子将缝拨直，然后再拍击一遍，将表面多余的砂浆用棉纱擦净。砂浆涂抹不宜过厚，也不能太干，铺时做到用力均匀，砂浆缝饱满，以免空鼓。隔1～2d后用1∶1水泥砂浆嵌缝，要求缝隙严密，不得漏嵌，待水泥砂浆达到一定强度后，再用清水洗刷干净。

(二)预制水磨石、大理石或花岗岩平板

预制水磨石、大理石或花岗岩平板楼地面和踢脚板的构造及做法，如图7-13、图7-14和图7-15所示。

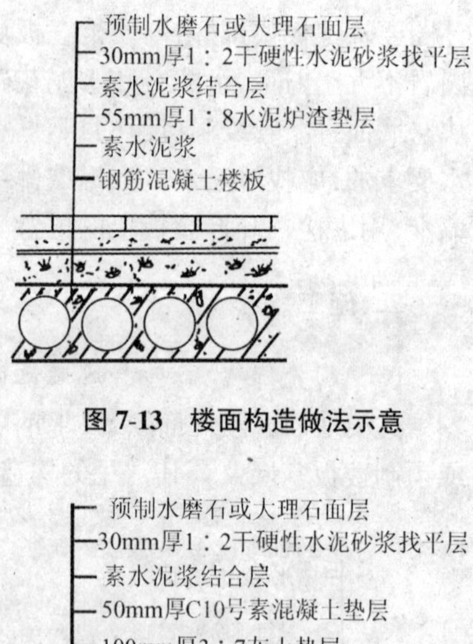

图7-13　楼面构造做法示意

1. 板块浸水

大理石或花岗岩在施工前不需浸水，但由于预制水磨石板块是多孔材料，如使用干燥板块，铺贴后砂浆中的水分很快就被板块吸收，造成结合层砂浆脱水而影响砂浆强度，直接影响砂浆与基层、砂浆与板块间的黏结质量。因此，铺贴前预制水磨石板块应浸水湿润，并阴干码好备用；铺贴时，以内潮面干为宜。

2. 砂浆结合层(找平层)

预制水磨石、大理石或花岗岩板块地面是属于较高级的地面，不仅要求有较好的平整度，而且不得空鼓和产生裂缝。因此，找平层一般采用1∶2(体积比)干硬性水泥砂浆，铺设时的稠度(以标准圆锥体沉入度)为2.5～3.5cm，即以手握成团，落地开花为宜。为了保证黏结效果，基层表面湿润后，应刷一遍水灰比为0.4～0.5的水泥浆，并随刷随铺板块。

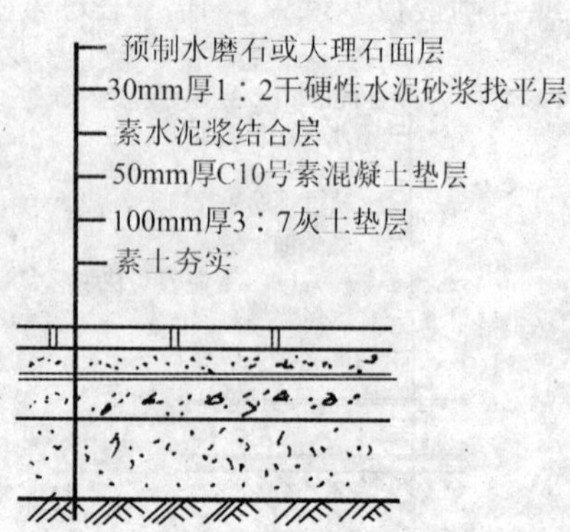

图7-14　地面构造做法示意

摊铺干硬性水泥砂浆找平层时，摊铺砂浆长度应在1m以上，宽度宜超出平板宽度20～30mm，摊铺砂浆厚度为10～15mm，楼、地面虚铺

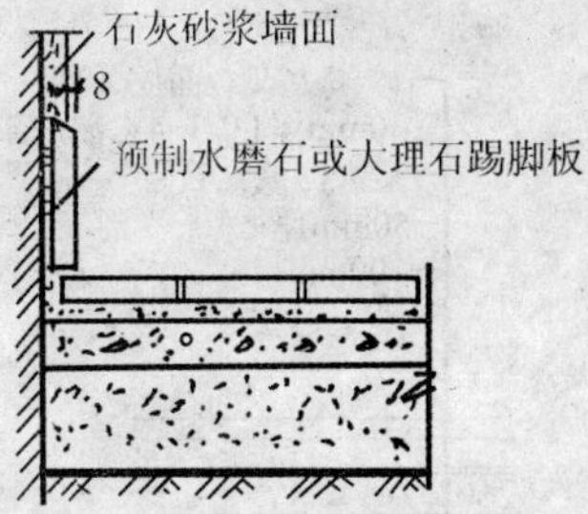

图 7-15　踢脚板安装示意

的砂浆应比标高线高出3～5mm，砂浆应从里向门口铺抹，然后用大杠刮平、拍实，用木抹子找平，再在结合层上试铺。铺好后用橡皮锤敲击，根据锤击的空击声，检查其密实度，如有空隙应及时补浆。待合适后，将平板块揭起，再在找平层上均匀地撒一层干水泥面，并用刷子蘸水洒一遍，同时在板块背面刷水，将板块复位正式镶铺。

3. 铺贴、灌缝

正式镶铺时，板块要四角同时平稳下落，对准纵横缝后，用橡皮锤轻敲振实，并用水平尺找平，锤击时不要砸边角，还应注意不要砸在已铺完的平板上，以免造成空鼓。

平板镶铺 24h 后进行洒水养护。一般在 2d 以后，经检查平板无断裂、空鼓后，用稀水泥浆或 1∶1 稀水泥砂浆（水泥∶细砂）灌入缝内三分之二高度，并用小木条把流出的水泥浆向缝隙内刮抹，灌缝面层上溢出的水泥浆或水泥砂浆应在凝结前予以消除，再用与板面相同颜色的水泥浆将缝擦满。待缝内的水泥凝结后，再将面层清洗干净。3d 内禁止上人走动或搬运物品。

4. 上蜡

铺砌后，待结合层砂浆强度达到 60%～70%后，方可打蜡抛光，其具体操作方法与现浇水磨石地面面层基本相同，要求达到光滑洁亮。

5. 踢脚板镶贴

预制水磨石、大理石和花岗岩踢脚板一般高度为 100～200mm，厚度为 15～20mm。施工有粘贴法和灌浆法两种。踢脚板施工前应认真清理墙面，提前一天浇水湿润，按需要数量将阳角处的踢脚板的一端用无齿锯切成 45°，并将踢脚板用水刷净，阴干备用。镶贴时由阳角开始向两侧试贴，检查是否平直，缝隙是否严密，有无缺边掉角等缺陷，合格后方可实贴。不论采取什么方法安装，均先在墙面两端先各镶贴一块踢脚板，其上沿高度应在同一水平线上，出墙厚度要一致，然后沿两块踢脚板上沿拉通线，逐块依顺序安装。

(1)粘贴法　根据墙面标筋和标准水平线，用 1∶2～2.5 水泥砂浆抹底并刮平划纹，待底层砂浆干硬后，将已湿润阴干的预制水磨石、大理石或花岗岩踢脚板抹上 2～3mm 素水泥浆进行粘贴，同时用橡皮锤敲击平整，并注意随时用水平尺、靠尺板找平，找直。次日，用与板面同色的水泥浆擦缝。

(2)灌浆法　将踢脚板临时固定在安装位置，用石膏将相邻的两块踢脚板以及踢脚板与地面、墙面之间稳牢，然后用稠度 10～15cm 的 1∶2 水泥砂浆（体积比）灌缝，并随时把溢出的砂浆擦干净。待灌入的水泥砂浆终凝后，把石膏铲掉擦净，用与板面同色水泥浆擦缝。

应当指出的是，目前广泛使用的大规格地砖，其施工方法与预制水磨石、大理石或花岗岩平板的方法相同。

（三）碎拼大理石（花岗岩）

采用不规则的并经挑选过的碎块大理石（花岗岩），铺贴在水泥砂浆结合层上，并用水泥砂浆或水泥石粒浆填补块料间隙而成为碎拼大理石（花岗岩）地面面层。其构造做法，如图 7-16 所示；平面示意图，如图 7-17 所示。

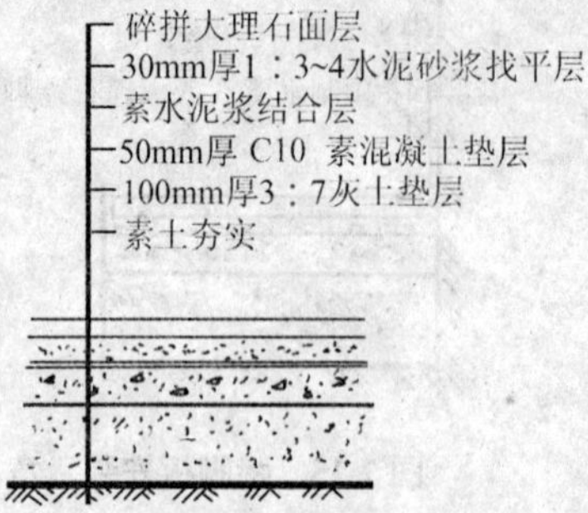

图 7-16　地面构造做法

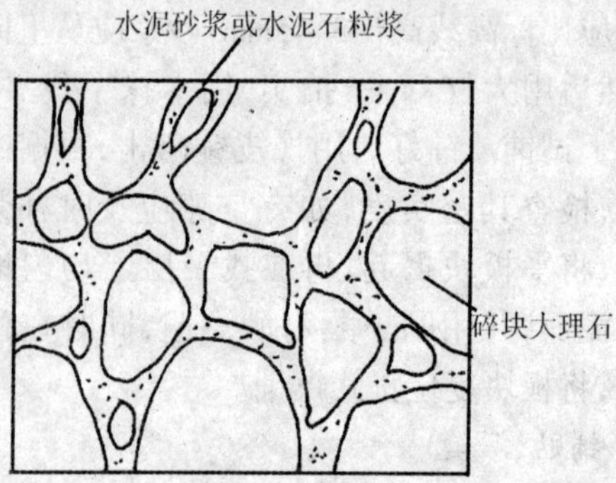

图 7-17　地面示意图

碎拼大理石(花岗岩)地面的铺贴施工方法与前述预制水磨石、大理石和花岗石板块的铺贴法基本相同。碎拼大理石的缝隙,如为冰状块料时,可大可小,互相搭配铺贴出各种图案,缝隙可用同色水泥砂浆嵌抹,做成平缝,也可以嵌入彩色水泥石粒浆,嵌抹应凸出2mm,然后用金刚石将凸缝磨平,面层磨光,再上蜡抛光。其操作方法可参考“现浇水磨石地面”面层上蜡抛光方法。

第四节　木、竹地板施工

一、木、竹地板的材料

1. 面板

木、竹地板根据其面板不同有木地板和竹地板两种。

(1)木地板　包括实木地板、实木复合地板、中密度(强化)复合地板等,它具有一定的耐久性和弹性,而且自重轻,导热性能低,并易于加工。但它易随空气中温湿度的急剧变化而引起裂缝和翘曲,耐火性差,受潮后还容易腐朽。

木地板应选用坚硬、耐磨、纹理美观、有光泽、耐腐朽、不易变形和开裂的木材,并经窑干法干燥,含水量不应大于 12%。

木地板的条材和块材应采用具有商品检验合格证的产品,其产品类别、型号、适用树种、检验规则以及技术条件等均应符合现行国际标准《实木地板块》(GB/T15036.1—6)的规定。

(2)竹地板　包括普通竹地板和免刨免漆类竹地板,它具有纤维硬、密度大、水分少、不易变形等优点。

竹地板应经严格选材、硫化、防腐、防蛀处理,并采用具有商品检验合格证的产品,其技术等级及质量要求应符合国家现行行业标准《竹地板》(LY/T1573)的轨道。

2. 木材

木、竹地板施工时需要的木搁栅、垫木、压檐条、剪刀撑和毛地板等多采用松木或杉木制作,木材的含水率除毛地板外,不应超过 20%。毛地板应采用窑干法干燥,其含水率不应大于 12%。

3. 砖和石料

用于地垄墙和砖墩的砖强度等级不得低于 MU7.5；采用石料时，不得使用风化石，凡后期强度不稳定或受潮后会降低强度的人造块材均不得使用。

4. 胶粘剂

黏结复合地板、拼花硬木地板如用胶粘剂，可选用环氧树脂、聚胺脂、聚醋酸乙烯、酪素胶等。

二、木、竹地板的构造

木、竹地板的面层按其构造不同，有实铺和空铺两种。

1. 空铺木、竹地板

空铺木、竹地板由木搁栅、剪刀撑、毛地板和面层板组成，多用于房屋的底层和砖木结构房屋的楼层。其结构及做法，如图 7-18 和图 7-19 所示。

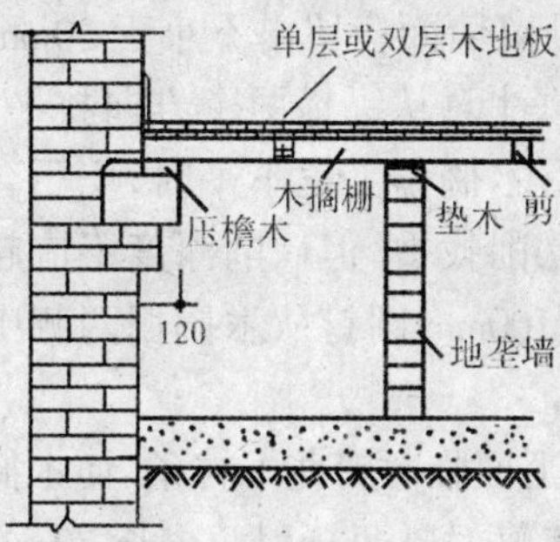

图 7-18 底层房间空铺木地板

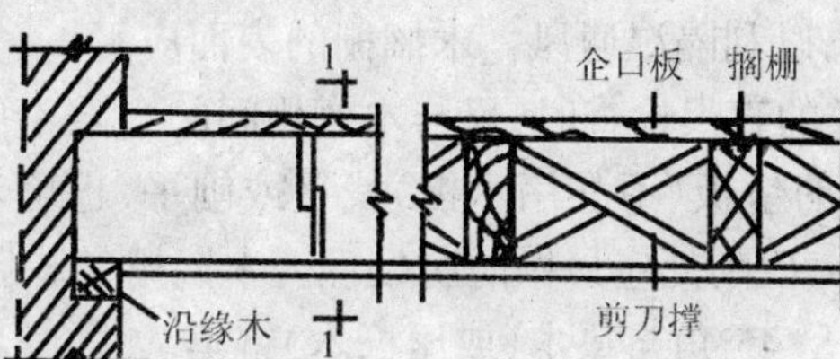

图 7-19 楼层房间空铺木地板

2. 实铺木、竹地板

实铺木、竹地板一般用于砖混结构、框架结构等，直接铺在钢筋混凝土楼板或混凝土垫层上。

另一种实铺法是将复合地板、拼花木板面层直接用胶粘剂粘贴在混凝土或水泥砂浆基层上。其构造及做法，如图 7-20 所示。

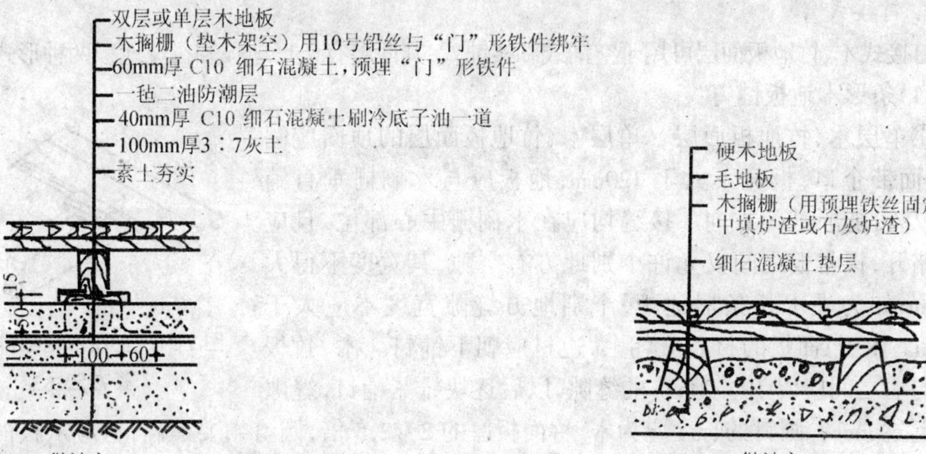

图 7-20 实铺式木地板

三、木、竹地板的施工方法

(一)基层

1. 空铺式基层施工方法

(1)地垄墙或砖墩　地垄墙(或砖墩)应用 M5.0 砂浆砌筑,顶面须铺一层防潮层。其基础应按设计要求施工。每条地垄墙、内横墙和暖气沟墙均需预留 120mm×120mm 通风洞两个,而且要在一条直线上,以利通风。暖气沟墙的通风洞口可采用缸瓦管与外界相通。外墙每隔 3~5m 应预留不小于 180mm×180mm 的通风孔洞,洞口下皮距室外地坪标高不小于 200mm,孔洞应安设篦子。凡需检修木、竹地板的地垄墙,应预留 750mm×750mm 的过人洞口。

(2)垫木、木搁栅和剪刀撑　先将垫木等材料按设计要求做防腐处理。操作前先核对水平标高线,然后在压檐木表面划出木搁栅搁置中线,并在木搁栅端头也划出中线,然后把木搁栅对准中线摆好,再依次摆正中间的木搁栅;木搁栅离墙面应留出不小于 30mm 的缝隙,以利隔湿通风。木搁栅的表面应平直,安装时要随时注意从纵横两个方向找平;用 2m 长的直尺检查时,尺与木搁栅间的空隙不应超过 3mm。木搁栅上皮不平时,应用合适厚度的垫板(不准用木楔)找平或刨平,也可对底部稍加砍削找平,但砍削深度不应超过 10mm,砍削处应另做防腐处理。木搁栅安装后,必须用长 100mm 圆钉从木搁栅两侧中部斜向呈 45°角与垫木(或压檐木)钉牢。

为了防止木搁栅与剪刀撑在钉结时移动,应在木搁栅上面临时钉些木拉条,使木搁栅互相拉结,然后在木搁栅上按剪刀撑间距弹线,依线逐个在剪刀撑两端用两个长 70mm 圆钉与木搁栅钉牢。

2. 实铺式基层施工方法

先在楼板或垫层上弹出木搁栅位置线,将木搁栅安放平稳,并使其与预埋在楼板(或垫层)内的铅丝或预埋铁件绑牢固定;如无预埋铁件,则可采取钻孔、埋设木楔后用铁钉固定的方法,木搁栅间如需填干炉渣,应加以夯实拍平,木搁栅和毛底板均应做防腐处理。

(二)面层

1. 钉接式

钉接式木、竹地板面层可用于空铺式和实铺式,其面层有条形地板和拼花地板两种形式。

(1)条形木地板铺钉

①单层木、竹地板面层　单层木、竹地板面层的顶面应刨平,侧面带企口,板宽不大于 120mm,地板应与木搁栅垂直铺钉,并尽可能顺进门方向。接缝均应在木搁栅中心部位,且应间隔错开,板与板之间仅允许个别地方有空隙,其宽度不得大于 1mm;如为硬木长条形地板,个别地方缝隙宽度不应大于 0.5mm。木、竹面板的材心应朝上,边材应朝下铺钉。木、竹板面层与墙之间应留 10~20mm 的缝隙,以后逐块排紧铺钉,缝隙不得超过 1mm。圆钉的长度应为木、竹面板厚的 2~2.5 倍,圆钉帽要砸扁,钉应从板的侧边凹角处斜向钉入,板与隔栅相交处至少着钉一只。木、竹面板的排紧方法,一般可在木搁栅上钉一只扒钉,在扒钉与板之间夹一对硬木楔,打紧硬木楔就可使木板排紧,如图

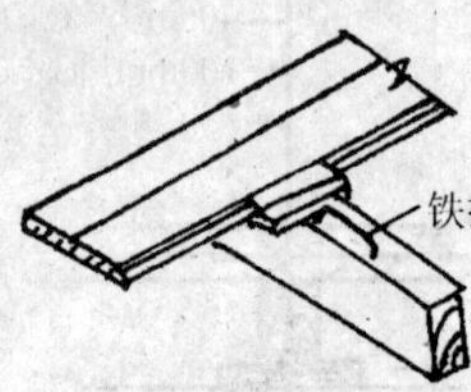

图 7-21　企口木地板排紧方法示意

7-21所示。钉到最后一块,因无法斜向着钉,可用明钉钉牢,钉帽要砸扁,冲入板内3~5mm。采用硬木地板、竹地板时,铺钉前应先钻孔,一般孔径为圆钉直径的0.7~0.8倍。

企口板铺完后,应清扫干净。先按垂直纤维方向粗刨一遍,再在另一方向细刨一遍,然后磨光,刨磨的总厚度不宜超过1.5mm,并应无痕迹。已刨磨的木、竹地板面层在室内喷浆或贴墙纸时应采取防潮、防污染的保护措施,进行覆盖。油漆和上蜡工作应待室内一切施工完毕后进行,完工后随即锁门。

②双层木、竹地板面层 双层木、竹地板面层的上层也采用宽度不大于120mm的企口板,为防止在使用中发出声响和受潮气侵蚀,铺钉前应先铺设一层沥青油纸或油毡。

双层木、竹地板的下层称毛地板,其宽度不大于120mm。铺设时必须清除毛地板下空间内的刨花等杂物。毛地板应与木搁栅成30°或45°斜向钉牢,并应使髓心向上,板间缝隙不应大于3mm,以免起鼓。毛地板和墙之间应留10~20mm的缝隙,每块毛地板应在其下的每根木搁栅上各用两个钉固结,钉的长度应为板厚的2.5倍。

(2)拼花硬木地板铺钉 拼花硬木地板面层,一般多采用企口拼缝,其操作方法与条形木地板基本相同。铺钉前应按照设计图案,分格试铺。拼花硬木地板是铺钉在毛地板上的,毛地板的铺钉应符合要求,经检查合格后方可铺钉面层,毛地板与面层板间应加铺一层油毡或油纸。常见的拼花木地板面层图案有方格形、席纹形和人字形等,如图7-22所示。

(a) (b) (c)

图7-22 拼花硬木地板纹样

(a)方格形 (b)席纹式 (c)人字纹

2. 黏结式

黏结式木、竹地板面层一般用于实铺式基层,如冷胶拼花硬木地板、中密度(强化)复合地板、竹地板面层等,包括基层处理、弹线定位、涂刷胶粘剂粘贴地板、刨平磨光和油漆上蜡等操作过程。

施工前应将基层清理平整、干净,必要时,应对基层进行细部处理,再弹出房间十字中心线,然后弹圈边线,根据房间尺寸和拼花地板的大小算出块数。如为单数,则房间的十字中心线和中间一块拼花地板的十字拼缝线吻合;如为双数,则房间十字中心线应和中间四块拼花地板的十字拼缝线吻合。

施工时先用聚醋酸乙烯乳液在地面上涂刷一遍,再将配制好的胶粘剂倒在上面,用橡皮刮板均匀铺开,胶粘剂的配合比为聚醋酸乙烯乳液:水泥=7:3(质量比),涂刷要均匀,并注意避免粘上泥砂影响粘贴质量。涂刷胶粘剂和粘贴地板应同时进行,一人在前刷胶粘剂,一人在后跟着粘贴地板,粘贴拼花地板应按设计图案进行,随贴随修正。

贴完后须在常温下保养5~7d,再用电动滚刨机刨削平整,滚磨机磨平、磨光,最后刷油漆打蜡擦亮。

（三）木踢脚板

木、竹地板房间的四周墙脚处应设踢脚板，踢脚板一般高 100～200mm、厚 20～25mm，所用材料一般应与地板面层所用材质品种相同，可采用成品铁脚板。踢脚板应预先刨光，上口刨成线条。为防止翘曲，靠墙的一面应开成凹槽，当踢脚板高 100mm 时开一条凹槽，150mm 时开两条凹槽，超过 150mm 开三条凹槽，凹槽深度为 3～5mm。为了防潮通风，木踢脚板每隔 1～1.5m 设一组通风孔，一般采用 φ6 孔。在墙内每隔 400mm 砌入防腐木砖，在防腐木砖外面再钉防腐木垫块。一般踢脚板与地面转角处安装木压条或安装圆角成品木条，其构造做法，如图 7-23 所示。

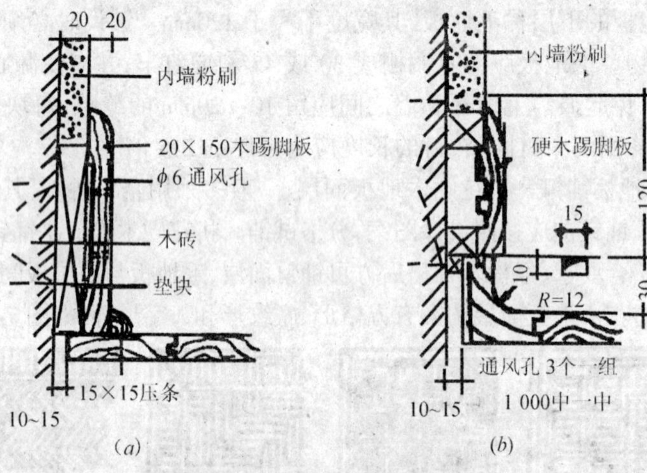

图 7-23　木踢脚板做法示意

（a）压条做法　（b）圆角做法

木、竹踢脚板应在地板刨光后安装，踢脚板接缝处应做暗榫或斜坡压槎，在 90°转角处可做成 45°斜角接缝，接缝处一定要在防腐木块上，安装时踢脚板与立墙贴紧，上口要平直，用明钉钉牢在防腐木块上，钉帽要砸扁并冲入板内 2～3mm。

第五节　塑料板地面施工

塑料地板系采用聚氯乙烯板做地面面层，不仅有其独特的装饰效果，而且还有脚感舒服、不易沾灰、噪音小、防滑、防静电、耐磨等优点，没有水泥地板的冷、硬、潮、脏等缺陷，多用于建筑物的室内，如计算机房、配电房等。

一、塑料板地面铺贴前的准备工作

（一）材料

1. 塑料地板

塑料地板的种类很多，按材料性质可分为硬质、半硬质和弹性塑料地板；按产品外形又可分为块状塑料地板和卷状塑料地板。

（1）聚氯乙烯塑料地板（简称 PVC）　具有色彩丰富、装饰性强、耐湿性好、抗荷载性好、使用耐久性长等优点，其突出性能是耐磨性能好。

(2)氯化聚乙烯卷材地板(简称 CPE)　氯化聚乙烯卷材地板作为地面材料，除了有聚氯乙烯塑料地板的基本特点外，它的耐磨性能和延伸率明显优于聚氯乙烯塑料地板。

(3)石棉塑料板　是用聚氯乙烯共聚树脂与石棉、其他配合剂、颜料等混合，经塑化、压延成片、冲模而成。

2. 胶粘剂

塑料地板胶粘剂选用应符合现行国家标准《民用建筑工程室内环境污染控制规范》(GB50325)的规定，其产品应按基层材料和面层材料使用的相容性要求，通过试验确定。

表 7-5 为常用胶粘剂名称及其优缺点。

表 7-5　黏结剂优缺点比较

名称	主要优缺点
氯丁胶	需双面涂胶、速干、初粘力大、有刺激性挥发气体、施工现场要防毒、防燃
202 胶	速干、黏结强度大，可用于一般耐水、耐酸碱工程，使用时双组分要混合均匀，价格较贵
JY-7 胶	需双面涂胶、速干、初粘力大、低毒、价格相对较低
水乳型氯丁胶	不燃、无味、无毒、初粘力大、耐水性好、对较潮湿的基层也能施工、价格较低
聚醋酸乙烯胶	使用方便、速干、黏结强度好、价格较低。有刺激性，须防燃，耐水性较差
405 胶	固化后有良好的黏结力，可用于防水、耐酸碱等工程。初粘力差、粘贴时须防止位移
E-44 环氧胶	有较强的黏结力，一般用于地下室、地下水位高或人流量大的场合。粘贴时要预防胺类固化剂对皮肤的刺激。价格较高

胶粘剂在使用前必须经过充分搅拌方能使用，对双组分胶粘剂要先将各组分分别搅拌均匀，再按规定配比准确称量，然后将两组分混合，再次拌匀后才能使用。胶粘剂不使用时切勿打开桶盖，以防溶剂挥发，影响质量。使用时每次取量不宜过多，特别是双组分胶粘剂配胶量要严格掌握，并即时用完，一般不超过 2 ~ 4h。另外，溶剂型胶粘剂易燃和带有刺激味。所以，施工现场要严禁明火和吸烟，并要求有良好的通风条件。

3. 聚氯乙烯焊条

聚氯乙烯焊条的抗拉强度不得低于 10MPa，在 15℃时弯 180°后不得有裂纹。焊条表面应平整光洁，无孔眼、节瘤、裂纹、皱皮等缺陷，焊条内部不得有气泡。表 7-6 为常用聚氯乙烯焊条的规格和型号。

表 7-6　聚氯乙烯焊条规格型号(mm)

种类	截面形式	边宽或直径	长度	被焊材料厚度
软聚氯乙烯焊条	等边三角形	4.2 ± 0.6	500 ~ 700	
硬聚氯乙烯焊条	圆形	2 ± 0.3		2 ~ 5
		3 ± 0.3		1.5 ~ 2.5
		4 ± 0.3		16 以上

(二)工具和机具

塑料地板施工的常用工具有弹线墨斗、钢皮尺、刷子以及铁滚筒、盛胶容器等。专用工具有梳形刮刀(梳齿尺寸因刮胶量的多少不同而有多种)、橡胶双滚筒或单滚筒、橡皮锤、橡胶压边滚筒、划线器、裁切刀等，如图 7-24 所示。塑料地板施工机具主要指塑料焊接机具，如图 7-25 所示。

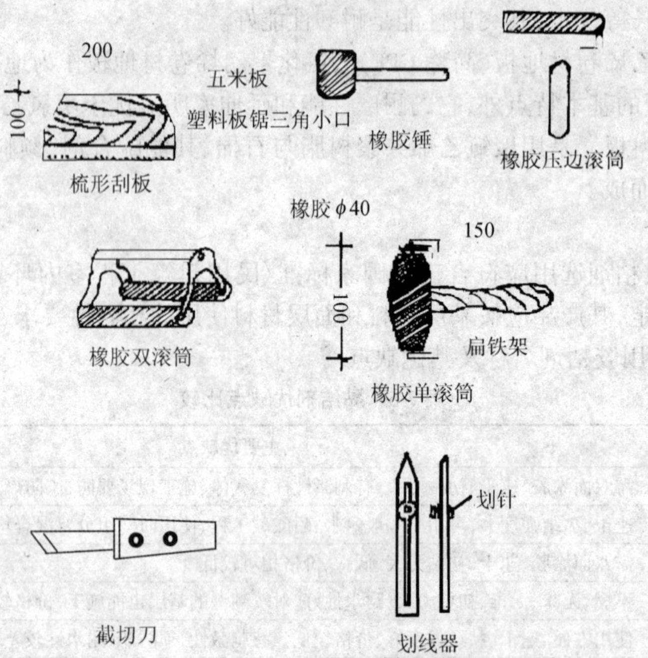

图 7-24　塑料地板铺贴常用工具

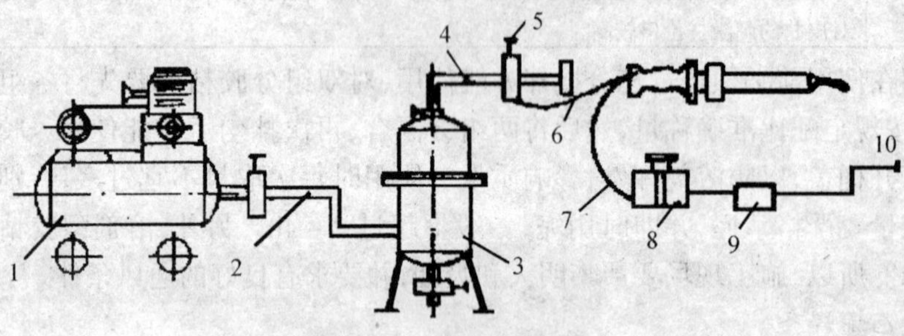

图 7-25　焊接设备及其配置

1—空气压缩机　2—压缩空气管　3—过滤器　4—过滤后压缩空气管
5—气流控制阀　6—软管　7—调压后电源线　8—调压变压器
9—漏电自动切断器　10—接 220V 电源

(三)基层处理

基层不平整、含水率过高、砂浆强度不足或表面有油迹、灰尘、砂子等粒状物,均会影响到塑料地板的铺贴和黏结强度,从而产生各种质量弊病,如地板起壳、翘边、鼓泡、剥落及不平整等。因此,对铺贴基层的基本要求是:平整、结实、有足够强度,各阴阳角必须方正,无污垢灰尘和砂粒,含水率要求不大于 8%。

检查含水率的方法可在地面上压放吸水纸进行观察,也可将一定面积的塑料薄膜平放于基层地面,四周用胶带密封,不使地面湿气逃逸。24h 后,去掉薄膜,观察薄膜上是否有结露或水泥地面变色现象,据此判断基层的干燥程度。

1. 混凝土、水泥砂浆基层

在混凝土、水泥砂浆基层上铺贴塑料板,其基层表面用 2m 直尺检查的允许空隙不得超过 2mm。如有麻面等缺陷，必须用腻子修补和涂刷乳液一遍，腻子应采用乳液腻子，可参考表 7-7 进行配制。

修补时，先用石膏乳液腻子嵌补找平，然后用 0 号铁砂纸打毛，再用滑石粉乳液腻子刮第二遍，直到基层平整、无浮灰后，刷 107 胶水泥乳液，以增加黏结力。

表 7-7　乳液及腻子配合比

名称	配合比例(质量比)								备注
	聚醋酸乙烯乳液	107 胶	水泥	水	石膏	滑石粉	土粉	羧甲基纤维素	
107 胶水泥乳液				6～8					
石膏乳液腻子	1.0	0.5～0.8	1.0	适量	2.0		2.0		
滑石粉乳液腻子	0.2～0.25			适量		1.0		0.1	

2. 水磨石或陶瓷锦砖基层

在水磨石或陶瓷锦砖基层上铺贴塑料板，其基层应先用碱水洗去污垢并用自来水冲洗干净，再用稀硫酸腐蚀表面或用砂轮推磨，以增加基层粗糙度。这种地面宜用耐水胶粘剂铺贴。

3. 木板基层

木板基层的木搁栅应坚实，地面突出的钉头应敲平，板缝可用胶粘剂加老粉配成腻子，填补平整。

二、半硬质塑料板铺贴施工

(一)弹线、分格、定位

弹线、分格、定位是保证设计意图和控制质量的重要步骤。在塑料板面层铺贴前，应根据设计要求，在基层表面上进行弹线、分格和定位。

塑料板铺贴一般采用直角图案和斜角图案两种方式。直角图案的接缝与墙面平行或垂直，斜角图案的拼缝与墙面成 45°或 60°，如图 7-26 所示。弹线时以房间中心点为中心，弹出相互垂直的两条定位线。如整个房间排偶数块，则中心线是塑料板的接缝；如排奇数块，接缝离中心线半块塑料板的距离，如图 7-27 所示。分格、定位时，应距墙边留出 200～300mm 以做镶边，另外应注意塑料板的尺寸、颜色、图案。若套间内外房间地板颜色不同，则分色线应设在门框裁口线外，分格线应设在门中，使门口地板对称，也不要使门口出现小于 1/2 板宽的窄条，如图 7-28 所示。

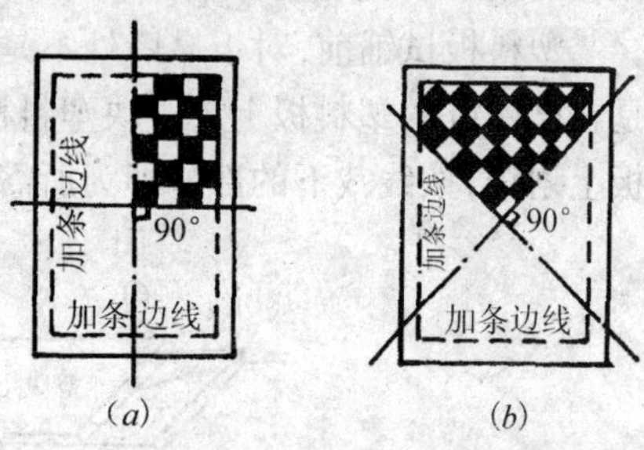

图 7-26　塑料板铺贴方案

(*a*)直角图案　(*b*)斜角图案

在块状地板中，除了正方形外，还可以切成三角形(沿对角线切开)和梯形(沿相对两边长的 1/3 和 2/3 边长处切开)，如图 7-29 所示。用这两种形状的地板块可拼接成图 7-30 所示的波浪形和菱形图案。

(二)脱脂除蜡、裁切、试铺

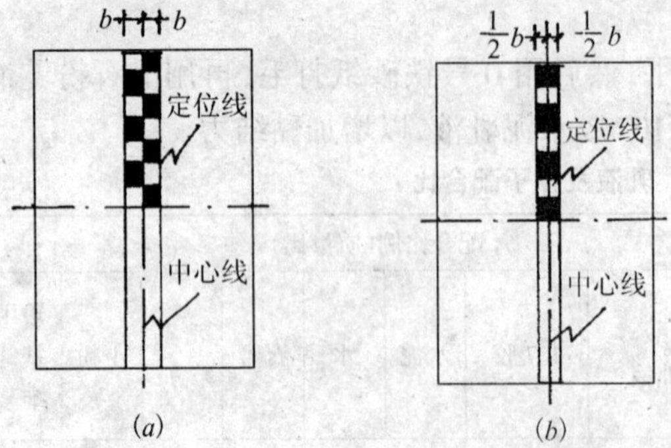

图 7-27　确定定位线方法的示意图

(a)排偶数块时　(b)排奇数块时

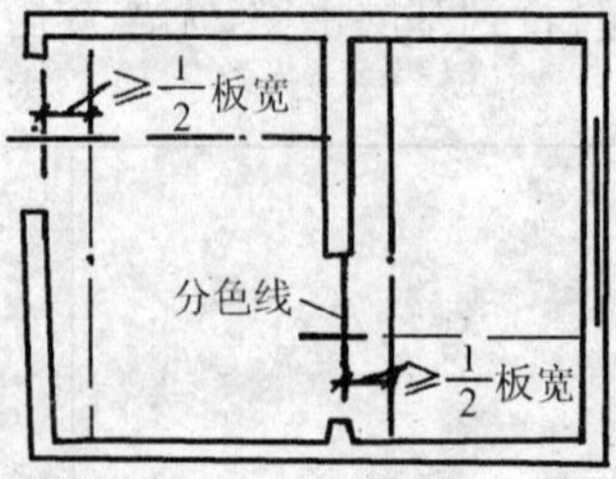

图 7-28　分色线

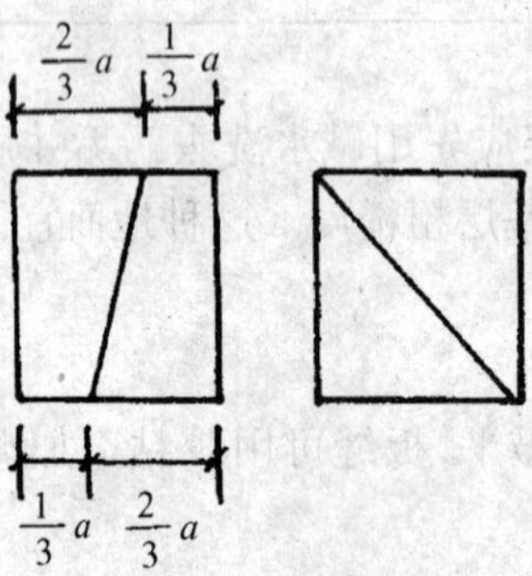

图 7-29　三角形和梯形板块

图 7-30　拼接花纹

塑料板在试铺前应进行处理，一般将塑料板放进 75℃左右的热水中浸泡 10～20min，然后取出晾干，再用棉丝蘸丙酮:汽油＝1:8 的混合溶液进行涂刷脱脂除蜡，以保证塑料板在铺贴时表面平整，不变形和粘贴牢固。

塑料板试铺前，对于靠墙处不是整块的塑料板可按图 7-31 所示的方法裁切，其方法是在已铺好的塑料板上放一块塑料板，再用一块塑料板的一边与墙紧贴，沿另一边在塑料板上划线，按线裁下的部分即为所需尺寸的边框。

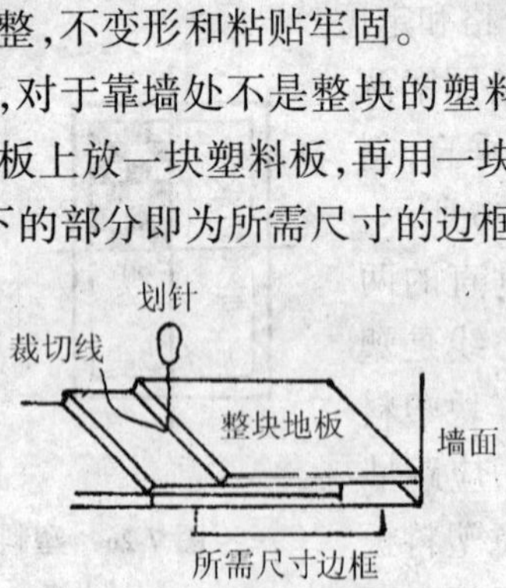

图 7-31　裁切示意图

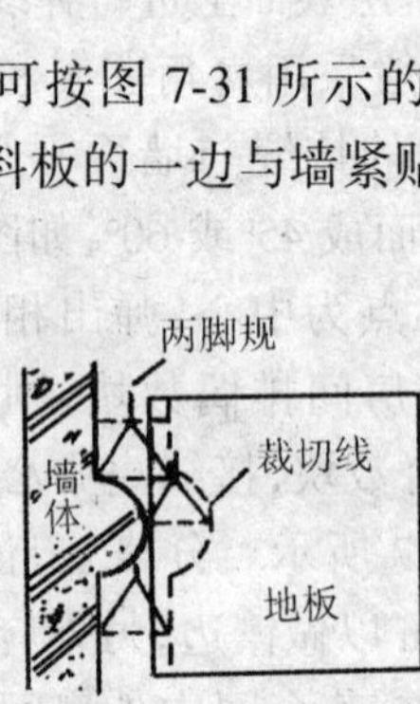

图 7-32　曲线裁切示意图

如墙面为曲线或有凸出物，可用两脚规或划线器划线。突出物不大时可用两脚规，突出物较大时用划线器，图 7-32 为用两脚规划线的方法。在有突出物处放一块塑料板，两脚规的一端紧贴墙面，另一端压在塑料板上，然后沿墙面的轮廓线移动两脚规，注意移动时两脚规的平面始终要与墙面垂直，此时即可在塑料板上划出与墙面轮廓完全相同的弧形，沿划线裁切就得到能与墙面吻合的边框。使用划线器时，将其一端紧贴墙面上凹得最深的地方，调节划针的位置，使划针对准地板的边缘，然后沿墙面轮廓线移动划线器，并始终保持划线器与墙面垂直，划针即可在塑料板上划出与墙面轮廓完全相同的图形。

塑料板脱脂除蜡并裁切后，即可按线试铺。试铺合格后，应按顺序编号，以备正式铺贴。

(三)涂胶

塑料板铺贴涂胶前，应将基层清扫洁净，并先涂刷一层薄而匀的底子胶。底子胶应根据所使用的非水溶性胶粘剂加汽油和醋酸乙脂调制。方法是按原胶粘剂质量加10%的65号汽油和10%的醋酸乙脂(或乙酸乙脂)，经充分搅拌至完全均匀即可。涂刷时应用猪鬃刷，涂刷要均匀一致，越薄越好，且不得漏刷。待底子胶干燥后，方可涂胶铺贴。

涂胶时应根据不同的铺贴地点选用相应的胶粘剂。如象牌PVA胶粘剂，适宜于铺贴两层以上塑料地板；而耐水胶粘剂，则适用于潮湿环境中塑料地板的铺贴，且可用于－15℃的环境中。不同的胶粘剂有不同的施工方法，用溶剂型胶粘剂一般应在涂布后晾干到溶剂挥发达到手触不粘手时，再进行铺贴；用PVA等乳液型胶粘剂时，则不需晾干过程，最好将塑料地板的黏结面打毛，涂胶后即可铺贴；用E-44环氧树脂胶粘剂时，则应按配方准确称量固化剂(常用乙二胺)加入调和，涂布后即可铺贴；若采用双组分胶粘剂，如聚胺酯和环氧树脂等，要按组分配比正确称量，预先配制，并即时用完。

涂胶时，将胶粘剂用锯齿形涂胶刀均匀地涂刮在基层上，如用乳液型胶粘剂，最好同时在塑料地板背面和地面上涂胶粘剂；若用溶剂型胶粘剂则不需在塑料地板背面涂胶，只在地面上均匀涂胶即可，如图7-33和图7-34所示。

图7-33　地面涂刮胶

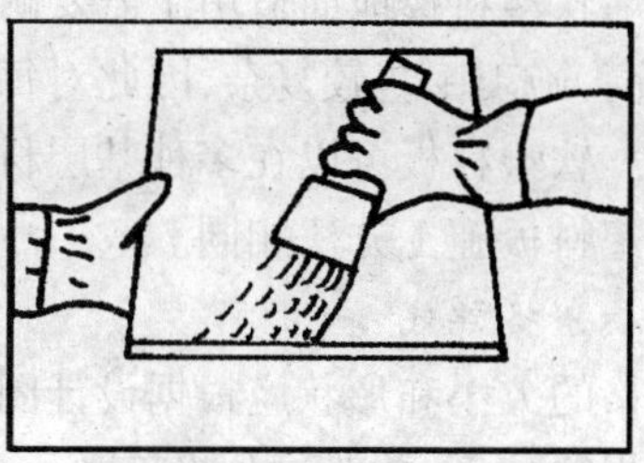

图7-34　塑料板背面刮胶

胶粘剂涂刮后在室温下暴露于空气中，使溶剂部分挥发，至胶层表面手触不粘手时，即可铺贴，这对于溶剂型胶粘剂特别重要。通常室温在10～35℃范围内，暴露时间为5～15min，低于或高于此温度范围，最好不进行铺贴。聚醋酸乙烯溶剂型胶粘剂因溶剂甲醇挥发迅速，故涂刮面不能太大，稍加暴露，就应马上铺贴。聚胺酯和环氧树脂胶粘剂都是双组分固化型胶粘剂，即便有溶剂，含量亦不多，可稍加暴露。

(四)铺贴

铺贴时最好从中间定位向四周展开，这样能保持图案对称和尺寸整齐。切勿整张一下子贴下，应先将地板一端对齐粘合，轻轻地用橡胶滚筒将地板平服地粘贴在地面上，使其准确就位，同时赶走气泡，如图7-35(a)(b)所示。为使粘贴可靠(一般每块地板的粘贴饱满度要大于80%),应用压滚压实或用橡胶锤敲实(聚胺酯和环氧树脂胶粘剂应用砂袋适当压住,直至固化以后)。用橡胶锤敲打时,应从中心移向四周,或从一边移向另一边。在铺贴到靠近墙附近时,用橡胶压边滚筒赶走气泡和压实,如图10-35(c)所示。

铺贴完成后,应及时清理塑料地板表面,用纱头蘸松节油或200号溶剂汽油,擦去从拼缝里挤出的多余胶水,最后打上地板蜡,保养1~3d,即可使用。

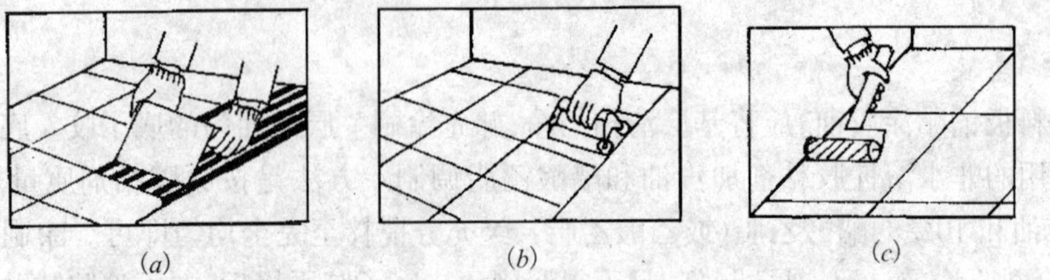

图7-35 铺贴及压实示意

(a)地板一端对齐粘合 (b)用橡胶滚筒赶走气泡 (c)压实

(五)塑料踢脚板铺贴

塑料踢脚板铺贴时,先在上口弹水平线,然后在踢脚板粘贴面和墙面上同时刮胶,胶晾干后,从门口开始铺贴。最好三人一组,一人铺贴,一个配合滚压,另一人保护刚贴好的阴阳角处。遇阴角时,踢脚板下口应剪去一个三角形切口,以保证贴得平整。

铺贴结束后,必须立即用毛巾或棉纱蘸松香水等溶剂擦去表面残留或多余的胶液,用橡胶滚筒再一次压平压实。

三、软质塑料板铺贴施工

聚氯乙烯软塑料板地面适用于需要耐腐蚀、去玷污、有弹性、高度清洁的房间。这种地面造价较高,施工工艺较复杂,因此对每道工序,必须认真操作,才能保证工程质量,达到设计要求。软塑料板可以在多种基层材料上粘贴,其基层处理、施工准备和施工流程基本与半硬质塑料板施工方法相同。

(一)基层分格弹线

基层分格的大小和形状应根据设计图案、房间尺寸和塑料板的规格来确定。分格时应尽量减少焊缝数量,并兼顾分格美观,一般从房间的中央向四周对称分格,房间四周靠墙处不够整块者,可按镶边处理。踢脚板的分格应长度适宜,过长则粘贴困难;过短则焊缝太多,影响美观。一般以地面镶边块长度的倍数设置,使焊缝能左右对称,表面美观。

(二)坡口下料及脱脂去污

将塑料板铺在操作平台上,按基层上分格的大小和形状,在板面上画出切割线,将坡口直尺的下口紧靠切割线,并固定直尺,单手或双手握割刀,按坡口切割(见图7-36);有条件者也可使用机械坡口下料,然后用湿布擦洗干净切好的板面,再用丙酮涂擦塑料板粘贴面,以脱脂去污。

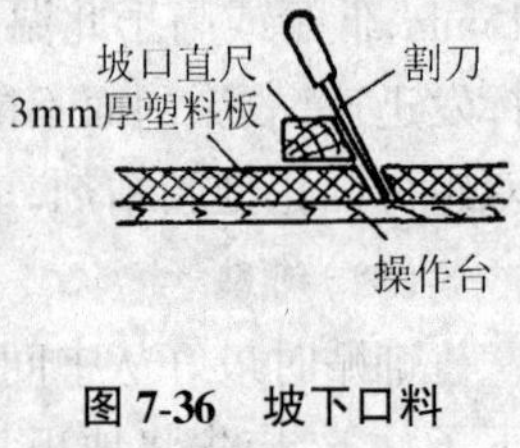

图7-36 坡下口料

(三)预铺

在塑料面板正式粘贴的前一天,将切割好的板块运入待铺房间,按分格预铺。铺时尽量照顾色调一致,厚薄相同。铺好的板块不得搬动,待次日粘贴。

(四)塑料板的粘贴和施焊

1. 粘贴

将预铺好的塑料板翻开,先用丙酮或汽油把基层和塑料板粘贴面满刷一遍,再次脱脂去污。待表面丙酮或汽油挥发后,将瓶装的 401 胶按 0.8kg/m² 的三分之二量倒在基层和塑料板粘贴面上,用板刷纵横涂刷均匀(注意不要漏刷,也不要使胶液堆积),待 3~4min 后,将剩下的三分之一胶液以同样的方法涂刷在基层和塑料板上,5~6min 后,将塑料板四周与基层分格线对齐,调整拼缝至符合要求后,再在板面施加压力粘贴(见图 7-37),然后由板中央向四周用滚筒来回滚压,排出板下全部空气,使板面与基层粘贴紧密,最后排放砂袋,再压实。对有镶边者,应先粘贴大面,后粘贴镶边;对无镶边者,可由房间最里侧往门口粘贴,以保证贴好的板面不受人行走扰动。塑料板粘贴好后,10d 内施工地点温度需保持在 10~30℃,环境湿度不超过 70%。粘贴后 24h 内不能上人走动。

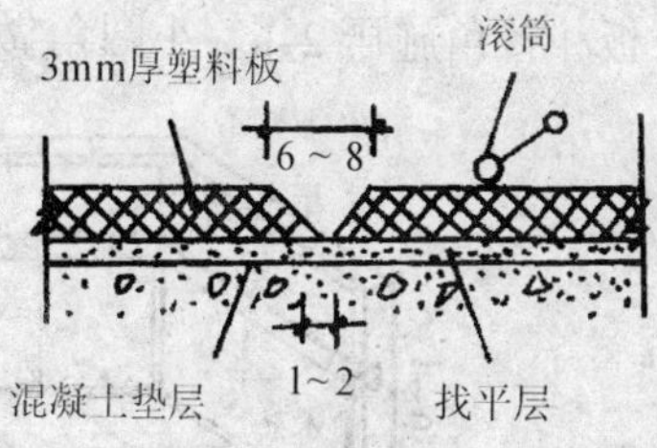

图 7-37　粘贴示意

2. 焊接

(1)焊接前的准备工作　焊缝内的污物和胶水可用丙酮、松节油、汽油或其他溶剂清洗。采用丙酮清洗时,应随即擦拭干净。焊条宜采用与被焊塑料板成分和性能相同的三角形或圆形焊条,施焊前应进行去污除油处理。一般可用碱水清洗,碱水温度以 50~60℃为宜,然后用水冲洗干净,晾干备用。焊接前应检查压缩空气是否带有油质和水分,检查的方法是将压缩空气向纸上喷射 30s 左右,若纸上无油或无任何痕迹,则说明压缩空气是干净的。

(2)焊接　塑料板粘贴 2d 后,先做小块试焊,以获得较为正确合理的焊接参数,小块试焊经检查、观察合格后,方可进行正常焊接。焊接时先把焊枪与压缩空气接通,焊枪入口处的压缩空气的压力应控制在 0.08~0.1MPa,然后接通焊枪电路(焊枪的电源应接自耦变压器),以调节电压,控制焊枪的温度,电压调节到 36~60V 范围。焊接结束时,应先截断焊枪电路,再停止供应压缩空气。焊接出口气流(离焊枪喷嘴 4~5mm 处)的温度应为 180~250℃,焊接温度可依据焊枪熔化焊条的现象(熔化快慢,熔化后的颜色等)加以掌握。

施焊时,焊枪的喷嘴与焊条、焊缝的距离要相适应,使焊条和焊缝都能很好地熔化。焊接时要注意焊条不要偏位和打滚,要与塑料板呈垂直状,并对焊条稍施压力,随即用压辊滚压焊缝。脱焊部位可以补焊,焊缝凸起的地方可用铲刀局部切削修平。焊接速度主要取决于焊枪温度和操作熟练程度,一般控制在 30~50cm/min。

焊缝应平整、光滑、洁净,无焦化变色斑点、焊瘤和起鳞现象,凹凸不能超过 6mm。用 20 倍放大镜观察焊缝应密实、无缝隙。弯曲焊缝 180°时,不得出现开焊或裂缝。焊缝冷却后,将与焊缝焊接的焊条往上揪,揪不起来,即证明焊接牢固。取试样做焊缝抗拉强度试验,其强度不得低于原塑料板抗拉强度的 75%。

（五）踢脚板铺贴

软质塑料踢脚板做法，一般上口压一根木条或硬塑料压条封口，阴角处理成 90°或成小圆角两种，如图 7-38（*a*）（*b*）所示。小圆角做法是将两面相交处做成 $R = 50$mm 的小圆角，90°角做法是将两面相交处做成 90°角，用三角形焊条贴角焊接。面板粘贴后均须对立板和转角施压 24h。小圆角做法可用砂袋堆压，90°角做法可用木板撑压。

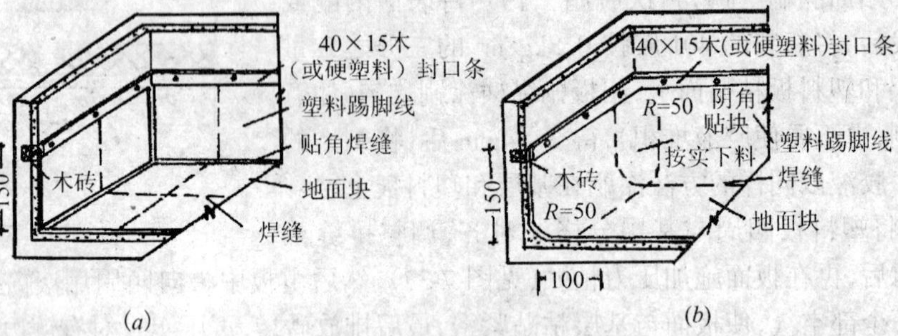

图 7-38　踢脚板铺贴

（*a*）90°角　（*b*）小圆角

第六节　地毯铺贴地面施工

地毯具有吸音、保温、美观、脚感舒适和施工方便等优点，适用于高级宾馆、礼宾场所、会堂等地面装饰。

一、地毯的分类、构造及性能

（一）地毯的分类

地毯根据其面层材料不同可分为：纯羊毛地毯、混纤地毯（羊毛中掺 15%左右的锦纶）、化纤地毯、麻绒地毯、橡胶地毯、塑料地毯等。

地毯的品种、特点、规格和用途，详见表 7-8 所示。

（二）地毯的构造

除了橡胶和塑料地毯外，无论是毛、麻等天然纤维构成的地毯，还是由化学纤维构成的地毯，均由面层、防松涂层和背衬组成。

（1）面层　是地毯的装饰面，通常以面层用料的品种作为地毯的名称。我国生产的地毯面层采用机织法和簇绒法制作，机织法织成的地毯面平整性好，但工序多，成本较簇绒法制作得高。

（2）防松涂层　是涂在初级背衬上的涂料层，其目的是使织物针脚附着牢固，面层纤维不易脱落，增强面层纤维绒、圈的圈结强度。要求涂层涂料有良好的防湿性能。

（3）初级背衬　是任何一种地毯均具有的基本组成部分，其作用为固着绒圈和易于加工。有用黄麻织成的平织网，也有用聚丙烯机织布或无纺布作初级背衬的，要求有一定的耐磨性。

表 7-8　地毯的品种、特点、规格和用途

品种名称	说明及特点	花色	规格	主要性能	用途
90 道手工打结 纯羊毛地毯	90 道机抽洗或拉洗；弹力大、拉力强、不易变形、抗老化、抗静电、耐燃烧、耐磨、耐热、易清洗、光泽足、脚感柔软、色彩鲜艳、图案美观、富丽堂皇；但价格昂贵	有北京式、美术式、彩花式、素凸式、装饰式、仿古式等	宽度：一般有 61 ~ 306cm，或按用户要求加工。 长度：91 ~ 427cm 或按用户要求加工。 厚度：9.53mm、12.7mm、15.9mm 等	日晒牢度：4 ~ 5 级 刷洗牢度：4 ~ 5 级 摩擦牢度：3 ~ 4 级	大会堂、迎宾馆、高级宾馆、高级住宅、会客厅、舞台等
A 型纯羊毛机织地毯；B 型纯羊毛机织地毯；A 型纯羊毛机织阻燃地毯；B 型纯羊毛机织阻燃地毯；羊毛机织麻背地毯；纯羊毛机织楼梯道地毯；纯羊毛机织提花美术地毯	平整光泽、富有弹性、脚感柔软、经磨耐用。抗静电、抗老化、回弹性、耐燃烧均优于化纤地毯。有阻燃性。价格低于手工打结地毯	各种颜色和提花美术花型	毛纱股数：2 股、3 股、4 股 厚度：6.35mm、7.94mm、9.525mm 宽度：3.1m 以下；5.5m 以下 长度：不限 提花美术地毯：4 × 1.83m；6 × 2.74m；9 × 3.66m 厚度：9.525mm		宾馆、饭店的客房、楼梯宴会厅、酒巴间、会客室、会议室及体育场所，家庭住户等地面满铺；还可用于有防火要求较高的建筑
化纤地毯（包括锦纶、腈纶、丙纶、涤纶地毯）	一般采用簇绒法生产由基底和绒毛组成，基底有麻底、胶底、麻与胶复合等形式。经防松涂层处理，使地毯纤维固着。质轻、耐磨、色彩鲜艳、脚感舒适，富有弹性，步履轻便，铺设简单，价格较低	各种颜色和花型	长度：20m；或按用户要求加工。 宽度：1.4m、1.6m、1.8m、2.0m。 厚度：6mm、10mm。每 $1m^2$ 质量：1 450g、1 850g、2 594g 不等	背衬剥离强度：0.06 ~ 0.08MPa。 耐磨：5 941 次至 10 000次不露底。 毛长：7 ~ 10mm 产品密度：72 根/10cm ~ 181 根/10cm 刷洗牢度：≥3.5 级	宾馆饭店、招待所、餐厅住宅、居室、活动室及船舶车辆、飞机等地面铺设

续表

品种名称	说明及特点	花色	规格	主要性能	用途
纯羊毛无纺织地毯	质地优良,消音抑尘,使用方便	16 种颜色	条形宽度:1.0m、1.5m、2.0m 长度:5～20m 厚度:6mm 或按用户要求加工 方形:500mm×500mm	日晒牢度:≥6 级;摩擦牢度:干磨≥2 级;温磨≥3 级断裂强度:经向≥65kg/5cm;纬向≥70kg/5cm;剥离强度:≥4.0kg/4cm	宾馆、饭店、剧院、体育馆等公共建筑和家庭用毯
橡胶绒地毯	是以天然橡胶为原料、以蒸气加热,在地毯模具下模压而成。除具有其他地毯特点外,还具有防霉、防滑、防虫蛀、防潮、耐腐蚀、绝缘、清扫方便、价格中等等特点	色彩与图案根据用户要求订做	方块:500mm×500mm、1 000mm×1 000mm 绒长:5～6mm		浴室、走廊、体育场等潮湿或经常淋雨的地面铺设
剑麻地毯	是以剑麻纤维为原料,经纺纱、编织涂胶、硫化等工序制成。具有耐酸耐碱、耐磨、尺寸稳定、无静电等特点。价格比羊毛地毯低,但弹性较差	分素色或染色两类。有斜纹、罗纹、鱼骨纹、帆布平纹、半巴拿马纹,多米诺纹等各种花纹	幅宽:4m 以下 长度:50m 以下		楼、堂、馆、所等公用建筑及家庭地面装饰
塑料地毯	是以聚氯乙烯树脂加增塑剂等多种辅助材料,经均匀混炼、塑制而成。质地柔软,色彩鲜艳,舒适耐用,自熄不燃,清洗方便等特点	有割绒和圈绒两种,有各种颜色和花型	幅宽:3m、3.6m、4m 长度:25m 或按用户要求加工 绒高:割绒:7mm 圈绒:5mm	日晒牢度:4 级以上 摩擦牢度:4 级以下 剥离强度:3～5kg	住宅、宾馆、舞台、商场、高层建筑、浴室及其他公共建筑

(4)次级背衬　是用胶粘剂将麻布复合在经涂层处理过的初级背衬上,其目的是增强地毯背面的耐磨性和步履轻快感。

(三)地毯的性能

(1)剥离强度　是衡量地毯面层与背衬复合强度的一项性能指标,也是衡量地毯复合后的耐水性指标。

(2)黏合力　是衡量地毯绒毛固着于背衬上的牢度。

(3)耐磨性　地毯耐磨性的数据,可为地毯耐久性提供依据。

(4)回弹性　衡量地毯绒面层的弹性,即地毯在动力荷载作用下,其厚度损失的百分率。

(5)静电　衡量地毯的带电和放电情况。静电大小与纤维本身导电性有关,一般来说,化纤地毯带电较羊毛地毯多,静电大,易吸尘,难扫除。

(6)老化性　是衡量地毯经过一段时间光照和接触空气中的氧气后,化学纤维老化降解程度。

(7)耐燃性　凡燃烧时间在 12min 内,燃烧的直径在 17.96cm 以内的都为合格。

(8)耐菌性　地毯作为地面覆盖物,在使用过程中,易被虫、菌所侵蚀且发生霉烂变化。凡能经受 8 种常见的霉菌和 5 种常见的细菌的侵蚀而不长菌和霉变的均认为合格。

表 7-9 为目前我国采用簇绒法和机织法制成的化纤地毯的性能。

表 7-9　化纤地毯性能指标

性能指标			簇绒法丙纶	簇绒法腈纶	机织法丙纶	机织法腈纶
剥离强度（横向）	干/MPa		0.11	0.112	0.118	0.107
	$湿_1$/MPa		>0.07	>0.07	>0.07	>0.07
	$湿_2$/MPa		>0.1	>0.1	>0.1	>0.1
黏合力/N	无背衬		5.6			
	麻布背衬		63.7			
	丙纶、腈纶（丙纶扁丝初级背衬麻布次级背衬）		49.0			
耐磨性	绒毛高度/mm	丙纶、腈纶	7		10	10　8　6
	耐磨次数/次	丙纶、腈纶	5 800		>10 000	7 000　6 400　6 000
回弹性	厚度损失百分率/%	500 次碰撞后	37	23	37	23
		1 000 次碰撞后	43	25	43	25
		1 500 次碰撞后	43	27	43	27
		2 000 次碰撞后	44	26	44	26
表面电阻及静电压	麻布背衬	表面电阻（Ω）	5.8×10^{11}	5.45×10^{2}	5.8×10^{11}	5.45×10^{2}
		静电压（V）	+60	+16↘+4	+60	+16↘+4
	丙纶、腈纶麻布背衬	表面电阻（Ω）	8.5×10^{9}		8.5×10^{9}	
		静电压（V）	—15		—15	
光照老化后耐磨次数	紫外光照时间/h		0　100　312　500		0　100　312　500	
	毛高/mm		8		8	
	耐磨次数/次		3 400　3 155　2 852　2 632		3 400　3 155　2 852　2 632	
光照老化后碰撞厚度损失	厚度损失百分率/%	紫外光照时间/h	0　100　312　500		0　100　312　500	
		500 次碰撞后	32　28　38　29		32　28　38　29	
		1 000 次碰撞后	36　31　43　35		36　31　43　35	
		1 500 次碰撞后	39　36　45　38		39　36　45　38	
		2 000 次碰撞后	41　27　47　41		41　27　47　41	
耐热性	燃烧时间/s		626		143	108
	燃烧面积及形状		直径 3.6cm 之圆		直径 2.4cm 之圆	直径 3cm×2cm 之椭圆

注：↘表示有放电现象，在 2s 内电压值的变化、单一值表示无放电现象。

二、地毯铺贴施工工具与辅助材料

（一）地毯铺贴施工工具

(1)裁毯刀　有手推剪刀、手握剪刀两种。前者用于铺贴操作时的少量裁切,后者用于施工前的大批下料,如图 7-39 所示。

(2)地毯撑子　用于地毯拉伸,有大撑子及小撑子两种,如图 7-40 所示。大撑子用于房间内大面积铺地毯,操作时通过可伸缩的杠杆撑头及铰结承脚将地毯张拉平整。撑头与承脚之间可以任意装连接管,以适应房间的尺寸,使承脚顶住对面的柱和墙。

小撑子用于墙角和操作面较窄处,操作者应用膝盖顶住尾部的空心橡胶垫,两手可以自由操作。地毯撑子的扒齿可调长短,以适应不同厚度的地毯材料,不用时将扒齿缩回以免伤人。

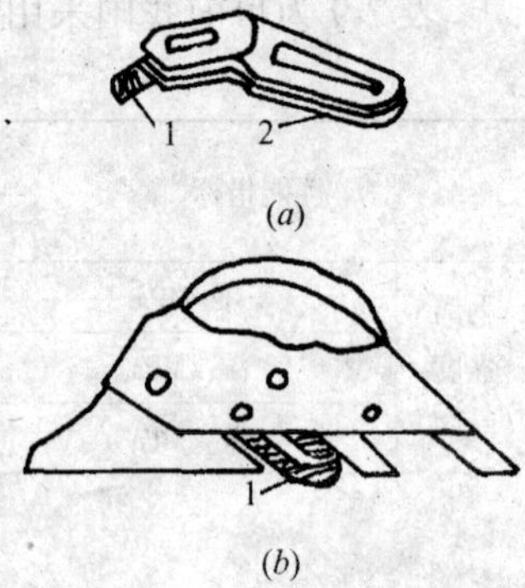

图 7-39　裁毯刀

(a)手握式裁刀　(b)手推式裁刀

1—活动式刀片　2—手把

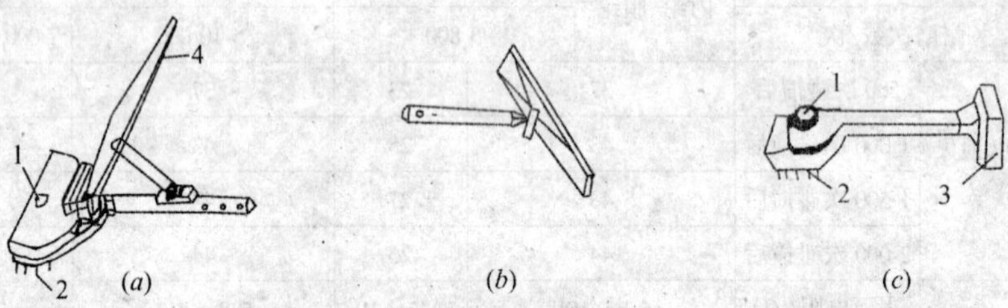

图 7-40　地毯撑子

(a)大撑子撑头　(b)大撑子承脚　(c)小撑子

1—扒齿调节钮　2—扒齿　3—空气橡胶垫　4—木杠压把

(3)扁铲　主要用于墙角处或踢脚板下的地毯掩边,如图 7-41(a)所示。

(4)墩拐　地毯固定在倒刺板上,如果遇到障碍物,不能用榔头将倒刺砸倒,可用墩拐垫着,如图 7-41(b)所示。

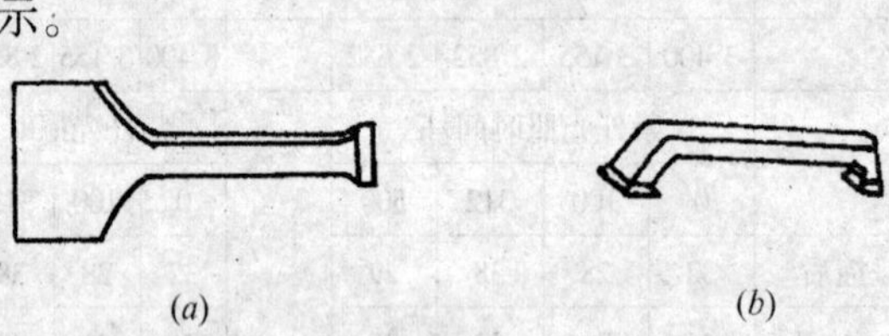

图 7-41　扁铲与墩拐

(a)扁铲　(b)墩拐

(5)其他工具　用于缝合的尖嘴钳子、熨斗、地毯修边器、直尺、米尺、粉线袋、手枪式电钻、调胶溶器、搪刀、修茸电铲等。

(二)地毯铺贴施工辅助材料

(1)胶粘剂　地毯铺设时需用胶粘剂的有两处:一是地毯与地面黏结时用;另一是地毯与地毯连接拼缝用。房间内多用于长边拼缝连接,走廊多用端头拼缝连接。施工用胶粘剂采用天然乳胶添加增稠剂、防霉剂配制而成,它无毒、不霉、快干,0.5h 之内便有足够的黏结强度,使用张紧器时不脱缝,对地面有足够的黏结强度,但又便于撕下而不留痕迹,施工使用简便。

(2)收口条与倒刺板

①两种不同材质的地面相接部位,要加设收口条或分格条。加设收口条的目的是固定地毯,另外也可防止地毯外露毛边,常用"L"形铝合金收口条,其形状如图 7-42 所示。对于室内地毯与走廊地面的分格处,最好用铝合金倒刺条,如图 7-43 所示。

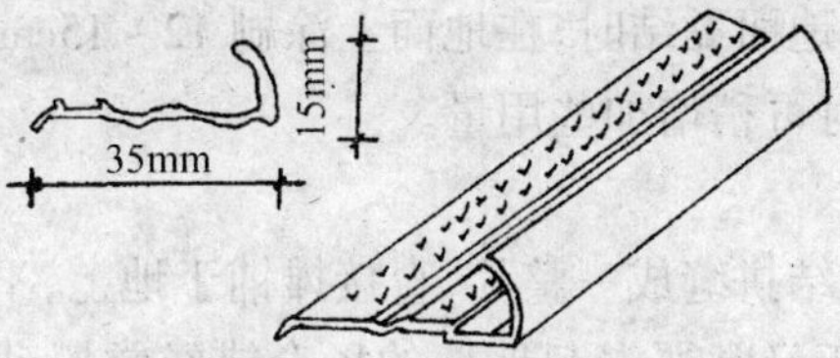

图 7-42 铝合金"L"形倒刺收口条

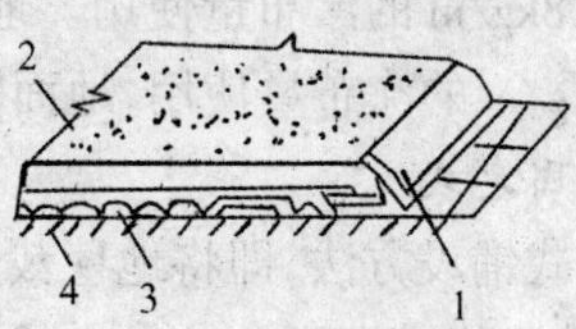

7-43 铝合金倒刺条收口示意图

1—铝合金倒刺条 2—地毯

3—地毯垫层 4—混凝土楼板

②铝合金门口压条是厚度为 2mm 左右的铝合金材料,其形状如图 7-44 所示。

③倒刺板一般用于房间或大厅四周的墙脚固定。它应有两排朝天斜钉,如图 7-45 所示。

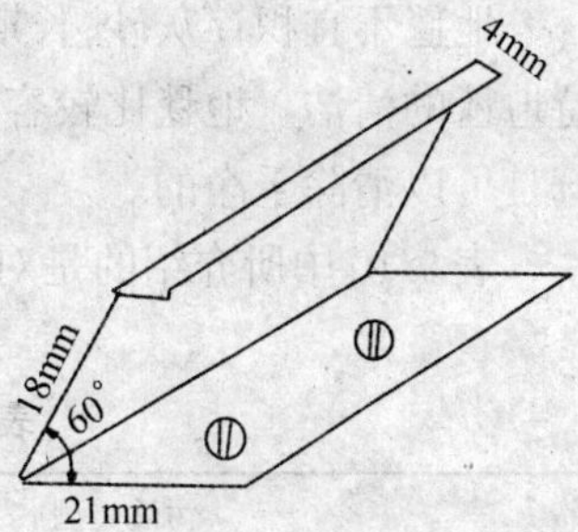

图 7-44 铝合金门口压条

三、地毯的铺设方法

地毯的铺设方法,可分为固定式与不固定式两种。

(一)固定式

固定式铺设方法,即将地毯裁边、黏结拼成一整片,四周与房间地面加以固定。固定可采用两种方法:一种是用胶粘剂将地毯背面的四周与地面粘贴住;另一种是在房间周边地面上安设带有朝天小钩的倒刺板,将地毯背面固定在倒刺板的小钉钩上。这种方法适合于不常需要翻起地毯或不经常搬动家具的地方,这种方式铺设的地毯不易移动或隆起。

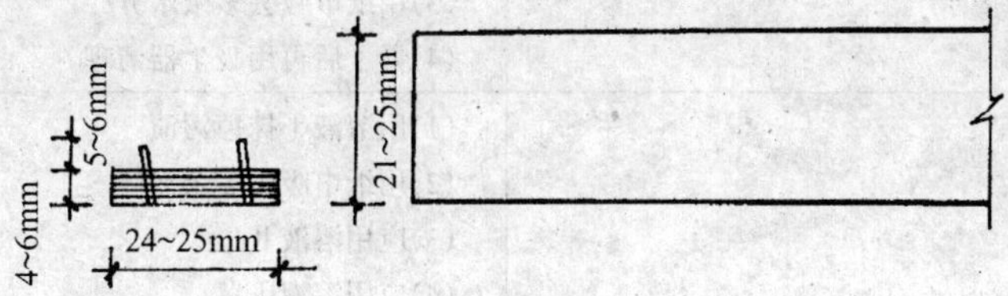

图 7-45 倒刺板加工示意图

采用钉倒刺板条时要使板条距墙面 8 ~ 10mm 供地毯掩边用,如图 7-46 所示。倒刺板条可用水泥钉直接固结在混凝土或水泥砂浆基层上。若遇地面空鼓或松动时可先下木楔,然后再将倒刺板条钉在上面。

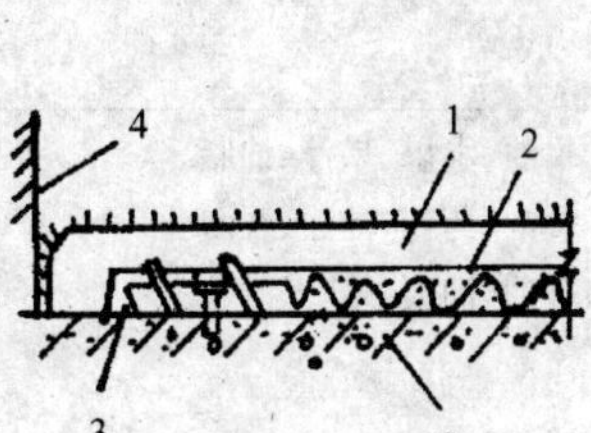

图 7-46 地毯固定方法

1—地毯 2—地毯垫层

3—倒刺钉板条 4—踢脚板

5—楼地面

门口压条的处理。门口压条用于门框下的地面处,该处一般为地毯的最边缘,其作用是压住地毯,不使地毯被踢起或边缘处受损坏,且又符合美观的要求。门口压条宜采用厚度为2mm左右的铝合金材料,使用时,将18mm的一面轻轻敲下,紧紧压住地毯面层,其21mm的一面压在地毯之下,并用螺丝加以固定。

化纤地毯采用胶粘剂粘贴时,先将地毯与地毯拼缝,下衬一条10cm宽的狭条麻布带,胶粘剂按0.8kg/m的涂布量使用。地毯与地面黏结时,在地面上涂刷12~15cm宽的胶粘剂,按0.05kg/m的涂布量使用,地面粗糙时可稍增加些用量。

(二)不固定式

不固定式铺设方法,即将地毯裁边、黏结拼缝成一整片,直接摊铺于地上,不与地面粘贴,四周沿墙脚修齐即可。这种方式适合于经常要卷起地毯的场合或经常搬动家具等重物的场合。

四、地毯表面污渍的清除

地毯不宜积存灰砂,长期则会引致地毯纤维磨损侵蚀,因此,应经常使用吸尘器来保持地毯的清洁。地毯比较容易受磨损、受污染,但只要及时清理,选用合适的清洁剂,大部分是可以清除干净的。

表7-10中所介绍的是对不同污渍所采用的不同清理方法。

表7-10　不同污渍所采用的不同清理方法

污渍类型	清除步骤
酒精、尿液、烟灰、铁锈、血液、啤酒、酒、果汁、盐水、芥末、漂白剂、墨水	(1)将溶液Ⅰ倒进布块 (2)抹掉污渍(不宜大力抹擦) (3)用纸巾吸去多余水分 (4)弄干后再用吸尘器清理
巧克力、鸡蛋、口香糖、冰淇淋、牛奶、汽水、呕吐物	(1)用溶液Ⅰ抹掉污渍 (2)用纸巾吸去多余液体 (3)应用溶液Ⅱ (4)应用溶液Ⅰ (5)用纸巾吸去多余液体 (6)弄干后再用吸尘器
牛油、水果、果汁、油脂、食油、药膏、油漆、香水、鞋油、油渍、蜡	(1)用溶液Ⅰ抹掉污渍体 (2)用纸巾吸去多余液 (3)等待变干 (4)将溶剂倒进布块 (5)用溶液再抹污渍 (6)用纸巾吸去多余液体 (7)弄干后再用吸尘器清理

注:溶液Ⅰ:以30mL地毯清洁剂加一匙白醋混进120mL水中;

溶液Ⅱ:将7mL硼砂混于300mL水中;

溶剂:应用干洗剂,但不宜多用,应避免与地毯驳缝接触。

第七节　楼地面工程的质量标准和检验方法

楼地面工程的质量标准与检验方法应符合《建筑地面工程施工质量验收规范》(GB50209—2002)和《建筑工程施工质量验收统一标准》(GB50300—2001)的相关规定。

一、基层铺设

对于基土、垫层、找平层、隔离层和填充层等基层的施工，其质量应符合下列要求。

(一)一般规定

(1)基层铺设的材料质量、密实度和强度等级(或配合比)等应符合设计要求和规范的规定。

(2)基层铺设前，其下一层表面应干净、无积水。

(3)当垫层、找平层内埋设暗管时，管道应按设计要求予以稳固。

(4)基层的标高、坡度、厚度等应符合设计要求。基层表面应平整，其允许偏差应符合表7-11的规定。

表 7-11　基层表面的允许偏差和检验方法

<table>
<tr><th rowspan="4">项次</th><th rowspan="4">项目</th><th colspan="12">允许偏差/mm</th><th rowspan="4">检验方法</th></tr>
<tr><th>基土</th><th colspan="5">垫层</th><th colspan="3">找平层</th><th colspan="2">填充层</th><th>隔离层</th></tr>
<tr><th rowspan="2">土</th><th rowspan="2">砂、砂石、碎石、碎砖</th><th rowspan="2">灰土、三合土、炉渣、水泥混凝土</th><th rowspan="2">木搁栅</th><th colspan="2">毛地板</th><th rowspan="2">用沥青玛碲脂做结合层铺设拼花木板、板块面层</th><th rowspan="2">用水泥砂浆做结合层铺设板块面层</th><th rowspan="2">用胶粘剂做结合层铺设拼花木板、塑料板、强化复合地板、竹地板面层</th><th rowspan="2">松散材料</th><th rowspan="2">板、块材料</th><th rowspan="2">防水、防潮、防油渗</th></tr>
<tr><th>拼花实木地板、拼花实木复合地板面层</th><th>其他种类面层</th></tr>
<tr><td>1</td><td>表面平整度</td><td>15</td><td>15</td><td>10</td><td>3</td><td>3</td><td>5</td><td>3</td><td>5</td><td>2</td><td>7</td><td>5</td><td>3</td><td>用 2m 靠尺和楔形塞尺检查</td></tr>
<tr><td>2</td><td>标高</td><td>0
-50</td><td>±20</td><td>±10</td><td>±5</td><td>±5</td><td>±8</td><td>±5</td><td>±8</td><td>±4</td><td colspan="2">±4</td><td>±4</td><td>用水准仪检查</td></tr>
<tr><td>3</td><td>坡度</td><td colspan="12">不大于房间相应尺寸的 2/1 000，且不大于 30</td><td>用坡度尺检查</td></tr>
<tr><td>4</td><td>厚度</td><td colspan="12">在个别地方不大于设计厚度的 1/10</td><td>用钢尺检查</td></tr>
</table>

(二)基土

1. 一般规定

(1)对软弱土层应按设计要求进行处理。

(2)填土应分层压(夯)实,填土质量应符合现行国家标准《地基与基础工程施工质量验收规范》GB50202 的有关规定。

(3)填土时应为最优含水量。重要工程或大面积的地面填土前,应取土样,按击实试验确定最优含水量与相应的最大干密度。

2. 主控项目

(1)基土严禁用淤泥、腐植土、冻土、耕植土、膨胀土和含有有机物质大于 8% 的土作为填土。

检验方法:观察检查和检查土质记录。

(2)基土应均匀密实,压实系数应符合设计要求,设计无要求时,不应小于 0.90。

检验方法:观察检查和检查试验记录。

3. 一般项目

基土表面的允许偏差应符合表 7-11 的规定。

检验方法:应按表 7-11 中的检验方法检验。

(三)灰土垫层

1. 一般规定

(1)灰土垫层应采用熟化石灰与黏土(或粉质黏土、粉土)的拌和料铺设,其厚度不应小于 100mm。

(2)熟化石灰可采用磨细生石灰,亦可用粉煤灰或电石渣代替。

(3)灰土垫层应铺设在不受地下水浸泡的基土上。施工后应有防止水浸泡的措施。

(4)灰土垫层应分层夯实,经湿润养护、晾干后方可进行下一道工序施工。

2. 主控项目

灰土体积比应符合设计要求。

检验方法:观察检查和检查配合比通知单记录。

3. 一般项目

(1)熟化石灰颗粒粒径不得大于 5mm;黏土(或粉质黏土、粉土)内不得含有有机物质,颗粒粒径不得大于 15mm。

检验方法:观察检查和检查材质合格记录。

(2)灰土垫层表面的允许偏差应符合本规范表 7-11 的规定。

检验方法:应按 7-11 中的检验方法检验。

(四)砂垫层和砂石垫层

1. 一般规定

(1)砂垫层厚度不应小于 60mm;砂石垫层厚度不应小于 100mm。

(2)砂石应选用天然级配材料。铺设时不应有粗细颗粒分离现象,压(夯)至不松动为止。

2. 主控项目

(1)砂和砂石不得含有草根等有机杂质;砂应采用中砂;石子最大粒径不得大于垫层厚度的 2/3。

检验方法:观察检查和检查材质合格证明文件及检测报告。

(2)砂垫层和砂石垫层的干密度(或贯入度)应符合设计要求。

检验方法:观察检查和检查试验记录。

3. 一般项目

(1)表面不应有砂窝、石堆等质量缺陷。

检验方法:观察检查。

(2)砂垫层和砂石垫层表面的允许偏差应符合表 7-11 的规定。

检验方法:应按表 7-11 的检验方法检验。

(五)碎石垫层和碎砖垫层

1. 一般规定

(1)碎石垫层和碎砖垫层厚度不应小于 100mm。

(2)垫层应分层压(夯)实,达到表面坚实、平整。

2. 主控项目

(1)碎石的强度应均匀,最大粒径不应大于垫层厚度的 2/3;碎砖不应采用风化、酥松、夹有有机杂质的砖料,颗粒粒径不应大于 60mm。

检验方法:观察检查和检查材质合格证明文件及检测报告。

(2)碎石、碎砖垫层的密实度应符合设计要求。

检验方法:观察检查和检查试验记录。

3. 一般项目

碎石、碎砖垫层的表面允许偏差应符合表 7-11 的规定。

检验方法:应按表 7-11 的检验方法检验。

(六)三合土垫层

1. 一般规定

(1)三合土垫层采用石灰、砂(可掺入少量黏土)与碎砖的拌和料铺设,其厚度比应小于 100mm。

(2)三合土垫层应分层夯实。

2. 主控项目

(1)熟化石灰颗粒粒径不得大于 5mm;砂应用中砂,并不得含有草根等有机物质;碎砖不应采用风化、酥松和有机杂质的砖料,颗粒粒径不应大于 60mm。

检验方法:观察检查和检查材质合格证明文件及检测报告。

(2)三合土的体积比应符合设计要求。

检验方法:观察检查和检查配合比通知单记录。

3. 一般项目

三合土垫层表面的允许偏差应符合表 7-11 的规定。

(七)炉渣垫层

1. 一般规定

(1)炉渣垫层采用炉渣或水泥与炉渣或水泥、石灰与炉渣的拌和料铺设,其厚度不应小于 80mm。

(2)炉渣或水泥炉渣垫层的炉渣,使用前应浇水闷透;水泥石灰炉渣垫层的炉渣,使用前应用石灰浆或用熟化石灰浇水拌和闷透；闷透时间均不得少于5d。

(3)在垫层铺设前，其下一层应湿润；铺设时应分层压实，铺设后应养护，待其凝结后方可进行下一道工序施工。

2. 主控项目

(1)炉渣内不含有有机杂质和未燃尽的煤块，颗粒粒径不应大于40mm，且颗粒粒径在5mm及其以下的颗粒，不得超过总体积的40%；熟化石灰颗粒粒径不得大于5mm。

检验方法：观察检查和检查材质合格证明文件及检测报告。

(2)炉渣垫层的体积比应符合设计要求。

检验方法：观察检查和检查配合比通知单记录。

3. 一般项目

(1)炉渣垫层与其下一层结合牢固，不得有空鼓和松散炉渣颗粒。

检验方法：观察检查和用小锤轻击检查。

(2)炉渣垫层表面的允许偏差应符合表7-11的规定。

检验方法：应按表7-11的检验方法检验。

(八)水泥混凝土垫层

1. 一般规定

(1)水泥混凝土垫层铺设在基土上，当气温长期处于0℃以下，设计无要求时，垫层应设置伸缩缝。

(2)水泥混凝土垫层的厚度不应小于60mm。

(3)垫层铺设前，其下一层表面应湿润。

(4)室内地面的水泥混凝土垫层，应设置纵向缩缝和横向缩缝；纵向缩缝间距不得大于6m，横向缩缝不得大于12m。

(5)垫层的纵向缩缝应做平头缝或加肋板平头缝。当垫层厚度达到150mm时，可做企口缝。横向缩缝应做假缝。

平头缝和企口缝的缝间不得放置隔离材料，浇筑时应互相紧贴。企口缝的尺寸应符合设计要求，假缝宽度为5~20mm，深度为垫层厚度的1/3，缝内填水泥砂浆。

(6)工业厂房、礼堂、门厅等大面积水泥混凝土垫层应分区段浇筑。分区段应结合变形缝位置、不同类型的建筑地面连接处和设备基础的位置进行划分，并应与设置的纵向、横向缩缝的间距相一致。

(7)水泥混凝土施工质量检验尚应符合现行国家标准《混凝土结构工程施工质量验收规范》(GB50204—2002)的有关规定。

2. 主控项目

(1)水泥混凝土垫层采用的粗骨料，其最大粒径不应大于垫层厚度的2/3；含泥量不应大于2%；砂为中粗砂，其含泥量不应大于3%。

检验方法：观察检查和检查材质合格证明文件及检测报告。

(2)混凝土的强度等级应符合设计要求，且不应小于C10。

检验方法：观察检查和检查配合比通知单记录及检测报告。

3. 一般项目

水泥混凝土垫层表面的允许偏差应符合表 7-11 的规定。

检验方法：应按表 7-11 的检验方法检验。

（九）找平层

1. 一般规定

(1)找平层应采用水泥砂浆或水泥混凝土铺设，并应符合本节有关面层的规定。

(2)铺设找平层前，当其下一层有松散填充料时，应予铺平夯实。

(3)有防水要求的建筑地面工程，铺设前必须对立管、套管和地漏与楼板节点之间进行密封处理；排水坡度应符合设计要求。

(4)在预制钢筋混凝土板上铺设找平层前，板缝填嵌的施工应符合下列要求：

①预制钢筋混凝土板相邻缝底宽不应小于 20mm；

②填嵌时，板缝内应清理干净，保持湿润；

③填缝采用细石混凝土，其强度等级不得小于 C20；填缝高度应低于板面 10～20mm，且振捣密实，表面不应压光；填缝后应养护；

④当板缝底宽大于 40mm 时，应按设计要求配置钢筋。

(5)在预制钢筋混凝土板上铺设找平层时，其板端应按设计要求做防裂的构造措施。

2. 主控项目

(1)找平层采用碎石或卵石的粒径不应大于其厚度的 2/3，含泥量不应大于 2%；砂为中粗砂，其含泥量不应大于 3%。

检验方法：观察检查和检查材质合格证明文件及检测报告。

(2)水泥砂浆体积比或水泥混凝土强度等级应符合设计要求，且水泥砂浆体积比不应小于 1:3(或相应的强度等级)；水泥混凝土强度等级不应小于 C15。

检验方法：观察检查和检查配合比通知单及检测报告。

(3)有防水要求的建筑地面工程的立管、套管、地漏处严禁渗漏，坡向应正确、无积水。

检验方法：观察检查和蓄水、泼水检验及坡度检查。

3. 一般项目

(1)找平层与其下一层结合要牢固，不得有空鼓。

检验方法：用小锤轻击检查。

(2)找平层表面应密实，不得有起砂、蜂窝和裂缝等缺陷。

检验方法：观察检查。

(3)找平层的表面允许偏差应符合表 7-11 的规定。

检验方法：应按表 7-11 的检验方法检验。

（十）隔离层

1. 一般规定

(1)隔离层的材料，其材质应经有资质的检测单位认定。

(2)在水泥类找平层上铺设沥青类防水卷材、防水涂料或以水泥类材料作为防水隔离层时，其表面应坚固、洁净、干燥。铺设前，应涂刷基层处理剂。基层处理剂应采用与卷材性能配套的材料或采用同类涂料的底子油。

(3)当采用掺有防水剂的水泥类找平层作为防水隔离层时，其掺量强度和等级(或配合比)应符合设计要求。

(4)铺设防水隔离层时,在管道穿过楼板面四周,防水材料应向上铺涂,并超过套管的上口;在靠近墙面处,应高出面层200~300mm或按设计要求铺涂。阴阳角和管穿过楼板面的根部增加铺涂附加防水隔离层。

(5)防水材料铺设后,必须蓄水检验。蓄水深度应为20~30mm,24h内无渗漏为合格,并做记录。

(6)隔离层施工质量检验应符合现行国家标准《屋面工程质量验收规范》(GB50207—2002)的有关规定。

2. 主控项目

(1)隔离层材质必须符合设计院要求和国家产品标准的规定。

检验方法:观察检查和检查材质合格证明文件、检测报告。

(2)厕浴间和有防水要求的建筑地面必须设置防水隔离层。楼层结构必须采用现浇混凝土或整块预制混凝土板,混凝土强度等级不应小于C20;楼板四周除门洞外,应做混凝土翻边,其高度不应小于120mm。施工时结构层标高和预留孔洞位置应准确,严禁乱凿洞。

检验方法:观察和用钢尺检查。

(3)水泥类方式隔离层的防水性能和强度等级必须符合设计要求。

检验方法:观察检查和检查检测报告。

(4)防水隔离层严禁渗漏,坡向应正确、排水通畅。

检验方法:观察检查和蓄水、泼水检验或坡度检查及检查检验记录。

3. 一般项目

(1)隔离层厚度应符合设计要求。

检验方法:观察检查和用钢尺检查。

(2)隔离层与其下一层黏结应牢固,不得有空鼓;防水涂层应平整、均匀,无脱皮、起壳、裂缝、鼓泡等缺陷。

检验方法:用小锤轻击检查和观察检查。

(3)隔离层表面的允许偏差应符合表7-11的规定。

检验方法:应按表7-11的检验方法检验。

(十一)填充层

1. 一般规定

(1)填充层应按设计要求选用材料,其密度和导热系数应符合国家有关产品标准的规定。

(2)填充层下一层表面应平整。当为水泥类时,应洁净、干燥,不得有空鼓、裂缝和起砂等缺陷。

(3)采用松散材料铺设填充层时,应分层铺平拍实;采用板、块状材料铺设填充层时,应分层错缝铺贴。

(4)填充层施工质量检验应符合现行国家标准《屋面工程质量验收规范》(GB50207—2002)的有关规定。

2. 主控项目

(1)填充层的材料质量必须符合设计要求和国家产品标准的规定。

检验方法:观察检查和检查材质合格证明文件、检测报告。

(2)填充层的配合比必须符合设计要求。

检验方法:观察检查和检查配合比通知单。

3. 一般项目

(1)松散材料填充层铺设应密实,板块状材料填充层应压实、无翘曲。

检验方法:观察检查。

(2)填充层表面的允许偏差应符合表 7-11 的规定。

检验方法:应按表 7-11 的检验方法检验。

二、整体面层铺设

对于水泥混凝土(含细石混凝土)面层、水泥砂浆面层、水磨石面层等工程的施工,其质量应符合下列要求。

(一)一般规定

(1)铺设整体面层时,其水泥类基层的抗压强度不得小于 1.2MPa;表面应粗糙、洁净、湿润并不得有积水。铺设前宜涂刷界面处理剂。

(2)铺设整体面层,应符合设计要求和规范的规定。

(3)整体面层施工后,养护时间不应少于 7d;抗压强度应达到 5MPa 后,方准上人行走;抗压强度应达到设计要求后,方可正常使用。

(4)当采用掺有水泥拌和料做踢脚线时,不得用石灰砂浆打底。

(5)整体面层的抹平工作应在水泥初凝前完成,压光工作应在水泥终凝前完成。

(6)整体面层的允许偏差应符合表 7-12 的规定。

表 7-12　整体面层的允许偏差和检验方法

项次	项目	允许偏差/mm						检验方法
		水泥混凝土面层	水泥砂浆面层	普通水磨石面层	高级水磨石面层	水泥钢(铁)屑面层	防油渗混凝土和不发火(防爆的)	
1	表面平整度	5	4	3	2	4	5	用 2m 靠尺和楔形塞尺检查
2	踢脚线上口平直	4	4	3	3	4	4	拉 5m 线和用钢尺检查
3	缝格平直	3	3	3	2	3	3	

(二)水泥混凝土面层

1. 一般规定

(1)水泥混凝土面层厚度应符合设计要求。

(2)水泥混凝土面层铺设不得留施工缝。当施工间隙超过允许时间规定时,应对接槎处进行处理。

2. 主控项目

(1)水泥混凝土采用的粗骨料,其最大粒径不应大于面层厚度的2/3,细石混凝土面层采用的石子粒径不应大于15mm。

检验方法:观察检查和检查材质合格证明文件、检测报告。

(2)面层的强度等级应符合设计要求,且水泥混凝土面层强度等级不应小于C20;水泥混凝土垫层兼面层强度等级不应小于C15。

检验方法:检查配合比通知单及检测报告。

(3)面层与下一层应结合牢固,无空鼓、裂纹。

检验方法:用小锤轻击检查。

3. 一般项目

(1)面层表面不应有裂纹、脱皮、麻面、起砂等缺陷。

检验方法:观察检查。

(2)面层表面的坡度应符合设计要求,不得有倒泛水和积水现象。

检验方法:观察和采用泼水或用坡度尺检查。

(3)水泥砂浆踢脚线与墙面应紧密结合,高度应一致,出墙厚度均匀。

检验方法:用小锤轻击检查;用钢尺和观察检查。

注:局部空鼓长度不应大于300mm,且每自然间(标准间)不多于2处可不计。

(4)楼梯踏步的宽度、高度应符合设计要求。楼层梯段相邻踏步高度差不应大于10mm,每踏步两端宽度差不应大于10mm;旋转楼梯段的每踏步两端宽度的允许偏差为5mm。楼梯踏步的齿角应整齐,防滑条应顺直。

检验方法:观察和用钢尺检查。

(5)水泥混凝土面层的允许偏差应符合表7-12的规定。

检验方法:应按表7-12的检验方法检验。

(三)水泥砂浆面层

1. 一般规定

水泥砂浆面层的厚度应符合设计要求,且不应小于20mm。

2. 主控项目

(1)水泥采用硅酸盐水泥、普通硅酸盐水泥,其强度等级不应小于32.5;不同品种、不同强度等级的水泥严禁混用,砂应为中粗砂;当采用石屑时,其粒径应为1~5mm,且含泥量不应大于3%。

检验方法:观察检查和检查材质合格证明文件、检测报告。

(2)水泥砂浆面层的体积比(强度等级)必须符合设计要求;且体积比应为1:2,强度等级不应小于M15。

检验方法:检查配合比通知单及检测报告。

(3)面层与下一层应结合牢固,无空鼓、裂纹。

检验方法:用小锤轻击检查。

3. 一般项目

(1)面层表面坡度应符合设计要求,不得有倒泛水和积水现象。

检验方法:观察和采用泼水或用坡度尺检查。

(2)面层表面结晶,无裂纹、脱皮、麻面、起砂等缺陷。

检验方法:观察检查。

(3)踢脚线与墙面应紧密结合,高度应一致,出墙厚度均匀。

检验方法:用小锤轻击检查;用钢尺检查;观察检查。

(4)楼梯踏步的宽度、高度应符合设计要求。楼层梯段相邻踏步高度差不应大于10mm,每踏步两端宽度差不应大于10mm;旋转楼梯段的每踏步两端宽度的允许偏差为5mm。楼梯踏步的齿角应整齐,防滑条应顺直。

检验方法:观察和用钢尺检查。

(5)水泥砂浆面层的允许偏差应符合表7-12的规定。

检验方法:应按表7-12的检验方法检验。

(四)水磨石面层

1. 一般规定

(1)水磨石面层应采用水泥和石粒的拌和料铺设。面层厚度除有特殊要求外,宜为12~18mm,且按石粒粒径确定。水磨石面层的颜色和图案应符合设计要求。

(2)白色或浅色的水磨石面层,应采用白水泥;深色的水磨石面层,宜采用硅酸盐水泥、普通硅酸盐水泥或矿渣硅酸盐水泥;同颜色的面层应使用同一批水泥。同一彩色面层应使用同厂、同批的颜料;其掺入量宜为水泥重量的3%~6%或由试验确定。

(3)水磨石面层的结合层的水泥砂浆体积比宜为1:3,相应的强度等级不应小于M10,水泥砂浆稠度(以标准圆锥体沉入度计)宜为30~35mm。

(4)普通水磨石面层磨光遍数不应少于3遍。高级水磨石面层的厚度和磨光遍数由设计确定。

(5)在水磨石面层磨光后,涂草酸和上蜡前,其表面不得污染。

2. 主控项目

(1)水磨石面层的石粒,应采用坚硬可磨白云石、大理石等岩石加工而成,石粒应洁净无杂物,其粒径除特殊要求外应为6~15mm;水泥强度不应小于32.5;颜料应采用耐酸、耐碱的矿物原料,不得使用酸性颜料。

检验方法:观察检查和检查材质合格证明文件。

(2)水磨石面层拌和料的体积比应符合设计要求,且为1:1.5~1:2.5(水泥:石粒)。

检验方法:检查配合比通知单及检测报告。

(3)面层与下一层应结合牢固,无空鼓、裂纹。

检验方法:用小锤轻击检查。

3. 一般项目

(1)面层表面应光滑;无明显裂纹、砂眼和磨纹;石粒密实,显露均匀;颜色图案一致,不混色；分格条牢固、顺直和清晰。

检验方法：观察检查。

(2)踢脚线与墙面应紧密结合，高度应一致，出墙厚度均匀。

检验方法：用小锤轻击检查；用钢尺和观察检查。

(3)楼梯踏步的宽度、高度应符合设计要求。楼层梯段相邻踏步高度差不应大于10mm，每踏步两端宽度差不应大于10mm；旋转楼梯段的每踏步两端宽度的允许偏差为5mm。楼梯踏步的齿角应整齐，防滑条应顺直。

检验方法：观察和用钢尺检查。

(4)水磨石面层的允许偏差应符合表7-12的规定。

检验方法：应按表7-12的检验方法检验。

三、板块面层铺设

对于砖面层、大理石面层和花岗石面层、预制板块面层、料石面层、塑料板面层、活动地板面层和地毯面层等面层工程，其质量应符合下列要求。

(一)一般规定

(1)铺设板块面层时，其水泥类基层的抗压强度不得小于1.2kPa。

(2)铺设板块面层的结合层和板块间的填缝采用水泥砂浆，应符合下列规定。

①配制水泥砂浆的砂应采用硅酸盐水泥、普通硅酸盐水泥或矿渣硅酸盐水泥；其水泥强度等级不宜小于32.5。

②配制水泥砂浆的砂应符合国家现行行业标准《普通混凝土用砂质量标准及检验方法》(JGJ52)的规定。

③配制水泥砂浆的体积比(或强度等级)应符合设计要求。

(3)结合层和板块面层填缝的沥青胶结材料应符合国家现行有关标准和设计要求。

(4)板块的铺砌应符合设计要求；当无设计要求时，宜避免出现板块小于1/4边长的边角料。

(5)铺设水泥混凝土板块、水磨石板块、水泥花砖、陶瓷锦砖、陶瓷地砖、缸砖、料石、大理石和花岗石面层等的结合层和填缝的水泥砂浆，在面层铺设后，表面应覆盖、湿润，其养护时间不应小于7d。

当板块面层的水泥砂浆结合层的抗压强度达到设计要求后，方可正常使用。

(6)板块类踢脚线施工时，不得采用石灰砂浆打底。

(7)板、块面层的允许偏差应符合表7-13的规定。

(二)砖面层

1. 一般规定

(1)砖面层采用陶瓷锦砖、缸砖、陶瓷地砖和水泥花砖应在结合层上铺设。

(2)有防腐蚀要求的砖面层采用的耐酸瓷砖、浸渍沥青砖、缸砖的材质、铺设以及施工质量验收应符合现行国家标准《建筑防腐蚀工程施工及验收规范》(GB50212)的规定。

(3)在水泥砂浆结合层上铺贴缸砖、陶瓷地砖和水泥花砖面层时，应符合下列规定。

①在铺贴前，应对砖的规格尺寸、外观质量、色泽等进行预选，浸水湿润晾干待用。

表 7-13　板、块面层的允许偏差和检验方法

项次	项目	允许偏差/mm											检验方法
		陶瓷锦砖面层、高级水磨石板、陶瓷地砖面层	缸砖面层	水泥花砖面层	水磨石板块面层	大理石面层和花岗石面层	塑料板面层	水泥混凝土板块面层	碎拼大理石、碎拼花岗石面层	活动地板面层	条石面层	块石面层	
1	表面平整度	2.0	4.0	3.0	3.0	1.0	2.0	4.0	3.0	2.0	10.0	10.0	用 2m 靠尺和楔形塞尺检查
2	缝格平直	3.0	3.0	3.0	3.0	2.0	3.0	3.0	—	2.5	8.0	8.0	拉 5m 线和用钢尺检查
3	接缝高低差	0.5	1.5	0.5	1.0	0.5	0.5	1.5	—	0.4	2.0	—	用钢尺和楔形塞尺检查
4	踢脚线上口平直	3.0	4.0	—	4.0	1.0	2.0	4.0	1.0	—	—	—	拉 5m 线和用钢尺检查
5	板块间隙宽度	2.0	2.0	2.0	2.0	1.0	—	6.0	—	0.3	5.0	—	用钢尺检查

②勾缝和压缝应采用同品种、同强度等级、同颜色的水泥，并做养护和保护。

(4)在水泥砂浆结合层上铺贴陶瓷锦砖面层时，砖底面应洁净，每块陶瓷锦砖之间、与结合层之间以及在墙角、镶边和靠墙边，应紧密贴合。在靠墙处不得采用砂浆填补。

(5)在沥青胶结料结合层上铺贴缸砖面层时，缸砖应干净，铺贴时应在摊铺热沥青胶结料上进行，并应在胶结料凝结前完成。

(6)采用胶粘剂在结合层上粘贴砖面层时，胶粘剂选用应符合现行国家标准《民用建筑工程室内环境污染控制规范》(GB50325)的规定。

2. 主控项目

(1)面层所用的板块的品种、质量必须符合设计要求。

检验方法：观察检查和检查材质合格证明文件及检测报告。

(2)面层与下一层应结合(黏结)牢固，无空鼓。

检验方法：用小锤轻击检查。

3. 一般项目

(1)砖面层的表面应洁净、图案清晰、色泽一致，接缝平整，深浅一致，周边顺直。板块无裂纹、掉角等缺陷。

检验方法：观察检查。

(2)面层邻接处的镶边用料及尺寸应符合设计要求，边角整齐、光滑。

检验方法：观察和用小锤轻击及钢尺检查。

(3)踢脚线表面应洁净、高度一致、结合牢固、出墙厚度一致。

检验方法:观察和用小锤轻击及钢尺检查。

(4)楼梯踏步和台阶板块的缝隙宽度应一致、齿角整齐;楼层梯段相邻踏步高度差不应大于10mm;防滑条顺直。

检验方法:观察和用钢尺检查。

(5)面层表面的坡度应符合设计要求,不倒泛水、无积水;与地漏、管道结合处应严密牢固,无渗漏。

检验方法:用观察、泼水或坡度尺及蓄水方法检查。

(6)砖面层的允许偏差应符合表7-13的规定。

检验方法:应按表7-13的检验方法检验。

(三)大理石面层和花岗石面层

1. 一般规定

(1)大理石面层和花岗石面层采用天然大理石、花岗石(或碎拼大理石、碎拼花岗石)板材应在结合层上铺设。

(2)天然大理石、花岗石的技术等级、光泽度、外观等质量要求应符合国家现行业标准《天然大理石建筑板材》(JC79)、《天然花岗石建筑板材》(JC205)的规定。

(3)板材有裂缝、掉角、翘曲和表面有缺陷时应予剔除,品种不同的板材不得混杂使用;在铺设前,应根据石材的颜色、花纹、图案、纹理等按设计要求,试拼编号。

(4)铺设大理石、花岗石面层前,板材应浸湿、晾干;结合层与板材应分段同时铺设。

2. 主控项目

(1)大理石、花岗石面层所用板块的品种、质量应符合设计要求。

检验方法:观察检查和检查材质合格记录。

(2)面层与下一层应结合牢固,无空鼓。

检验方法:用小锤轻击检查。

注:凡单块板块边角有局部空鼓,且每自然间(标准间)不超过总数的5%可不计。

3. 一般项目

(1)大理石、花岗石面层的表面应洁净、平整、无磨痕,且应图案清晰、色泽一致、接缝均匀、周边顺直、镶嵌正确、板块无裂纹、掉角等缺陷。

检验方法:观察检查。

(2)踢脚线表面应洁净、高度一致、结合牢固、出墙厚度一致。

检验方法:观察和用小锤轻击及钢尺检查。

(3)楼梯踏步和台阶板块的缝隙宽度应一致、齿角整齐;楼层梯段相邻踏步高度差不应大于10mm;防滑条顺直。

检验方法:观察和用钢尺检查。

(4)面层表面的坡度应符合设计要求,不倒泛水、无积水;与地漏、管道结合处应严密牢固,无渗漏。

检验方法:用观察、泼水或坡度尺及蓄水方法检查。

(5)大理石、花岗石面层(或碎拼大理石、碎拼花岗石)的允许偏差应符合表7-13的规定。

检验方法：应按表 7-13 的检验方法检验。

(四)预制板块面层

1. 一般规定

(1)预制板块面层采用水泥混凝土板块、水磨石板块应在结合层上铺设。

(2)在现场加工的预制板块应按本节第二点的有关规定执行。

(3)水泥混凝土板块面层的缝隙，应采用水泥浆(或砂浆)填缝；彩色混凝土板块和水磨石板块应用同色水泥浆(或砂浆)擦缝。

2. 主控项目

(1)预制板块的强度登记、规格、质量应符合设计要求；水磨石板块应符合国家现行行业标准《建筑水磨石制品》(JC507)的规定。

检验方法：观察检查和检查材质合格证明文件及检测报告。

(2)面层与下一层应结合牢固，无空鼓。

检验方法：用小锤轻击检查。

3. 一般项目

(1)预制板块表面应无裂缝、掉角、翘曲等明显缺陷。

检验方法：观察检查。

(2)预制板块面层应平整洁净，图案清晰，色泽一致，接缝均匀，周边顺直，镶嵌正确。

检验方法：观察检查。

(3)面层邻接处的镶边用料尺寸应符合设计要求，边角整齐、光滑。

检验方法：观察和用钢尺检查。

(4)踢脚线表面应洁净、高度一致、结合牢固、出墙厚度一致。

检验方法：观察和用小锤轻击及钢尺检查。

(5)楼梯踏步和台阶板块的缝隙宽度应一致、齿角整齐；楼层梯段相邻踏步高度差不应大于 10mm；防滑条顺直。

检验方法：观察和用钢尺检查。

(6)水泥混凝土板块和水磨石板块面层的允许偏差应符合表 7-13 的规定。

检验方法：应按表 7-13 的检验方法检验。

(五)料石面层

1. 一般规定

(1)料石面层采用天然条石和块石应在结合层上铺设。

(2)条石和块石面层所用的石材的规格、技术等级和厚度应符合设计要求。条石的质量应均匀，形状为矩形六面体，厚度为 80～120mm；块石形状为直棱柱体，顶面平整，底面面积不宜小于顶面面积的 60%，厚度为 100～150mm。

(3)不导电的料石面层的石料应采用辉绿岩石加工制成。填缝材料亦用辉绿岩石加工的砂嵌实。耐高温的料石面层的石料，应按实际要求选用。

(4)块石面层结合层铺设厚度：砂垫层不应小于 60mm；基土层应为均匀密实的基土或夯实的基土。

2. 主控项目

(1)面层材质应符合设计要求;条石的强度等级应大于 Mu60,块石的强度等级应大于 Mu30。

检验方法:观察检查和检查材质合格证明文件及检测报告。

(2)面层与下一层应结合牢固,无松动。

检验方法:观察检查和用小锤轻击检查。

3. 一般项目

(1)条石面层应组砌合理,无十字缝,铺砌方向和坡度应符合设计要求;块石面层石料缝隙应相互错开,通缝不超过两块石料。

检验方法:观察和用坡度尺检查。

(2)条石面层和块石面层的允许偏差应符合表 7-13 的规定。

检验方法:应按表 7-13 的检验方法检验。

(六)塑料板面层

1. 一般规定

(1)塑料板面层应采用塑料板块材、塑料板焊接,塑料卷材以胶粘剂在水泥类基层上铺设。

(2)水泥类基层表面应平整、坚硬、干燥、密实、洁净、无油脂及其他杂质,不得有麻面、起砂、裂缝等缺陷。

(3)胶粘剂选用应符合现行国家标准《民用建筑工程师内环境污染控制规范》(GB50325)的规定。其产品应按基层材料和面层材料使用的相容性要求,通过试验确定。

2. 主控项目

(1)塑料板面层所用的塑料板块和卷材的品种、规格、颜色、等级应符合设计要求和现行国家标准的规定。

检验方法:观察检查和检查材质合格证明文件及检测报告。

(2)面层与下一层应黏结牢固,不翘边、不脱胶、无溢胶。

检验方法:观察检查和用敲击及钢尺检查。

注:卷材局部脱胶处面积不应大于 $20cm^2$,且相隔间距不小于 50cm 可不计;凡单块板块料边局部脱胶处且每自然件(标准间)不超过总数的 5%者可不计。

3. 一般项目

(1)塑料板面层应表面结晶,图案清晰,色泽一致,接缝严密、美观。拼缝处的图案、花纹吻合,无胶痕;与墙边交接严密,阴阳角收边方正。

检验方法:观察检查。

(2)板块的焊接及焊缝应平整、光洁,无焦化变色、斑点、焊瘤和起鳞等缺陷,其凹凸允许偏差为 ±0.6mm。焊缝的抗拉强度不得小于塑料板强度的 75%。

检验方法:观察检查和检查检测报告。

(3)镶边用料应尺寸准确、边角整齐、拼缝严密、接缝顺直。

检验方法:用钢尺和观察检查。

(4)塑料板面层的允许偏差应符合表 7-13 的规定。

检验方法：应按表 7-13 的检验方法检验。

（七）活动地板面层

1. 一般规定

（1）活动地板面层用于防尘和防静电要求的专业用房的建筑地面工程。采用特制的平压刨花板为基材，表面饰以装饰板和底层用镀锌板经黏结胶合组成的活动地板块，配以横梁、橡胶垫条和可供调节高度的金属支架组装成架空板铺设在水泥类面层（或基层）上。

（2）活动地板所有的支座柱和横梁连接构成框架一体，并与基层连接牢固；支架抄平后高度应符合设计要求。

（3）活动地板面层包括标准地板、异形地板和地板附件（即支架和横梁组件）。采用的活动地板应平整、坚实，面层承载力不得小于 7.5MPa，其系统电阻：A 级板为 $1.0\times10^5\sim1.0\times10^8\Omega$；B 级板为 $1.0\times10^5\sim1.0\times10^{10}\Omega$。

（4）活动地板面层的金属支架应支承在现浇水泥混凝土基层（或面层）上，基层表面应平整、光洁、不起灰。

（5）活动板块与横梁接触搁置处应达到四角平整、严密。

（6）当活动地板不符合模数时，其不足部分在现场根据实际尺寸将板块切割后镶补，并配装相应的可调支撑和横梁。切割边不经处理不得镶补安装，并不得有局部膨胀变形情况。

（7）活动地板在门口处或预留洞口处应符合设置构造要求，四周侧边应用耐磨硬质板材封闭或用镀锌钢板包裹，胶条封边应符合耐磨要求。

2. 主控项目

（1）面层材质必须符合设计要求，且应具有耐磨、防潮、阻燃、耐污染、耐老化和导静电等特点。

检验方法：观察检查和检查材质合格证明文件及检测报告。

（2）活动地板面层应无裂纹、掉角等缺陷。行走无声响、无摆动。

3. 一般项目

（1）活动地板面层应排列整齐、表面洁净、色泽一致、接缝均匀、周边顺直。

检验方法：观察检查。

（2）活动地板面层的允许偏差应符合表 7-13 的规定。

检验方法：应按表 7-13 的检验方法检验。

（八）地毯面层

1. 一般规定

（1）地毯面层采用方块、卷材地毯在水泥类面层（或基层）上铺设。

（2）水泥类面层（或基层）表面应坚硬、平整、光洁、干燥，无凹坑、麻面、裂缝，并应清除油污、钉头和其他突出物。

（3）海棉衬垫应满铺平整，地毯拼缝处不露底衬。

（4）固定式地毯铺设应符合下列规定：

①固定地毯用的金属卡条（倒刺板）、金属压条、专用双面胶带等必须符合设计要求；

②铺设的地毯张拉应适宜，四周卡条固定牢；门口处应用金属压条等固定；

③地毯周边应塞入卡条和踢脚线之间的缝中；

④粘贴地毯应用胶粘剂与基层黏贴牢固。

(5)活动式地毯铺设应符合下列规定：

①地毯拼成整块后，直接铺在洁净的地上，地毯周边应塞入踢脚线下；

②与不同类型的建筑地面连接处，应按设计要求收口；

③小方块地毯铺设，块与块之间应挤紧服贴。

(6)楼梯地毯铺设，每梯段顶级地毯应用压条固定于平台上，每级阴角处应用卡条固定牢。

2. 主控项目

(1)地毯的品种、规格、颜色、花色、胶料和辅料及其材质必须符合设计要求和国家现行地毯产品标准的规定。

检验方法：观察检查和检查材质合格记录。

(2)地毯表面应平服、拼缝处黏结牢固、严密平整、图案吻合。

检验方法：观察检查。

3. 一般项目

(1)地毯表面不应起鼓、起皱、翘边、显拼缝、露线和无毛边，绒面毛顺光一致，毯面干净，无污染和损伤。

检验方法：观察检查。

(2)地毯同其他面层连接处、收口处和墙边、柱子周围应顺直、压紧。

检验方法：观察检查。

四、木、竹面层铺设

对于木地板面层、实木地板面层、中密度(强化)复合地板面层、竹地板面层等(包括免刨免漆类)工程的施工，其质量应符合下列要求。

(一)一般规定

(1)木、竹地板面层下的木搁棚、垫木、毛地板等采用木材的树选、选材标准和铺设时木材含水率以及防腐、防蛀处理等，均应符合国家标准《木结构工程施工质量验收规范》(GB50206—2002)的有关规定。所选用的材料，进场时应对其断面尺寸、含水率等主要技术指标进行抽检，抽检数量应符合国家行为标准的规定。

(2)与厕浴间、厨房等潮湿场所相邻木、竹面层连接处应做防水(防潮)处理。

(3)木、竹面层铺设在水泥基层上，其基层表面应坚硬、平整、洁净、干燥、不起砂。

(4)建筑地面工程的木、竹面层搁棚下架空层(或构造层)的质量检验，应符合相应国家现行标准的规定。

(5)木、竹面层的通风构造层包括室内通风沟、室外通风窗等，均应符合设计要求。

(6)木、竹面层的允许偏差，应符合表7-14的规定。

(二)实木地板面层

1. 一般规定

(1)实木地板面层采用条材和块材实木地板或采用拼花实木地板，以空铺或实铺方式在基层上铺设。

(2)实木地板面层可采用双层面层和单层面层铺设，其厚度应符合设计要求。实木地板面层的条材和块材应采用具有商品检验合格证的产品，其产品类别、型号、使用树种、检验规则以及技术条件等均应符合现行国家标准《实木地板块》(GB/T15036.1—6)的规定。

表 7-14　木、竹面层的允许偏差和检验方法

项次	项目	允许偏差/mm				检验方法
		实木地板面层			实木复合地板、中密度(强化)复合地板面层、竹地板面层	
		松木地板	硬木地板	拼花地板		
1	板面缝隙宽度	1.0	0.5	0.2	0.5	用钢尺检查
2	表面平整度	3.0	2.0	3.0	2.0	用 2m 靠尺和楔形塞尺检查
3	踢脚线上口平齐	3.0	3.0	3.0	3.0	拉 5m 通线，不足 5m 拉通线和用钢尺检查
4	板面拼缝平直	3.0	3.0	0.5	3.0	
5	相邻板材高差	0.5	0.5		0.5	用钢尺和楔形塞尺检查
6	踢脚线与面层的接缝	1.0				用楔形塞尺检查

(3)铺设实木地板面层时，其木搁栅的截面尺寸、间距和稳固方法等均应符合设计要求。木搁栅固定时，不得损坏基层和预埋管线。木搁栅应垫实钉牢，与墙之间应留出 30mm 的缝隙，表面应平直。

(4)毛地板铺设时，木材髓心应向上，其板间缝隙不应大于 3mm，与墙之间应留 8～12mm 空隙，表面应刨平。

(5)实木地板面层铺设时，面板与墙之间应留 8～12mm 缝隙。

(6)采用实木制作的踢脚线，背面应抽槽并做防腐处理。

2. 主控项目

(1)实木地板面层所采用的材质和铺设时的木材含水率必须符合实际要求。木搁栅、垫木和毛地板等必须做防腐、防蛀处理。

检验方法：观察检查和检查材质合格证明文件及检测报告。

(2)木搁栅安装应牢固、平直。

检验方法：用观察、脚踩方法检查。

(3)面层铺设应牢固；黏结无空鼓。

检验方法：用观察、脚踩检查或用小锤轻击方法检查。

3. 一般项目

(1)实木地板面层应刨平、磨光，无明显刨痕和毛刺等现象；图案清晰、颜色均匀一致。

检验方法：用观察、手摸和脚踩方法检查。

(2)面层缝隙应严密；接头位置应错开、表面洁净。

检验方法：观察检查。

(3)拼花地板接缝应对齐，粘、钉严密；缝隙宽度均匀一致；表面洁净，胶结无溢胶。

检验方法：观察检查。

(4)踢脚线表面高度应光滑,接缝严密,高度一致。

检验方法:观察和用钢尺检查。

(5)实木地板面层的允许偏差应符合表7-14的规定。

检验方法:应按表7-14的检验方法检验。

(三)实木复合地板面层

1. 一般规定

(1)实木复合地板面层采用条材和块材实木复合地板或采用拼花实木复合地板,以空铺和实铺方式在基层上铺设。

(2)实木复合地板面层的条材和块材应采用具有商品检验合格证的产品,其技术等级及质量要求均应符合国家现行标准的规定。

(3)铺设实木复合地板面层时,其木搁栅的截面尺寸、间距和稳固方法等均应符合设计要求。木搁栅固定时,不得损坏基层和预埋管线。木搁栅应垫实钉牢,与墙之间应留出30mm的缝隙,表面应平直。

(4)毛地板铺设时,木材髓心应向上,其板间缝隙不应大于3mm,与墙之间应留8~12mm空隙,表面应刨平。

(5)实木复合地板面层可采用整贴和点贴法施工。粘贴材料应采用具有耐老化、防水和防菌、无毒等性能的材料,或按设计要求选用。

(6)实木复合地板面层下衬垫的材质和厚度应符合设计要求。

(7)实木复合地板面层铺设时,相邻板材接头位置应错开不小于300mm距离;与墙之间应留不小于10mm空隙。

(8)大面积铺设实木复合地板面层时,应分段铺设,分段缝的处理应符合设计要求。

2. 主控项目

(1)实木复合地板面层所选用的条材和块材,其技术等级及质量要求必须符合设计要求。木搁栅、垫木和毛地板等必须做防腐、防蛀处理。

检验方法:观察检查和检查材质合格证明文件及检测报告。

(2)木搁栅安装应牢固、平直。

(3)面层铺设应牢固;粘贴无空鼓。

检验方法:用观察、脚踩检查或用小锤轻击检查。

3. 一般项目

(1)实木复合地板面层图案和颜色应符合设计要求,图案清晰,颜色一致,板面无翘曲。

检验方法:观察、用2m靠尺和楔形塞尺检查。

(2)面层的接头应错开、缝隙严密、表面洁净。

检验方法:观察检查。

(3)踢脚线表面高度光滑,接缝严密,高度一致。

检验方法:观察和用钢尺检查。

(4)实木复合地板面层的允许偏差应符合表7-14的规定。

检验方法:应按表7-14的检验方法检验。

（四）中密度（强化）复合地板面层

1. 一般规定

(1)中密度(强化)复合地板面层的材料以及面层下的板或衬垫等材质应符合设计要求,并采用具有商品检验合格证的产品,其技术等级及质量要求均应符合国家现行标准的规定。

(2)中密度(强化)复合地板面层铺设时,相邻条板端头应错开不小于300mm距离;衬垫层及面层与墙之间应留不小于10mm空隙。

2. 主控项目

(1)中密度(强化)复合地板面层所选用的材料,其技术等级及质量要求必须符合设计要求。木搁栅、垫木和毛地板等必须做防腐、防蛀处理。

检验方法:观察检查和检查材质合格证明文件及检测报告。

(2)木搁栅安装应牢固、平直。

检验方法:用观察、脚踩方法检查。

(3)面层铺设应牢固。

检验方法:用观察、脚踩方法检查。

3. 一般项目

(1)中密度(强化)复合地板面层图案和颜色应符合设计要求,图案清晰,颜色一致,板面无翘曲。

检验方法:观察、用2m靠尺和楔形塞尺检查。

(2)面层的接头应错开、缝隙严密、表面洁净。

检验方法:观察检查。

(3)踢脚线表面高度光滑,接缝严密,高度一致。

检验方法:观察和用钢尺检查。

(4)中密度(强化)复合地板面层的允许偏差应符合表7-14的规定。

检验方法:应按表7-14的检验方法检验。

（五）竹地板面层

1. 一般规定

(1)竹地板面层的铺设按本节第四点(二)的规定执行。

(2)竹子具有纤维硬、密度大、水分少、不易变形等优点。竹地板应经严格选材、硫化、防腐、防蛀处理,并采用具有商品检验合格证的产品,其技术等级及质量均应符合国家现行行业标准《竹地板》(LY/T1573)的规定。

2. 主控项目

(1)竹地板面层所采用的材料,其技术等级及质量要求必须符合设计要求。木搁栅、垫木和毛地板等必须做防腐、防蛀处理。

检验方法:观察检查和检查材质合格证明文件及检测报告。

(2)木搁栅安装应牢固、平直。

检验方法:用观察、脚踩方法检查。

(3)面层铺设应牢固;粘贴无空鼓。

检验方法:用观察、脚踩或用小锤轻击方法检查。

3. 一般项目

(1)竹地板面层品种与规格应符合设计要求,板面无翘曲。

检验方法:观察、用 2m 靠尺和楔形塞尺检查。

(2)面层缝隙应均匀、接头位置错开,表面洁净。

检验方法:观察检查。

(3)踢脚线表面应光滑,接缝严密,高度一致。

检验方法:观察和用钢尺检查。

(4)竹地板面层的允许偏差应符合表 7-14 的规定。

检验方法:应按表 7-14 的检验方法检验。

复习思考题

1. 楼地面由哪几部分组成?
2. 楼地面是怎样分类的?
3. 楼地面的施工准备工作有哪些?
4. 整体地面如何施工?
5. 铺砖地面如何施工?
6. 板块地面如何施工?
7. 木质地面如何施工?
8. 涂料地面如何施工?
9. 塑料地面如何施工?
10. 地毯铺贴地面如何施工?

第八章

涂料饰面工程

涂敷于建筑构件的表面，并能与建筑构件材料很好地黏结，形成完整而坚韧的保护膜的材料，称为“建筑涂料”，简称“涂料”。涂料在建筑构件表面干结成薄膜，称为“涂膜”，又称“涂层”。

涂料饰面具有色彩丰富、质感逼真、附着力强、施工方便、省工省料、工期短、工效高、造价低、经济合理、维修改新方便等优点，因而在建筑装饰中被广泛应用。

第一节　建筑涂料的功能、组成和分类

一、建筑涂料的功能

建筑涂料具有三大方面的功能：保护建筑物的功能；装饰建筑物的功能；为改善建筑物的某些特殊要求而需要的特殊功能，详见表8-1。

表8-1　建筑涂料的功能

项次	项目	功能的含义
1	保护建筑物	系指涂料所具有的防锈性、耐水性、防腐蚀、耐候性等。即提高建筑构件表面抵抗日光、大气、水分以及有害介质侵蚀的能力
2	装饰建筑物	系指涂料赋予建筑物以色彩、光泽、花纹、美术图案或立体感，美化建筑物的外观，改善人们的居住环境
3	改善建筑物的某些特殊要求而需要的特殊功能 (1)防火 (2)防水 (3)隔热保温 (4)吸声隔音 (5)防辐射 (6)防结露 (7)防霉 (8)防静电 (9)发光	 具有阻止燃烧或阻止燃烧的蔓延的防火性能 具有阻止水透过涂料层的防水性能 具有反射热量，阻止热量损失的隔热保温性能 具有吸收某些声波和隔音性能 具有阻止射线侵入的性能 具有良好的保温及透气性能，可防止结露 具有抑制霉菌生长的防霉性能 具有阻止静电干扰的防静电性能 涂料中含有荧光物质，能在夜晚发光，起标志作用

二、建筑涂料的组成

建筑涂料由主要成膜物质、次要成膜物质和辅助成膜物质三部分组成(见图 8-1)。

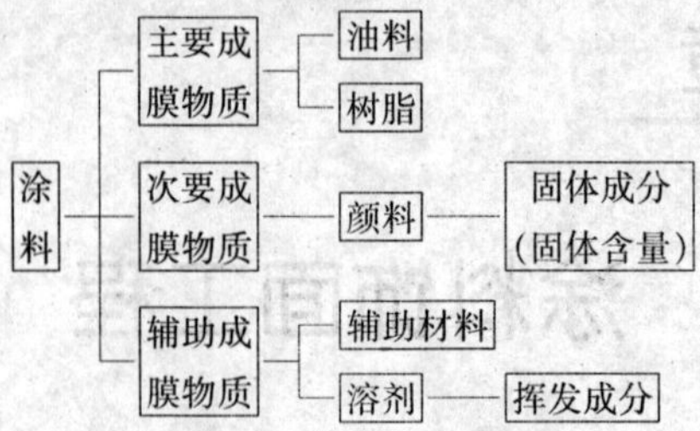

图 8-1　涂料组成图

(一)主要成膜物质

主要成膜物质,也称"胶粘剂"或"固着剂",它的主要作用是将其他成分粘成一个整体,并能附着在被涂基层表面而形成保护膜。

主要成膜物质应具有良好的耐碱、耐水性,能适应各种气候,并能抵制日光、雨水、冰雪等有害物质的侵蚀,在常温下能成膜(一般要求在 5 ~ 35℃的环境中能干燥硬化),并具有良好的混溶性和溶解性,要求涂料树脂与树脂之间或树脂与油脂之间能混溶,并且能用溶剂对主要成膜材料进行溶解或稀释,以方便施工,此外,材料应经济合理。

主要成膜物质主要有油料和树脂两大类。

(1)油料　是涂料工业中使用最早的一种成膜材料,是制造油性涂料和油基涂料的主要原料,在涂料中使用的油料主要是植物油。

(2)树脂　可分为天然树脂、人造树脂、合成树脂三类。其中,天然树脂主要有松香、虫胶、沥青等;人造树脂系由天然有机高分子化合物经加工而制得,如松香甘油酯(酯胶)、硝化纤维等;合成树脂系由单体经聚合或缩聚而制得,如聚氯乙烯树脂、环氧树脂、酚醛树脂、醇酸树脂、丙烯酸树脂等。利用合成树脂制得的涂料性能优异,涂膜光泽好,因而是现代涂料工业生产量最大、品种最多、应用最广的涂料。

(二)次要成膜物质

次要成膜物质也是构成涂膜的组成部分,包括无机颜料(或有机颜料)及各种填料,统称为"颜料"。在涂料中加入适量的颜料,不仅能改善涂膜性能,而且能增加涂料品种。

涂料中所用颜料应具有较好的耐碱性和耐候性,并且要求资源丰富,经济合理。

(三)辅助成膜物质

辅助成膜物质不能构成涂膜,而且最后不存留在涂膜之中,但对成膜质量有着很大的影响,对涂膜的性能也起一些辅助作用。辅助成膜物质包括溶剂和辅助材料,溶剂属挥发性液体,影响涂膜干燥的快慢,常用的有石油溶剂、煤焦油溶剂及酯类、醇类、酮类溶剂等;辅助材料有催干剂、增塑剂、防污剂、分散剂等。

三、建筑涂料的分类

建筑涂料的产品种类繁多,分类方法有多种,见表 8-2 所示。

表 8-2　建筑涂料的分类

序号	分类方法	涂料种类	
1	按主要成膜物质分	油脂 天然树脂 酚醛树脂 沥青 醇酸树脂 氨基树脂 硝基纤维素 纤维酯、过氯乙烯树脂	烯类树脂 丙烯酸树脂 聚酯树脂 环氧树脂 聚氨基甲酸酯 元素有机聚合物 橡胶 纤维醚
2	按建筑物涂刷部位分	外墙涂料 内墙涂料 地面涂料	顶棚涂料 屋面顶涂料
3	按涂料状态分	溶剂型涂料 水溶性涂料	乳液型涂料 粉末涂料
4	按涂料的特殊功能分	防火涂料 防水涂料 防霉涂料	防结露涂料 防虫涂料 防静电涂料
5	按涂料的装饰质感分	薄质涂料 厚质涂料	复层涂料

第二节　涂料饰面工程施工的工具、机具

涂料饰面工程施工的工具、机具，包括两大类：一类是基层处理用工具、机具；另一类是涂料施涂用工具、机具。

一、基层处理用工具、机具

基层处理的工具、机具，包括手工基层处理工具和小型机具，如图 8-2、图 8-3 所示。它们主要用于打磨敲铲、刷扫清除基层面上的锈斑、污垢、附着物及尘土等杂物。

二、涂施用工具、机具

涂料饰面工程施工的涂施用工具、机具，如图 8-4、图 8-5 所示。

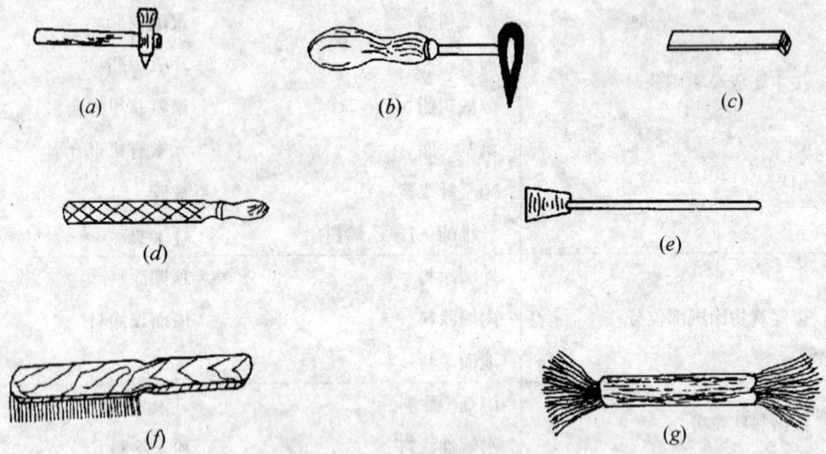

图 8-2　手用基层处理工具

(*a*)尖头锤　(*b*)尖类锤　(*c*)弯头刮刀　(*d*)圆纹锉　(*e*)刮铲　(*f*)钢丝刷　(*g*)钢丝束

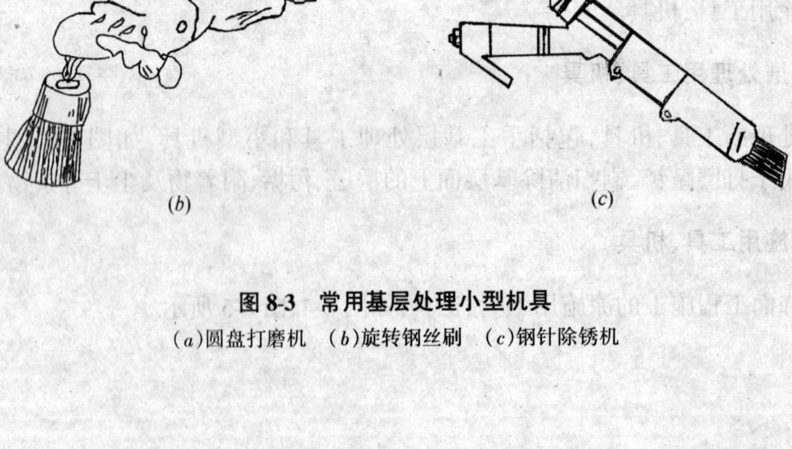

图 8-3　常用基层处理小型机具

(*a*)圆盘打磨机　(*b*)旋转钢丝刷　(*c*)钢针除锈机

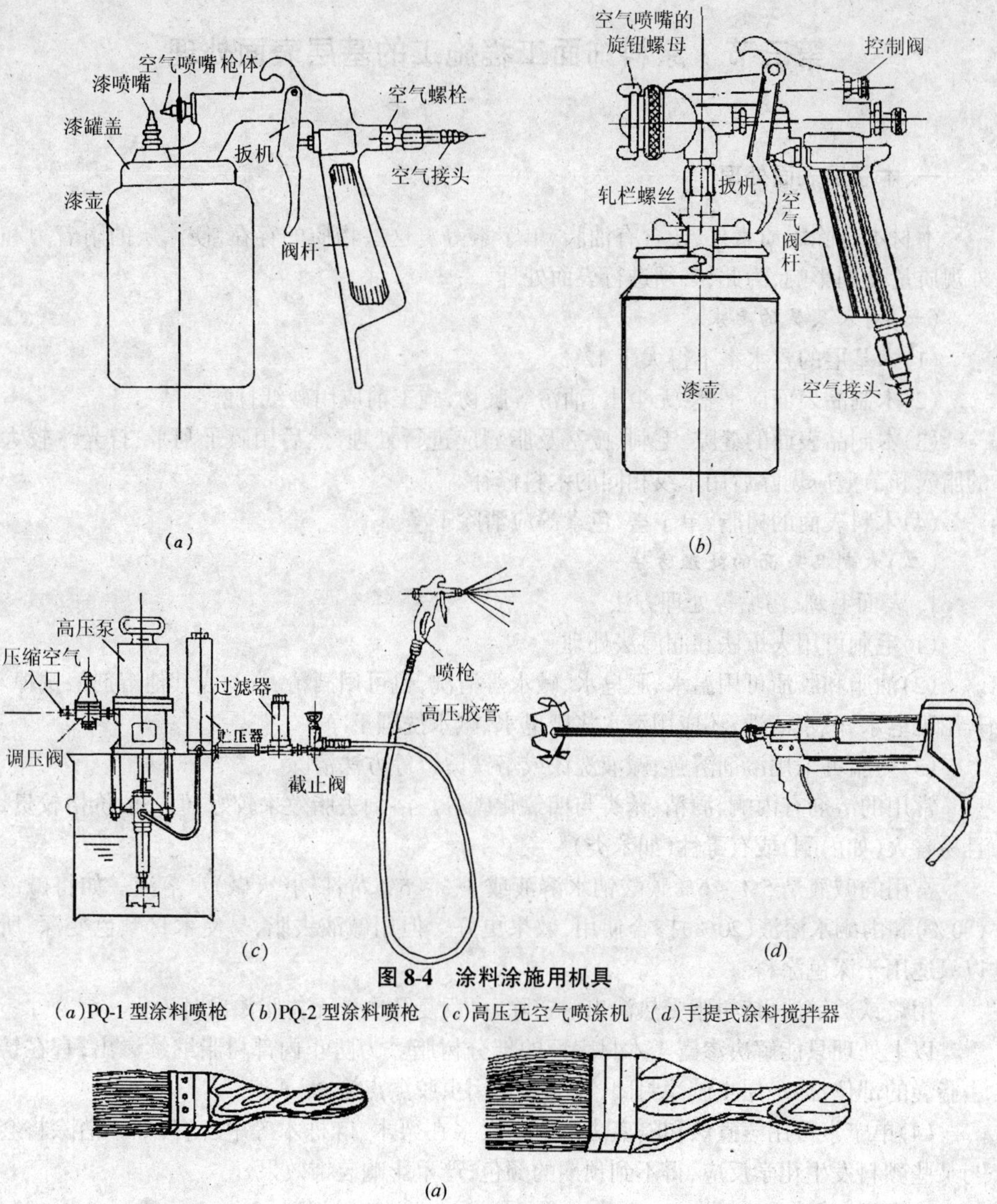

(*a*)　(*b*)　(*c*)　(*d*)

图 8-4　涂料涂施用机具

(*a*)PQ-1 型涂料喷枪　(*b*)PQ-2 型涂料喷枪　(*c*)高压无空气喷涂机　(*d*)手提式涂料搅拌器

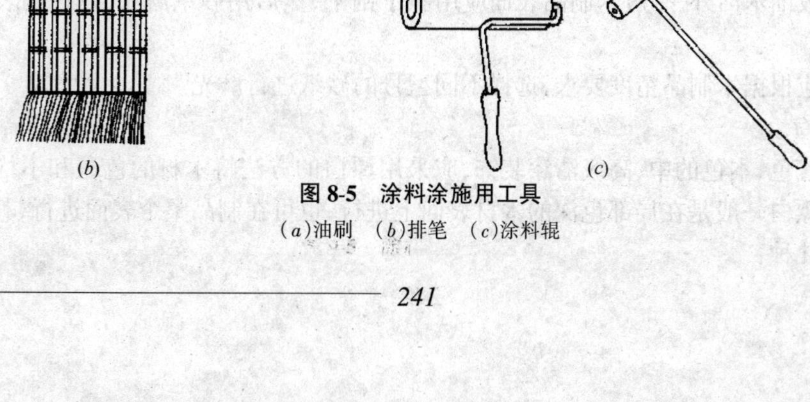

(*a*)　(*b*)　(*c*)

图 8-5　涂料涂施用工具

(*a*)油刷　(*b*)排笔　(*c*)涂料辊

第三节　涂料饰面工程施工的基层表面处理

一、木基层表面处理

木材本身除木质素外，还含有油脂、单宁素等。这些物质的存在，使涂层的附着力和外观质量受到影响，为此，必须进行表面处理。

（一）对木基层的要求

（1）木基层的含水率不得大于12%。

（2）木制品表面应平整，无尘土、油污等脏物，施工前应用砂纸打磨。

（3）木制品表面的缝隙、毛刺、掀岔及脂囊应进行处理，然后用腻子刮平、打光。较大的脂囊和节疤应剔除后用木纹相同的木料修补。

（4）木料表面的树脂、单宁素、色素等应清除干净。

（二）木制品表面的处理方法

1. 表面毛刺、污垢等处理方法

（1）毛刺可用火燎法和润湿法处理。

（2）油脂和胶渍可用温水、肥皂水、碱水等清洗，也可用酒精、汽油或其他溶剂擦拭掉。若用肥皂水、碱水清洗，还应用清水将肥皂水、碱水洗刷干净。

（3）树脂可采用溶剂溶解、碱液洗涤或烙铁烫铲等方法清除。

常用的溶剂有丙酮、酒精、苯类与四氯化碳等。溶剂去脂效果较好，但一般价格较贵，且易着火（如丙酮）或有毒性（如苯类）。

常用的碱液是5%～6%碳酸钠水溶液或4%～5%苛性钠（火碱）水溶液。如将碱液（80%）和丙酮水溶液（20%）掺合使用，效果更好。但用碱液去脂，易使木材颜色变深，所以只适用于深色涂料。

用烙铁烫铲法，待树脂受热渗出时铲除，可反复几次至无树脂渗出时为止。

以上处理只能解决渗露于木材表面的部分树脂。为防止内部树脂继续渗出，宜在铲去脂囊的部位，涂一层虫胶漆封闭，在节疤处用虫胶漆点涂2～3遍。

（4）单宁素可用蒸煮法和隔离法。单宁素多在栗木、麻栎木等中含有，如不消除将会与某些颜料发生化学反应，得不到预期的颜色，严重影响装饰效果。

2. 找平、磨光

除高级细木活外，一般木制品表面应用腻子刮平，然后用砂纸磨光，以达到表面平整的要求。

磨光应根据木制品精度要求，选择不同型号的砂纸进行磨光。

3. 漂白

对于浅色、本色的中、高级清漆装饰，应采用漂白的方法将木材的色斑和不均匀的色调消除。漂白一般是在局部色深的木材表面上进行，也可在制品整个表面进行，其方法主要有以下几种：

(1)过氧化氢　俗称“双氧水”,常用浓度为15%~30%。用双氧水(3%)100g和氨水(25%)10~20g的混合溶液,均匀涂在木材、木夹板表面,涂刷后2~3d,木材、木夹板表面均匀而白净,且不需要任何处理,就可以进行油漆工序。但氨水掺量不宜过多,否则,反而影响白度。

(2)草酸　使用草酸漂白,应先配成以下三种溶液:

① 在1 000mL水中溶解75g结晶草酸;

② 在1 000mL水中溶解75g结晶硫代硫酸钠(俗称“大苏打”“海波”);

③ 在1 000mL水中溶解24.5g结晶硼砂。

配制这三种溶液时,均用蒸馏水加热至70℃左右,在不断搅拌下,将事先称量好的药品放入蒸馏水中,直至完全溶解,待溶液冷却后使用。在使用时,应先将草酸溶液涂在木材表面上,约停歇4~5min,稍干后再涂硫酸钠水溶液。干燥后木材即变白,如木材的颜色尚未达到要求的白度,可重复以上过程,如局部未达到白度,可在局部重涂。等白度达到均匀后,再涂刷硼砂水溶液,使木材表面湿润即可,并随时用清水洗涤和擦拭干净。

(3)次氯酸钠　先用3%次氯酸钠水溶液(约70℃)涂刷木制品表面,过一段时间(约30min),再用0.5%醋酸溶液涂刷。重复前述操作,直至木料表面变白为止。

(4)碳酸钠—双氧水　先在木料表面涂刷15%碳酸钠热溶液,约5min后擦去表面渗出物,再用4:1的双氧水溶液涂刷,待达到要求后,再用湿布擦净表面。

(5)二氧化硫漂白　细木雕刻或烫花的小型高级木制品,可放密室内,利用燃烧硫生成的二氧化硫的氧化作用进行漂白。

(6)漂白粉　先配成5%的碳酸钾和碳酸钠(水溶液1L,再加入50g漂白粉,搅拌均匀),再用此溶液涂刷木材表面,待漂白后用2%的肥皂水或稀盐酸溶液清洗表面,并擦拭干净。

漂白剂使用时应注意以下几点:

① 漂白剂多属强氧化剂,贮存和使用中,不同质的漂白剂不得混合(只能在木材表面上混合),否则会引起燃烧或爆炸;

② 配制成的漂白溶液不得盛在金属容器内(用玻璃或陶瓷容器),以免与金属发生反应而变质;

③ 漂白剂对人体皮肤有腐蚀作用,操作时应戴橡皮手套和面具。

4. 着色

为了得到木材表面优美的纹理,可以采用染料着色或化学着色。

颜料着色,一般分为水色和酒色两种。水色是颜料的水溶液,配制水色颜料,一般用酸性颜料。酒色颜料常是将碱性颜料洒在酒精漆片中(虫胶漆)。

化学着色,是利用化学药品与木材中的某些物质发生化学反应而着色。

5. 填孔

填孔,又称“生粉”“润粉”。对于涂刷清漆的木材表面,在准备阶段应配制专用的填孔材料(大白粉或滑石粉加胶黏剂和适量颜料),将木材的管孔全部填塞封闭。填孔材料多自行调配,组成与腻子类似,但黏度比腻子低。

常用的填孔料分水性和油性两类:

(1)水性填孔料　主要用水、大白粉或滑石粉掺少量着色颜料调配而成。用于粗纹孔材表面时,要调得适当稠些(如糊状);用于细纹孔材表面时,要适当调稀些(如粥状)。

(2)油性填孔料　油性填孔料的组成基本与油腻子相同。因其黏度、用法与配方的不同,分为油粉子与填孔油腻子。前者黏度比后者稀,可用手工擦涂或滚涂;后者多用于粗纹孔材表面,用手工刮涂。油性填孔料的配合比,见表 8-3 所示。

表 8-3　油性填孔腻子配合比(质量比)

材料名称	配合比			
	油粉子(一)	油粉子(二)	油粉子(三)	油腻子
石膏	53			62.5
大白粉		50	55	
清油		10	8	15.5
油性清漆	3			
松香水	44	40	25	19
松香			12	
水				3.0
着色颜料	适量	适量		适量

当油性填孔料根据产品色调需要掺入适量着色颜料时,则构成油填孔着色剂(也称油粉子),应在填孔的同时,做好木材着色。

油性填孔料具有不会因润湿木材表面而使木材膨胀,收缩开裂少,且干燥后坚固、着色效果好,木纹清晰透明,与木材面及涂膜附着好等优点。但也存在干燥慢、价格高、操作不如水性填孔料方便等缺点。油性填孔料一般适用于中、高级木质清漆装饰。

二、金属基层表面处理

(一)金属基层表面处理的要求

金属基层表面处理的基本要求是:表面平整,无尘土、油污、锈斑、鳞片、焊渣、毛刺和旧涂层等。

(二)金属基层表面处理的方法

金属面除锈,可用手工除锈,或用气动、风动工具除锈,也可采用喷砂、酸洗、电化学除锈等方法。铝、镁合金及其他制品的表面如涂漆时,可用肥皂、洗洁剂等除去尘污、油腻,再用清水洗净,也可用稀释的磷酸溶液清洗。此外,焊渣和毛刺可用小砂轮机除去。

三、混凝土和砂浆抹灰(包括水泥砂浆、石灰砂浆)基层表面处理

(一)基层表面处理的要求

(1)基层的酸碱度 pH 值应在 10 以下,含水率应在 8% 和 10% 以下。

(2)基层表面应平整,阴、阳角及角线应密实,轮廓分明。

(3)基层应坚固,如有空鼓、酥松、起泡、起砂、孔洞、裂缝等缺陷,应进行处理。

(4)外墙预留的伸缩缝应进行防水密封处理。

(5)表面应无油污、灰尘、溅沫及砂浆流痕等杂物。

(二)基层处理方法

1. 基层清理

涂料饰面工程施工前,应认真检查基层质量,基层经验收合格后方可进行下道工序的操作。基层清理的目的在于清除基层表面的黏附物,使基层清洁,不影响涂料对基层的黏结。常见的基层黏附物及清理方法见表 8-4 所示。

表 8-4　常见的基层黏附物及清理方法

项次	常见的黏附物	清理方法
1	灰尘及其他粉末状黏附物	可用扫帚、毛刷进行清扫或用吸尘器进行除尘处理
2	砂浆喷溅物、水泥砂浆流痕、杂物	用铲刀、錾子铲剔凿或用砂轮打磨,也可用刮刀、钢丝刷等工具进行清除
3	油脂、脱模剂、密封材料等黏物	要先用 5% ~ 10%浓度的火碱水清洗,然后用清水洗净
4	表面泛“白霜”	可先用 3%的草酸液清洗,然后再用清水洗
5	酥松、起皮、起砂等硬化不良或分离脱壳部分	应用錾子、铲刀将脱离部分全部铲除,并用钢丝刷刷去浮灰,再用水清洗干净
6	霉斑	用化学去霉剂清洗,然后用清水清洗
7	油漆、彩画及字痕	可用 10%浓度的碱水清洗,或用钢丝刷蘸汽油或去油剂刷净,也可用脱漆剂清除或用刮刀刮去

2. 基层修补与找平

(1)水泥砂浆基层分离的修补　水泥砂浆基层分离(如空鼓等)时,一般情况下都应将其分离部分铲除,重新做基层;当其分离部分不能铲除时,可用电钻(ϕ5 ~ 10mm)钻孔,采用不至于使砂浆分离部分重新扩大的压力,往缝隙注入低黏度的环氧树脂,使其固结。表面裂缝用合成树脂或水泥聚合物腻子嵌平,待固结后打磨平整。

(2)小裂缝修补　用防水腻子嵌平,然后用砂纸将其打磨平整。对于混凝土板材出现的较深小裂缝,应用低黏度的环氧树脂或水泥浆进行压力灌浆,使裂缝被浆体充满。

(3)大裂缝处理　先用手持砂轮或錾子将裂缝打磨成或凿成“V”形口子,并清洗干净,干燥后沿缝隙涂刷一层底层涂料,底层涂料应与密封材料相容并配套。然后,用嵌缝枪或其他工具将密封防水材料嵌填于缝隙内,并用竹板等工具将其压平,在密封材料的外表用合成树脂或水泥聚合物腻子抹平,最后打磨平整。

(4)孔洞修补　一般情况下,ϕ3mm 以下的孔洞可用水泥聚合物腻子填平,ϕ3mm 以上的孔洞应用聚合物砂浆填充。待固结硬化后,用砂轮机打磨平整。

(5)表面凹凸不平的处理　凸出部分可用錾子凿平或用砂轮机打磨平,凹入部分用聚合物砂浆填平。待硬化后,整体打磨一次,使之平整。

(6)接缝错位处的处理　先用砂轮磨光机打磨或用錾子凿平,再根据具体情况用水泥聚合物腻子或聚合物砂浆进行修补填平。

(7)露筋处理　可将露面的钢筋直接涂刷防锈漆,或用磨光机将铁锈全部清除后再进行防锈处理。根据情况不同,可将混凝土进行少量剔凿,并将混凝土内露出的钢筋进行防锈处理后,再用聚合物砂浆补抹平整。

(三)基层处理注意事项

(1)混凝土外墙面一般用水泥腻子修补其表面缺陷,禁用不耐水的大白腻子。

(2)混凝土内墙面做一般浆活或涂刷涂料,为了增加腻子与基层的附着力,应先用4%的聚乙烯醇溶液,或30%的107胶,或2%的乳液水喷刷于基层,晾干后刮批大白腻子、石膏腻子,如厨房、厕所、浴室等潮湿的房间采用耐擦洗及防潮防火涂料时,则应采用强度相当、耐火性好的腻子。

(3)抹灰基层面在嵌批腻子前,应刷基底汁胶或涂刷基层处理剂。汁胶的胶水应根据面层装饰涂料的要求而定,一般浆活和内墙水性涂料可采用30%左右的107胶水;油性涂料可用熟桐油加汽油配成清油在基底上涂刷一层。有些涂料配有专用的底漆或基底处理剂,待胶水或底漆干后,即可嵌批腻子。

(4)若腻子层太厚,应分层刮批,干燥后用砂纸打磨平整,并将表面的粉尘及时清扫干净。

第四节　涂料饰面工程施工的技术要求及主要工序

一、技术要求

(一)基本要求

(1)涂料工程施工时,施工环境应当清洁干净。抹灰工程、地面工程、木装修工程、水暖电气工程等全部完工后,再进行涂料工程。

(2)涂料工程施工时的环境温度和湿度应符合相应产品要求。

(3)涂料涂刷前,被涂物件的表面必须干燥。当为木基层时,表面含水率不宜大于12%;混凝土、抹灰面基层时,表面含水率不宜大于8%和10%;金属面基层时,表面不应有湿气。

(4)涂料工程施工过程中应注意气候条件的变化,当遇有大风、雨、雾情况时,不可施工,特别是面层涂料不应施工。

(5)涂料工程施工前,根据设计要求应做样板或样子间,一直保存到竣工时为止。

(6)涂料工程使用的腻子应坚实牢固,不得粉化、起皮和裂纹。腻子干燥后,应打磨平整光滑,并清理干净。外墙、厨房、厕浴间等,应使用具有耐水性能的腻子。

(7)涂料的工作黏度或稠度必须加以控制,应根据不同的材料性质和环境温度而定,不可过稀、过稠,使其在施涂过程中不透底、不流坠、不显刷纹。施涂过程中不得任意稀释。

(8)双组份或多组份涂料在施涂前,应按产品说明上规定的配合比,根据使用情况分批混合,并在规定的时间内用完。所有涂料在施涂前或施涂过程中,均应充分搅拌。

(9)施涂溶剂型涂料时,后一遍必须在前一遍干燥后进行;施涂水性和乳液涂料时,后一遍必须在前一遍表干后进行。每一遍涂料应施涂均匀,各层必须结合牢固。

(10)冬期室内施涂涂料时,应在采暖条件下进行,室温应保持相对均衡,不得有温度突变。

(11)当使用新的涂料材料时,应先经过试验,符合要求后方可施工。

(二)木料表面施涂的技术要求

(1)刷底油时,木材表面、门窗玻璃口四周等,均须刷到刷匀,不可遗漏。

(2)抹腻子时,对于宽缝、深洞要深入压实,抹平刮光。

(3)磨砂纸时,要打磨光滑,不能磨穿油底,不可磨损棱角。

(4)涂刷涂料时,均应做到横平竖直、纵横交错、均匀一致。在涂刷顺序上应先上后下,先内后外,先浅色后深色,按木纹方向理平理直。

(5)涂刷混色涂料时,一般不少于四遍;涂刷清漆时,一般不宜少于五遍。

(6)当涂刷清漆时,在操作上应当注意色调均匀,拼色相互一致,表面不得显露节疤。

(7)涂刷清漆、蜡时,要做到均匀一致,理平理光,不可显露刷纹。

(8)有打蜡、出光要求的工程,应当将砂蜡打匀,擦油蜡时要薄要匀,赶光一致。

(9)木地(楼)板施涂涂料不得少于三遍。硬木地(楼)板应施涂清漆或烫硬蜡。烫硬蜡时,地板蜡应洒布均匀,不宜过厚,并防止烫坏地(楼)板。

(三)金属表面施涂的技术要求

(1)金属面上的油污、鳞皮、锈斑、焊渣、毛刺、浮砂、尘土等,应清除干净。

(2)防锈涂料要涂刷均匀、不得遗漏。

(3)金属表面除锈完毕后,应在8h内(湿度大时为4h内)尽快涂刷底漆,待底漆充分干燥后再涂刷次层油漆,其间隔时间视具体条件而定,一般不应少于48h;第一和第二度防锈涂料涂刷间隔时间不应超过7d;当第二度防锈涂料干后,应尽快涂刷第一度面漆。

(4)金属面涂刷涂料一般宜为4~5遍。漆膜总厚度:室外为125~175μm,室内为100~150μm。按使用要求的不同,漆膜厚度可参见表8-5。

表8-5　漆膜总厚度的选择参考表

涂层等级	控制厚度/μm	涂层等级	控制厚度/μm
一般性涂层	80~100	耐磨性涂层	250~300
装饰性涂层	100~150	高固体分涂层	700~1000
保护性涂层	150~200		

(5)设备、管道工程应在安装就位前涂刷防锈涂料和第一遍银粉涂料,安装就位后和刷浆工程完工后涂刷最后一遍银粉涂料。

(6)薄钢板制作的屋脊、檐沟和天沟等咬口处,应用防锈油腻子填抹密实。

(四)混凝土表面和抹灰表面施涂的技术要求

(1)施涂前应将基体或基层的缺棱掉角处,用1:3的水泥砂浆(或聚合物水泥砂浆)修补,表面麻面及缝隙应用腻子填补齐平。

(2)外墙涂料工程分段进行时,应以分格缝、墙的阴角处或水落管等为分界线。

(3)外墙涂料工程,同一墙面应用同一批号的涂料,每遍涂料不宜施涂过厚;涂层应均匀,颜色应一致。

(五)施涂复层涂料应符合下列规定

(1)复层涂料一般是以封底涂料、主层涂料和罩面涂料组成。施涂时应先喷涂或刷涂封底涂料，待其干燥后再喷涂主层涂料，干燥后再施涂两遍罩面涂料。

(2)喷涂主层涂料时，其点状大小和疏密程度应均匀一致，不得连成片状。

(3)水泥系主层涂料喷涂后，应先干燥12h，然后洒水养护24h，再干燥12h后，才能施涂罩面涂料。

(4)施涂罩面涂料时，不得有漏涂和流坠现象，待第一遍罩面涂料干燥后，才能施涂第二遍罩面涂料。

二、主要工序

(一)木料表面施涂涂料的主要工序

(1)木料表面施涂溶剂型混色涂料的主要工序，见表8-6。

表8-6　木料表面施涂溶剂型混色涂料(油漆)的主要工序

项次	工序名称	普通级涂料	中级涂料	高级涂料
1	清扫、起钉子、除油污等	+	+	+
2	铲去脂囊、修补平整	+	+	+
3	磨砂纸	+	+	+
4	节疤处点漆片	+	+	+
5	干性油或带色干性油打底	+	+	+
6	局部刮腻子、磨光	+	+	+
7	腻子处涂干性油	+		
8	第一遍满刮腻子		+	+
9	磨光		+	+
10	第二遍满刮腻子			+
11	磨光			+
12	刷涂底涂料		+	+
13	第一遍涂料	+	+	+
14	复补腻子	+	+	+
15	磨光	+	+	+
16	湿布擦净		+	+
17	第二遍涂料	+	+	+
18	磨光(高级涂料用水砂纸)		+	+
19	湿布擦净		+	+
20	第三遍涂料		+	+

注：1. 表中“+”号表示应进行的工序。

2. 高级涂料做磨退时，宜用醇酸涂料涂刷，并根据涂膜厚度增加1~2遍涂料和磨退、打砂蜡、打油蜡、擦亮等工序。

3. 木料及胶合板内墙、顶棚表面施涂溶剂型混色涂料的主要工序同本表。

(2)木料表面施涂清漆的主要工序，见表8-7所示。

表 8-7　木料表面施涂清漆的主要工序

项次	工序名称	中级清漆	高级清漆	项次	工序名称	中级清漆	高级清漆
1	清扫、起钉子、除油污等	+	+	13	磨光	+	+
2	磨砂纸	+	+	14	第二遍清漆	+	+
3	润粉	+	+	15	磨光	+	+
4	磨砂纸	+	+	16	第三遍清漆	+	+
5	第一遍满刮腻子	+	+	17	磨水砂纸		+
6	磨光	+	+	18	第四遍清漆		+
7	第二遍满刮腻子		+	19	磨光		+
8	磨光	+	+	20	第五遍清漆		+
9	刷油色	+	+	21	磨退		+
10	第一遍清漆	+	+	22	打砂蜡		+
11	拼色	+	+	23	打油蜡		+
12	复补腻子	+	+	24	擦亮		+

注:表中“+”号表示应进行的工序。

(二)金属表面施涂涂料的主要工序

金属表面施涂涂料的主要工序,见表 8-8 所示。

表 8-8　金属表面施涂涂料的主要工序

项次	工序名称	普通级涂料	中级涂料	高级涂料
1	除锈、清扫、磨砂纸	+	+	+
2	刷涂防锈涂料	+	+	+
3	局部刮腻子	+	+	+
4	磨光	+	+	+
5	第一遍满刮腻子		+	+
6	磨光		+	+
7	第二遍满刮			+
8	磨光			+
9	第一遍涂料	+	+	+
10	复补腻子		+	+
11	磨光		+	+
12	第二遍涂料	+	+	+
13	磨光		+	+
14	湿布擦净		+	+
15	第三遍涂料		+	+
16	磨光(用水砂纸)			+
17	湿布擦净			+
18	第四遍涂料			+

注:1. 表中“+”号表示应进行的工序。

2. 薄钢板屋面、檐沟、水落管、泛水等施涂涂料,可不刮腻子。施涂防锈涂料不得少于两遍。

3. 高级涂料做磨退时,应用醇酸树脂涂料施涂,并根据涂膜厚度增加 1~3 遍涂料和磨退、打砂蜡、打油蜡、擦亮的工序。

4. 金属构件和半成品安装前,应检查防锈涂料有无损坏,损坏处应补刷。

5. 钢结构施涂涂料,应符合现行《钢结构工程施工及验收规范》的有关规定。

(三)混凝土表面和抹灰表面施涂涂料的主要工序

混凝土表面和抹灰表面施涂的涂料,分薄涂料、厚涂料和复层建筑涂料三类。其中,薄涂料主要有水性薄涂料、合成树脂乳液薄涂料、溶剂型(包括油性)薄涂料、无机薄涂料等;厚涂料主要有合成树脂乳液厚涂料、合成树脂乳液砂壁状涂料、合成树脂乳液轻质厚涂料和无机厚涂料等;复层建筑涂料主要有水泥系复层涂料、合成树脂乳液系复层涂料、硅溶胶系复层涂料和反应固化型合成树脂乳液系复层涂料。

(1)混凝土及抹灰内墙、顶棚表面薄涂料工程主要工序,见表 8-9。

表 8-9 混凝土及抹灰内墙、顶棚表面薄涂料工程的主要工序

项次	工序名称	水性薄涂料		乳液薄涂料			溶剂型薄涂料			无机薄涂料	
		普通	中级	普通	中级	高级	普通	中级	高级	普通	中级
1	清扫	+	+	+	+	+	+	+	+	+	+
2	填补缝隙、局部刮腻子	+	+	+	+	+	+	+	+	+	+
3	磨平	+	+	+	+	+	+	+	+	+	+
4	第一遍满刮腻子	+	+	+	+	+	+	+	+	+	+
5	磨平	+	+	+	+	+	+	+	+	+	+
6	第二遍满刮腻子		+		+	+		+	+		+
7	磨平		+		+	+		+	+		+
8	干性油打底						+	+	+		
9	第一遍涂料	+	+	+	+	+	+	+	+	+	+
10	复补腻子		+		+	+		+	+		+
11	磨平(光)		+		+	+		+	+		+
12	第二遍涂料	+	+	+	+	+	+	+	+	+	+
13	磨平(光)					+		+	+		
14	第三遍涂料					+		+	+		
15	磨平(光)								+		
16	第四遍涂料								+		

注:1. 表中"+"号表示应进行的工序。

2. 机械喷涂可不受表中施涂遍数的限制,以达到质量要求为准。

3. 高级内墙、顶棚薄涂料工程,必要时可增加刮腻子的遍数及 1~2 遍涂料。

4. 石膏板内墙、顶棚表面薄涂料工程的主要工序除板缝处理外,其他工序同本表。

5. 湿度较高或局部遇明水的房间,应用耐水性的腻子和涂料。

(2)混凝土及抹灰外墙表面薄涂料工程的主要工序,见表 8-10。

表 8-10 混凝土及抹灰外墙表面薄涂料工程的主要工序

项次	工序名称	乳液薄涂料	溶剂型薄涂料	无机薄涂料
1	修补	+	+	+
2	清扫	+	+	+
3	填补缝隙、局部刮腻子	+	+	+
4	磨平	+	+	+
5	第一遍涂料	+	+	+
6	第二遍涂料	+	+	+

注:1. 表中"+"号表示应进行的工序。

2. 机械喷涂可不受表中涂料遍数的限制,以达到质量要求为准。

3. 如施涂两遍涂料后,装饰效果不理想时,可增加 1~2 遍涂料。

(3)混凝土及抹灰室内顶棚表面轻质厚涂料工程的主要工序,见表 8-11。

表 8-11　混凝土及抹灰室内顶棚表面轻质厚涂料工程的主要工序

项次	工序名称	珍珠岩粉厚涂料		聚苯乙烯泡沫塑料粒子厚涂料		蛭石厚涂料	
		普通	中级	中级	高级	中级	高级
1	清扫	+	+	+	+	+	+
2	填补缝隙、局部刮腻子	+	+		+	+	+
3	磨平	+	+	+	+	+	+
4	第一遍满刮腻子	+	+	+	+	+	+
5	磨平	+	+	+	+	+	+
6	第二遍满刮腻子		+	+	+	+	+
7	磨平		+	+	+	+	+
8	第一遍喷涂厚涂料	+	+	+	+	+	+
9	第二遍喷涂厚涂料				+		+
10	局部喷涂厚涂料		+	+	+	+	+

注:1. 表中"+"号表示应进行的工序。

2. 高级顶棚轻质厚涂料装饰,必要时增加一遍满喷厚涂料后,再进行局部喷涂厚涂料。

3. 合成树脂乳液轻质厚涂料有珍珠岩粉厚涂料、聚苯乙烯泡沫塑料粒子厚涂料和蛭石厚涂料等。

4. 石膏板室内顶棚表面轻质厚涂料工程的主要工序,除板缝处理外,其他工序同本表。

(4)混凝土及抹灰外墙表面厚涂料工程的主要工序,见表 8-12。

表 8-12　混凝土及抹灰外墙表面厚涂料工程的主要工序

项次	工序名称	合成树脂乳液厚涂料合成树脂乳液砂壁状涂料	无机厚涂料
1	修补	+	+
2	清扫	+	+
3	填补缝隙、局部刮腻子	+	+
4	磨平	+	+
5	第一遍厚涂料	+	+
6	第二遍厚涂料	+	+

注:1. 表中"+"号表示应进行的工序。

2. 机械喷涂可不受表中涂料遍数的限制,以达到质量要求为准。

3. 合成树脂乳液和无机厚涂料有云母状、砂粒状。

4. 砂壁状建筑涂料必须采用机械喷涂方法施涂,否则将影响装饰效果,砂粒状厚涂料宜采用喷涂方法施涂。

(5)混凝土及抹灰内墙、顶棚表面复层建筑涂料工程的主要工序,见表 8-13。

表 8-13　混凝土及抹灰内墙、顶棚表面复层涂料工程的主要工序

项次	工序名称	合成树脂乳液复层涂料	硅溶胶类复层涂料	水泥系复层涂料	反应固化型复层涂料
1	清扫	+	+	+	+
2	填补缝隙、局部刮腻子	+	+	+	+
3	磨平	+	+	+	+

续表

项次	工序名称	合成树脂乳液复层涂料	硅溶胶类复层涂料	水泥系复层涂料	反应固化型复层涂料
4	第一遍满刮腻子	+	+	+	+
5	磨平	+	+	+	+
6	第二遍满刮腻子	+	+	+	+
7	磨平	+	+	+	+
8	施涂封底涂料	+	+	+	+
9	施涂主层涂料	+	+	+	+
10	滚压	+	+	+	+
11	第一遍罩面涂料	+	+	+	+
12	第二遍罩面涂料	+	+	+	+

注:1. 表中“+”号表示应进行的工序。

2. 如需要半球面点状造型时,可不进行滚压工序。

3. 石膏板的室内内墙、顶棚表面复层涂料工程的主要工序,除板缝处理外,其他工序同上表。

(6)混凝土及抹灰外墙表面复层建筑涂料工程的主要工序,见表8-14。

表8-14 混凝土及抹灰外墙表面复层涂料工程的主要工序

项次	工序名称	合成树脂乳液复层涂料	硅溶胶类复层涂料	水泥系复层涂料	反应固化型复层涂料
1	修补	+	+	+	+
2	清扫	+	+	+	+
3	填补缝隙、局部刮腻子	+	+	+	+
4	磨平	+	+	+	+
5	施涂封底涂料	+	+	+	+
6	施涂主层涂料	+	+	+	+
7	滚压	+	+	+	+
8	第一遍罩面涂料	+	+	+	+
9	第二遍罩面涂料	+	+	+	+

注:1. 表中“+”号表示应进行的工序。

2. 如需要半球面点状造型时,可不进行滚压工序。

第五节 内墙涂料施工

一、对内墙涂料的要求

(一)色彩丰富、质感细腻

内墙涂料的颜色应根据房间用途、家具颜色、外部环境及居住者的喜好来选用,因此要求色彩丰富。同时,内墙涂料距离居住者近,这又要求内墙涂层平滑细腻,凹凸感强。

(二)耐碱性、耐水性、耐粉化性好

由于墙面基层常带有碱性,因而涂料应具有良好的耐碱性能,又因室内湿度常比室外高,同时为保持墙面清洁,涂层常需与水接触,这就要求涂料具有一定的耐水性及耐洗刷性。不仅如此,而且人和室内设施需靠近内墙面,因此要求涂料必须具有良好的耐粉化性。

(三)有一定的透气性

室内空气含水气,用透气性良好的内墙涂料可消除结露、挂水现象,使人感到居住环境清爽宜人。

(四)涂刷简便、整修容易

为了保持优雅的居住环境,内墙面要经常翻修改换面貌,因此,要求内墙涂料操作简便,涂膜干燥快,整修方便。

二、水溶性内墙涂料施工

(一)水溶性内墙涂料的性能

目前,水溶性内墙涂料以聚乙烯醇类为最常用。它是以聚乙烯醇树脂为主要成膜物质,加入一定量的颜料、填料、辅料和水,经研磨混合均匀而成的一种水性内墙涂料。这类内墙涂料的主要优点是不掉粉、价格低、施工简便,有的还能经受湿布轻擦。因此,聚乙烯醇类内墙涂料被广泛地应用在住宅和一般公共建筑的内墙饰面。

1. 聚乙烯醇水玻璃内墙涂料

聚乙烯醇水玻璃内墙涂料,商品名称叫“106 内墙涂料”。这种涂料价格低廉,且无毒、无味、不燃,施工方便,涂层干燥快,表面光洁平滑,能配成多种色彩,与墙面基层有一定的黏结力,有一定装饰效果。

2. 聚乙烯醇缩甲醛内墙涂料

聚乙烯醇缩甲醛内墙涂料,又称“SJ-803 内墙涂料”。它无味、不燃、涂层干燥快,可喷可刷,施工方便。由于涂料中加入了一定的耐湿擦剂,涂膜有较好的耐湿擦性。

(二)水溶性内墙涂料的施工方法

水溶性内墙涂料的施工,一般分为基层处理、批腻子和涂刷三道主要工序。

1. 批腻子

腻子按基层材质配制。一般墙面基层采用 106 内墙涂料加大白粉调制;混凝土面基层采用配合比(质量比)为滑石粉:羧甲基纤维素:乳液 = 100:4 ~ 6:10 ~ 13 均匀调制。基层表面的缝隙、孔眼、麻面和塌陷不平处,用腻子进行往返刮涂,使其密实平整。待腻子干燥后,用铲刀将残余腻子刮平,再用砂纸打磨平整,并将表面粉尘及时清除干净。

2. 涂刷

涂刷的施工温度宜在 5℃以上。如涂料较易沉淀,使用时必须充分搅拌均匀,否则上下层涂料稀稠不一,会使面层色泽不匀。涂料的黏度会随温度的变化而变化,施工过程中如发现涂料变稠,切勿加水稀释,而应采用加入涂料的基料稀释,以免造成颜色不一和脱粉的弊病。

涂刷顺序为先顶棚后墙面,一般可两人或多人配合,用排笔或鬃刷涂刷,第一遍要稠

一些,反复运笔两三次,待第一遍干后用砂纸打磨,并将腻子粉末扫净,再涂刷第二遍。按普通级要求可横、竖刷两遍成活,按中级要求需刷三遍以上成活。刷时要注意接槎严密,一面墙应一气呵成,以免色泽不一致。在涂刷过程中,应注意环境清洁,防止污染。

涂刷后,必须将料桶、漆刷、排笔用清水洗干净,切忌接触油类。涂料结膜后,不能用湿布重揩。

三、乳液型内墙涂料施工

(一)乳液型内墙涂料的特点

乳液型涂料,又称"乳胶漆",是以合成树脂乳液为主要成膜物质,掺入适量的颜料、填料以及保护胶体、增塑剂、耐湿剂、防冻剂、消泡剂、防霉剂等辅助材料,经过研磨或分散处理而制成的涂料。它在生产和施工过程中不污染空气,不危害人体,容器和工具可以用水冲刷,使用和操作十分方便。乳胶漆所形成的涂膜与油漆不同,它是多孔而透气的,而且具有一定的耐碱性,可以在已初步干燥、返白的墙面基层上进行涂刷,基层内的少量水分可以通过涂膜向外迁移和散发而不致把涂膜顶坏,涂膜干燥也较快,施工时两遍之间的间隔仅需几小时。这些特点对于加快施工进度、缩短工期,都是十分有利的。

用乳胶漆作室内墙面饰面可以洗刷,易于保持清洁,装饰效果好,除了可以做成平滑的涂层外,还可以做成各种拉毛的凹凸涂层,因而属于高档的内墙饰面材料。

(二)乳液型内墙涂料的施工方法

乳胶漆可喷涂或刷涂于混凝土、水泥砂浆、石棉水泥板和纸面石膏板等基层上。它要求基层具有足够的强度,无粉化、起砂或掉皮现象。新墙面可用乳胶加老粉作腻子嵌平,磨光后再涂刷。旧墙面应先除去风化物和旧涂层,用水清洗干净后方能涂刷。

1. 喷涂

喷涂是利用压力或压缩空气将涂料涂布于墙面的机械化施工方法。其特点为:涂膜外观质量好、工效高、适用于大面积施工,并可通过调整涂料黏度、喷嘴大小及排气量而获得不同质感的装饰效果。

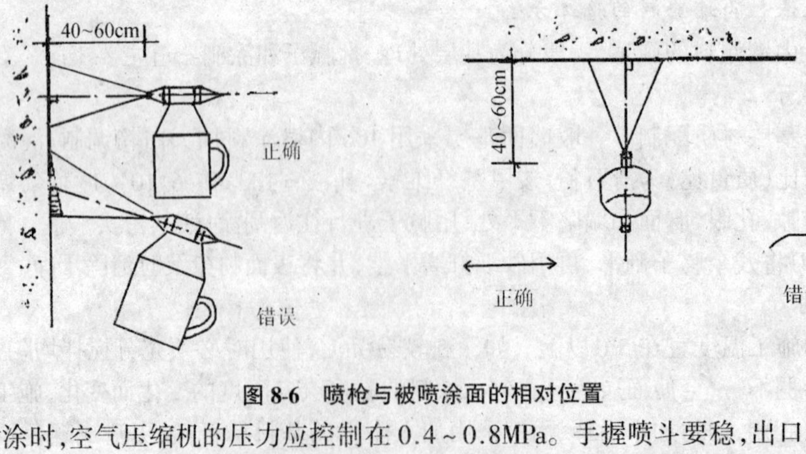

图 8-6 喷枪与被喷涂面的相对位置

喷涂时,空气压缩机的压力应控制在 0.4~0.8MPa。手握喷斗要稳,出口料与墙面垂直,喷斗距墙面 50cm 左右,如图 8-6 所示。先喷涂门窗口,然后横向来回旋转喷墙面,防止漏喷和流淌,顶棚和墙面一般喷两遍成活,两遍时间相隔约 2h,喷涂行走路线,如图 8-7

所示。若顶棚与墙面喷涂不同颜色的涂料时,应先喷涂顶棚,后喷涂墙面。喷涂前,用纸或塑料布将门窗扇及其他装饰体遮盖住,避免污染。

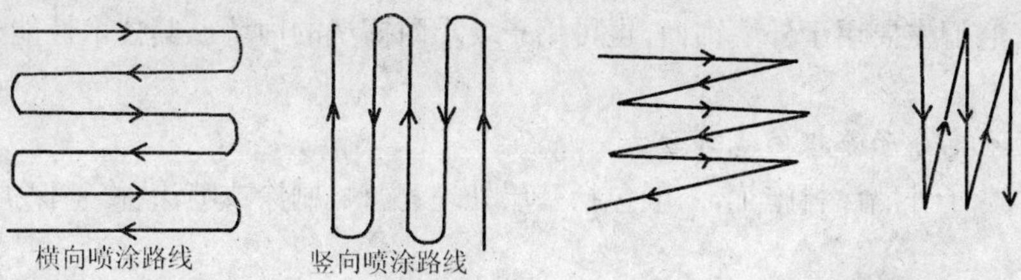

(a)　　　　(b)

图 8-7　喷涂行走路线图

(a)正确的喷涂路线　(b)错误的喷涂路线

2. 刷涂

刷涂可使用排笔,先刷门窗口,然后竖向、横向涂刷两遍,其间隔时间约为 2h。要求接头严密,流平性好,颜色均匀一致。

第六节　外墙涂料施工

一、对外墙涂料的要求

(一)装饰效果良好

外墙立面的色彩供人们欣赏,因而要求涂料颜色与周围环境相协调,且绚丽多彩。外墙涂料还应具有一定的保色性,能较长时间地保持其良好的装饰功能。

(二)耐水性、耐候性、耐污染性好

外墙面经常受到雨水冲刷,因而涂料应具有一定的耐水性,以免水分浸入墙体而影响使用。又因外墙一直暴露在空气中,经常受日光、雨水、风沙、温度变化等自然条件的反复作用,故要求涂料具有良好的耐候性,不致由于这些作用而发生开裂、剥落、脱粉和变色等现象。同时,大气中的灰尘及其他物质玷污涂层会减弱其装饰效果,因而要求外墙装饰涂料的耐污染性好,方能不易被这些物质玷污或玷污后容易被清除。

(三)施工及维修方便

建筑物外墙面积很大,要求涂料施工操作方便。同时,外墙涂料常遭受自然环境的侵蚀,需定期维护和修理,这就要求维修方便,重涂容易,以保持涂层良好的装饰效果。

(四)价格合理

装饰要求高的外墙涂料一般用于少量的高级建筑工程,价格可以稍高一些,但大量的民用建筑造价不高,因而中、低档的外墙涂料价格应便宜些。外墙涂料应尽量采用资源丰富、价格便宜的原材料配制,做到经济合理。

二、无机高分子涂料的施工

(一)无机高分子涂料的性能

JH80-1 型无机涂料系水性无机硅酸盐类涂料，适用于外墙建筑饰面，施工方法以喷涂效果为佳，也可以刷涂和滚涂；JH80-2 型涂料耐酸、耐碱、耐沸水、耐冻融，不产生静电，耐污染性好。它们主要用于外墙饰面，也可用于要求耐擦洗的内墙。其技术性能，见表 8-15 所示。

（二）无机高分子涂料的施工方法

无机高分子外墙涂料施工，一般包括基层处理、配料、刷涂或喷涂、修整保护等四道主要工序。

1. 基层处理

基层处理，详见本章第三节的基层表面处理，在此不再赘述。

2. 配料

涂料使用前应将其倒入较大容器内充分搅拌均匀，为保证涂层颜色的一致性，应尽可能按需要量一次配齐，将混合搅拌均匀后的涂料盖严存放，再分批使用。在使用过程中，需要不断搅拌，以防涂料不匀。

涂料贮存期一般不宜超过 6 个月，涂料使用过程中切勿任意加水或其他颜料、填料。如发现涂料太稠，刷涂或喷涂困难时，应按产品说明书的规定使用稀释剂稀释，掺量一般不得超过 8%。

表 8-15　两种涂料的技术指标

测试项目		JH80-1	JH80-2	测试方法
涂料性能	施工性能	可喷涂、刷涂、滚涂	刷涂性良好	操作试验
	贮存稳定性	4～6 个月	4 个月	常温密封
	低温稳定性	10 个循环		－20℃冻结、＋20℃融化为一循环
	热稳定性		10 d	＋50℃恒温贮存
	干燥时间	2h	0.5h	室外常温
	最低成膜温度	－5℃	＋6℃	室外低温或梯度温度最低成温温度测定仪
	pH 值		8.8～9.7	精密试纸
	遮盖力	320g/m²	300g/m²	黑白格法
涂膜性能	硬度	6H 以上	6H 以上	铅笔刻划法
	附着力	100%	100%	划格法
	耐水性	60d 无异常	大于 1 000h	常温水中浸泡
	耐酸性	30d 无异常	大于 300h	5%盐酸溶液浸泡
	耐碱性	30d 无异常	大于 500h	饱和氢氧化钙溶液浸泡
	耐污染性	18%～25%	18%～25%	白度值试验下降百分数
	耐冻融性	40 次循环	45 次循环	－20℃冻 2h、＋20℃泡水 2h 为一循环
	耐高温性	无异常	无烟、不燃	600℃温度下 5h
	加速光照老化性	100h 无异常	50h 无异常	1 000W 高压石英紫外线灯照射
	耐老化性	1 000h		氙灯老化仪

3. 喷涂、刷涂

（1）喷涂　外墙喷涂时，门窗口必须遮挡，以免污染。空压机压力保持在 0.4～0.7MPa，排气量为 0.6～0.8 m^3/min。根据涂料的稠度、喷嘴直径大小，调整喷斗进气阀门，以喷成雾状为宜。

无机涂料喷涂质量的好坏与喷斗距墙面远近、喷斗与墙面的角度有直接关系。近则易成片，造成流坠；远则易虚，造成花脸、漏喷。喷斗距墙一般在 50～60cm 为宜，可通过调试确定，以墙面均匀出浆为准。喷嘴必须垂直于墙面。

喷涂要一道紧接一道进行，不应漏喷、挂流，漏喷应及时补喷。开喷不要过猛，无料时要及时关掉气门。涂层接槎必须留在分格缝处，以防出现“虚喷”“花脸”；如无法留在分格缝时，第二次喷涂必须进行遮挡。出现接槎部位颜色不匀时，先用砂纸打去较厚的部位，然后在分格缝内满喷一遍；如局部修补，易产生“花脸”。喷涂厚度，以盖底后不透色为宜，一般用量为 0.8～0.9kg/m^2，不宜过厚。

（2）刷涂　刷涂前必须用清水冲洗墙面，无明水后方可涂刷。由于涂料干燥较快，应勤蘸短刷，初干后不可反复涂刷。涂刷方向、长短应一致，新旧接槎必须在分格缝处。一般涂刷两遍盖底，可以两遍连续涂刷，即涂刷第一遍后随即刷第二遍，注意均匀一致。

（3）刷涂与滚涂结合　刷涂与滚涂结合，即先将涂料按刷涂做法涂刷于基层上，随即用滚子滚涂，滚刷上必须蘸少量涂料，滚压方向应一致，操作应快捷、迅速。

无机高分子外墙涂料施工后 12h 内避免淋雨，预计有雨时应停止施工。风力四级以上时不宜喷涂。无机高分子外墙涂料施工温度应满足要求，一般情况下，JH80-1 型施工时，其施工最低气温不得低于 0℃；JH80-2 型施工时，其施工最低气温不得低于 +8℃。

三、丙烯酸脂类建筑涂料施工

丙烯酸脂类建筑涂料具有优异的耐候性、耐水性、耐碱性和保色性等一系列性能。目前，常用的有彩砂涂料、喷塑建筑涂料和丙烯酸有光凹凸乳胶漆等。

（一）彩砂涂料

1．彩砂涂料的材料构成和配合比

彩砂涂料是以丙烯酸脂共聚乳液为胶粘剂，由彩色石英砂为基料，掺入适量的填加剂配制而成。由于用彩色石英砂代替一般涂料中的颜料和填料，可以从根本上解决涂料的褪色和变色问题，同时，由于石英砂经过高温烧结，可以做到色泽鲜艳、质感丰富，可增强涂层的耐久性和装饰效果。

彩砂涂料由四部分组成，即基层封闭涂料、黏结胶、彩色石粒（砂）和罩面涂料。

（1）基层封闭涂料　是由 BC-01 型苯丙乳液加 BCA-01 型混合助剂及水混合配制而成。其配合比为 BC-01 乳液∶BCA-01 混合助剂∶水 = 1∶0.1∶10。用 BC-01 乳液封闭基层，主要是减缓干燥基层从黏结胶中过快地吸收水分，以便施工。助剂 BCA-0l 是辅助乳液成膜的一种透明液体，由挥发性强的溶剂和汽油配制而成。

（2）黏结胶　黏结胶的构成较为复杂，其中 BC-01 乳液是其主要成分，也是黏结胶中主要的成膜物质；由硫酸钡、滑石粉、轻质碳酸钙和石英砂组成的填料，是黏结胶中的次要成膜物质；还有成膜助剂（丙二醇或乙醇）、分散剂（六偏磷酸钠）、增稠剂（羧甲基纤维素）、防霉与防腐剂（五氯酚钠、苯甲酸钠）等多种助剂。黏结胶是彩砂与墙体表面的连结体，一般由专门厂家生产。

(3)彩色石粒　石粒由各种花岗岩、大理石等石料破碎而成,粒径在1.2～3mm范围内,在饰面中起骨架作用。

(4)罩面涂料　罩面涂料由BC-02型苯丙乳液加BCA-02型混合助剂混合配制而成。配合比为BC-02乳液:BCA-02混合助剂=1:0.1。罩面涂料的材质近似于BC－01,掺入BCA－02助剂,喷在石粒上后,能很快形成一个连续、憎水且透明的薄膜层,它可防止雨水浸入饰面层并有抗污染和抗老化的能力。罩面涂料干燥后有一定的光泽。

2. 彩砂涂料的施工方法

彩砂喷涂施工一般包括基层处理、弹线分格、配料和喷涂四道主要工序。

(1)基层处理　详见本章第三节的基层处理,在此不再赘述。

(2)弹线分格　在大面积墙面上喷涂彩砂涂料,均应按设计要求进行弹线、贴分格缝,以便于涂料施工接槎。分格缝一般为宽2cm左右的布条,在喷罩面胶前取出,然后把缝内的胶和石粒刮净。

(3)配料和喷涂　彩砂施工前,应根据配合比要求将有关材料倒入容器,充分搅拌均匀,不得随意加水冲稀。在条件允许的前提下,应尽量一次配料、多次使用,以防止由于配料误差而导致涂层色差。

喷涂采用喷斗或喷枪,喷斗出料口与墙面垂直,距墙一般40cm左右,空气压缩机压力保持在0.6～0.8MPa,喷斗气量要均匀,以保证石粒(砂)均匀地、呈面状地粘在墙面上。喷涂时,喷斗要缓慢移动,以横线直喷或鱼鳞划弧直喷为宜,以避免造成竖向明显接槎。如发现涂层局部漏喷,应在涂层干燥前喷涂找补。一般在喷石后用胶辊滚压两遍,把悬浮石粒压入涂料中,待饰面层密实平整后,再喷罩面胶两遍,以使石粒黏结牢固,不致掉落。另外,彩砂不宜在风、雨天施工,以免涂料被风吹跑或被雨淋掉。

(二)喷塑涂料施工

喷塑涂料是以丙烯酸脂乳液和无机高分子材料为主要成膜物质的一种新型建筑涂料,也称“浮雕涂料”“华丽喷砖”“波昂喷砖”。它以水为稀释剂,无毒、无味、不污染环境,而且不燃不爆,可用于建筑物的内外墙装饰。

1. 喷塑涂料的涂层结构

按喷塑涂料的施工层次及其作用,涂层结构可分为三层,即底油、骨架和面油,如图8-8所示。

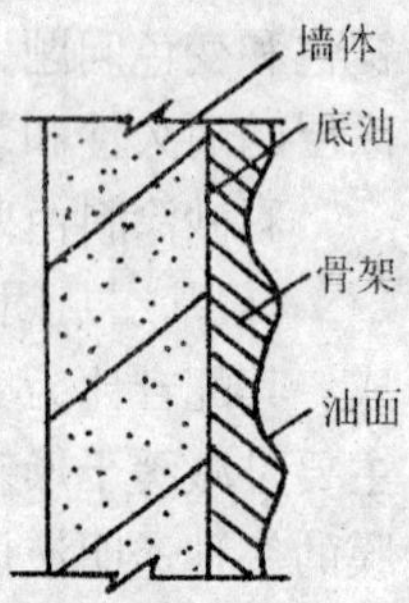

图8-8　涂层结构

(1)底油　是首先涂布于基层上的涂层。它渗透到底层内部,增强基层的强度,同时又对基层表面进行封闭,并消除基层表面有损于涂层附着的因素,增加骨架与基层之间的结合力,其成分为乙烯－丙烯酸酯共聚乳液。

(2)骨架　是喷塑建筑涂料特有的一层成型层,是喷塑涂料的主要构成部分。使用特制大口径喷枪,喷涂在底油之上,再经过滚压,即形成质感丰满、新颖美观的立体花纹图案。骨架具有足够的黏结强度,对建筑物起到补强作用。它增加了喷塑涂层的耐久性、耐水性及强度。

常用喷塑涂料的技术经济指标,见表8-16和表8-17。

表 8-16　喷塑涂料与传统饰面经济效益对比

饰面方法	项目	
	造价(元/m²)	工作量(m²/工日)
喷塑涂料	3.00~4.00(材料费)	20~30
水刷石面	3.60	2.9
水磨石面	6.90	1.2
镶釉面砖	19.00	1.4
彩釉面砖	22.00	1.3

表 8-17　底油、骨架和面油的使用量

品种	包装	价格(元/kg)	使用量(kg/m²)
底油	10kg/塑料桶	2.0	0.05
骨架	50kg/铁桶	1.6	0.9~1.0
面油	50kg/塑料桶	6.0	0.25~0.3

(3)面油　是喷塑涂层的表面层。面油内加入各种耐晒彩色颜料,使喷塑涂层带有柔和的色泽,起到美化喷塑涂层外表和增加耐久性的作用。

2. 喷塑涂料的施工方法

喷塑施工一般包括基层处理、刷底油、喷点和喷涂面油等四道工序。其中,基层处理详见本章第三节,在此不再赘述。

喷点施工的主要工具是喷壶(见图 8-9),喷嘴有大、中、小三种,按设计要求的大小点选择喷嘴。空压机工作风压为 0.48~0.52MPa,喷嘴距墙面为 50~60cm。喷点 10~15min 后,可用塑料辊或其他光面辊子压平喷点。压平时应在辊子上蘸香蕉水,以免粘料。

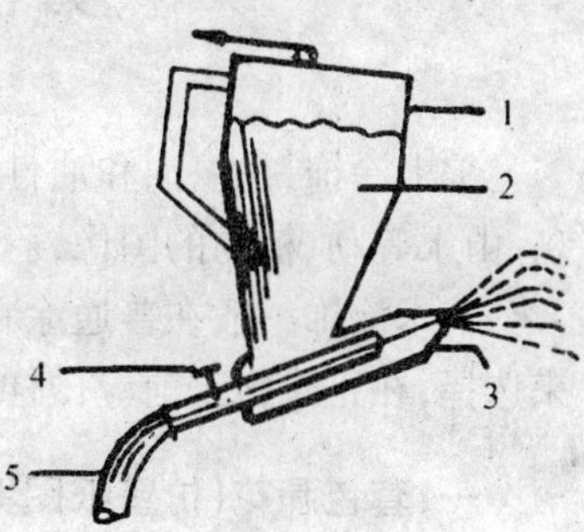

图 8-9　喷壶

1—喷虚　2—点料　3—喷嘴　4—开关　5—接空气压缩机

喷涂面油应在喷点料后 12~24h,第一道可辊涂水性面漆,第二道用油性面漆,也可以两道均用水性面漆,但效果不及油性面漆。

涂刷工作结束后,应及时用稀释剂清洗羊毛辊和兔毛辊。喷涂施工应注意施工环境条件,一般情况下,环境温度不宜低于 5℃,湿度不宜超过 85%,风速应小于 5m/s。最佳施工环境条件为:气温 27℃左右,湿度 50%,无风。

(三)丙烯酸有光凹凸乳胶漆施工

丙烯酸有光凹凸乳胶漆是以有机高分子材料——苯乙烯、丙烯酯酸乳液为主要成膜物质,加上不同的颜料、填料和骨料而制成的薄涂料和厚涂料。它是由两个部分组成的:一是丙烯酸凹凸乳胶底漆,它是厚涂料;二是各色丙烯酸有光乳胶漆,它是薄涂料。丙烯酸凹凸乳胶底漆通过喷涂,再经过抹、轧后,可得到各种各样的凹凸形状,再喷上 1~2 道各色丙烯酸有光乳胶漆;也可以先在底层喷一道各色丙烯酸无光乳胶漆,待其干后再喷涂丙烯酸凹凸乳胶底漆，经过抹、轧显出图案，待干后罩上一层苯丙乳液。

1. 基层处理

丙烯酸有光凹凸乳胶漆可以喷在砂浆面、混凝土面、水泥石棉板等基层上。其基层处理方法和要求，详见本章第三节，在此不再赘述。

2. 喷涂施工

(1)喷涂凹凸乳胶底漆　喷枪口径采用 6 ~ 8mm 喷头，空气压缩机压力为 0.4 ~ 0.8MPa，根据气温、湿度调整好黏度与压力后，由一人手持喷枪与墙面成 90°进行喷涂。运行路线可以根据施工需要上下或左右进行。花纹大小、凹凸程度以及涂层厚薄，可由气压大小和喷枪口径调节。喷涂底漆后，相隔 4 ~ 5min，再用蘸水的铁抹子轻抹、辊压涂层表面，始终保持着上下方向运行。这样喷涂后的图案，不但花纹分布均匀，无空鼓、起皮、脱落和流坠现象，还具有较强的立体感。

(2)喷涂各色丙烯酸有光乳胶漆　喷底漆后，相隔 8h 左右，用喷枪喷涂丙烯酸有光乳胶漆罩面。喷涂压力控制在 0.3 ~ 0.5MPa 之间，喷枪应与墙面垂直，距离以 40 ~ 50cm 为宜。喷出的涂料要成浓雾状，涂层不宜过厚，要求均匀一致，无起泡、脱皮、漏喷及流坠现象。一般以喷两遍为宜，待第一遍的漆膜干后，再喷第二遍。

喷涂时，一定要注意将门窗等易污染部位用塑料布或遮挡板挡好，如已污染应及时清除干净。

第七节　美术涂饰的施工方法

美术涂饰，是以油和油性涂料为基本材料，运用美术的手法，把人们喜爱的花卉、鱼鸟、山水等动、植物的图像，彩绘在室内墙面、顶棚等处，作为室内装饰的一种形式。

美术涂饰一般在普通涂料工程完成的基础上进行，涂饰的色调和图案可以根据需要来选择，在正式施工前应做样板，经业主、设计单位、监理确认后方可大面积施工。

一、套色漏花(仿壁纸图案)面层

套色漏花是在刷好色浆的基础上进行的。用特制的漏板，按美术形式，有规律地将各种颜色喷(刷)在墙面上。

套色漏花按施工方法可分为两种，即喷涂法(又称喷印法)和刷涂法。一般宜用喷印方法进行，并按分色顺序喷印。前套漏板喷印完，待涂料(或浆料)稍干后，方可进行下套漏板的喷印。

二、滚花涂饰面层

首先，按设计要求的花纹图案，在橡胶或软塑料的辊筒上刻制成模子。操作时，先在已完成的涂料(或刷浆)表面弹出垂直粉线，然后沿粉线自上而下进行，滚筒的轴必须垂直于粉线，不得歪斜。滚花完成后，周边应画色线或做边花、方格线。

三、仿木纹、仿石纹面层

(一)仿木纹

仿木纹一般是仿硬质木材的木纹,如黄菠萝、水曲柳、榆木、核桃木等木纹,通过专用工具和艺术手法,用涂料涂饰在室内墙面上。涂饰完成后,似镶木质墙裙。在木门、窗表面上,亦可用同样方法涂饰仿木纹。

(二)仿石纹

仿石纹,又称“假大理石”,一般有两种方法。

(1)用丝棉经温水浸泡后,拧去水分,用手甩开使之松散,以小钉挂在墙面上,并将丝棉理成如大理石的各种纹理状。涂料的颜色一般以底层涂料的颜色为基底,再喷涂深、浅两色,喷涂的顺序是浅色→深色→白色,共为三色。喷完后即将丝棉揭去,墙面上即显出细纹大理石纹。

(2)在底层涂好白色涂料的面上,再刷一道浅灰色涂料,不等干燥时就在上面刷上黑色的粗条纹,条纹要曲折不能端直。在涂料将干未干时,用干净刷子把条纹的边线刷混,刷到隐约可见,使两种颜色充分调和。

喷涂大理石纹,可用干燥快的涂料,而刷涂大理石纹,可用伸展性好的涂料,因伸展性好,才能化开刷纹。

仿木纹(或仿石纹)涂饰完成后,表面均应施涂一遍罩面清漆。

四、涂饰鸡皮皱面层

在涂刷好涂料的底层上涂上拍打鸡皮皱纹的涂料,常用配合比(质量比)为:清油:大白粉:麻斯面(双飞粉):松节油 = 15:26:54:5。也可由试验确定。

涂刷面层的厚度为 1.5 ~ 2.0mm,比一般涂刷的涂料要厚些。刷鸡皮皱涂料和拍打鸡皮皱纹应同时进行,即前边一人涂刷,后边一人随着拍打,起粒大小应均匀一致。

五、拉毛面层

墙面底层要做到表面嵌补平整。用血料腻子加石膏粉或熟桐油的菜胶腻子,用钢皮或木刮尺满刮,施工时应严格控制腻子的厚度,一般办公室、卧室等面积较小的房间,腻子的厚度不应超过 5mm;公共场所及大型建筑的内墙墙面,因面积大,腻子厚度要求 20 ~ 30mm,这样拉出的花纹才大。刮后不等腻子干燥,立即用长方形的猪鬃毛板刷拍拉腻子,使其头部有尖形的花纹,再用长刮尺把尖头轻轻刮平,即成表面有平整感觉的花纹,最后,根据需要涂刷各种涂料或粉浆。由于拉毛腻子较厚,干燥后吸收力特别强,故在涂刷涂料、粉浆前必须刷清油或胶料水润滑,涂刷时应用新的排笔或油刷,以防流坠。

另一种方法可用石膏油拉毛:在基层清扫干净后刷一遍底油,以增强其附着力并便于操作。刮石膏油时,要满刮并严格控制厚度,表面要均匀平整。剧院、娱乐场、体育馆等大型建筑的内墙一般要求大拉毛,石膏油应刮厚些,其厚度为 15 ~ 25mm;办公室等较小房间的内墙,一般为小拉毛,石膏油的厚度应控制在 5mm 以下。石膏油刮上后,随即用腰圆形长猪鬃刷子捣匀,使石膏油厚薄一致,紧跟着进行拍拉,即形成高低均匀的毛面。如石膏油拉毛面要求涂刷各色涂料时,应先刷一遍清油,由于拉毛面涂刷困难,建议采用喷涂法,但涂料应适当调稀,以便操作。

第八节　仿古建筑装饰彩画的施工方法

一、打底子

打底是一项很重要的工序,一般用麻或麻布打底,现在多使用玻璃丝布,既经济又耐久。然后用猪血腻子刮平(腻子配方为猪血:水:土粉子=3:1:6)。基层为水泥基层、砂灰基层,经防火涂料处理后的木基层(防火处理是木基层不可忽视的重要工序),常使用"一麻五灰"或单披灰工艺。

二、彩画的施工方法

(一)沥粉

中国古建筑彩绘多沥以粉条,在粉条上或粉条之间贴以金箔,再用各种颜色绘出花纹图案,其效果非常富丽。沥粉材料的配制,是将过细筛的土粉子、大白粉加胶和光油少许配制而成。大粉宜稠,小粉宜细,大粉配合比为:胶水:土粉子:大白粉=1:1.5:0.5,小粉配合比为:胶水:土粉子:大白粉=1:1:1。为了保证质量,使用材料要适应季节、气候条件。南方施工,不可照搬采用;北方施工应考虑气候、风沙,特别是胶与水的比例尤为重要,冬天要注意加温,胶内加适当白酒。沥粉器应及时清理,粉袋应严密,施工要干净、细心,尽可能一遍成活。修补后为下一道刷色工序做好基底准备。

(二)刷色

刷色先要了解颜料性能,绘画颜料分矿物类和植物类两种。矿物类颜料有:银朱、樟丹、赭石、石黄、雄黄、雌黄、土黄、佛青、石青、绽蓝、砂绿、石绿、铜绿、巴黎绿、铝粉、锌白、钛白、黑石脂等,使用时应按照使用说明施工。如樟丹,应先除硝,用开水冲二三次,凉后倒出水,放入胶液即可使用;佛青、石绿、石黄、银朱也均如此。植物颜料如藤黄、胭脂、花青、墨等,比矿物颜料容易使用,大色、小色的配制和晕色的配制,可按实际用量用胶调配使用。石料彩画时,减胶加水,冬季用时,减水加酒;施工时应采取措施防止中毒,须带口罩、手套研磨石色。

(三)上矾水

矾水是由普通明矾、胶液和水兑成的,用来固定颜色,如盒子内画花卉、走兽时,上一道矾水后,以防止再上色时底层咬色,这样可以干净利落、层次分明、色泽鲜艳。

三、细部彩画的施工方法

1. 起谱子

起谱子也就是起稿子,大稿子有了框架,细部小稿子是精华,通常使用扎谱子(即在草稿纸上,最好白板纸上用大针扎透,孔距0.5~1cm),用粉袋漏出图案,尤其是二方连续、四方连续、对称图案、老箍头、副箍头、藻井、旋眼、座斗枋、霸王拳头、枋心线、岔口线等,大多用此法，此法准确、干净。

传统图案、民族图案，用此法起墨稿有着事半功倍的效果。此法亦可在其他室内室外装饰工程、壁画工程中采用。

2. 沥大小粉线

根据谱子图案，按顺序均匀地沥出粗细粉线，粉线应认真修补后交下道工序。

3. 刷色填彩

以设计好的总体色调，按顺序先刷上、后刷下，先里后外，先小后大，打点修补后上矾水，再涂刷、彩画二三道色。

4. 包黄胶

包黄胶即光油，石黄铅粉调成色涂于粉线上或直接调成沥粉色膏，在沥大小粉线工序中采用。包黄胶的功能是贴金箔。在贴之前，这道工序是为托金箔的光亮。

5. 拉晕色、拉大粉

将浅青、浅绿刷于金线两旁，由浅入深为晕色，靠金线画一道白线为拉大粉。

6. 压老

压老又称"醒笔"，即在颜色都描绘完毕后，用最深的颜色如墨、砂绿、深紫，在各色最深处的一边用笔润一下，使花纹图案突出。

7. 打点找补活

打点找补活即全部成活后，进行整体与局部的调整修补。打点找补完成后，即可请业主、设计单位、监理验收交工。

四、天花彩画的施工方法

天花是古建装饰中重要的内容，除有斗拱彩画、柱头科、除和玺、旋子苏画等外；还有简单做法，如卡箍头、包袱、楣子、雀替、桠子、门簪、垂花门花罩、垂头荷叶墩、桂柱、檩头、枕头、廓子心、象眼、门头板、影壁、壁画、挂檐、屏门斗方、墙边做法（亦可用雕花石膏线替），以及门匾、额、对联、招牌等，精致的细木活和精细彩画工艺，可选用传统的图案、造型，加以现代风格、民俗风情、民族特色，制作多种新式图案、色彩及声、光、电，配合建筑构造、建筑功能、建筑色调，以及新的彩画装饰。彩画装饰不只限于宫殿、庙宇、园林，在其他建筑中亦广泛应用。

在室内装饰工程中，室内色彩宜浅不宜深，花纹宜简不宜繁，用金宜少不宜多。室内陈设中国书法、国画作品、中堂条屏、扇面、刺绣、文房四宝、中国工艺品、仿古红木家具，加之其他适合环境陈设的现代物品如空调等，亦可体现时代风貌，又不失中华传统装饰文脉。

天花有"软天花""硬天花"，一般选用硬天花。选用不易变形的木材作主龙骨、次龙骨，待天花做好后，用压条线用射钉枪固定于龙骨上。天花吊顶工程的重点是吊顶工艺、彩画工艺、防火处理。木质基层均要刷防火涂料二度以上，内有电线的，必须使用防护套，电源使用空气保险开关，勿用刀闸，按一级防火要求处理。天花板打底刮腻子、打谱子、沥粉线、包黄胶、贴金或刷金涂色等工序，一般选用金线天花，箍子内多绘花卉团鹤。方圆箍线贴金，彩画完成后固定于龙骨，打点补活完成后交工。

第九节　油漆的施工方法

一、刷涂

刷涂是人工以特制的刷子进行涂漆的一种方法。这种刷涂方法的优点是:节省材料、工具简单、操作技术容易掌握,施工条件不受限制,通用性、适应性较强。

刷涂的缺点是:生产效率低,且被涂物件表面漆膜质量、外观不够好。

油漆刷是主要工具,其种类很多,按照形状可分为圆形、扁形和弯脖形三种。按照制刷所用材料可分为硬毛刷和软毛刷两种。硬毛刷主要用猪鬃制作,软毛刷常用狼毫、獾毛、绵羊和山羊毛等制作。

二、滚涂

滚涂油漆施工方法有手工滚涂和机械滚涂两种,在建筑工程上通常采用的是手工滚涂。其方法是:用羊毛或其他多孔性吸附材料制成的辊子,先在平面上滚以漆液,再施加轻微的压力,便可涂于被涂的物面上。这种方法适用于室内建筑墙面的涂漆工程,漆膜较均匀,无流挂现象,但边角处不易滚到,仍须用刷子补刷。

三、空气喷涂

利用喷枪做工具,以压缩空气的气流,将漆料从喷枪的喷嘴中喷成雾状液,分散沉积到物件上的一种涂漆方法。喷枪的品种较多,其中建筑工地常用吸上式喷枪 PQ-1 和 PQ-2,两种喷枪的规格见表 8-18 所示。

表 8-18　喷枪规格

项目	单位	PQ-1	PQ-2
工作压力	N/mm^2	0.28 ~ 0.35	0.4 ~ 0.5
喷枪喷涂有效距离 25cm 喷雾面积	cm^2	3 ~ 8	13 ~ 14
喷嘴口径	mm		1.8

喷枪的喷嘴一般可以更换,喷嘴的口径有 1.2、1.8、2.5 及 4.5mm 数种。进行喷涂工作时所选用的喷嘴口径大小与被喷涂物件有关,见表 8-19 所示。

表 8-19

工作类别	喷嘴口径/mm
钢铁构件(钢结构)	1.2 ~ 2.5
大表面积	2.5 ~ 3.5
特殊喷涂如喷涂腻子	3.5 ~ 4.5
喷涂零件各种文字说明	0.2 ~ 1.2

喷枪与涂漆表面的距离与油漆耗量有很大关系,喷枪距离表面愈远,形成漆雾愈多,油漆耗量也愈大。所以选择喷枪和涂漆表面之间的距离,尽量考虑使它不产生大量漆雾又能喷获最大面积,一般为 200 ~ 300mm。当喷涂大表面时,不要将喷枪做弓形路线移动;否则,中部的漆膜就特别厚,周边的漆膜将会逐渐地变薄。喷枪与涂漆表面应保持垂直,喷枪位置倾斜,油漆喷到木器表面就不均匀,离喷枪远的一侧漆膜就薄,较近的一个侧面

漆膜就厚，从整个表面看来就会出现带状的不平。喷枪的移动速度应该稳定不变，不能忽快忽慢；否则，漆膜厚度就会不均匀。

空气喷涂需耗用大量稀释剂，把漆稀释到一定的黏度才能喷涂；为节省溶剂，也可采用对油漆进行加温，称为"热喷涂"。用这种方法施工，稀释剂的消耗比一般喷涂法可节省2/3左右，一次喷涂漆膜厚度增加，所以喷涂次数可减少，劳动生产率也提高。

四、高压无空气喷涂

高压无空气喷涂是涂料施工的一项新工艺，它利用压缩空气（0.4～0.6N/mm^2）驱动高压泵，使油漆增压到15N/mm^{2}左右，然后通过一个特殊的喷嘴小孔喷出。当受高压的涂料离开喷嘴到达大气中时，便立即剧烈膨胀，雾化成极细的小漆粒被喷涂到物件上。因漆料中不混有压缩空气、水分和杂质，故漆膜的质量较好。因此，它不仅适宜于喷涂一般喷漆，而且可喷高黏度涂料。

高压喷涂优点主要有以下几点。

(1)生产效率高，每支喷枪每分钟可喷涂3.5～5.5m^{2}以上，尤其对大面积施工更为显著。

(2)漆膜质量好，一次喷涂就能渗入缝隙或凹陷处，尤其对除锈后的粗糙表面更为适宜，边角处也能形成较均匀的漆膜，光洁度好，附着力能提高。

(3)改善劳动条件，高压喷涂比一般喷涂漆雾少。

(4)可提高油漆喷涂黏度，扩大所有油漆品种。

第十节　涂料饰面工程的质量标准和检验方法

对于水性涂料涂饰、溶剂型涂料涂饰、美术涂饰等涂料饰面工程的质量标准与检验方法应符合《建筑装饰装修工程质量验收规范》(GB50210—2001)和《建筑工程施工质量验收统一标准》(GB50300—2001)的相关规定。

一、一般规定

1. 涂饰工程验收时应检查下列文件和记录

(1)涂饰工程的施工图、设计说明及其他设计文件。

(2)材料的产品合格证书、性能检测报告和进场验收记录。

(3)施工记录。

2. 各分项工程的检验批应按下列规定划分

(1)室外涂饰工程每一栋楼的同类涂料涂饰的墙面每500～1 000m^{2}应划分为一个检验批，不足500m^{2}也应划分为一个检验批。

(2)室内涂饰工程同类涂料涂饰的墙面每50间（大面积房间和走廊按涂饰面积30m^{2}为一间）应划分为一个检验批，不足50间也应划分为一个检验批。

3. 检查数量应符合下列规定

(1)室外涂饰工程每 $100m^2$ 应至少检查一处,每处不得少于 $10m^2$。

(2)室内涂饰工程每个检验批应至少抽查 10%,并不得少于 3 间;不足 3 间时应全数检查。

4. 涂饰工程的基层处理应符合下列要求

(1)新建筑物的混凝土或抹灰基层在涂饰涂料前应涂刷抗碱封闭底漆。

(2)旧墙面在涂饰涂料前应清除疏松的旧装修层,并涂刷界面剂。

(3)混凝土或抹灰基层涂刷溶剂型涂料时,含水率不得大于 8%;涂刷乳液型涂料时,含水率不得大于 10%。木材基层的含水率不得大于 12% 。

(4)基层腻子应平整、坚实、牢固,无粉化、起皮和裂缝;内墙腻子的黏结强度应符合《建筑室内用腻子》(JG/T3049)的规定。

(5)厨房、卫生间墙面必须使用耐水腻子。

5. 水性涂料涂饰工程施工的环境温度应在 5 ~ 35℃之间。

6. 涂饰工程应在涂层养护期满后进行质量验收。

二、水性涂料涂饰工作

对于乳液型涂料、无机涂料、水溶性涂料等水性涂料涂饰工程,其质量应符合下列要求。

(一)主控项目

(1)水性涂料涂饰工程所用涂料的品种、型号和性能应符合设计要求。

检验方法:检查产品合格证书、性能检测报告和进场验收记录。

(2)水性涂料涂饰工程的颜色、图案应符合设计要求。

检验方法:观察。

(3)水性涂料涂饰工程应涂饰均匀、黏结牢固,不得漏涂、透底、起皮和掉粉。

检验方法:观察;手摸检查。

(4)水性涂料涂饰工程的基层处理应符合要求。

检验方法:观察;手摸检查;检查施工记录。

(二)一般项目

(1)薄涂料的涂饰质量和检验方法应符合表 8-20 的规定。

表 8-20 薄涂料的涂饰质量和检验方法

项次	项目	普通涂饰	高级涂饰	检验方法
1	颜色	均匀一致	均匀一致	观察
2	泛碱、咬色	允许少量轻微	不允许	
3	流坠、疙瘩	允许少量轻微	不允许	
4	砂眼、刷纹	允许少量轻微砂眼,刷纹通顺	无砂眼,无刷纹	
5	装饰线、分色线直线度允许偏差/mm	2	1	拉 5m 线,不足 5m 拉通线,用钢直尺检查

(2)厚涂料的涂饰质量和检验方法应符合表 8-21 的规定。

表 8-21　厚涂料的涂饰质量和检验方法

项次	项目	普通涂饰	高级涂饰	检验方法
1	颜色	均匀一致	均匀一致	观察
2	泛碱、咬色	允许少量轻微	不允许	
3	点状分布	—	疏密均匀	

(3)复层涂料的涂饰质量和检验方法应符合表 8-22 的规定。

表 8-22　复层涂料的涂饰质量和检验方法

项次	项目	质量要求	检验方法
1	颜色	均匀一致	观察
2	泛碱、咬色	不允许	
3	喷点疏密程度	均匀,不允许连片	

(4)涂层与其他装修材料和设备衔接处应吻合,界面应清晰。

检验方法:观察。

三、溶剂型涂料涂饰工程

对于丙烯酸酯涂料、聚氨酯丙烯酸酯涂料、有机硅丙烯酸酯涂料等溶剂型涂料涂饰工程,其质量应符合下列要求。

(一)主控项目

(1)溶剂型涂料涂饰工程所选用涂料的品种、型号和性能应符合设计要求。

检验方法:检查产品合格证书、性能检测报告和进场验收记录。

(2)溶剂型涂料涂饰工程颜色、光泽、图案应符合设计要求。

检验方法:观察。

(3)溶剂型涂料涂饰工程应涂饰均匀、黏结牢固,不得漏涂、透底、起皮和反锈。

检验方法:观察;手摸检查。

(4)溶剂型涂料涂饰工程的基层处理应符合要求。

检验方法:观察;手摸检查;检查施工记录。

(二)一般项目

(1)色漆的涂饰质量和检验方法应符合表 8-23 的规定。

表 8-23　色漆的涂饰质量和检验方法

项次	项目	普通涂饰	高级涂饰	检验方法
1	颜色	均匀一致	均匀一致	观察
2	光泽、光滑	光泽基本均匀 光滑无挡手感	光泽均匀一致光滑	观察、手摸检查
3	刷纹	刷纹通顺	无刷纹	观察
4	裹棱、流坠、皱皮	明显处不允许	不允许	观察
5	装饰线、分色线直线度允许偏差/mm	2	1	拉 5m 线,不足 5m 拉通线,用钢直尺检查

注:无光色漆不检查光泽。

(2)清漆的涂饰质量和检验方法应符合表 8-24 的规定。

表 8-24 清漆的涂饰质量和检验方法

项次	项目	普通涂饰	高级涂饰	检验方法
1	颜色	基本一致	均匀一致	观察
2	木纹	棕眼刮平、木纹清楚	棕眼刮平、木纹清楚	观察
3	光泽、光滑	光泽基本均匀 光滑无挡手感	光泽均匀、一致光滑	观察、手摸检查
4	刷纹	无刷纹	无刷纹	观察
5	裹棱、流坠、皱皮	明显处不允许	不允许	观察

(3)涂层与其他装修材料和设备衔接处应吻合,界面应清晰。

检验方法:观察。

四、美术涂饰工程

对于套色涂饰、滚花涂饰、仿花涂饰等室内外美术涂饰工程,其质量应符合下列要求。

(一)主控项目

(1)美术涂饰所选涂料的品种、型号和性能应符合设计要求。

检验方法:检查产品合格证书、性能检测报告和进场验收记录。

(2)美术涂饰工程应涂饰均匀、黏结牢固,不得漏涂、透底、起皮、掉粉和反锈。

检验方法:观察;手摸检查。

(3)美术涂饰工程的基层处理应符合要求。

检验方法:观察;手摸检查;检查施工记录。

(4)美术涂饰的套色、花纹和图案应符合设计要求。

检验方法:观察。

(二)一般项目

(1)美术涂饰表面应洁净,不得有流坠现象。

检验方法:观察。

(2)仿花纹涂饰的饰面应具有被模仿材料的纹理。

检验方法:观察。

(3)套色涂饰的图案不得移位,纹理和轮廓应清晰。

检验方法:观察。

复习思考题

1. 建筑涂料有何功能?
2. 建筑涂料的组成成分有哪些?
3. 建筑涂料的种类有哪些? 常用的建筑涂料有哪些?
4. 在涂料饰面工程中,基层处理的工具、机具有哪些?
5. 在涂料饰面工程中,涂施工具、机具有哪些?
6. 在涂料饰面工程中,基层应如何处理?

7. 内墙涂料有何要求？
8. 水溶性涂料如何施工？
9. 乳液型内墙涂料有何特点？它应如何施工？
10. 外墙涂料有何要求？
11. 无机高分子涂料如何施工？
12. 丙烯酸脂类建筑涂料如何施工？

第九章

裱糊与软包工程

裱糊与软包工程(简称裱糊工程),是指在室内平整光洁的墙面、顶棚面、柱体面和室内其他构件表面,用壁纸、墙布等材料裱糊或软包的装饰工程,它具有以下几个特点。

1. 装饰效果好

由于裱糊与软包材料色彩鲜艳丰富、图案变化多样,有的壁纸表面凹凸不平,富有良好的质感和立体效果,只要精心设计、细致施工,裱糊与软包工程可以满足各种使用环境的装饰要求,而且装饰效果较好。

2. 多功能性

墙布除具有较好的装饰效果外,还具有良好的吸声、隔热、防霉、耐水等多种功能,具有较好的实用性。

3. 施工方便

壁纸施工一般采用普通胶粘材料粘贴,施工极为方便。

4. 维修保养简便

多数壁纸都有一定的耐擦性和防污染性,所以饰面容易保持清洁,用久后,调换翻新也很容易。

5. 使用寿命长

只要保养得当,多数壁纸的寿命要比传统油性涂料长。

第一节　壁纸、墙布的种类及其选择

一、壁纸、墙布的种类

壁纸可以划分为以下几类。

1. 纸基涂塑壁纸

纸基涂塑壁纸,又称"纸质壁纸""普通壁纸",是以纸为基层,用高分子乳液涂布面层,经印花、压纹等工序制成的一种墙面装饰材料。它具有防水、耐磨、透气性良好,颜色、花型、质感丰富多彩等优点,而且使用方便、操作简单、工效高、成本低、工期短。

纸基涂塑壁纸适用于一般公共建筑、民用住宅等建筑的内墙、天棚、梁、柱等贴面装饰。

2. 聚氯乙烯塑料壁纸

聚氯乙烯塑料壁纸，又称“塑料壁纸”，是以纸为底层，以聚氯乙烯塑料薄膜为面层，经复合、印花、压花等工序而制成的一种墙面装饰材料。它具有下列几个特点。

(1)具有一定的伸缩性和耐裂强度，因此允许基体结构有一定程度的裂缝。

(2)可制成各色图案和丰富多彩的凹凸花纹，富有较强的质感和较高的艺术感，其装饰效果较好。

(3)强度好，耐拉耐拽，施工和更换方便。

(4)施工简单，而且表面不吸水，可用布擦洗。聚氯乙烯塑料壁纸适用于建筑物的内墙、天棚、梁、柱等贴面装饰。

3. 玻璃纤维墙布

玻璃纤维印花墙布是以玻璃纤维布为基材，表面涂以耐磨树脂，印上彩色图案而制成的。它具有色彩鲜艳，花色繁多，室内使用不褪色、不老化，防火、耐潮性强，可用肥皂水洗刷，施工简单，粘贴方便等特点。

玻璃纤维墙布适用于宾馆、饭店、商店、展览馆、会议室、餐厅、居民住房等内墙面装饰。

4. 无纺墙布

无纺墙布是采用棉、麻等天然纤维或涤腈等合成纤维，经过无纺成型、上树脂、印制彩花纹而成的一种贴墙材料。它具有挺括、富有弹性、不易折断、纤维不老化、不散失、对皮肤无刺激作用、色彩鲜艳、图案雅致、粘贴方便等特点，同时还具有一定的透气性和防潮性，可擦洗而不褪色。

无纺墙布适用于各种建筑物的室内墙面装饰，特别适用于高级宾馆、高级住宅等建筑物。

5. 装饰墙布

装饰墙布是以纯棉平纹布经过前处理、印花、涂层制作而成。该墙布强度大、静电小、蠕变形小、无光、吸音、无毒、无味、对施工人员和用户均无害，花型、色泽美观大方。

装饰墙布适用于基层为砂浆墙面、混凝土墙面、白灰墙面、石膏板、胶合板、纤维板等墙面的基层粘贴或浮挂。它一般用于宾馆、饭店、公共建筑和较高级民用建筑中的装饰。

二、壁纸、墙布性能的国际通用标志

壁纸、墙布性能的国际通用标志，见图 9-1 所示。

三、选择壁纸、墙布时应注意的几个问题

壁纸、墙布的品种繁多，要根据装饰的环境、风俗习惯、个人性格等情况，综合考虑装饰效果、使用功能及经济条件，对壁纸、墙布的品种、图案和色彩三个方面进行合理地选择。在选择壁纸、墙布时，需要注意以下几个问题。

1. 建筑物的用途

不同用途的建筑物有不同的环境感观要求，如民用住宅、医院等需要创造清静、柔和

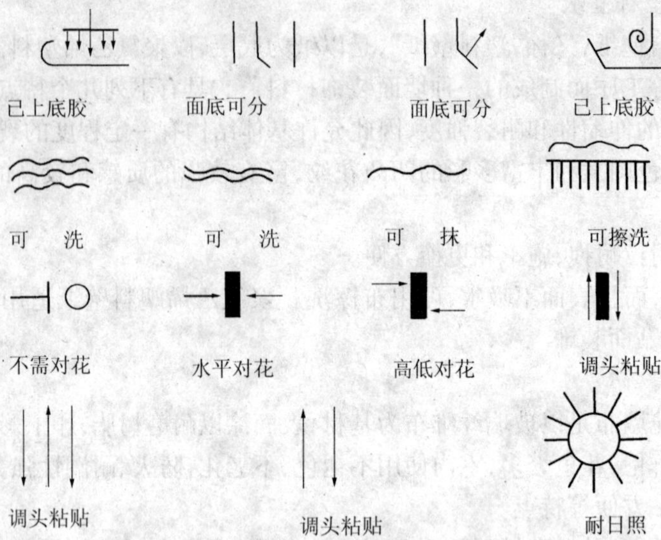

图 9-1　壁纸、墙布性能的国际通用标志

和优雅的环境，宜选用高明度、低彩度的材料。公共建筑有的要求欢快、华丽的环境，如娱乐场所；有的则要求肃穆、宁静环境，如办公楼等。因此，壁纸、墙布的选择应有助于创造特定的环境气氛。

2. 保养条件

保养条件包括墙面是否容易受摩擦、机械损害或者染污，以及有无空洞等。对于不同的使用保养条件，要针对壁纸、墙布的不同特点进行选择。例如，公共建筑的走廊墙面，应考虑选用耐磨性好的布基壁纸、纺织壁纸。

3. 功能要求

选择壁纸、墙布时，应注意有无防霉、防菌、防火、吸音等特殊功能要求。

4. 造价

各种壁纸、墙布的价格差别很大，必须根据经济条件适当选择。

四、壁纸、墙布的品种、图案和颜色的选择

(一)品种的选择

首先，应根据功能要求来选择壁纸、墙布的品种。例如，有防火、防水、防菌要求的，就应选择特种塑料壁纸；仿瓷砖壁纸贴在厨房、浴室、卫生间，洁净明快，便于清洗，具有防潮防霉、耐腐蚀特性；仿古建筑则可选用古香古色的木片壁纸。其次，要因时、因地、因对象地选择壁纸品种，创造所需的环境气氛。纺织物壁纸适用性强、使用面广，贴在办公室、会客室、卧室、过道走廊会美观朴素。锦缎墙布会创造出一种高雅的气氛；而发泡型壁纸和复合纸质壁纸，则可创造出立体浮雕的装饰效果。

壁纸、墙布的规格选择，要根据操作者的水平和装饰部位而定。常用壁纸、墙布规格有大卷、中卷、小卷三种。大卷壁纸门幅宽 920 ~ 1 200mm，长 50m，每卷 40 ~ 90m²，具有工

效快、操作较困难的特点，适合专业裱糊队。小卷壁纸门幅宽 530～600mm，长 10m，每卷 5～6m^2、重 2～3kg，搬运方便，操作灵活，适用家庭自己动手美化环境。如裱糊顶棚，也宜选用小卷壁纸，因为顶棚表面要布置灯具、检查孔及空调口等设备，另外顶棚裱糊时操作较困难。中卷壁纸门幅宽 760～900mm，长 25～50m，每卷 20～45m^2。

（二）图案的选择

为了提高装饰质量，利用人们对已熟悉的高级材料的联想和错觉，壁纸、墙布要有一定的花型图案或纹理质感。

在图案选择时，初选小面积样张要估计到大面积装饰后的视觉效果，因为大面积与小面积在客观上存在着视觉差异。一般大面积的大厅、会客厅、会议室、陈列室、餐厅、舞厅等场所，应选用大型图案结构的壁纸、墙布，用"以大见大"的装饰手法，充分体现室内的宽敞。若有巨幅风景、原野、森林、草坪之类的彩色壁纸选择，就更能加深体现空间效果。小面积的房间，用"以小见小"的装饰手法，选用小型图案结构的壁纸、墙布，使图案色彩因远近而产生明暗不同的变化，从而构成室内空间透视。小面积房间若用太大的花型，会使房间显得低矮狭小。

仿古壁纸的图案古香古色，装饰在博物馆、陈列室、文物室、接待室等，能使内容与形式相结合、与环境气氛相统一。对于居室的图案，选择时要避免花型过于强烈、颜色反差过大，裱糊后形成几何排列整齐或过于突出的团、朵花样，否则会使某些本来不大的房间更为狭窄。此外，还应当注意，花鸟松竹等具体写实的图案，日久会使人厌倦，而比较抽象的不规则图案，则新颖耐看，不论房间大小均可采用。

从施工角度看，壁纸、墙布的外观设计应有利于遮掩墙面基层的瑕疵、不平整，有利于使壁纸、墙布的拼缝处不显露。因此，除有一定的凹凸质感、颜色层次外，还需要在花型设计上避免拼缝时"对花"要求过高。不规则、非几何形状的条点、云纹，对接缝施工有利。

（三）颜色的选择

在选择颜色时，应主要考虑色彩对人的心理和生理影响的共性。餐厅、舞厅需要创造出兴奋和激动的环境气氛，可选择红色调壁纸；会议室则要严肃，室内颜色要深，图案也要简单严肃；而休息室、卧室，使用蓝、青、绿色壁纸，能使人精神转入缓和和松弛状态。另外，壁纸、墙布的色彩，要注意与室内地面、家具的色彩配合而相互协调一致，一般应是同一色调，冷色或暖色。即使色调略有不同，颜色反差、对比度也不可过于强烈。要防止室内色彩零乱而导致的视觉污染。房间朝南时，阳光充足，宜选冷色调壁纸或墙布，以创造柔和淡雅的气氛，给人以清凉之感；房间朝北时，则宜选用暖色调壁纸。

从建筑设计的角度上看，除特定使用环境外，壁纸、墙布的颜色宜是低彩度、高明度、含灰调子的复色。这是因为，低彩度对人的生理刺激小，高明度有利于室内照明均匀，而含灰调子的复色易于和其他色彩协调，创造一个协调的环境。另外，从建筑装饰角度看，壁纸、墙布在用于住宅、旅馆、中小型会议室、接待室等室内，大都是背景或衬托。如果壁纸的色彩过于鲜艳、图案过于强烈，不仅会使室内其他陈设的颜色难以协调，而且会对墙面上的字画、工艺品、灯具等产生"喧宾夺主"的效果，有损于室内装饰的整体效果。

第二节　裱糊与软包工程施工的常用材料及工具

一、裱糊饰面工程施工的常用材料

(一)壁纸和墙布

壁纸和墙布的品种、图案、颜色和规格等,要符合设计要求。

(二)胶粘剂

1. 聚乙烯醇缩甲醛胶(107胶)

聚乙烯醇缩甲醛胶的特点、用途,详见表9-1。

表9-1　107胶的特点、用途

特　点	用　途
以聚乙烯醇与甲醛在酸性介质中进行聚合反应而得的一种透明水溶性胶体。无臭、无毒、无味,具有良好的黏结性能	1. 可作为塑料壁纸、玻璃纤维粘墙布与墙面的胶粘剂 2. 可作室内涂料的胶料 3. 用做外墙装饰的胶料,在水泥砂浆中加入适量的107胶及少量的附加剂和颜料,能配制成彩色聚合物水泥砂浆,可涂刷、喷涂、滚涂于墙面上,然后在其上再喷罩(或涂刷)甲基硅醇钠憎水剂,形成外墙饰面层 4. 用做室内地面涂层的胶料

2. 801胶

801胶的特点、用途和性能,详见表9-2。

表9-2　801胶的特点、用途、性能

特　点	用　途	性　能
由聚乙烯醇与甲醛在酸性介质中缩聚反应后再经氨基化而成。具有无毒、无味、不燃、游离醛含量低,施工中无刺激性气味,其耐磨性、剥离强度及其他性能优于107胶	可用于墙布、墙纸、瓷砖及水泥制品等的粘贴;也可用做地面内外墙涂料的基料	外观:微黄色或无色透明胶体 含固量:≥9% 游离甲醛含量:<1% pH值:7~8

3. 聚醋酸乙烯胶粘剂(白乳胶)

聚醋酸乙烯胶粘剂的特点、用途和性能,详见表9-3。

表9-3　聚醋酸乙烯胶粘剂的特点、用途、性能

特　点	用　途	性　能
由醋酸与乙烯合成醋酸乙烯,再经乳液聚合而成。具有常温固化、配制使用方便,固化较快,黏结强度较高,黏结层具有较好的韧性和耐久性,不易老化	广泛用于黏结纸制品(墙纸)、水泥增强剂、防水涂料、木材的胶粘剂	外观:乳白色稠厚液体 固体含量:50±2% pH值:4~6 颗粒直径:0.5~5mm 稳定性:1h无分层现象

4. SG8104胶

SG8104胶的特点、用途和性能,详见表9-4。

表 9-4　SG8104 胶的特点、用途、性能

特　点	用　途	性　能
无臭、无毒白色胶液，涂刷方便，用量省，黏结力强	适用在水泥砂浆、混凝土、水泥石棉板、石膏板、胶合板等墙面粘贴、纸基塑料壁纸	黏结强度：>0.4～1(MPa)，耐水、耐潮性好，浸泡 7d 不开胶。初始黏结力强，用于顶棚粘贴，壁纸不会下坠，对温度、湿度变化引起的涨缩适应性能好，不开胶

5. 粉末壁纸胶

粉末壁纸胶的品种、用途和性能，详见表 9-5。

表 9-5　粉末壁纸胶的品种、用途、性能

品　种	用　途	性　能
BJ8504 粉末壁纸胶	适用于纸基塑料壁纸的粘贴	1. 初始黏结力：粘贴壁纸不剥落，边角不翘起 2. 黏结力：干燥后剥离时，胶接面未剥离 3. 干燥速度：粘贴后 10min 内可取下 4. 干燥时间：1d 后基本干燥 5. 耐潮性：在室温、湿度 85%下三个月不翘边、不脱落、不鼓泡
BJ8505 粉末壁纸胶	适用于纸基塑料壁纸的粘贴	1. 初始黏结力优于 8504 干胶、107 胶 2. 干燥时间：刮腻子砂浆面 3h 后基本干燥，油漆及桐油面为 2d 3. 除能用于水泥、抹灰、石膏板、木板等墙面外，还可用于油漆及刷底油等墙面

二、裱糊与软包工程施工的常用工具

1. 活动裁纸刀

刀片能伸缩移动，多节使用，用钝可截去，携带方便，使用安全，如图 9-2 所示。

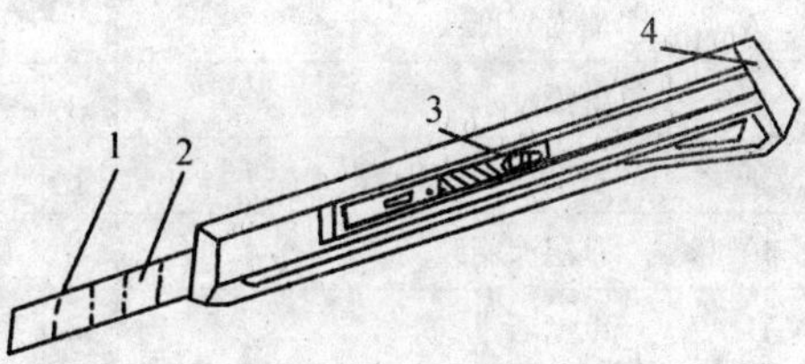

图 9-2　活动裁纸刀

1—刀片折断线　2—刀片　3—伸缩调节器　4—此件卸下可拆装刀片

2. 刮板

刮板采用红松做木柄，用于刮抹、赶压和理平壁纸。刮板有以下三种。

(1)薄钢片刮板　用厚 0.35mm 硬中带软的钢片自制，规格为边长 12～14cm，宽 7.5cm。

(2)胶皮刮板　用 3～4mm 厚半硬质胶皮制作。

(3)塑料刮板　用 0.5～1mm 塑料板条制作。

3. 胶辊

可用油印橡胶辊，粘贴时用来滚压壁纸。

4. 铝合金直尺

铝合金直尺用于压裁壁纸，长 90cm 以上，宽 4cm，厚 1cm，尺面中线有凹槽，两边有刻度。

5. 其他工具

其他工具有裁纸案台、钢卷尺、水平尺、普通剪刀、粉线包、软布、毛巾、排笔及板刷等。

第三节 塑料壁纸和纸基涂塑壁纸的裱糊方法

塑料壁纸和纸基涂塑壁纸是用胶粘剂裱糊在水泥砂浆、水泥石灰砂浆、混凝土和石膏等墙面上的。

一、塑料壁纸和纸基涂料壁纸裱糊施工的主要工序

塑料壁纸和纸基涂塑壁纸裱糊施工的主要工序，见表 9-6。

表 9-6 裱糊施工的主要工序

项次	工序名称	抹灰面混凝土				石膏板面				木料面			
		复合壁纸	PVC壁纸	墙布	带背胶壁纸	复合壁纸	PVC壁纸	墙布	带背胶壁纸	复合壁纸	PVC壁纸	墙布	带背胶壁纸
1	清扫基层、填补缝隙磨砂纸	+	+	+	+	+	+	+	+	+	+	+	+
2	接缝处糊条					+	+	+	+	+	+	+	+
3	找补腻子、磨砂纸					+	+	+	+	+	+	+	+
4	满刮腻子、磨平	+	+	+	+								
5	涂刷涂料一遍									+	+	+	+
6	涂刷底胶一遍	+	+	+	+	+	+		+				
7	墙面划准线	+	+	+	+	+	+	+	+	+	+	+	+
8	壁纸浸水润湿		+		+		+		+		+		+
9	壁纸涂刷胶粘剂	+				+				+			
10	基层涂刷胶粘剂	+	+	+		+	+	+		+	+	+	
11	纸上墙、裱糊	+	+	+	+	+	+	+	+	+	+	+	+
12	拼缝、搭接、对花	+	+	+	+	+	+	+	+	+	+	+	+
13	赶压胶粘剂、气泡	+	+	+	+	+	+	+	+	+	+	+	+
14	裁 边		+				+				+		
15	擦净挤出的胶液	+	+	+	+	+	+	+	+	+	+	+	+
16	清理修整	+	+	+	+	+	+	+	+	+	+	+	+

注：1. 表中“+”号表示应进行的工序。

2. 不同材料的基层相接处应糊条。

3. 混凝土表面和抹灰面必要时可增加满刮腻子遍数。

4. “裁边”工序，在使用宽为 920mm、1 000mm、1 100mm 等需重叠对花的 PVC 压延壁纸时进行。

二、裱糊壁纸的基层处理

裱糊壁纸的基层，要求坚实牢固，表面平整光洁，不疏松起皮、掉粉，无砂粒、孔洞、麻

点和飞刺，污垢和尘土应清除干净，表面颜色要一致。裱糊前应先在基层刮腻子并磨平。裱糊壁纸的基层表面为了达到平整光滑、颜色一致的要求，应视基层的实际情况，采取局部刮腻子、满刮一遍腻子或满刮两遍腻子处理。以羧甲基纤维素为主要胶结料的腻子不宜使用，因为纤维素大白腻子等强度太低、遇湿易胀。常用腻子的配合比及其选用，见表9-7所示。

表9-7　腻子配合比（质量比）

名　称	石膏	滑石粉	熟桐油	羧甲基纤维素溶液（浓度2%）	聚醋酸乙烯乳液
乳胶腻子		5		3.5	1
乳胶石膏腻子	10			6	0.5～0.6
油性石膏腻子	20		7		50

（一）混凝土及抹灰基层处理

裱糊壁纸的基层如是混凝土面、抹灰面（如水泥砂浆、水泥混合砂浆、石灰砂浆等），要满刮一遍腻子并磨砂纸。但有的混凝土面、抹灰面有气孔、麻点或凸凹不平时，为了保证质量，应增加满刮腻子和磨砂纸的遍数。

刮腻子时，应将混凝土或抹灰面清扫干净，使用胶皮刮板满刮一遍。刮时要有规律，要一板排一板，两板中间顺一板，既要刮严，又不得有明显的接槎和凸痕，做到凸处薄刮，凹处厚刮，大面积找平，腻子干后用砂纸打磨、扫净。需增加满刮腻子遍数的基层表面，应先将表面裂缝及凹面部分刮平，然后用砂纸打磨、扫净，再满刮一遍后用砂纸打磨。特别是阴阳角、窗台下、暖气包、管道后与踢脚板连接处的处理，都要认真检查修整。

面层满刮腻子后，也可以在腻子五六成干时，用塑料刮板有规律地压光，最后用干净的抹布轻轻将表面灰粒擦净。

（二）木质、石膏板等基层处理

木基层要求接缝不显接槎，不外露钉头。接缝、钉眼应用腻子补平并满刮一遍石膏腻子，并用砂纸磨平。在纸面石膏板上裱糊塑料壁纸时，板面应先用油性石膏腻子局部找平，在无纸石膏板上做裱糊时，板面应先刮一遍乳胶石膏腻子。

（三）旧墙基层处理

旧墙基层裱糊壁纸，对于凸凹不平的墙面都应修补平整，然后清理墙面旧有的浮松油漆和砂浆粗粒。对修补过的接缝、裂缝、麻点、凹窝等，应用腻子分一至两次刮平，再根据实际墙面平整和光滑程度决定是否再满刮腻子。总之，无论是新墙基层或旧墙基层表面，均不得有飞刺、麻点和砂粒，以防裱糊面层凸泡等质量弊病。同时，还要防止基层颜色不一致，而影响易透底的壁纸粘贴后的装饰效果。

（四）不同基层的处理

不同基体材料的相接处，如石膏板和木基层相接处，应用穿孔纸带粘糊，以防止裱糊后的壁纸面层被拉裂撕开，处理好的基层表面要喷或刷一遍汁浆，一般抹面基层可配制107胶:水＝1:1喷刷，石膏板、木基层等可配制酚醛清漆:汽油＝1:3喷刷，汁浆喷刷不宜过厚，要均匀一致。

（五）基层含水率的控制

进口或国产的壁纸都有较好的透气性，一般可以在基本干燥但未干透的基层上施工。

但基层不能过于潮湿，以免抹灰层的碱性和水分使壁纸变色、起泡、开胶等。裱糊工程基体或基层的含水率，混凝土面和抹灰面不得大于8%。

三、塑料壁纸的裱糊方法

塑料壁纸裱糊前，先将突出基层表面的设备或附件卸下，钉帽应钉入基层表面，并涂防锈漆，钉眼用油性腻子填平。裱糊过程中和壁纸未干燥前，房间应封闭，以防穿堂风劲吹和温度的突然变化。冬期施工，应在采暖条件下进行，作业温度不低于10℃。

（一）弹线、预拼试贴

为使壁纸裱糊时纸幅垂直、花纹图案纵横连贯一致，应先用粉线包（注意粉线应与基层同色）分格弹线，从墙的阴角开始，按壁纸的标准宽度找规矩，将窄条纸的裁切边留在阴角处。每个墙面的第一条纸都要弹线找直，作为裱糊时的准线，以保证第一幅壁纸垂直，这样可以使裱糊面分幅一致，裱糊的质量效果好。弹线越细越好，防止贴斜。为了使壁纸花纹对称，应在窗口弹好中线，再往两边分线。如窗口不在中间，为保证窗间墙的阳角花饰对称，应弹窗间墙中心线，由中心线向两侧再分格弹线。

壁纸粘贴前，应先预拼试贴，观察其接缝效果，准确地决定裁纸边沿尺寸及对好花纹、花饰。

（二）裁纸

根据弹线找规矩的实际尺寸统筹规划裁纸，并编上号，以便按顺序粘贴。裁纸时，以上口为准，下口可比规定尺寸略长1～2cm。如果是带花饰的壁纸，应先将上口的花饰全部对好，要特别小心纸的裁割，不得错位，裁纸下刀前还要认真复核尺寸有无出入，尺子压紧壁纸后不得再移动，刀刃贴紧尺边，一气呵成，中间不得停顿或变换持刀角度，手劲要均匀。

（三）润纸

塑料壁纸遇水或胶水后开始自由膨胀，约5～10min胀足，干后自行收缩。自由胀缩的壁纸，其幅宽方向的膨胀率为0.5%～1.2%，收缩率为0.2%～0.8%。掌握这个特性，可保证塑料壁纸的裱糊质量。如在干纸上刷胶后立即上墙裱糊，由于纸虽被胶固定，但继续吸湿膨胀，因此墙面上的纸必然出现大量气泡、皱褶，不能成活，因此，施工前应将壁纸在水槽中浸泡几分钟，把多余的水抖掉，再静置约20min，然后再裱糊。这样，纸能充分胀开，粘贴到基层表面上后，塑料壁纸随着水分的蒸发而收缩、绷紧，即使裱糊时有少量气泡，干后也会自行平伏。

（四）刷胶

塑料壁纸背面和基层表面都应涂刷胶粘剂。为了能有足够的操作时间，纸背面和基层表面要同时刷胶。胶粘剂要集中调制，并通过400孔/cm^2筛子过滤，除去胶中的疙瘩和杂物。调制后，应当日用完。刷胶时，基层表面涂刷胶粘剂的宽度要比上墙壁纸宽约3cm，涂刷要薄而均匀，不裹边，不宜过厚，一般抹灰面用胶量为0.15kg/m^2左右，气温较高时用量相对增加。

塑料壁纸背面刷胶的方法是：壁纸背面刷胶后，胶面与胶面反复对迭，可避免胶干得太快，也便于上墙，这样裱糊的墙面整洁、平整。

(五)裱糊

裱糊时,分幅顺序从垂直线起至阴角处收口,由上而下,上端不留余量,包角压实。上墙的壁纸要注意纸幅垂直,先对缝、对花形,拼缝到底压实后再刮平大面。一般无花纹的壁纸,纸幅间可拼缝重叠2cm,并用直钢尺在接缝上从上而下用活动剪纸刀切断。切割时要避免重割;有花纹的壁纸,则采取两幅壁纸花纹重叠,对好花,用钢尺在重叠处拍实,从上而下切。切去余纸后,对准纸缝粘贴,阳角不得留缝,不足一幅的应裱糊在较暗或不明显的部位。基层阴角若遇不垂直现象,可做搭缝,搭缝宽为5~10mm,要压实,并不留空隙。

裱糊拼缝对齐后,用薄钢片刮板或胶皮刮板由上而下抹刮(较厚的壁纸必须用胶辊滚压),再由拼缝开始按向外向下的顺序刮平压实,多余的黏结剂挤出纸边,及时用湿毛巾抹去,以整洁为准,并应使壁纸与顶棚和角线交接处平直美观,斜视时无胶痕,表面颜色一致。

为了防止使用时碰蹭而使壁纸开胶,严禁在阳角处甩缝,壁纸要裹过阳角不小于20mm,如图9-3(*a*)(*b*)所示。阴角壁纸搭缝时,应先裱糊压在里面的壁纸,再粘贴面层壁纸,搭接面应根据阴角垂直度而定,搭接宽度一般为2~3mm,并且要保持垂直无毛边,如图9-3(*c*)(*d*)所示。

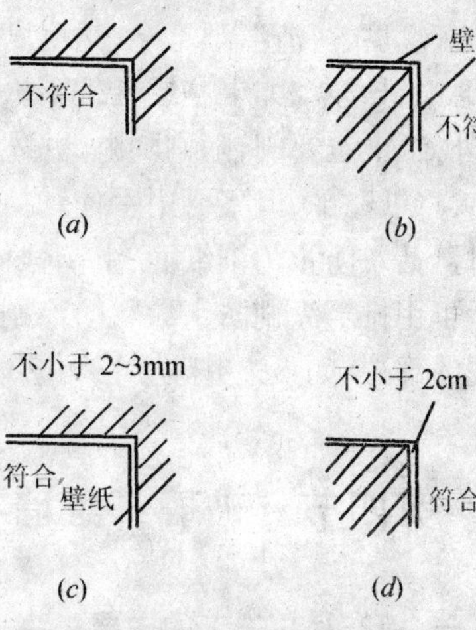

图9-3　阴、阳角壁纸交接要求

遇有墙面卸不下来的设备或附件,裱糊时可在壁纸上剪口裱上去。其方法是将壁纸轻轻糊于突出的物件上,找到中心点,从中心往外剪,使壁纸舒平裱于墙面上,然后用笔轻轻标出物件的轮廓位置,慢慢拉起多余的壁纸,剪去不需要的部分,四周不得有缝隙。壁纸与挂镜线、贴脸和踢脚板接合处,也应紧接,不得有缝隙,以使接缝严密美观。

顶棚裱糊壁纸时,应先裱糊靠近主窗处,方向与墙平行;长度过短时,则可与窗户成直角粘贴。裱糊前,先在顶棚与墙壁交接处弹上一道粉线,将已刷好胶的壁纸用木柄撑起折叠好的一段壁纸,边缘靠齐粉线,先敷平一段,然后再沿粉线舒平其他部分,直到贴好为止。多余的部分,再剪齐修整。

(六)修整

壁纸上墙后,若发现局部不合质量要求,应及时采取补救措施。如纸面出现皱纹、死褶时,应趁壁纸未干,用湿毛巾轻拭纸面,使壁纸湿,用手慢慢将壁纸舒平,待无皱褶时,再用橡胶滚或胶皮刮板赶压平整。如壁纸已干结,则要将壁纸撕下,把基层清理干净后,再重新裱糊。

如果已贴好的壁纸边沿脱胶而卷翘起来(张嘴现象),要将翘边壁纸翻起,检查产生的原因,属于基层有污物者,应清理干净,补刷胶液粘牢;属于胶粘剂胶性小的,应换用胶性较大的胶粘剂粘贴;如果壁纸翘边已坚硬,应使用黏结力较强的胶粘剂粘贴,还应加压粘牢粘实。

如果已贴好的壁纸出现接缝不垂直、花纹未对齐时，应及时将裱糊的壁纸铲除干净，重新裱糊。对于轻微的离缝或缺纸现象，可用与壁纸颜色相同的乳胶漆点描在缝隙内，漆膜干后一般不易显露。较严重的部位，可用相同的壁纸补贴，不得看出补贴痕迹。

如纸面出现气泡，可用注射针管将气抽出，再注射胶液贴平贴实，如图 9-4 所示。也可以用刀在气泡表面切开，挤出气体用胶粘剂压实。若鼓包内胶粘剂聚集，则用刀开口后将多余胶粘剂刮去压实即可。对于在施工中碰撞损坏的壁纸，可采取挖空填补的办法，将损坏的部分割去，然后按形状和大小，对好花纹补上，要求补后不留痕迹。

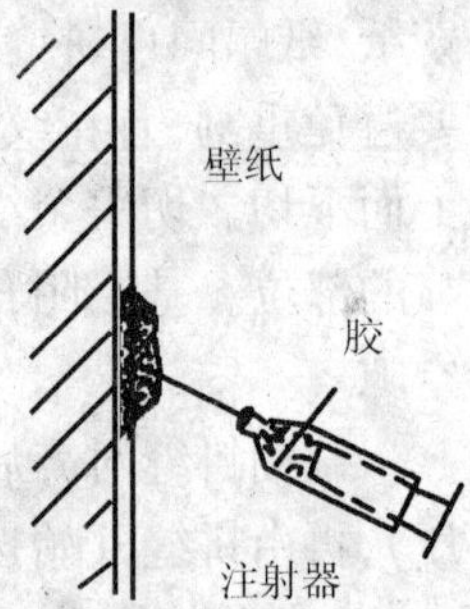

图 9-4　鼓包注胶法

四、纸基涂塑壁纸的裱糊方法

纸基涂塑壁纸因无底胎，而且纸质较薄，因此操作时必须将墙上的灰疙瘩、灰渣清理干净，然后满刮一遍腻子，如有不平处，还应补刮，干燥后用砂纸磨平、磨光、扫净。如果基层处理不好，则难以保证裱糊面质量。粘贴时，除墙面刷胶（或浆糊）外，纸上也要刷，随刷随贴，并先贴住纸的上边，再用毛刷慢慢往下赶，把纸背面的气泡赶出，将纸贴平，但不要用手使劲拉纸，粘贴时避免纸面产生死褶。为使纸基涂塑壁纸粘贴时挺括及防止污染纸面，上墙裱糊时，可用其他纸衬托进行。在花纹上涂膜时，应待纸干后再用排笔涂刷防水涂料。涂刷要厚薄均匀，不要流坠、漏刷，在容易弄脏而需要经常擦洗的部位，如桌边、床边等，可多刷一遍涂料。

第四节　玻璃纤维墙布、无纺墙布和装饰墙布的裱糊方法

一、墙布裱糊施工的主要工序

墙布裱糊施工的主要操作工序，见表 9-6 所示。

二、裱糊墙布的基层处理

裱糊玻璃纤维墙布和无纺墙布的基层处理，与裱糊塑料壁纸的基层处理方法及要求基本相同，但玻璃纤维墙布和无纺墙布的盖底力稍差。若基层表面颜色较深时，应满刮石膏腻子，或在胶粘剂中适当掺入白色涂料，如白色乳胶漆等。若相邻部位的基层颜色较深时，更应注意颜色一致的处理，以免裱糊后色泽有差异，影响装饰效果。裱糊锦缎的基层处理，应保证基层平整，彻底干燥，以防裱糊后发霉。

三、裱糊墙布的裱糊方法

（一）裁剪

裱糊前，应弹线找规矩，然后量好墙面需要粘贴的长度，并适当放长 10～15cm，再根据墙布的花色图案，按其整倍数裁剪，便于花型拼接。裁布场所要清洁，用剪刀剪成段，要裁剪顺直，然后卷拢，横放在盒内，切勿直立，以防碰毛布边，且要防止玷污。

(二)刷胶

裱糊玻璃纤维墙布和无纺墙布时,胶粘剂应随用随配,以当天施工用量为限。羧甲基纤维素应先用水溶化,经10h左右用细眼纱过滤,除去杂质,再与其他材料调配,并搅拌均匀,胶液稀稠程度以便于操作为度。

玻璃纤维墙布和无纺墙布的基材分别是玻璃纤维和合成纤维等,无吸水膨胀的特点,墙布毋需预先湿水,可以直接往基层上(墙布不刷胶)刷胶裱糊。刷时要均匀,稀稠适度。裱糊玻璃纤维墙布用胶量一般为0.12kg/m²(抹灰墙面),裱糊无纺墙布用胶量一般为0.15kg/m²(抹灰墙面)。由于锦缎柔软,极易变形,裱糊时,应先在锦缎背面衬糊一层宣纸,使锦缎挺括,易于操作。

(三)裱糊

基层上刷胶后,将裁好成卷的墙布自上而下严格按对花要求渐渐放下(注意上边留出50mm左右),然后用湿手巾将墙布抹平贴实,再用活动剪纸刀割去上下多余的布料。对于阴阳角、线脚以及偏斜过多的地方,可以开裁拼接,或进行叠接,对花要求可略放宽,但切忌将墙布横向硬拉,以致整块墙布歪斜甚至脱落,影响裱糊质量。

裱糊时,由于墙角与地面不一定垂直,因此裱糊时不能以墙角为准,应严格按弹线或吊线法保证第一条布与地面垂直,然后逐条裱糊。

其他裱糊操作方法及注意事项,与裱糊塑料壁纸相同。

第五节　人造革、织锦缎软包墙面施工

人造革、织锦缎软包墙面可保持柔软、消声、温暖,适用于防止碰撞的房间及声学要求较高的房间。

人造革、织锦缎软包墙面分预制板组装和现场组装两种。预制板组装墙面的底衬多用硬质材料,现场组装墙面的衬底多为软质材料。

一、材料和工具准备

1. 材料准备

主要有人造革或织锦缎、泡沫塑料或矿渣棉、木条、五夹板、电化铝帽头钉、油轮、沥青、油毡等。

2. 工具准备

主要有锤子、木工锯、刨子、抹灰用工具、粘贴沥青用工具等。

二、基层处理

1. 埋木砖

在砖墙或混凝土墙中埋入木砖,间距为400~600mm,视板面划分而定。

2. 抹灰、做防潮层

为防止潮气使面板翘曲、织物发霉,应在砌体上先抹20mm厚1:3水泥砂浆。然后刷

冷底子油做一毡二油防潮层或其他防潮层。

3. 立墙筋

墙筋断面为(20～50)mm×(40～50)mm,用钉子钉于木砖上,并找平找直。

三、面层安装

1. 五夹板外包人造革或织锦缎做法

(1)将450mm见方的五夹板边用刨刨平,沿一个方向的两条边刨出斜面。

(2)用刨斜边的两边压入人造革或织锦缎,压长为20～30mm,用钉子钉在木墙筋上,钉头埋入板内,另两侧不压织物钉于墙筋上。

(3)将织锦缎或人造革拉紧,使其平伏在五夹板上,边缘织物贴于下一条墙筋上20～30mm,再以下一块斜边板压紧织物和该板上包的织物,一起钉入木墙筋,另一侧不压织物钉牢。以这种方法安装完整个墙面。

2. 人造革或织锦缎包矿渣棉的做法

(1)在木墙筋上钉五夹板,钉头埋入板中,板的接缝在墙筋上。

(2)以规格尺寸大于纵横向墙筋中距50～80mm的卷材(人造革、织锦缎等),包矿渣棉于墙筋上,铺钉方法与前述基本相同。铺钉后钉口均为暗钉口。

(3)暗钉钉完后,再以电化铝帽头钉钉在每一分块卷材的四角。

四、注意事项

(1)木墙筋应保持平整,以此保证墙面施工质量。

(2)裁人造革、织锦缎面料时,一定要大于墙面分格尺寸。

第六节　裱糊与软包工程的质量标准和检验方法

对于裱糊、软包等工程的质量标准与检验方法应符合《建筑装饰装修工程质量验收规范》(GB50210—2001)和《建筑工程施工质量验收统一标准》(GB50300—2001)的相关规定。

一、一般规定

1. 裱糊、软包工程验收时应检查下列文件和记录

(1)裱糊、软包工程的施工图、设计说明及其他设计文件。

(2)饰面材料的样板及确认文件。

(3)材料的产品合格证书、性能检测报告、进场验收记录和复验报告。

(4)施工记录。

2. 各分项工程的检验批应按下列规定划分

同一品种的裱糊或软包工程每50间(大面积房间和走廊按施工面积30m^{2}为一间)应划分为一个检验批,不足50间也应划分为一个检验批。

3. 检查数量应符合下列规定

(1)裱糊工程每个检验批应至少抽查10%,并不得少于3间;不足3间时应全数检查。

(2)软包工程每个检验批应至少抽查20%,并不得少于6间;不足6间时应全数检查。

4. 裱糊前,基层处理质量应达到下列要求

(1)新建筑物的混凝土或抹灰基层在涂饰涂料前应涂刷抗碱封闭底漆。

(2)旧墙面在裱糊前应清除疏松的旧装修层,并涂刷界面剂。

(3)混凝土或抹灰基层含水率不得大于8%,木材基层的含水率不得大于12%。

(4)基层腻子应平整、坚实、牢固,无粉化、起皮和裂缝;内墙腻子的黏结强度应符合《建筑室内用腻子》(JG/T3049)的规定。

(5)基层表面平整度、立面垂直度及阴阳角方正应达到高级抹灰的要求。

(6)基层表面颜色应一致。

(7)裱糊前应用封闭底胶涂刷基层。

二、裱糊工程

对于聚乙烯塑料壁纸、复合纸质壁纸、墙布等裱糊工程,其质量应符合下列要求。

(一)主控项目

(1)壁纸、墙布的种类、规格、图案、颜色和燃烧性能等级必须符合设计要求及国家现行标准的有关规定。

检验方法:观察;检查产品合格证书、进场验收记录和性能检测报告。

(2)裱糊工程基层处理质量应符合本节的要求。

检验方法:观察;手摸检查;检查施工记录。

(3)裱糊后各幅拼接应横平竖直,拼接处花纹、图案应吻合,不离缝,不搭接,不显拼缝。

检验方法:观察;拼缝检查距离墙面1.5m处正视。

(4)壁纸、墙布应粘贴牢固,不得有漏贴、补贴、脱层、空鼓和翘边。

检验方法:观察;手摸检查。

(二)一般项目

(1)裱糊后的壁纸、墙布表面应平整,色泽应一致,不得有波纹起伏、气泡、裂缝、皱折及斑污,斜视时应无胶痕。

检验方法:观察;手摸检查。

(2)复合压花壁纸的压痕及发泡壁纸的发泡层应无损坏。

检验方法:观察。

(3)壁纸、墙布与各种装饰线、设备线盒应交接严密。

检验方法:观察。

(4)壁纸、墙布边缘应平直整齐,不得有纸毛、飞刺。

检验方法:观察。

(5)壁纸、墙布阴角处搭接应顺畅,阳角处应无接缝。

检验方法:观察。

三、软包工程

对于墙面、门等软包工程,其质量应符合下列要求。

(一)主控项目

(1)软包面料、内衬材料及边框的材质、颜色、图案、燃烧性能等级和木材的含水率应符合设计要求和国家现行标准的有关规定。

检验方法:观察;检查产品合格证书、进场验收记录和性能检测报告。

(2)软包工程的安装位置及构造做法应符合设计要求。

检验方法:观察;用尺量检查;检查施工记录。

(3)软包工程的龙骨、衬板、边框应安装牢固,无翘曲,拼缝应平直。

检验方法:观察;用手扳检查。

(4)单块软包面料不应有接缝,四周应绷压严密。

检验方法:观察;用手摸检查。

(二)一般项目

(1)软包工程表面应平整、洁净,无凹凸不平及皱折;图案应清晰、无色差,整体应协调美观。

检验方法:观察。

(2)软包边框应平整、顺直、接缝吻合。其表面涂饰质量应符合本规范第 10 章的有关规定。

检验方法:观察;用手摸检查。

(3)清漆涂饰木制作边框的颜色、木纹应协调一致。

检验方法:观察。

(4)软包工程安装的允许偏差和检验方法应符合表 9-8 的规定。

表 9-8 软包工程安装的允许偏差和检验方法

项次	项 目	质量要求	检验方法
1	垂直度	3	用 1m 垂直检测尺检查
2	边框宽度、高度	0; -2	用钢尺检查
3	对角线长度差	3	用钢尺检查
4	裁口、线条接缝高低差	1	用钢直尺和塞尺检查

复习思考题

1. 什么是裱糊工程?它有何特点?
2. 裱糊中所用的材料、工具有哪些?
3. 如何裱糊塑料壁纸?
4. 如何裱糊墙布?

第十章

店面装饰工程

第一节　招牌制作与安装

店面招牌可分为雨篷式招牌、灯箱、单独字面和悬挑招牌。

一、招牌制作与安装施工前的准备工作

(一)材料

店面招牌用材料包括骨架材料、罩面材料及其他辅助材料。骨架材料一般用型钢或管材,主要包括型钢、型铝、木方、不锈钢管、铝管和普通钢管;罩面材料常用钢板、铝板、不锈钢板、塑料板等板材;辅助材料有线材(如铝合金线条、不锈钢线条、木线条等)和固结材料(如膨胀螺栓、螺钉、胶粘剂等)。

(二)施工工具(机具)

常用的工具(机具)有型材切割机、手电钻、冲击钻、电动圆锯、电动刨、木工修边机、射钉枪、电动抛光机、线锤、方尺、角尺、钢锯、刨子、锤子、螺丝刀、砂纸等。

(三)主体结构的检查

(1)装饰前应对主体结构强度和承载能力进行检查,若不符合设计要求应及时处理。

(2)装饰前应根据设计要求安装预埋件,要求预埋件位置、标高准确,且与主体结构连接可靠。

二、招牌的制作与安装

(一)雨篷式招牌

雨篷式招牌是悬挑或附贴在建筑入口处,既起招牌作用,又起雨篷作用的一种店面装饰。雨篷式招牌形式如图 10-1 所示。

图 10-1　雨篷式招牌形式

1. 雨篷式招牌的制作

雨篷式招牌的制作包括下料、边框组装和安装木方等工序。

(1)下料　下料前应按设计要求进行选料，如无设计规定，可用 L30mm × 30mm ~ L50mm × 50mm 的角钢，再用型材切割机或小钢锯按要求尺寸切割下料。

(2)边框组装　将已下好的型钢料用焊接的方法连接在一起，也可用螺栓连接，连接时用电钻钻孔，拧入螺栓。

(3)装木方　在边框的下面，为安放雨篷顶板而需要安放木方，在边框的前面为安装面板或做贴面材料也需安放木方。安放木方时，要在型钢上和木方上钻孔，以螺栓拧紧。

2. 雨篷式招牌的安装

(1)放线、定位　在安装前，按设计要求在墙面上放出雨篷招牌位置线，定出安装位置。

(2)埋设埋件、做埋设孔　在拟安装边框的部位，墙体中要埋入木砖或铁件。对于后安装的雨篷式招牌，通常在墙体上用电钻开通孔，用螺栓穿过通孔和边框上的钻孔拧紧(见图 10-2)。如果招牌的质量不大，可在墙上钻浅洞，用铁锤打入木楔，如图 10-3 所示，也可用射钉枪将边框与墙体用射钉连接。

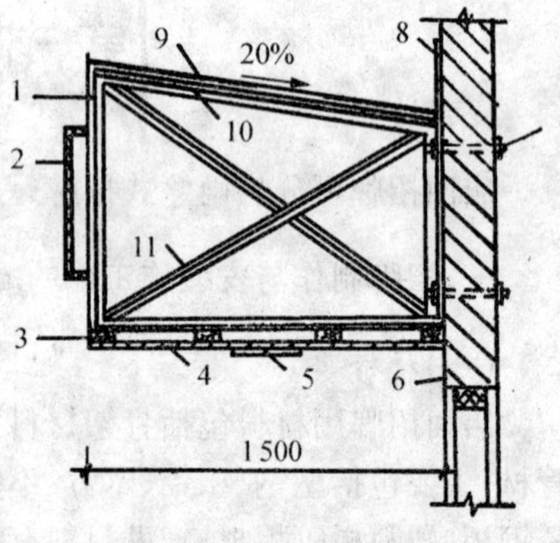

图 10-2　雨篷式招牌构造示意

1—饰面材料　2—店面招牌
3—40mm × 50mm 吊顶木筋
4—天棚饰面　5—吸顶灯
6—外墙　7—ϕ10 ~ 12 螺杆
8—26 号镀锌铁皮泛水
9—玻璃钢瓦　10—L30 ~ 3 角钢
11—角钢剪刀撑

(3)安装板材面板　金属压型板、铝镁曲板可直接钉在边框的方木上，然后在板顶加型铝压条。金属平板一般要再加钉衬底、衬板(一般为胶合板)，将胶合板钉在边框上的方木上，钉头进入板内，然后用砂纸打磨平整，扫去浮灰，在板面刷胶粘剂(如环氧树脂、白胶等)，刷胶后将金属平板贴上。有机玻璃面板在尺寸较大时也要做衬板，方法同金属平板。

(4)安装块材面板　块材面板多用面砖、马赛克和大理石薄板。首先应在边框上钉木板条，板条间距为30 ~ 50mm，接着在板条上钉钢板网，然后抹 1:3 水泥砂浆 20mm 厚，最后按板块材外墙面的施工方法施工，如图 10-4 所示。

(5)下部做吊顶和安放灯具　吊顶的做法和材料选用基本同室内吊顶，常用的材料有灰板条抹灰、钙塑板、铝镁曲板、彩色玻璃等。

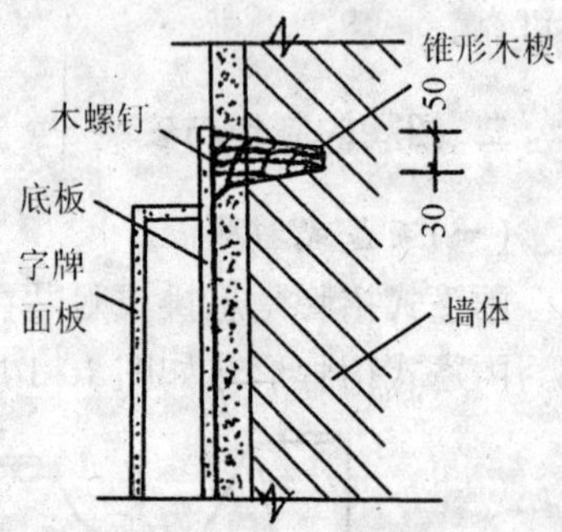

图 10-3　招牌与墙体连接

(二)灯箱

灯箱是悬挂在墙上和其他支撑物上的装有灯具的招牌。它比雨篷式招牌有更多的观赏面，有更强的装饰效果，无论白天和夜间，灯箱都能起到招牌式广告作用。

1. 灯箱的制作

灯箱边框的制作可采用木边框和型材框两种方法。

(1)木边框制作　因灯箱的尺寸一般较小，所以可选用 30mm×40mm、40mm×50mm 的木边框。边框材料之间开榫刷胶连接，即在开出的榫头上刷上乳白胶后再接合。

(2)型材框制作　灯箱也可用型钢、铝合金型材制作，按尺寸下料后，可用焊接或螺栓连接。

2. 灯箱的安装

(1)定位、放线　灯箱安装前，应根据设计确定的位置放线、定位。

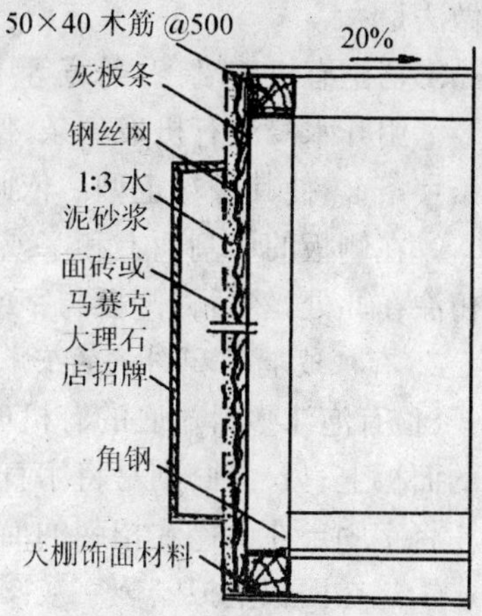

图 10-4　板块饰面构造示意

(2)安放灯架、敷设线路　根据灯具大小确定灯具支架的位置，拧上灯座或灯脚，根据灯线的引入方向，考虑引入孔以及检修是否方便。

(3)覆盖面板　面板以有机玻璃最为合适，因其既透光，又使光线不刺眼，同时这种材料不怕风雨、易加工。紧面板与边框用铁钉或螺钉连接，连接前应先在面板上用电钻钻 ϕ1.5mm 小孔，以防钉拧紧时板材开裂。用型材框时，应同时在型材上钻眼，再用螺栓连接。

(4)装铝合金边框　按灯箱外缘尺寸用型材切割机(或钢锯)切割铝合金型材，在型材上每隔 500～600mm 钻 ϕ1.5mm 钉孔，然后将型材覆盖在灯箱边缘，用小铁钉钉入边框。若用金属边框时，应同时钻眼、用螺栓连接。

(5)安装　灯箱制作时就应考虑它与墙体的连接方法，制作完后，按墙上定位线进行安装。灯箱构造示意图，如图 10-5 所示。

(三)有机玻璃字和图案的制作与安装

1. 有机玻璃字和图案的制作

(1)书写、设计字或图案。

(2)将字或图案按比例放大至所需尺寸。

(3)放大后的字或图案用复写纸复印到选用的有机玻璃上(有机玻璃板 3～4mm 厚)。

(4)用钢丝锯或线锯机按复印线切割有机玻璃，用电热丝按复印线切割泡沫塑料。

(5)用环氧树脂将有机玻璃与泡沫塑料黏结在一起。

(6)用木锉修整边角，使有机玻璃与泡沫塑料外形重合。

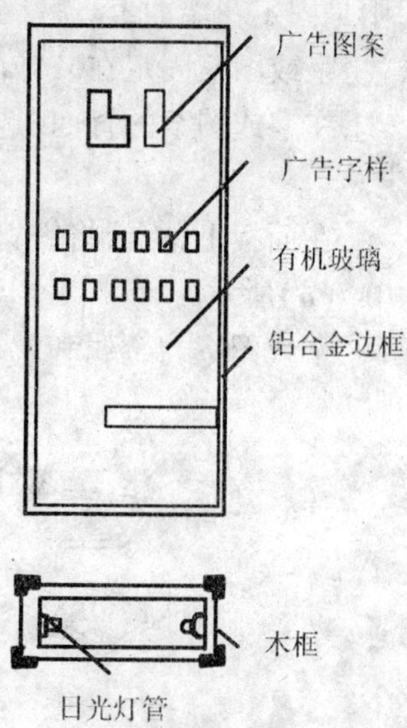

图 10-5　灯箱构造示意

不用泡沫塑料做衬底时，可直接贴于面板上，为了使字明显，可以在字的背面加侧板。

其做法是：

①切割有机玻璃条，条宽等于字厚，并用木锉或刨子修平切割面，并用砂纸打磨。

②用开水浸泡有机玻璃条，使其软化，按字和图案轮廓弯曲成型，然后迅速用冷毛巾覆于字条上，使其冷却定型。依此方法分段将字或图案侧板加工完毕。

③在侧板的切割面上和字或图案的边缘，用针头(医用带针管的注射器，内吸氯仿)将氯仿涂在此处，然后将侧板与字或图案粘上，静置数分种，即完成制作。

2. 有机玻璃字和图案的安装固定

(1)有泡沫塑料衬底的有机玻璃字的固定　有两种情况：一种是将字固定在雨篷式招牌的面板上；另一种，则是将字直接固定在墙体上。

将字固定在雨篷式招牌的面板上的做法为：

①先在面板上拟安装字或图案的部位钻孔，在泡沫塑料衬底上刷乳白胶或环氧树脂，擦净面板的拟安装部位。

②将字或图案粘贴在面板上，然后通过钻孔，在面板的背面钉入铁钉。

③将固定好的字或图案的面板安装在木边框上。

将字直接固定在墙体上的做法为：

①清理墙面的拟安装部位，并选点钉入铁钉，铁钉应预先夹掉钉帽。

②在泡沫塑料上均匀地涂刷环氧树脂，对准拟安装部位平稳地贴上，注意钉头不能过长，否则会顶掉有机玻璃面，然后在字或图案四周粘透明胶纸，将字或图案与墙体临时固定，过2d后再撕掉，如图10-6所示。

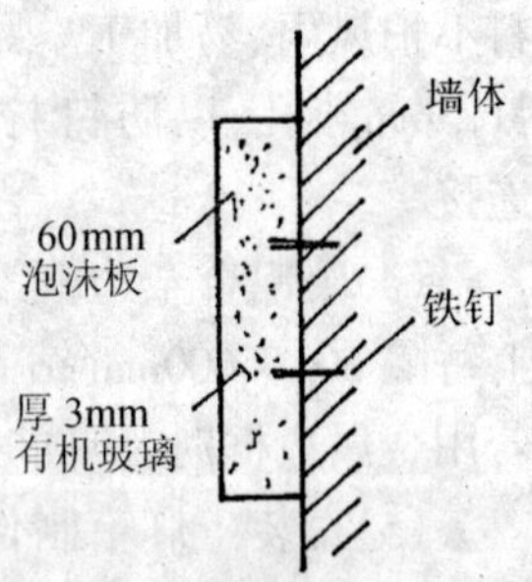

图 10-6　有机玻璃面、厚泡沫底板字牌与墙体固定

(2)无衬底字或图案的固定　无衬底字或图案的固定同样有两种情况：一种是将字或图案固定在装饰面板上；另一种，则是固定在墙面上。

将字或图案固定在装饰面板上的做法为：

①在字或图案的背面，选定镶嵌木块，并用木螺丝与侧板固定。

②在面板上钻孔，将铁钉穿过板孔钉于镶嵌的木块上，如图10-7(a)所示。

③字或图案与金属和木板固定好后再安装在边框上或墙体上，如图10-7(b)所示。

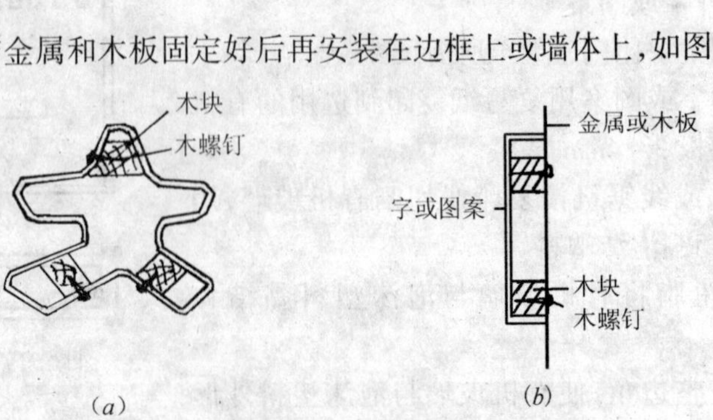

图 10-7　无衬底字或图案的固定

将字或图案固定在墙体上的做法为：

①在字上选点镶嵌木块后，将字或图案的轮廓画于墙上，按木块的位置，在墙上凿洞，打入木楔。

②将镶嵌木块拿出，先钉于木楔上，注意不要使木块超过轮廓线，否则字或图案将无法安装。

③将字或图案套在镶嵌木块上，在木块处侧板上的两边钻上孔，拧入木螺钉固定，如图 10-8 所示。

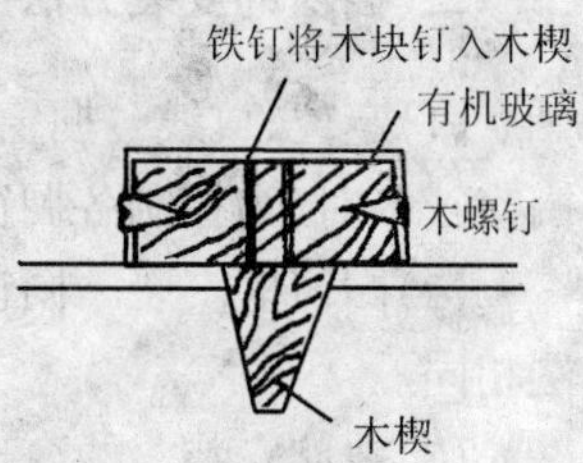

图 10-8　无衬底字或图案与墙体的固定

(四)金字招牌

金字招牌，是用金箔材料制作成的招牌，它豪华名贵，永不褪色，能保持 20 年以上，是其他材料制作的招牌所无法比拟的。

金箔的制作工艺：制作金箔是以黄金为原料，目前仍然沿用古老传统的手工制作工艺，经十多道工序而成。其主要工艺为：原料检验→熔炼→拍叶→落开子→做埝子→古埝子→打开子→装开子→炕炕→打三细→三细检验→出具→切箔→包装。

制作金箔劳动强度大，将包好的黄金放在埝子上敲打几万下，完全用人工敲打。切箔、包装要求非常认真，由于金箔极薄，大声说话、出气较粗都会将金箔吹起，经切箔后的金箔尺寸为 9.33cm × 9.33cm，厚度 0.1pm 左右，1g 黄金能打金箔(含金量 98%)56 张。

金字招牌的制作工艺主要有两部分：字胎制作与金箔贴裹。江苏南京江宁厂制作金字招牌，采用泡桐木做基材，干燥后切割成型，然后用夏布包裹，生漆涂刷数层，每层都需要水磨字胎，表面经修补打磨后，再用特制的胶将金箔粘贴包裹。

外形尺寸 2m 以上厚度 10 ~ 13cm 的大字，每 $1m^2$ 需用 9.33cm × 9.33cm 的金箔 154 张。外形尺寸 1.2 ~ 2m 厚度 8cm 的字，每 $1m^2$ 需用 146 张。外形 1m 以下、厚 6cm 的字，每 $1m^2$ 需用 126 张金箔。

第二节　橱窗安装

在商业店铺的临街面上，为展示商品和装饰店面，一般设有橱窗。橱窗包括边框和玻璃两部分。

一、橱窗安装施工前的准备工作

(一)材料准备

橱窗由边框和玻璃构成。边框一般采用型钢或铝合金型材，玻璃一般采用厚 5 ~ 10mm 的普通玻璃或茶色玻璃等。

(二)施工工具(机具)

常用工具(机具)主要有线锤、方尺、角尺、水平尺、型材切割机、冲击钻、手电钻、射钉枪等。

(三)基体准备

橱窗施工前,应认真检查洞口尺寸、位置和标高,对不符合设计要求的情况,应会同有关人员进行洞口处理。当洞口符合要求后,方可按施工大样图要求埋设预埋件,要求预埋件的位置、数量符合要求,与基体连接可靠。

二、橱窗的安装方法

(1)定位、放线　橱窗安装前,应根据设计要求把橱窗的位置测设在墙体上并弹线,若橱窗较多时,为控制各橱窗的标高,应拉水平通线。

(2)橱窗框安装　橱窗框的安装应根据设计要求进行,安装方法与铝合金门窗安装方法相同。

(3)玻璃安装　橱窗玻璃一般不采用窗扇,直接固定于橱窗框料上。常见橱窗节点构造,如图 10-9 所示。

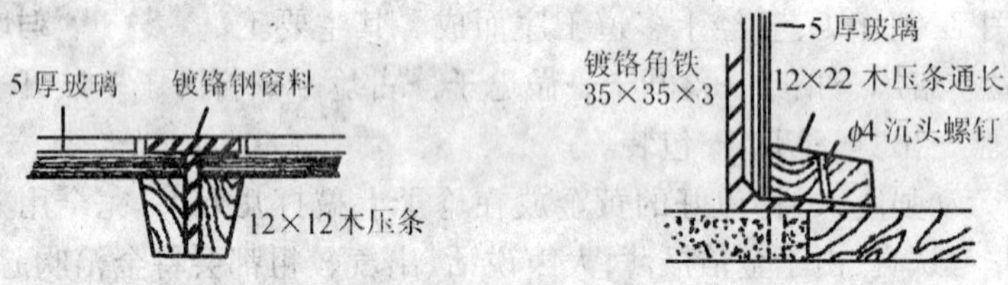

图 10-9　橱窗节点构造

第三节　店面装饰配套设施施工

店面内配套设施主要有固定配置和活动配置。固定配置包括固定的接待台、售货柜、银行柜台、酒水柜、座位台等,活动配置主要是指配套的家具。固定配置通常是由混合结构组成,即固定的台、架、柜由木结构、钢结构、砖结构、玻璃结构所组成。固定配置在室内装饰中往往起形成某些空间内的视觉中心的作用,是室内装饰工程的重点。

一、店面装饰配套设施施工前的准备工作

(一)材料

1. 普通土建材料

水泥一般采用 32.5 级普通硅酸盐水泥;砂、石骨料要求其含泥量不得大于下列规定:砂 3%、石子 1%;钢筋或角钢按设计要求确定,角钢一般采用 L30mm × 30mm ~ L50mm × 50mm;砖的强度等级不得低于 MU7.5。进场材料应符合有关材料标准,经检查或试验合格后方可使用。

2. 面层装饰及辅助材料

面层装饰及辅助材料包括大理石、瓷砖、花岗岩、铜条、铜管、铝合金型材、铝合金面板、木线条、铝合金线条、不锈钢线条等。

(二)施工工具(机具)

施工工具(机具)有线锤、角尺、方尺、水平尺、电动圆锯、手电钻、冲击钻、射钉枪、电动自攻螺钉钻、型材切割机和电焊机等。

二、店面装饰配套设施施工

(一)施工要点

店面装饰配套设施施工时,为保证结构安全可靠、装饰面美观大方,应注意以下几点。

(1)砖基础、钢筋混凝土基础,施工时一定要按设计要求进行,满足施工质量要求。

(2)骨架以钢结构、砖结构、钢筋混凝土结构为主。施工时要保证结构有足够的强度和刚度,保证台、架的稳固性。

(3)用木结构或厚玻璃结构制作台、架时,施工应满足刚度、强度及稳定性要求,防止受外力作用变形倒塌。

(4)当采用大理石、花岗石作面层时,石板与钢骨架的连接采用钢丝网水泥镶贴,石板与木结构的连接采用预埋件连接。

(5)钢骨架与木结构的连接采用螺钉,砖、混凝土骨架与木结构之间连接,采用预埋方式。

(6)厚玻璃结构连接,采用卡脚和玻璃胶固定方式。

(7)不锈钢和铜管架采用脚座及螺钉固定,线条材料常采用粘卡、钉接固定。

(二)施工方法

1. 弹线

弹线是在地面和墙面上,把固定配置的位置、高度、宽度、长度确定下来。

2. 钢骨架制作与安装

钢骨架通常是用角钢或槽钢焊制,先焊制成框架再进行安装。钢架与地面、墙面的固定一般用膨胀螺栓直接固定,也可用预埋件与钢架焊接固定。安装钢骨架应平整垂直,不得出现倾斜扭曲现象。安装固定后涂刷防锈漆两遍。如果钢骨架与木饰面结合,需在钢骨架上用螺栓固定方木骨架或固定木夹板;如果钢骨架与石板饰面结合,则需在钢骨架上标出与石板结合的部位并焊敷钢丝网。钢骨架混合结构,如图 10-10 所示。

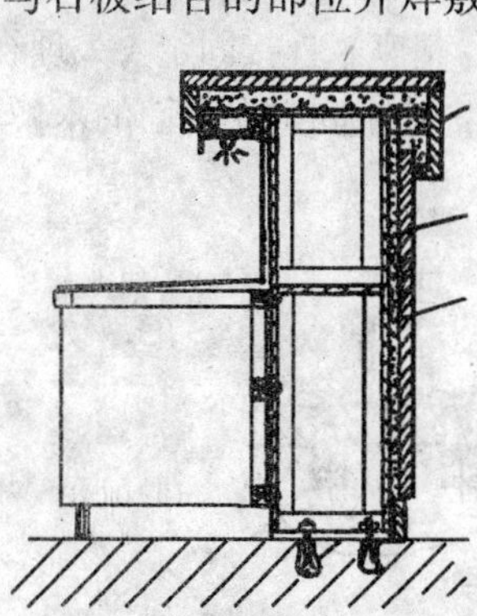

图 10-10 钢骨架混合结构配置体

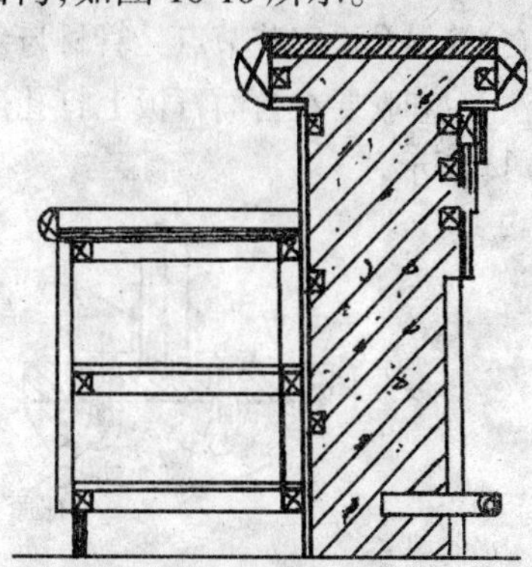

图 10-11 钢筋混凝土骨架结构配置体

3. 砖砌体骨架施工

配置体可以用砖砌基础和骨架结构,砌筑时要保证砌体强度、结构的垂直度和平整度。砌筑时,不能留通缝,防止配置体失稳。在砖砌体骨架上镶贴大理石或花岗岩时,应先抹灰,然后再镶贴。若需与不锈钢管连接,应先埋设预埋件,然后再与不锈钢管连接。

4. 钢筋混凝土骨架施工

在悬挑不大的各种台架中,常用钢筋混凝土作为基础和骨架。因此,施工时先根据定位放线,支基础模板、绑基础钢筋、浇筑基础混凝土,养护后再绑骨架钢筋、支骨架模板、浇骨架混凝土。若镶贴大理石或花岗岩,应在浇筑骨架时预埋铁件,焊接钢筋作为预挂大理石用。如有不锈钢管需在侧面与骨架连接,也应预埋连接件或将不锈钢管事先埋入骨架中。混凝土骨架的混合结构,如图10-11所示。

5. 节点连接

(1)钢骨架与地面连接　钢骨架与地面连接通常用 M10 膨胀螺栓或射钉固定,如图 10-12 所示。

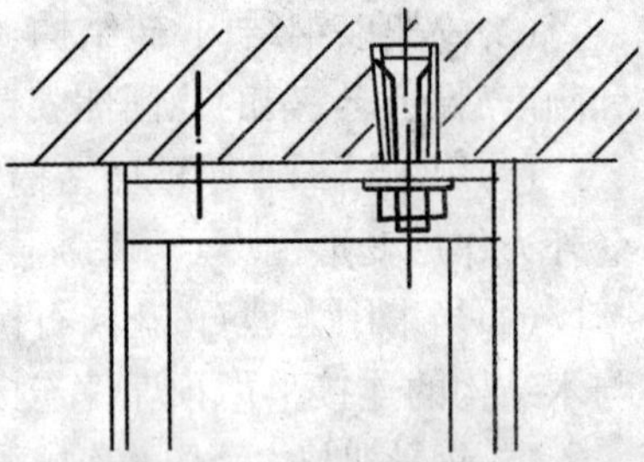

图 10-12　钢骨架与地面的连接固定

(2)混凝土骨架与木结构连接节点　在混凝土骨架内预埋木块,应不小于 40mm × 40mm,并斜锯成梯形,再用木螺钉在背面直接拧入预埋件内。其节点如图 10-13 所示。

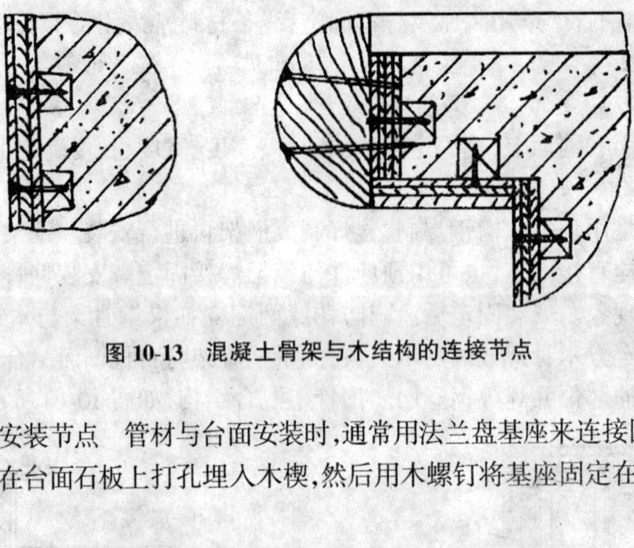

图 10-13　混凝土骨架与木结构的连接节点

(3)管材台面安装节点　管材与台面安装时,通常用法兰盘基座来连接固定。大理石台面固定法兰盘时,要在台面石板上打孔埋入木楔,然后用木螺钉将基座固定在台面的木楔上,如图 10-14 所示。

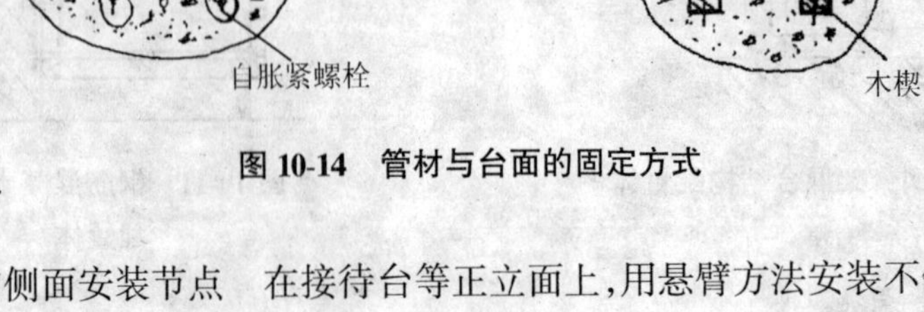

图 10-14　管材与台面的固定方式

(4)管材与侧面安装节点　在接待台等正立面上,用悬臂方法安装不锈钢或钢管装饰管,其固定方式一般采用埋入式,如图 10-15 所示。

图 10-15 侧面安装管型材

复习思考题

1. 店面招牌制作时的准备工作有哪些?
2. 如何制作和安装招牌?
3. 橱窗安装时的准备工作有哪些?
4. 如何安装橱窗?
5. 店面装饰的配套设施有哪些? 它们应如何施工?

第十一章

其他装饰工程施工

第一节　金属装饰施工

一、铝合金饰面板施工

铝合金饰面板是一种高档的饰面材料，由于铝板经阳极氧化处理后进行电解着色，可以使其获得不同厚度的彩色氧化镀膜，不但具有极高的表面硬度与耐磨性，而且化学性能在大气中极为稳定，色彩与光泽保存良久。一般铝合金板氧化镀膜厚≥12μm。

铝合金饰面板材，按其形状可分为条状板（指板条宽度≤150mm之拉伸板）、矩形、方形及异形冲压板；按其功能可分为普通有肋板及具有保温、隔声功能的蜂窝板、穿孔板。板材截面由支承骨架的刚度及安装固定方式确定。

铝合金板饰面施工的工程质量要求较高、技术难度大，所以施工前应"吃透"施工图纸，认真领会设计意图。铝合金板饰面，一般由钢或铝型材做骨架（包括各种横、竖杆），铝合金板做饰面。骨架大多用型钢，因型钢强度高、焊接方便、价格便宜、操作简便。

（一）放线

放线是铝合金板饰面安装的重要环节。首先要将支承骨架的安装位置准确地按设计图要求弹至主体结构上，详细标定出来，为骨架安装提供依据。因此，放线、弹线前应对基体结构的几何尺寸进行检查，如发现有较大误差，应会同各方进行处理。达到放线一次完成，使基层结构的垂直与平整度满足骨架安装平整度和垂直度的要求。

（二）安装固定连接件

型钢、铝材骨架的横、竖杆件是通过连接件与结构基体固定的。连接件常与墙面上的膨胀螺栓固定或与结构预埋铁件焊接固定。一般用膨胀螺栓固定连接件较为灵活，尺寸易于控制。

连接件必须牢固，连接件安装固定后，应做隐蔽检查记录，包括连接焊缝长度、厚度、位置、膨胀螺栓的埋置标高、位置、数量与嵌入深度。必要时还应做抗拉、抗拔测试，以确定其是否达到设计要求。连接件表面应做防锈、防腐处理，连接焊缝必须涂刷防锈漆。

（三）安装固定骨架

骨架安装前必须先进行防锈处理，安装位置应准确无误，安装中应随时检查标高及中心线位置。对于面积较大、层高较高的外墙铝板饰面的骨架竖杆，必须用线锤和仪器测量校正，保证垂直和平整，还应做好变截面、沉降缝、变形缝处的细部处理，为饰面铝板顺利安装创造条件。

(四)铝合金装饰板的安装

铝合金板饰面随建筑立面造型的不同而异,安装扣紧方法也较多,操作顺序也不一样。通常铝合金饰面板的安装连接有如下两种:一是直接安装固定,即将铝合金板块用螺栓直接固定在型钢上;二是利用铝合金板材压延、拉伸、冲压成型的特点,做成各种形状,然后将其压卡在特制的龙骨上,或两种安装方法混合使用。前者耐久性好,常用于外墙饰面工程;后者施工方便,适宜室内墙面装饰。铝合金饰面根据材料品种的不同,其安装方法也各异。

1. 铝合金板条安装

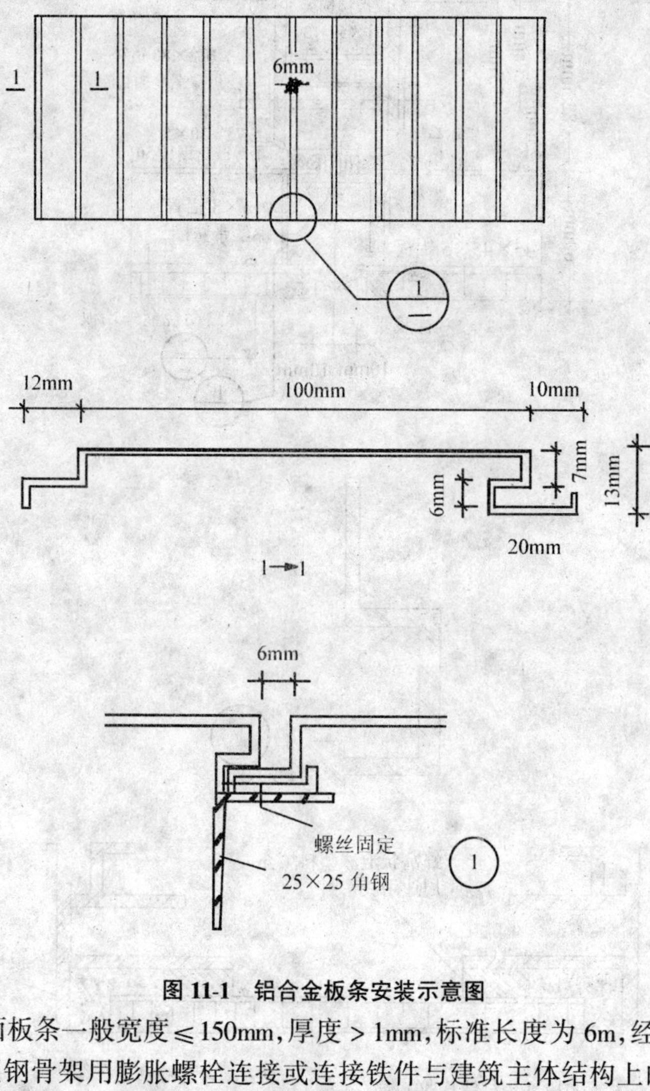

图 11-1　铝合金板条安装示意图

铝合金饰面板条一般宽度≤150mm,厚度>1mm,标准长度为6m,经氧化镀膜处理。板条通过焊接型钢骨架用膨胀螺栓连接或连接铁件与建筑主体结构上的预埋件焊接固定。当饰面面积较大时,焊接骨架可按板条宽度增加布置角钢横、竖肋杆,一般间距以≤500mm为宜,此时铝合金板条用自攻螺钉直接拧固于骨架上。此种板条的安装,由于采用后条扣压前条的构造方法,可使前块板条安装固定的螺钉被后块板条扣压遮盖,从而达到使螺钉全部暗装的效果,既美观,又对螺钉起保护作用。安装板条时,可在每条板扣嵌时留 5~6mm 空隙形成凹槽，增加扣板起伏，加深立面效果。安装构造，如图 11-1 所示。

2. 复合铝合金隔热墙板安装

复合铝合金隔热板均为蜂窝中空状，系由厂家模具拉伸成型。

(1)成型复合蜂窝隔热板，周边用异型边框嵌固，使之具有足够刚度，并用 PVC 泡沫塑料填充空隙，聚胺脂密封胶封堵防水。此种饰面板的安装构造，由埋墙膨胀螺栓固定角钢及方钢管立柱，用螺栓与角钢相连，并在方钢管上用螺栓固定型钢连接件，将嵌有复合蜂窝隔热板的异型钢边框螺栓固定在空心方形钢立柱上，即形成饰面墙板，如图 11-2 所示。

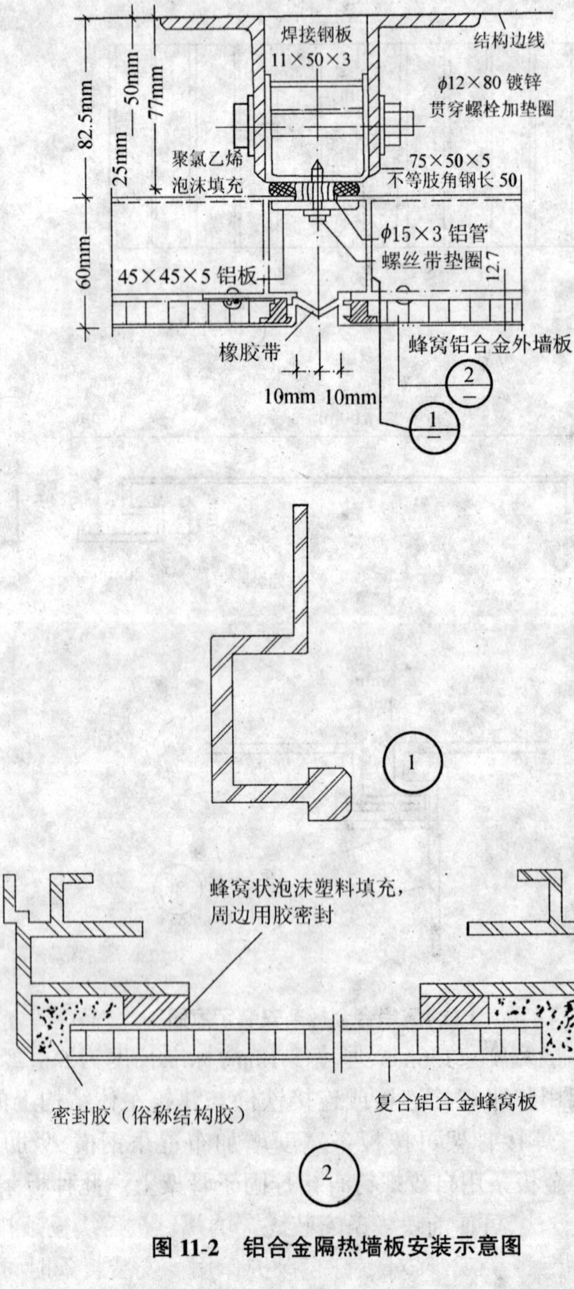

图 11-2　铝合金隔热墙板安装示意图

(2)成型复合蜂窝隔热板，在生产时即将边框与固定连接件一次压制成型，边框与蜂窝板连接嵌固密封。安装方法是角钢与墙体连接，U形吊挂件嵌固在角钢内穿螺栓连接。U形吊挂件与边框间留有一定空隙，用发泡PVC填充，两块板间留20mm缝，用一块成型橡胶带压死防水，如图11-3所示。

3. 铝合金柱面板安装

由于柱面板的基体柱一般为1~2层，尤其是室内柱高度不会太大，因此受风荷影响不大。固定方法是在板上留两个小孔(指每边)，然后用发泡PVC及密封胶将块与块之间缝隙填充密封，再用ϕ12销钉将两块板块与连接件拧牢即可，如图11-4所示。

4. 铝合金板条直接安装

这种方法用于层高不大、风压值小的建筑，是一种简易安装法。其具体做法是将铝板直接固定在龙骨上，龙骨与墙体用螺栓锚固。这种连接方法操作简便，能够大大地加快施工进度。

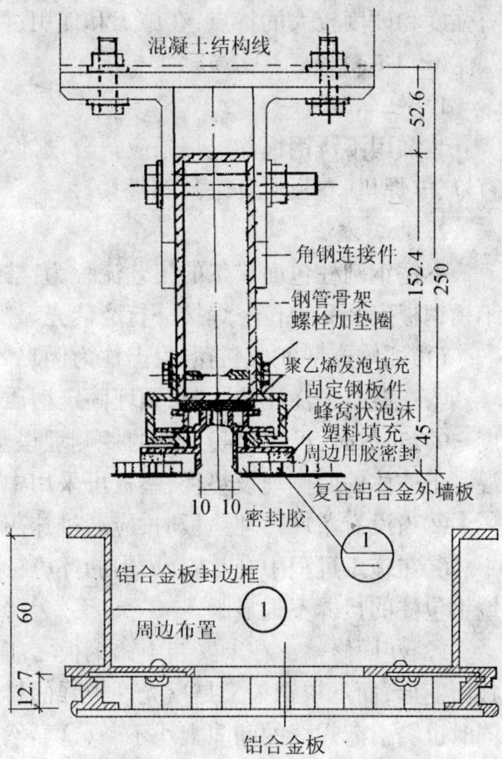

图11-3　铝合金墙板固定示意图

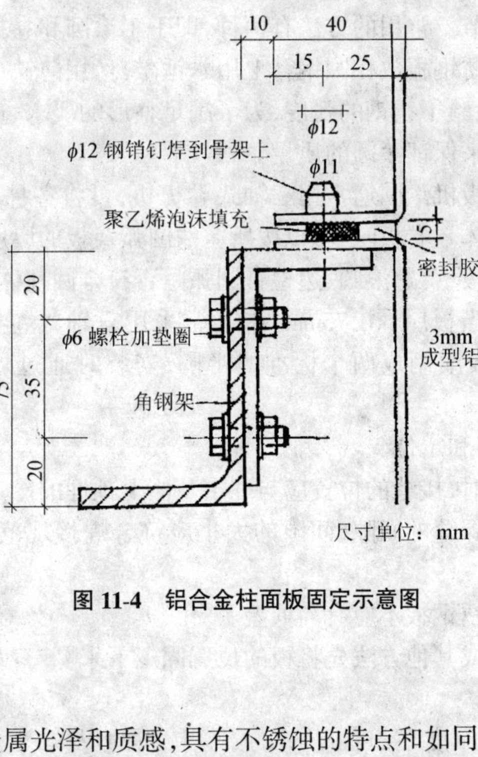

图11-4　铝合金柱面板固定示意图

二、不锈钢板施工

不锈钢装饰具有金属光泽和质感，具有不锈蚀的特点和如同镜面的效果。此外，还具有强度和硬度较大的特点，在施工和使用过程中不易发生变形。

(一)不锈钢圆柱包面施工

1. 施工准备

装饰用不锈钢板和电焊条应符合设计要求，施工前应准备卷尺、榔头、钢管、电钻、射钉枪、电焊机、卷板机等工具和机具。

2. 施工方法

不锈钢圆柱包面施工的工艺流程为：柱体成型→柱体基层处理→不锈钢板的滚圆→不锈钢板安装和定位→焊接→打磨修光。

(1)柱体成型(以钢筋混凝土柱为例)

①在混凝土浇注的同时，预埋固定钢质或铜质冷却垫板。当所采用的不锈钢板的厚度≤0.75mm时，可在混凝土柱的一侧埋设垫板；而当不锈钢板的厚度>0.75mm时，宜在混凝土柱体的两侧埋设垫板，垫板可采用中部有浅沟槽的专用垫板。

②当没有条件预埋垫板时，应通过抹灰层将垫板固定在柱子上。

③在施工过程中，应结合周围的环境特点，将垫板位置尽量放在次要视线上，以使不锈钢包柱的接缝不很显眼。

(2)柱面修整　在未安装不锈钢板之前，应对柱面进行修整，因为柱面有缺陷会引起板面变形，而不锈钢板又是反光性极强的材料，板面变形会使柱子的缺陷变得更为明显，同时也会引起焊缝的间隙大小不一，这显然会使焊接变得比较困难。柱面修整时，要保证柱体的垂直度、平整度、椭圆度等。具体办法可参照圆柱抹灰进行。

(3)不锈钢板的滚圆　将不锈钢板加工成所需要的圆柱，即所谓“滚圆”。滚圆是不锈钢包柱制作中的关键环节。常用的方法有两种，即手工滚圆和卷板机滚圆。

①手工滚圆　将不锈钢板放在圆钢管上用木锤敲打，用薄铁皮做一个圆弧的样板，在敲打过程中，用样板来检验不锈钢的弧度，为了满足整形的要求，也常常采用一些米字形、星形、鼠笼形的支撑架，来保证滚圆的质量。

②卷板机滚圆　卷板机滚圆通常用三轴式卷板机，可将各种厚度的钢板按所需的直径滚成非常规则的圆柱体。卷板时，可以按所需的圆弧及板的厚度调整三轴式卷板机，同样也用薄铁皮做圆弧样板，要边滚圆、边检查圆弧是否符合圆柱体的要求，若偏差大，可以再调整三轴式卷板机。当板厚>0.75mm时，通常采用三轴式卷板机对钢板进行滚圆加工，加工时一般是将钢板滚制成两个标准的半圆，安装时通过焊接拼接成一个完整的柱体。

(4)不锈钢板的安装和定位

①不锈钢板在安装时，接缝的位置应与柱子基体上预埋的冷却垫板的位置相对应。

②安装时注意调整焊缝的间隙，间隙的大小应符合焊接规范要求(0~1.0mm)，并应保持均匀一致。

③在焊缝两侧的不锈钢板不应有高低差。

④可以用点焊方式或其他方法先将板的位置固定下来。

(5)焊接

①焊缝坡口　对于厚度在2mm以下的不锈钢板的焊接，当焊缝要求不是十分严格

时，一般均不开坡口，而采用平剖口对接的方式。当要求焊缝开坡口时，应在不锈钢板的安装之前进行。

②焊缝区的清除　为了保证焊缝金属能够很好地附着，并使焊缝金属的耐腐蚀性不受损失，应避免对碳的吸收或混入杂质。因此，无论是平剖口还是坡口焊缝，都必须进行彻底的脱脂和清洁。脱脂一般采用汽油、苯、中性洗涤剂或其他化学药品来完成。焊缝区的清洁通常是用不锈钢丝制成的细毛刷对焊接工作表面进行刷洗，必要时，还应采用砂轮机进行打磨，以使金属表面露出来。

③固定铜质压板　在焊接前，为了防止不锈钢板的变形，应在焊缝的两侧固定铜质(或钢质)压板。

④焊接　在不锈钢包柱的制作中，焊接方法会直接影响到不锈钢板面的质量及焊接的可靠性。目前以选择手工电弧焊和气焊为宜，气焊适用于厚度 1mm 以下的焊接，手工电弧焊用于不锈钢薄板的焊接，但应采用较细的焊条及较小的焊接电流进行焊接。

(6)打磨修光　由于焊接后，焊缝的表面不很平整，而且黏附有一定量的熔碴，因此必须采用适当的方法将残留的熔碴及飞尘物清除干净，并将焊缝表面加工得较为光滑平整。一般来说，当焊缝表面没有太大的凹痕及凸出于表面的粗大焊珠时，可直接进行抛光。当表面有凸出的焊珠时，可先用砂轮机磨光，然后再换用抛光轮进行抛光处理，以便将焊缝区加工成光滑洁净的表面，使焊接缝的痕迹不很显眼。

(二)不锈钢圆柱镶面施工

用骨架做成的圆柱体，圆柱面不锈钢板安装可以采用直接卡口式和嵌槽压口式进行镶贴，其常用构造，如图 11-5 所示。

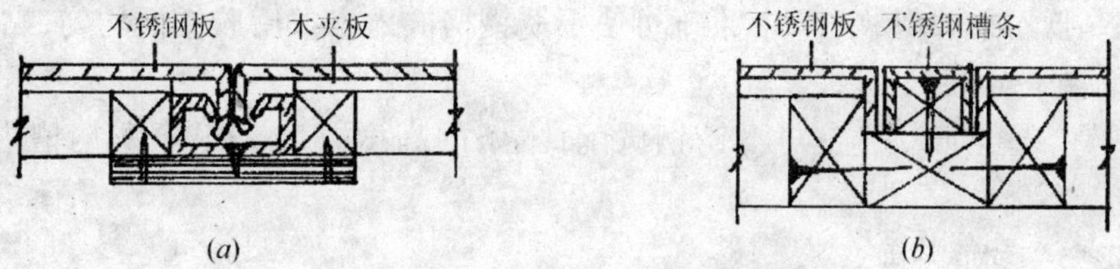

图 11-5　不锈钢圆柱镶面构造

(a)直接卡口式安装　(b)嵌槽压口式安装

不锈钢圆柱镶面施工准备与不锈钢圆柱包面施工基本相同，其施工工艺流程为：检查柱体→修整柱体基层→不锈钢板加工成曲面板→不锈钢板安装→表面抛光处理。

1. 检查柱体

柱体的施工质量直接影响不锈钢板面的安装质量。安装前要对柱体的垂直度、椭圆度、平整度进行检查，若误差大，必须进行返工。

2. 修整柱体基层

检查完柱体，要对柱体进行修整，不允许有凸凹不平，并清除柱体表面的杂物、油渍等。

3. 钢板加工

一个圆柱面一般由两片或三片不锈钢曲面板组合而成，曲面板加工方法有两种，一种是手工加工，另一种是在卷板机上加工。

(1)手工加工　即将不锈钢板放在钢管上,用木榔头锤打,同时用薄铁皮做成与圆柱弧度相同的样板时刻检查被加工的不锈钢板是否符合要求。

(2)卷板机加工　即将不锈钢板放在卷板机上进行加工。加工时,应用圆弧样板检查曲面板的弧度是否符合要求。

4. 不锈钢板安装

不锈钢板安装的关键在于片与片之间对口处的处理。安装对口的方式主要有直接卡口式和嵌槽压口式两种。

(1)直接卡口式安装　直接卡口式是在两片不锈钢板对口处,安装一个不锈钢卡口槽,该卡口槽用螺钉固定于柱体骨架的凹部。安装柱面不锈钢板时,只要将不锈钢板一端的弯曲部勾入卡口槽内,再用力推按不锈钢板的另一端,利用不锈钢板本身的特性,使其卡入另一个卡口槽内,如图 11-5(a)所示。

(2)嵌槽压口式安装　先把不锈钢板在对口处的凹部用螺钉(铁钉)固定,再把一条宽度小于凹槽的木条固定在凹槽中间,两边空出的间隙相等,其间隙宽为 1mm 左右。在木条上涂刷万能胶,等胶面不粘手时,向木条上嵌入不锈钢槽条。

在不锈钢槽条嵌入黏结前,应用酒精或汽油清擦槽条内的油迹污物,并涂刷一层薄薄的胶液,安装方式如图 11-5(b)所示。

5. 不锈钢板安装的注意事项

(1)安装卡口槽及不锈钢槽条时,尺寸必须准确,不能产生歪斜现象。

(2)固定凹槽的木条尺寸、形状要准确。尺寸准确既可保证木条与不锈钢槽的配合松紧适度,安装时不需用锤大力敲击,避免损伤不锈钢槽面,又可保证不锈钢槽面与柱体面一致,没有高低不平的现象。形状准确可使不锈钢槽嵌入木条后胶结面均匀,黏结牢固,防止槽面的侧歪现象。

(3)在木条安装前,应先与不锈钢试配,木条的高度一般大于不锈钢槽内的深度 0.5mm。

(三)不锈钢方柱饰面安装

在方柱体上安装不锈钢板,一般采用黏贴方法将不锈钢板固定在木夹层上,然后再用不锈钢型角压边。其操作方法如下。

(1)检查柱体骨架　粘贴木夹板前,应对柱体骨架进行垂直度和平整度的检查,若有误差应及时修整。

(2)粘贴木夹板　骨架检查合格后,在木架上涂刷万能胶,然后把木夹板粘贴在骨架上,并用螺钉固定,钉头砸入夹板内。

(3)镶贴不锈钢板　在木夹板的面层上涂刷万能胶,并把不锈钢板粘贴在木夹板上。

(4)压边、封口　在柱子转角处,一般用不锈钢成型角压边,在压边不锈钢成型角处用少量玻璃胶封口,如图 11-6 所示。

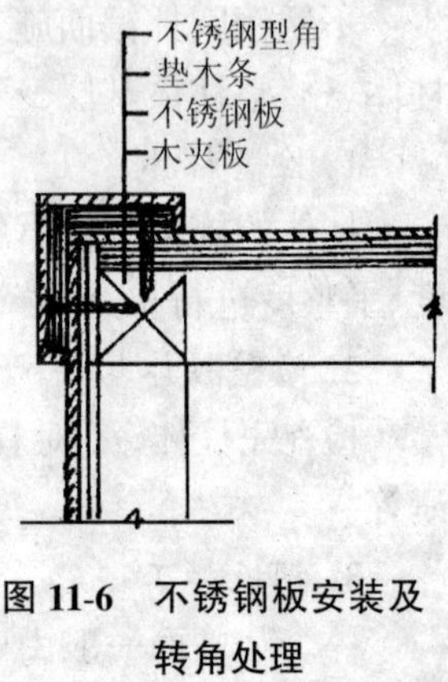

图 11-6　不锈钢板安装及转角处理

三、不锈钢管装饰施工

不锈钢管主要用于栏杆的扶手和立柱,由于它有镜面反射作用，因此可取得与周围环境的各种色彩、景物交相辉映的装饰效果。

不锈钢管与基体的固定有两种方法：一种是通过固结于基体的铁件与钢管焊接，铁件可预埋或用膨胀螺栓固定；另一种，则是直接将不锈钢管埋设于基体内，通过悬臂方法将钢管伸出。

不锈钢管扶手一般通长设置，其钢管接长应焊接，焊缝部位应打磨修平，再进行抛光处理，以保证装饰质量。

第二节　花 饰 工 程

建筑花饰的种类有石膏制品花饰、预制混凝土花格制品花饰、水泥石渣制品花饰、金属制品花饰、塑料制品花饰等。室内一般采用石膏制品花饰，其他制品可作为室外花饰。花饰工程包括花饰的制作与安装两部分。

一、花饰制作

（一）塑实样

塑实样就是塑造模胎（即做阳模），这是花饰成型的关键。花饰的尺寸一般控制在50cm左右，过大时应分块制作，大于30cm时应在花饰内配置钢筋或8号镀锌铁丝加强刚度。塑实样所用材料和方法有以下三种：

1. 塑泥

选用不含砂粒的纯黄土、细黏土等，根据其本身的干湿程度加入适量的水，经反复锤打成紧密状态，即塑泥。一般先在底板上抹1~2mm厚的衬底，稍干后按图塑成模胎。

2. 纸筋灰

用一块表面平整洁净的木板做底板，在底板上抹一层1~2mm厚的石灰膏，待其稍干后，将花饰的足尺寸图样刻划在灰层面上，用纸筋灰照花饰的轮廓一层层叠起，再用工具雕塑而成。纸筋灰稍干后将花纹实样表面压光，所用纸筋灰应比一般的灰多加纸筋，使稠度大些，且因纸筋灰的收缩性较大，塑实样时应按2%的比例放大尺寸。

3. 石膏

先按花饰的最大边缘尺寸浇一块石膏板，然后用复写纸将花饰图案画印在石膏板上，按层次雕塑成实样。此法用于花饰纹理复杂或花饰厚度超过5cm而用纸筋灰难以堆叠的情况。塑实样的配合比（体积比）为纸筋灰（或石膏）：纸筋＝100：6。

（二）制阴模

1. 软模

软模适于塑造石膏花饰。其方法是在模胎上涂隔离剂，并罩上纸，纸上顺花纹满抹塑泥并压光，厚10mm左右。塑泥层干硬后，在其表面再刷隔离剂，然后浇石膏，等石膏干燥后，就可取出模胎，清除纸和塑泥，即成石膏模。把石膏模与模胎套在一起，并用木板临时固定，注意中间留出10mm的缝隙，在缝中灌注明胶，结硬后取出模胎即为明胶软模。明胶与石膏模合在一起就是铸造石膏花饰的软模。

2. 硬模

硬模适于塑造水泥制品花饰。其方法是待塑实样做好硬化后，四周用土或木板作挡模，为易于取出模胎，在模胎表面和挡模内壁均涂刷隔离剂。为保证质量，可分两次浇注，第一次用水泥制成的素水泥浆均匀浇入，满盖在模胎上，厚度为10mm左右，浇注时稍加振动，排出气泡，待稍干收水后铺放钢筋，再第二次浇入1:2水泥砂浆。为满足硬模的刚度，模子厚度要比花饰实样最高点高出2cm。浇注后养护3～5d倒出实样，将模子花纹修整，用机油擦净，刷三遍漆片备用。

（三）浇制花饰

1. 水泥砂浆装饰

先在硬模内铺放钢筋，再倒入已搅拌好的1:2水泥砂浆（干硬性）或1:1水泥石碴浆，等砂浆干硬至用手按稍有指印但不下陷时，就可将花饰翻倒在平整的垫板上；注意花饰底面要刮平，但勿需压光，以留粗糙面有利于安装时黏结牢固。脱模后如发现花饰有缺陷应及时修整，再用排笔轻刷使其颜色均匀。

2. 水刷石花饰

用1:1.5水泥石碴浆倒入硬模内捣实。脱模后如花饰表面不实应修整，将表面素水泥浆刷去，再用压水机喷刷。喷刷前须将花饰底板支起一面，喷刷后用清水冲洗，使石粒分布均匀，颜色一致。

3. 剁斧石花饰

浇制方法同水泥砂浆花饰，花饰倒出后清理表面，达到一定强度后，进行面层剁斧。

4. 石膏花饰

将软模放在一块较大的木板上，然后将板条、麻丝均匀分布放入，随即倒入石膏浆，刮平表面，灌后约15min左右即可脱模。脱模后的花饰应置放在木板上，如有凹凸不平现象，应及时用与原浆配方相同的石膏浆修补。

花饰制好后，必须堆放平整，以防变形，养护达到强度后方可安装。搬运时，花饰之间应用软质材料衬垫，以免搬运损坏。

二、花饰安装

（一）粘贴法

粘贴法多用于小型花饰或质量轻的花饰。如水泥砂浆、水刷石、剁斧石及石膏等小型花饰。其安装方法如下。

(1)清除基层上的灰尘、砂浆、油污。

(2)在基层上刮素水泥浆2～3mm。

(3)花饰背面稍浸水润湿，然后涂上水泥浆，再按位置安装并与基层贴紧。

(4)石膏花饰背面洒水湿润后改涂石膏浆。

(5)用支撑临时固定，修整接缝和清除周边余浆。

(6)待水泥浆达到强度后，拆除临时支撑。

（二）木螺丝固定法

对于质量较重、外形尺寸较大的花饰宜用木螺丝固定法。其安装方法如下。

(1)清除基层表面灰尘、砂浆、油污等杂物,并检查预埋木砖的位置是否符合设计要求。

(2)基层面刮素水泥浆 2~3mm。

(3)花饰背面稍浸水湿润,然后涂上水泥浆或石膏浆。

(4)安装时,把花饰上预留的孔洞对准墙上木砖,并用铜或镀锌螺栓拧紧在预埋木砖上,如图 11-7 所示。

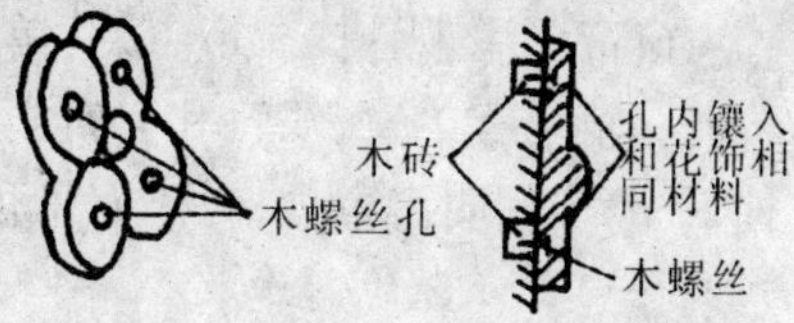

图 11-7　花饰的固定

(5)安装后,用 1:1 水泥砂浆或素水泥浆将孔眼堵严。如采用石膏花饰,则应用白水泥拌植物油堵严。

(6)花饰表面及拼缝用同样的材料修理,不得留痕迹。

(三)螺栓固定法

对于质量大的花饰,为保证使用安全,宜采用螺栓固定法。其安装方法如下。

(1)将花饰预留孔对准基层预埋螺栓。

(2)按花饰与基层表面的缝隙尺寸用螺母及垫块固定,并临时支撑;当螺栓与预留孔位置对不上时,要另采用绑扎钢筋或焊接的补救办法。

(3)花饰临时固定后,将花饰与墙面之间缝隙的两侧和底面用石膏堵住。

(4)用 1:2 的水泥砂浆分层灌注捣实,每次灌注 10cm 左右,每层终凝后再灌捣上一层。

(5)待水泥砂浆有足够强度后,拆除临时支撑。

(6)清理周边堵缝的石膏,周边用 1:1 水泥砂浆修补整齐。

第三节　细木构件施工技术

一、挂镜线施工技术

在装饰要求高的房间内,墙的上部设有挂镜线。即在墙上钉一圈带线条的木条,用以挂置镜框。

在挂镜线长度范围内,墙内应预先砌入防腐木砖,间距为 50cm,在防腐木砖外面钉上防腐木块。待墙面粉刷做好后,即可钉挂镜线。挂镜线一般用明钉钉在木块上,钉帽砸扁冲入木内,挂镜线要求四面呈水平,标高一致。标高应从地面量起,不应从吊顶往下看,因为吊顶四边不一定与标高一致,从吊顶往下看就会产生挂镜线标高不一致的现象,如图 11-8 所示。

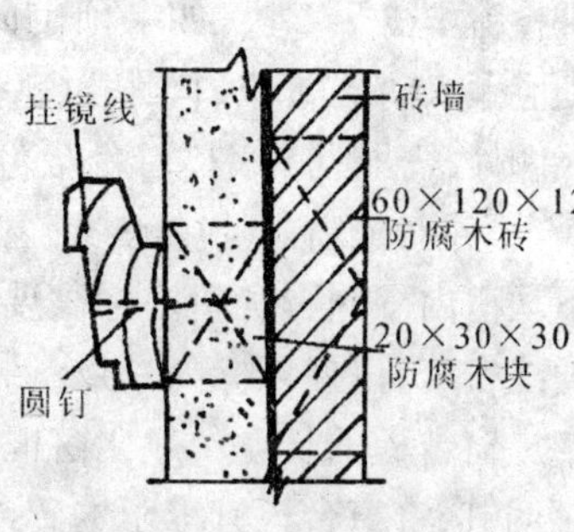

图 11-8　挂镜线装钉

挂镜线在墙的阴、阳角处,应将端头锯成 45°角平缝相接,挂镜线的接长处应并列钉上两块防腐木块,两端头对齐后各自钉牢在木块上，不应使其悬空。

二、木窗帘盒施工技术

窗帘盒用来悬挂窗帘，最简单的是窗帘盒内用木棍或钢筋挂窗帘，多数情况采用窗帘轨道。轨道有单轨、双轨和三轨之分，拉窗帘也有手动和电动之分。木窗帘盒有明、暗两种，一般采用明窗帘盒，对于有吊顶的房间宜用暗窗帘盒。

（一）窗帘盒的制作

窗帘盒可根据设计图纸制成各种式样。加工时先将木料用大刨刨平刨光、深浅一致，组装时先胶后钉，溢胶需及时清除，接头严密牢固。如采用木棍或钢筋作窗帘杆时，应在窗帘盒两端头板上钻孔以便固定。

（二）检查窗帘盒的预埋件

木窗帘盒与墙的固定，有的用砌入墙内的木砖，但多数是采用预埋在墙内的铁件。固定时需检查预埋件的尺寸、位置和数量是否符合设计要求，如出现差错应及时补救。

（三）窗帘轨和窗帘盒的安装

1. 窗帘轨的安装

安装前应检查窗帘轨的尺寸和外观的平直。遇有尺寸规格不符时需调换，如弯曲应调直。明窗帘盒宜先安装轨道，暗窗帘盒可后安装轨道。当窗宽大于 1.2m 时，在窗帘轨中间部位断开，断出处煨弯错开，弯曲度要适宜平缓，两者的搭接长度应大于 200mm。

2. 窗帘盒的安装

窗帘盒依据室内 50cm 高的标准水平线（简称 50 线）统一往上引量标高。若同一墙面有几个窗帘盒时，必须在两端各引一个水平点，拉通线保证其高低一致。窗帘盒的长度由窗洞口宽度决定，一般比窗洞口宽度大 300mm 或 360mm，安装时窗帘盒和窗洞的中线应相同，避免两端外伸长短不一。窗帘盒靠墙部分应与抹灰墙面紧贴无缝隙，可将与墙面接触的一面刨平对严，如遇墙面局部不平，则需修刨盖板予以补救。

三、窗台板施工技术

窗台板用来保护和装饰窗台，其形状和尺寸应按设计要求制作，常用图 11-9 所示的方法装钉。施工时，预先在窗台面上砌入间距为 500mm 左右的防腐木砖，每樘窗不少于 2 块，如果预砌防腐木砖有困难或漏砌，则应砸入防腐木钉，间距为 500mm 左右。窗台板与墙接触处，需刷防腐剂，窗台板经刨光后，放在窗台的墙面上，并对准窗洞的中心线，窗台板的里边嵌入窗框的下坎槽内。同一房间内标高要求相同的窗台板应拉设通线安装，以保证标高一致。装钉时要求窗台板上表面向室内稍有倾斜，坡度约 1%。

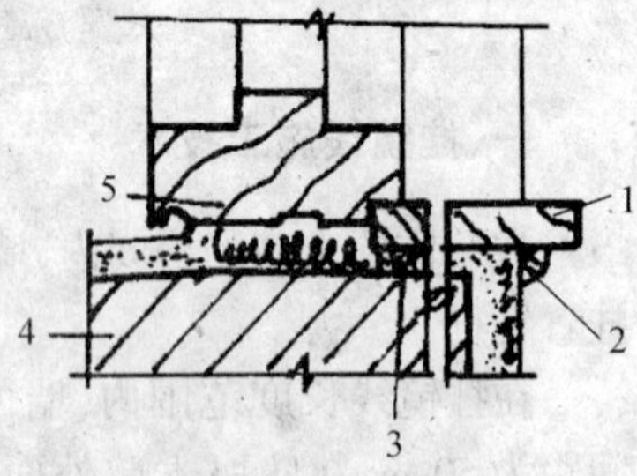

图 11-9　窗台板装钉图

1—窗台板　2—窗台线　3—防腐木砖　4—砖墙　5—框下坎

窗台板的长度一般比窗框长 120mm 左右，应根据中心线对称布置，窗台板安装一般用明钉，将窗台板钉牢于木砖或木钉上，钉帽应砸扁并冲入板内。在窗台板的下部与墙交角处，应钉压条遮缝，压条应预先刨光。

四、门窗贴脸板施工技术

门窗贴脸板应按设计要求刨光待用，在墙面粉刷做好后即可装钉，一般是先钉横向的，后钉竖向的。贴脸板距门窗口边 15～20mm，其宽度大于 80mm。接头应做成暗榫，其四周与抹灰面严密接触，如图 11-10 所示。

装钉时，先量出横向贴脸板所需长度，两头锯成 45°角，贴紧在樘子帽头上，并使其两头伸出长度一致，用明钉钉牢于樘子帽头上，钉帽要砸扁，钉入板内 3mm，钉长为板厚的 2 倍，钉距不大于 50cm。接着，量出竖向贴脸板的长度，用钉钉牢于樘子梃上。贴脸板搭盖墙上的宽度不应小于 20mm，要钉得横平竖直。

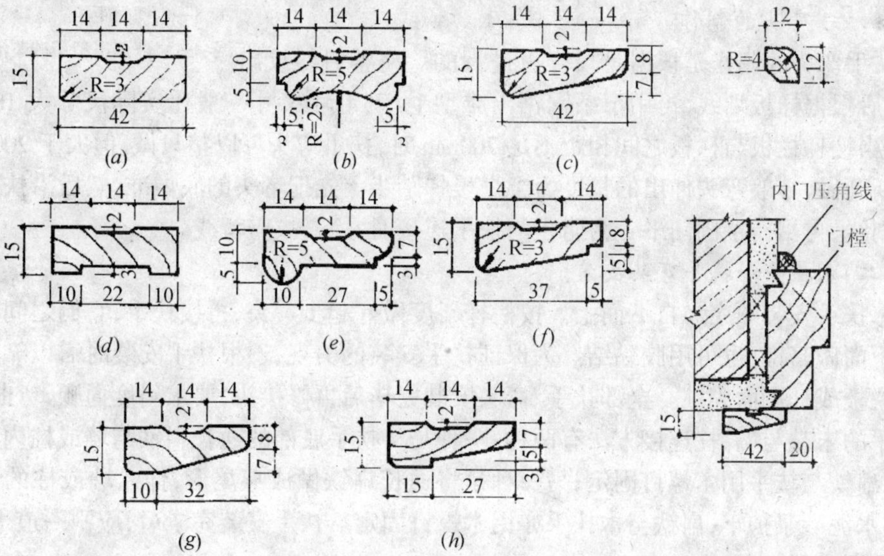

图 11-10　门窗贴脸构造与安装示意

五、护墙板施工技术

护墙板能起到保护和装饰墙面的作用，所用材料有胶合板、木板、纤维板等。其施工工艺为：弹线、检查预埋件→制作和安装墙筋→钉罩面板。

砌墙时，在设计规定的护墙板位置上，预先埋入经过防腐处理的木砖，安装前先在墙上弹线分档、钉墙筋。墙筋与板的接触面必须刨光，墙筋涂抹防腐剂。墙筋后面垫实，表面平整，并用钉子将墙筋与木砖钉牢。

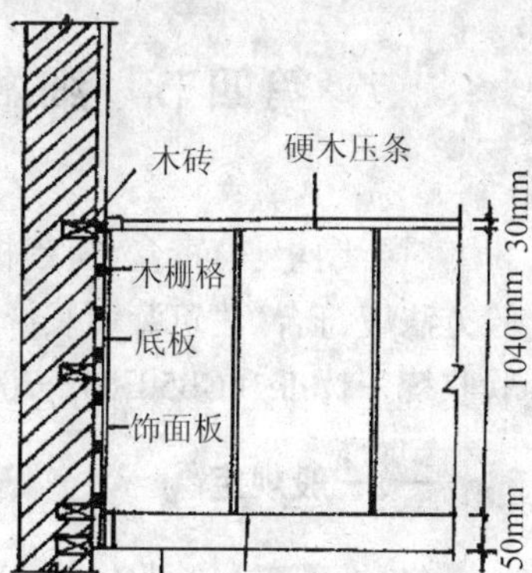

图 11-11　护墙板结构剖面图

钉护墙板时，应使木板的好面向外，且木纹颜色应相近，木板的宽窄应均匀。外露钉帽必须砸扁，钉入板中 3mm，钉时木面不得有伤痕。板子上口应平齐，高低相差不大于 3mm，压条接头处应做暗榫，线条一致，交角应严密。如钉纤维板护墙板时，须按纤维板的宽度加钉立筋，如图 11-11 所示。

六、木扶手施工技术

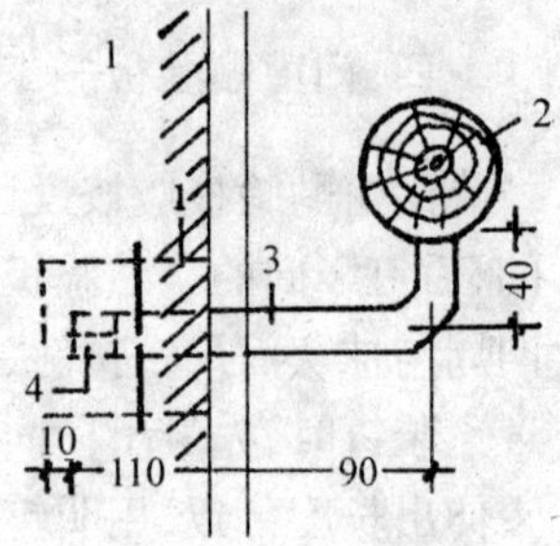

图 11-12　靠墙木扶手图

1—预留洞　2—φ50 木扶手

3—扁铁间距 1m

4—端部燕尾型用砂浆灌牢

楼梯木扶手有各种断面形式可供选用，图 11-12 是靠墙木扶手的安装示意图。

(一)木扶手和扶手弯头的制作

1. 木扶手的制作

木扶手按设计要求制作，扶手底部应开槽便于和铁栏杆连接，槽深为 3～4mm，槽宽依所采用扁铁尺寸而定，扁铁上每隔 300mm 钻孔，用木螺钉与木扶手固定。

2. 扶手弯头的制作

扶手弯头的制作是根据足尺样板进行的。将整料斜纹出方，然后根据样板划线，再用窄条锯锯出雏型毛坯(毛坯尺寸一般比实际尺寸大 10mm 左右)。当楼梯栏板与栏板之间相距不足 200mm 时，扶手弯头可以整只做，但大于 200mm 时就需断开做，一般弯头伸出的长度为半个楼梯踏步。先把弯头的底做准，然后沿扶手坡度找平划线，再用一字刨刨平。为防止与扶手连接时亏料，故需留线。

(二)木扶手和扶手弯头安装

木扶手安装顺序为自下而上。按栏杆斜度做好起步弯头，再接扶手，它们之间的接口需在下面做暗榫，也可用胶黏结。为保证扶手安装的美观，逐根扶手安装时需以靠踏步一面的栏板或杆平面为准。全部扶手、弯头安装完毕后再修接头，要求斜度通顺，弯曲自如。木扶手的末端与墙、柱连接方法有两种：一种是将扶手底部的通长扁铁与墙或柱内预埋件焊牢，扁铁与扶手用木螺钉固定；另一种是将通长扁铁做成燕尾形，伸入墙或柱的预留孔内，用水泥砂浆护牢，扁铁与木扶手亦用木螺钉固定。扶手安装完毕后，应刷一道干性油，以防受潮变形。

第四节　细木与花饰工程的质量标准和检验方法

对于橱柜、窗帘盒、窗台板、护栏和扶手、花饰制作与安装等细部工程的质量标准与检验方法应符合《建筑装饰装修工程质量验收规范》(GB50210—2001)和《建筑工程施工质量验收统一标准》(GB50300—2001)的相关规定。

一、一般规定

(1)细部工程验收应检查下列文件和记录

①施工图、设计说明及其他设计文件。

②材料的产品合格证书、性能检测报告、进场验收记录和复验报告。

③隐蔽工程验收记录。

④施工记录。

(2)细部工程应对人造木板的甲醛含量进行复验。

(3)细部工程应对下列部位进行隐蔽工程验收

①预埋件(或后置埋件)。

②护栏与预埋件的连接节点。

(4)各分项工程的检验批应按下列规定划分

①同类制品每 50 间(处)应划分为一个检验批,不足 50 间(处)也应划分为一个检验批。

②每部楼梯应划分为一个检验批。

二、窗帘盒、窗台板制作与安装工程

对于窗帘盒、窗台板制作与安装工程,其质量应符合下列规定。

(一)一般规定

检查数量应符合下列规定:每个检验批至少抽查 3 间(处),不足 3 间(处)时应全数检查。

(二)主控项目

(1)窗帘盒、窗台板制作与安装所使用材料的材质和规格、木材的燃烧性能等级和含水率、花岗石的放射性及人造木板的甲醛含量应符合设计要求及国家现行标准的有关规定。

检验方法:观察;检查产品合格证书、进场验收记录、性能检测报告和复验报告。

(2)窗帘盒、窗台板造型、尺寸、安装位置、制作和固定方法应符合设计要求。窗帘盒、窗台板安装必须牢固。

检验方法:观察;用尺量检查;用手扳检查。

(3)窗帘盒配件的品种、规格应符合设计要求,安装应牢固。

检验方法:观察;用手扳检查;检查进场验收记录。

(三)一般项目

(1)窗帘盒、窗台板表面应平整、洁净、线条顺直、接缝严密、色泽一致,不得有裂缝、翘曲及损坏。

检验方法:观察。

(2)窗帘盒、窗台板与墙面、窗框的衔接应严密,密封胶缝应顺直、光滑。

检验方法:观察。

(3)窗帘盒、窗台板允许偏差和检验方法应符合表 11-1 的规定。

表 11-1　窗帘盒、窗台板和散热器罩允许偏差和检验方法

项次	项　目	允许偏差/mm	检验方法
1	水平度	2	用 1m 水平尺和塞尺检查
2	上口、下口平直度	3	拉 5m 线,不足 5m 拉通线,用钢直尺检查
3	两端距窗洞口长度差	2	用钢尺检查
4	两端出墙厚度差	3	用钢尺检查

三、门窗套制作与安装工程

对于门窗套制作与安装工程,其质量应符合下列规定。

(一)一般规定

检查数量应符合下列规定:每个检验批至少抽查 3 间(处),不足 3 间(处)时应全数检查。

(二)主控项目

(1)门窗套制作与安装所使用材料的材质和规格、木材的燃烧性能等级和含水率、花岗石的放射性及人造木板的甲醛含量应符合设计要求及国家现行标准的有关规定。

检验方法:观察;检查产品合格证书、进场验收记录、性能检测报告和复验报告。

(2)门窗套造型、尺寸固定方法应符合设计要求,安装应牢固。

检验方法:观察;用尺量检查;手扳检查。

(三)一般项目

(1)门窗套表面应平整、洁净、线条顺直、接缝严密、色泽一致,不得有裂缝、翘曲及损坏。

检验方法:观察。

(2)门窗套安装的允许偏差和检验方法应符合表 11-2 的规定。

表 11-2　门窗套安装的允许偏差和检验方法

项次	项　目	允许偏差/mm	检验方法
1	正、侧垂直度	3	用 1m 垂直检测尺检查
2	门窗套上口水平度	1	用 1m 水平检测尺和塞尺检查
3	门窗套上口直线度	3	拉 5m 线,不足 5m 拉通线,用钢直尺检查

四、护栏和扶手制作与安装工程

对于护栏和扶手制作与安装工程,其质量应符合下列规定。

(一)一般规定

检查数量应符合下列规定:每个检验批的护栏和扶手应全部检查。

(二)主控项目

(1)护栏和扶手制作与安装所使用材料的材质和规格、数量和木材、塑料的燃烧性能等级应符合设计要求。

检验方法:观察;检查产品合格证书、进场验收记录和性能检测报告。

(2)护栏和扶手的造型、尺寸及安装方法应符合设计要求。

检验方法:观察;用尺量检查;检查进场验收记录。

(3)护栏和扶手安装预埋件的数量、规格、位置以及护栏与预埋件的连接节点应符合设计要求。

检验方法:检查隐蔽工程验收记录和施工记录。

(4)护栏高度、栏杆间距、安装位置必须符合设计要求。护栏安装 必须牢固。

检验方法:观察;用尺量检查;用手扳检查。

(5)护栏玻璃应使用公称厚度不小于 12mm 的钢化玻璃或钢化夹层玻璃。当护栏一侧距楼地面高度为 5m 及以上时,应使用钢化夹层玻璃。

检验方法:观察;检查产品合格证书、进场验收记录。

(三)一般项目

(1)护栏和扶手转角弧度应符合设计要求,接缝应严密,表面应光滑,色泽应一致,不得有裂缝、翘曲及损坏。

检验方法:观察;手摸检查。

(2)护栏和扶手安装的允许偏差和检验方法应符合表 11-3 的规定。

表 11-3　护栏和扶手安装的允许偏差和检验方法

项次	项　　目	允许偏差/mm	检验方法
1	正、侧垂直度	3	用 1m 垂直检测尺检查
2	门窗套上口水平度	1	用 1m 水平检测尺和塞尺检查
3	扶手直线度	4	拉通线,用钢直尺检查
4	扶手高度	3	用钢尺检查

五、花饰制作与安装工程

对于混凝土、石材、木材、塑料、金属、玻璃、石膏等花饰制作与安装工程,其质量应符合下列规定。

(一)一般规定

检查数量应符合下列规定:

(1)室外每个检验批应全部检查。

(2)室内每个检验批应至少抽查 3 间(处),不足 3 间(处)时应全数检查。

(二)主控项目

(1)花饰制作与安装所使用材料的材质、规格应符合设计要求。

检验方法:观察;检查产品合格证书和进场验收记录。

(2)花饰的造型、尺寸应符合设计要求。

检验方法:观察;用尺量检查。

(3)花饰的安装位置和固定方法必须符合设计要求,安装必须牢固。

检验方法:观察;用尺量检查;手扳检查。

(三)一般项目

(1)花饰表面应洁净,接缝应严密吻合,不得有歪斜、裂缝、翘曲及损坏。

检验方法:观察。

(2)花饰安装的允许偏差和检验方法应符合表 11-4 的规定。

表 11-4　花饰安装的允许偏差和检验方法

项次	项　目		允许偏差/mm		检验方法
			室内	室外	
1	条型花饰的水平度或垂直度	每米	1	2	拉线和用 1m 垂直检测尺检查
		全长	3	6	
2	单独花饰中心位置偏移		10	15	拉线和用钢直尺检查

复习思考题

1. 如何安装铝合金饰面板?
2. 如何安装不锈钢板?
3. 如何安装不锈钢管?
4. 花饰分为哪些类? 花饰安装的方法有哪些?
5. 如何安装窗帘盒?
6. 如何安装窗台板?
7. 如何安装护墙板?
8. 如何安装木扶手?

参 考 文 献

1 编写组．建筑施工手册(第四版,缩印本)．北京:中国建筑工业出版社,2003

2 江正荣等．建筑分项施工工艺标准手册．北京:中国建筑工业出版社,2000

3 王朝熙等．装饰工程手册(第二版)．北京:中国建筑工业出版社,1994

4 杜训等．建设监理工程师实用手册．南京:东南大学出版社,1996

5 顾建平等．建筑装饰施工技术．天津:天津科学技术出版社,1998

6 顾建平等．建筑施工技术．南京:河海大学出版社,1999

7 黄白等．建筑装饰施工技术．北京:中国建筑工业出版社,1996

8 杨崇永、侯茂盛、硕天舒．建筑装饰工程(第二版)．北京:中国建筑工业出版社,1994

9 编写组．建筑地基基础工程施工质量验收规范(GB50202—2002)．北京:中国建筑工业出版社,2002

10 编写组．混凝土结构工程施工质量验收规范(GB50204—2002)．北京:中国建筑工业出版社,2002

11 编写组．砌体工程施工质量验收规范(GB50203—2002)．北京:中国建筑工业出版社,2002

12 编写组．木结构工程施工质量验收规范(GB50206—2002)．北京:中国建筑工业出版社,2002

13 编写组．屋面工程施工质量验收规范(GB50207—2002)．北京:中国建筑工业出版社,2002

14 编写组．建筑地面工程施工质量验收规范(GB50209—2002)．北京:中国建筑工业出版社,2002

15 编写组．玻璃幕墙工程技术规范(JGJ102—96)．北京:中国建筑工业出版社,2002

16 编写组．金属与石墙幕墙工程技术规范(JGJ133—2001)．北京:中国建筑工业出版社,2002

17 编写组．住宅装饰装修工程施工规范(GB50327—2001)．北京:中国建筑工业出版社,2002

18 编写组．外墙饰面砖工程施工及验收规程(JGJ126—2000)．北京:中国建筑工业出版社,2002

19 编写组．塑料门窗安装及验收规程(JGJ103—96)．北京:中国建筑工业出版社,2002

20 编写组．建筑玻璃应用技术规程(JGJ113—97)．北京:中国建筑工业出版社,2002

21 编写组．建筑工程施工质量验收统一标准(GB50300—2001)．北京:中国建筑工业出版社,2002
22 编写组．玻璃幕墙工程质量检验标准(JGJ/T139—2001)．北京:中国建筑工业出版社,2002
23 编写组．建筑装饰装修工程质量验收规范(GB50210—2001)．北京:中国建筑工业出版社,2002